KELLY & ZACH WEINERSMITH

UNSERE ZUKUNFT STEHT IN DEN STERNEN

KELLY & ZACH WEINERSMITH
DIE *NYT*-BESTSELLER-AUTOREN

UNSERE ZUKUNFT STEHT IN DEN STERNEN

WIE WIR BALD DEN MARS BESIEDELN (ODER AUCH NICHT)

riva

Bibliografische Information der Deutschen Nationalbibliothek
Die Deutsche Nationalbibliothek verzeichnet diese Publikation in der Deutschen Nationalbibliografie. Detaillierte bibliografische Daten sind im Internet über https://dnb.de abrufbar.

Für Fragen und Anregungen
info@m-vg.de

Wichtiger Hinweis
Ausschließlich zum Zweck der besseren Lesbarkeit wurde auf eine genderspezifische Schreibweise sowie eine Mehrfachbezeichnung verzichtet. Alle personenbezogenen Bezeichnungen sind somit geschlechtsneutral zu verstehen.

1. Auflage 2024

Türkenstraße 89
80799 München
Tel.: 089 651285-0

Die englischsprachige Originalausgabe erschien 2023 bei Penguin Press, einem Imprint von Penguin Random House LLC, unter dem Titel *A City on Mars.*

Übersetzung: Simone Fischer
Redaktion: Silke Panten
Umschlaggestaltung: Karina Braun
Umschlagabbildung und Abbildungen im Innenteil: © Zach Weinersmith
Satz: Carsten Klein
Druck: GGP Media GmbH, Pößneck
Printed in Germany

ISBN Print 978-3-7423-2699-7
ISBN E-Book (PDF) 978-3-7453-2459-4
ISBN E-Book (EPUB, Mobi) 978-3-7453-2458-7

Wir produzieren nachhaltig
www.m-vg.de

Weitere Informationen zum Verlag finden Sie unter
www.rivaverlag.de
Beachten Sie auch unsere weiteren Verlage unter www.m-vg.de

Für die Gemeinschaft der Weltraumsiedler. Ihr habt uns willkommen geheißen und eure Weisheit mit uns geteilt. Und auch eure Daten.

Wir befürchten, dass viele von euch von manchen unserer Schlussfolgerungen enttäuscht sein werden – aber obwohl wir an einigen Stellen von euren Ansichten abweichen, teilen wir weiterhin die Vision einer glorreichen menschlichen Zukunft mit euch.

Inhalt

TEIL VI: PLAN B ODER NICHT PLAN B: WELTRAUMGESELLSCHAFT, EXPANSION UND EXISTENZIELLES RISIKO

Einleitung
Ein Siedlungsleitfaden für den Roten Planeten?

Es stellt sich nicht mehr die Frage, ob wir den Mond und den Mars besiedeln werden, sondern wann.[1]

– Tim Peake, Astronaut

Wo auch immer Sie sich auf diesem Planeten befinden, Sie haben sicherlich schon einmal darüber nachgedacht, ihn zu verlassen. Schließlich erscheint der Weltraum zunehmend vielversprechender. Auf dem Mars gibt es keine politische Korruption, auf dem Mond keinen Krieg und auf der Venus keine Umweltverschmutzung. Die Besiedlung des Weltraums ist zweifellos die beste Gelegenheit seit 50000 Jahren, um etwas völlig Neues auszuprobieren und all die schlechten Dinge hinter sich zu lassen. Nachdem die menschliche Raumfahrt 50 Jahre lang stagnierte, haben wir jetzt die Technologie, das Kapital und den Wunsch, um das Zeitalter der kurzen Exkursionen zum Mond hinter uns zu lassen und unser Schicksal als multiplanetare Spezies in die Hand zu nehmen.

Na ja … vielleicht auch nicht. Wenn es Ihnen wie den meisten Laien geht, mit denen wir während der Recherche für dieses Buch gesprochen haben, haben Sie eventuell eine Vorstellung von der Besiedlung des Weltraums, die nicht ganz richtig ist. Dafür können Sie selbst gar nichts, denn der öffentliche Diskurs über die Weltraumkolonisierung steckt voller Mythen, Fantasien und Missverständnisse über grundlegende Fakten.

Im Jahr 2020 veröffentlichte beispielsweise Starlink, der Internet-Serviceprovider von SpaceX, seine Nutzungsbedingungen, in denen es heißt, dass »keine erdgebundene Regierung Autorität oder Souveränität über die Marsaktivitäten besitzt«.[2] Mit dieser Klausel verhält es sich wie mit vielen anderen Aussagen über die Besiedlung des Weltraums: Sie wurde von einem mächtigen Interessenvertreter propagiert, weit verbreitet und kommentiert und ist absolut unzutreffend. Die Regierungen der Erde haben sehr wohl die Autorität über die Aktivitäten auf dem Mars – sie werden durch seit Langem bestehende Verträge geregelt und der Planet selbst ist ein internationales Gemeingut. Zugegebenermaßen sind die Verträge seltsam und vage, aber es gibt sie und sie können nicht durch irgendwelche Nutzungsbedingungen außer Kraft gesetzt werden.

Nicht alle schlechten Argumente zur Besiedlung des Weltraums stammen von Raketenmilliardären. Ein Beispiel dafür ist der *Newsweek*-Artikel »›Star Wars‹ Class Wars: Is Mars the Escape Hatch for the 1 Percent?« aus dem Jahr 2015, in dem behauptet wird, dass »der Rote Planet wahrscheinlich nur für die Reichen zugänglich sein wird und die Armen darunter zu leiden haben werden, dass die Umwelt auf der Erde zerstört wird und Konflikte ausbrechen«.[3] Das kann man nur glauben, wenn man keine Ahnung hat, wie durch und durch, unglaublich, unvorstellbar schrecklich der Mars ist. Die durchschnittliche Oberflächentemperatur beträgt etwa –60 °C. Es gibt keine Atemluft, dafür aber planetare Staubstürme und eine Schicht aus giftigem Staub auf dem Boden. Eine um 2 °C wärmere Erde für den Mars zu verlassen, wäre so, als würde man ein schmutziges Zimmer verlassen, um in einer giftigen Müllhalde zu leben.

Die Wahrheit sieht vielmehr so aus, dass die Besiedlung anderer Welten mit dem Ziel, autarke, sich selbst versorgende Gesellschaften fernab der Erde zu schaffen, nicht nur ziemlich unwahrscheinlich ist, sondern auch nicht die von den Befürwortern angepriesenen Vorteile bringt: keine großen Reichtümer, keine neuen unabhängigen Nationen, keine zweite Heimat für die Menschheit, nicht einmal ein Sicherheitsbunker für die Superelite.

Trotzdem leben wir in einer Welt, in der Raumfahrtbehörden, große Unternehmen und mediengewandte Milliardäre etwas anderes versprechen.

Sie sagen, dass diese Siedlungen entstehen werden, vielleicht schon im Jahr 2050 oder so. Wenn sie erst einmal gebaut sind, werden sie praktisch alles in Ordnung bringen. Sie werden die Biosphäre der Erde retten oder eine äußerst kreative Pionierzivilisation ermöglichen oder den Vereinigten Staaten oder China oder Indien oder demjenigen, der den ersten großen Schritt macht, enorme wirtschaftliche Vorteile verschaffen.

Wir glauben zwar, dass all diese Behauptungen falsch sind, aber sie werden durch wirklich bahnbrechende technologische Entwicklungen gestützt, die den Zugang zum Weltraum viel billiger gemacht haben. Im nächsten Jahrzehnt wird es mit ziemlicher Sicherheit einfacher als je zuvor sein, Außenposten im Weltraum zu errichten. Das Problem für jeden potenziellen Siedler besteht jedoch darin, dass die meisten Herausforderungen, insbesondere in Bezug auf Biologie und Wirtschaft, weitaus komplexer sind als die Entwicklung größerer Raketen oder billigerer Raumfahrzeuge. Wie wir noch sehen werden, ist es ein Rezept für soziales Unheil und eine potenzielle Gefahr für den Heimatplaneten, wenn diese Probleme bei dem Versuch, eine kurzfristige Besiedlung zu erzwingen, ignoriert werden.

Hinzu kommt, dass die internationalen rechtlichen Strukturen, die den Weltraum regeln, seit den 1970er-Jahren kaum aktualisiert wurden. Das Weltraumrecht ist oft vage, uneindeutig und, wenn man die von den Vereinigten Staaten bevorzugte Auslegung akzeptiert, äußerst freizügig. Die moderne Welt des schnell wachsenden Weltraumkapitalismus und einer ständig wachsenden Zahl von Ländern mit Raumfahrtkapazitäten bietet beste Voraussetzungen für ein neues Mondrennen. Aber das Rennen in den 2020er- oder 2030er-Jahren wird sich stark von dem in den 1960er-Jahren unterscheiden, da es wahrscheinlich darum gehen wird, vorrangigen Zugang zu den äußerst begrenzten besten Teilen des Mondes zu erhalten. Dies birgt das Risiko von Konflikten, ist also weniger mit zwei Kindern vergleichbar, die sich darum streiten, wer am schnellsten rennen kann, sondern eher mit einer wachsenden Gruppe von Kindern, die sich um einen kleinen Haufen Süßigkeiten balgen.

Das ist gefährlich. Wenn wir Sie davon überzeugen, dass sich die Investition nicht auszahlt, dann ist es sogar unnötig gefährlich. Und lassen Sie uns die Metapher noch ein wenig verschlimmern, indem wir davon ausgehen, dass die Kinder auch noch über Atomwaffen verfügen.

Also: Weltraumsiedlungen. Haben wir das wirklich gut durchdacht?

Wenn die Menschheit die nächsten Jahrhunderte überlebt, ist es durchaus wahrscheinlich, dass wir in den Weltraum expandieren werden. Menschen, Nationen und die internationale Gemeinschaft haben dabei die Wahl, wie sie vorgehen wollen. Die Entscheidungen, die wir jetzt treffen – über das Tempo der Expansion und die ihr zugrunde liegenden Regeln –, werden diese Zukunft in einer Weise gestalten, die wir uns jetzt noch nicht vorstellen können. Die falschen Entscheidungen würden uns nicht nur verlangsamen, sie könnten die Menschheit sogar in existenzielle Gefahr bringen.

Wir können diese Entscheidungen nicht vernünftig treffen, wenn die Menschen die Wahrheit über die Besiedlung des Weltraums nicht wirklich kennen. Die ganze Wahrheit. Nicht nur die über die Größe der Rakete oder den Energiebedarf einer Siedlung oder die verfügbaren Mineralien in Asteroiden, sondern auch die Wahrheit über die wichtigen offenen Fragen zu Themen wie Medizin, Fortpflanzung, Recht, Ökologie, Wirtschaft, Soziologie und Kriegsführung. In Büchern und Dokumentationen über die Besiedlung des Weltraums werden ausführliche Informationen, die ehrlich über die erheblichen Schwierigkeiten bei diesen Themen berichten, fast immer ausgelassen.

Warum ist dieser Diskurs so oft mangelhaft? Wir glauben, dass es dafür zwei Hauptgründe gibt. Erstens weiß die breite Öffentlichkeit sehr wenig über den Weltraum. Die meisten Menschen können genau einen Astronauten benennen und mit einer geeigneten Eselsbrücke die Planeten der Reihe nach aufzählen. Abgesehen von ein paar Exzentrikern wissen die meisten von uns nicht, woraus der Mondboden besteht, was der Weltraumvertrag besagt oder wie die Geschichte der Atomwaffendetonationen im Weltraum aussieht.

Angesichts des begrenzten Allgemeinwissens über die grundlegende Weltraumwissenschaft ist das Wissen über ihren seltsamen kleinen Verwandten – die Wissenschaft zur Weltraumkolonisierung – so gut wie gar nicht vorhanden. Und damit sind wir beim zweiten Problem angelangt. Wenn Sie nichts über die Besiedlung des Weltraums wissen und sich weiterbilden wollen, werden Sie feststellen, dass viele der Artikel, die Sie lesen, viele der Dokumentarfilme, die Sie sich ansehen, und so ziemlich jedes einzelne Buch zu diesem Thema von einem Befürworter der Weltraumkolonisierung verfasst worden sind.

Es ist natürlich absolut nichts Falsches daran, sich für etwas einzusetzen. Die Befürworter der Weltraumkolonisierung, die wir getroffen haben, sind kluge, umsichtige Menschen. Zumindest die meisten von ihnen. Aber wenn man heute etwas über die Besiedlung des Weltraums liest, ist das ungefähr so, als würde man Bücher darüber lesen, wie viel Bier man trinken sollte, und alle relevanten Publikationen wurden von Brauereien geschrieben. Selbst wenn die Autoren sich bemühen, unparteiisch zu sein, lassen sie Dinge aus. Eines der bekanntesten Bücher über die Besiedlung des Weltraums, *The Case for Mars*, ist über 400 Seiten lang und enthält obskure historische Informationen über die Marskonferenzen der 1980er-Jahre sowie detaillierte chemische Gleichungen für die Kunststoffproduktion auf der Marsoberfläche, erwähnt aber an keiner Stelle die Existenz des internationalen Weltraumrechts. Es wird auch kein einziges Wort über die fünf Jahrzehnte rechtlicher Präzedenzfälle verloren, die den politischen Charakter und die geopolitischen Folgen einer möglichen Zukunft auf dem Mars bestimmen werden.

Das Buch, das Sie gerade lesen, welches zugegebenermaßen humorvoll geschrieben ist und eine Erklärung über Weltraumkannibalismus enthält (bleiben Sie am Ball), ist nichtsdestotrotz das einzige uns bekannte populärwissenschaftliche Buch, das ein umfassendes Bild bietet, ohne Ihnen den Gedanken an eine baldige Expansion in den Weltraum schmackhaft machen zu wollen.* Vielmehr versuchen wir, eine Menge falscher Vorstellungen aus dem Weg zu räumen und diese durch eine realistischere Sichtweise darüber zu ersetzen, wie machbar Weltraumsiedlungen sind und was sie für die Menschheit bedeuten könnten.

Aber zuerst sollten wir uns einmal selbst vorstellen. Hi. Wir sind Kelly und Zach Weinersmith. Kelly ist Biologin und Zach ist Cartoonist. Wir sind ein Forscherehepaar, das die letzten vier Jahre damit verbracht hat, herauszufinden, wie die Menschen zu Weltraumsiedlern werden können. Wir haben Konferenzen besucht, endlose Interviews geführt und 27 Regale voller Bücher und Abhandlungen über die Besiedlung des Weltraums und verwandte Themen gesammelt. Wir sind Weltraumfreaks. Wir lieben Raketenstarts und Experimente in der Schwerelosigkeit. Wir lieben die kuriosen Geschichten der Weltraumforschung wie rote Würfel und aneinandergeschnürte Tampons (darauf kommen wir später noch einmal zurück). Wir begeistern uns für visionäre Pläne für eine glorreiche Zukunft. Wir sind allerdings auch

* Abgesehen davon gibt es bereits seit Langem eine kritische Literatur mit einer wachsenden Anzahl neuerer Beiträge, wie *Space Forces* von Fred Scharmen und *Off-Earth* von Erika Nesvold.

sehr skeptische Menschen. Wenn Sie sich ein Bild von uns machen wollen, stellen Sie sich John F. Kennedy vor, wie er eine schöne, aufmunternde Rede über das Segeln auf »diesem neuen Ozean« hält und Sie dann im Hintergrund zwei Menschen sehen, die skeptisch dreinblicken und denken: »Aber ist das wirklich so etwas wie ein Ozean?«

Nach einigen Jahren der Erforschung der Weltraumkolonisierung begannen wir, uns insgeheim als *Space Bastards* zu bezeichnen, weil wir pessimistischer waren als fast alle anderen im Bereich der Weltraumkolonisierung und besonders skeptisch gegenüber den großartigen Plänen der Weltraumenthusiasten. Wir waren nicht immer so. Die Daten haben uns dazu veranlasst. Ehrlich gesagt sind wir Feiglinge und würden dem Konsens nur zu gerne zustimmen. Wir sind nicht gerne so pessimistisch, vor allem nicht bei einem Vorhaben, von dem so viele Menschen glauben, dass es das Beste der menschlichen Natur verkörpert. Man fühlt sich dann, na ja, wie ein Fiesling.

Wir glauben, dass die Besiedlung des Weltraums möglich ist, dass der Diskurs aber mehr Realismus braucht – nicht um allen den Spaß zu verderben, sondern um sich vor den wirklich gefährlichen Entwicklungen für den Planeten Erde zu schützen.

Wie wir zu Space Bastards wurden … und wie Sie das auch können!

Wenn das Thema der Weltraumforschung für Sie neu ist, haben Sie möglicherweise keine Kenntnis darüber, in welchem Ausmaß sich die Kosten für den Zugang zum Weltraum und das Weltraumgeschäft im Allgemeinen seit Mitte der 2010er-Jahre verändert haben.

Die meisten von uns haben noch in Erinnerung, dass die 1950er- und 1960er-Jahre von glorreichen Weltraumversprechen überschwemmt waren: Mondbasen, Urlaub in der Umlaufbahn, Pioniere auf dem Mars und, vor allem in den Weltraumbüchern der späten 1960er-Jahre, seltsame erotische Möglichkeiten bei Schwerelosigkeit. All dies wich dem jämmerlichen Elend der 1970er-Jahre und 40 Jahren mäßiger und ausgesprochen dürftiger menschlicher Präsenz im Weltraum. Dieses Scheitern wird manchmal auf einen Verlust an Fantasie oder Ehrgeiz zurückgeführt, aber eine ziemlich einfache Erklärung dafür ist der Kostenfaktor. Veränderungen bei den Startpreisen erklären sowohl die wilden Träume der frühen Ära nach der Mondlandung als auch die 40 Jahre der Enttäuschung. Betrachtet man nur den Zeitraum von der ersten Erdumkreisung 1957 bis zum Ende der 1960er-Jahre, so sanken die Kosten für den Abschuss in die Erdumlaufbahn um etwa 90 bis 99 Prozent. Wenn jedes nachfolgende Jahrzehnt ähnlich verlaufen wäre, wäre es heute billiger, ein Paket ins All zu schicken als auf einen anderen Kontinent. Aus diesem Grund wurden auch die besten Bücher über extravagante Ideen zur Weltraumkolonisierung in den groovigen Anfangsjahren veröffentlicht.

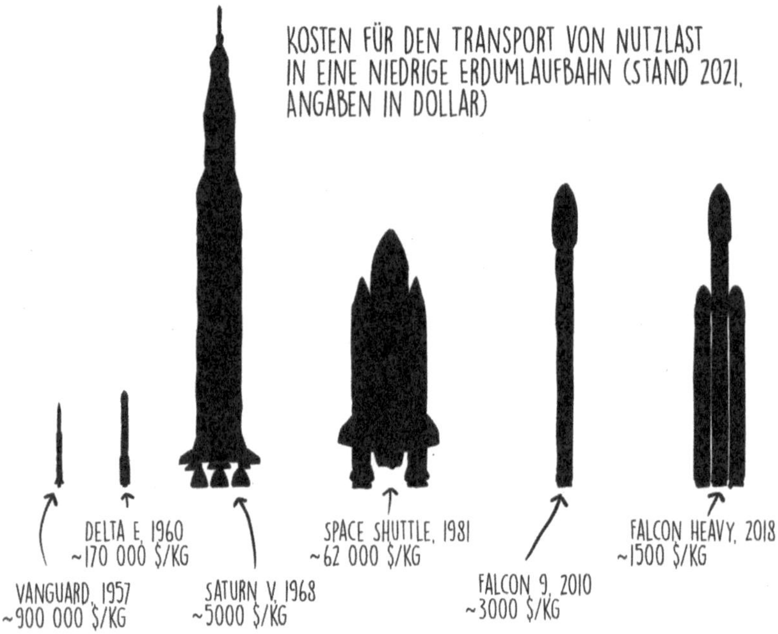

HINWEIS: DIESE ZAHLEN DIENEN ALS INDIKATOR FÜR DEN ALLGEMEINEN TREND. DIE SPEZIFISCHEN ZAHLEN SIND JEDOCH KOMPLEXER, DA SIE VERSCHIEDENE RAKETENGRÖßEN FÜR UNTERSCHIEDLICHE ZWECKE VERGLEICHEN.

Zum Leidwesen vieler Weltraumenthusiasten fielen die Preise seit den frühen 1970er-Jahren aber nicht mehr. Das Spaceshuttle, das Raumflüge zur Routine, billig und sicher machen sollte, scheiterte in allen drei Punkten und blieb Schätzungen zufolge jahrzehntelang der teuerste Weg, etwas in die Umlaufbahn zu bringen. Das war der Stand der Dinge bis in die 2010er-Jahre, als die Kosten für die Beförderung von Material ins All vor allem dank eines politischen Kurswechsels in den USA und insbesondere dank SpaceX wieder drastisch sanken.

Das bedeutet nicht nur mehr Raketenstarts, sondern auch mehr Weltraumflugkörper. Im Jahr 2015 gab es etwa 1400 aktive Satelliten. Im Jahr 2021 waren es etwa 5000 und im Mai 2023 mehr als 7500. Im Januar 2024 wurden rund 5700 aktive Satelliten von Starlink, dem Internet-Satellitendienst von SpaceX, kontrolliert.

Der Weltraumtourismus, der seit Langem versprochen, aber bisher kaum realisiert wurde, scheint tatsächlich Wirklichkeit zu werden. Jeff Bezos' Raketenfirma Blue Origin schickt regelmäßig Menschen auf rund 100 Kilometer hohe Flüge, und SpaceX hat Verträge abgeschlossen, um Touristen auf Rundreisen um den Mond zu schicken. Wo früher nur einige wenige Regierungsbehörden Weltraumstarts durchführten, gibt es jetzt eine wachsende Zahl privater Unternehmen, die miteinander im Preiswettbewerb stehen. Gleichzeitig wächst der Appetit der Menschheit auf der ganzen Welt auf Hochgeschwindigkeitsdaten. In einer Studie wurde festgestellt, dass die Menschen in den Vereinigten Staaten durchschnittlich 36 Mal pro Tag mit Satelliten interagieren. Die Schätzungen variieren, aber die Anlageprospekte der Finanzinstitute stimmen in der Regel darin überein, dass das gesamte Raumfahrtgeschäft bis zum Jahr 2040 mindestens eine Billion Dollar wert sein wird, vorausgesetzt, das Wachstumstempo nimmt nicht rasant zu.

Kurz gesagt: Der Hype ist real. Im Jahr 2005 wäre es sehr verfrüht gewesen, sich über die Gesetze für die Expansion der Raumfahrt Sorgen zu machen. Aber 2025 wird das ganz anders aussehen.

Für uns war es eine seltsame Erfahrung, diesen Trend zu beobachten. Als er sich zu entwickeln begann, schrieben wir gerade ein Buch mit dem Titel *Bald!* über futuristische Technologien, in dem wir uns auch mit den

Auswirkungen eines billigeren Zugangs zum Weltraum beschäftigten. Ende 2015 waren wiederverwendbare Raketen, einer der Schlüssel zu einem billigen Weltraumzugang, Realität geworden. Als das Buch in die Läden kam, waren sie bereits Routine. Was würde die Menschheit mit diesen neuen Kräften anfangen?

Einen Hinweis lieferten unsere Nachforschungen zum Asteroidenbergbau, dem Versuch, wertvolle Materie aus dem Asteroidengürtel oder aus erdnahen Objekten zu gewinnen. Unsere Analyse ergab, dass der Abbau auf Asteroiden zur Gewinnung von Rohstoffen für die Erde wirtschaftlich betrachtet nicht sinnvoll ist. Und außerdem, stellen Sie sich nur mal vor, Sie erklären einem Hadrosaurier Ihren Plan, schwere Weltraumobjekte zur Verarbeitung auf die Erde zu schleudern.

Wenn man allerdings eine Siedlung im Weltraum gründen will, sind Asteroiden tatsächlich sehr interessant. Der Asteroidengürtel enthält über 2 Sextillionen Kilogramm an Material: Metalle, Kohlenstoff, Sauerstoff, Wasser – alles bereits weit von der Erde entfernt und bereit zur Nutzung. Mit der neuen Raketentechnologie und den riesigen Geldsummen, die in das Geschäft fließen, verfügt man über einen Weg, um in den Weltraum zu gelangen, und über Baumaterialien, die quasi vor Ort warten.

Auch die rechtliche Situation für die Besiedlung des Weltraums schien sich zu verbessern. Obwohl es eine Debatte darüber gab, ob die bestehenden internationalen Weltraumverträge die Gewinnung von Ressourcen zu Profitzwecken erlauben oder nicht, verabschiedeten die Vereinigten Staaten 2015 ein Gesetz, das ausdrücklich festschreibt, dass die Amerikaner unbegrenzt Weltraumressourcen ausbeuten dürfen. Und zumindest Luxemburg schien dem zuzustimmen, indem es ein ähnliches Gesetz verabschiedete und eine Menge Geld in zwei in den USA ansässige Asteroiden-Bergbauunternehmen steckte. Der Zugang zum Weltraum wurde einfacher, die Ressourcen im Weltraum waren reichlich vorhanden, die Länder gaben den Entwicklern grünes Licht, sich auszutoben, und der Chef des größten Raketenunternehmens war Elon Musk – ein umtriebiger Technikfreak, dessen erklärtes Ziel die Besiedlung des Mars zu seinen Lebzeiten war.

Okay, natürlich war der Weg zu Weltraumsiedlungen, im Gegensatz zu Weltraumhotels oder Forschungsbasen, etwas komplizierter, aber immerhin floss enorm viel Geld in die Entwicklung von Raketen, Raumschiffen und sogar einigen lebenserhaltenden Technologien. Zumindest rückte die Besiedlung des Weltraums immer näher. Die Träume der 1950er-Jahre schienen sich bis zu den 2050er-Jahren endlich zu verwirklichen.

Wir wollten etwas dazu beitragen. Wir hielten die Besiedlung des Weltraums in naher Zukunft für möglich und hatten vor, eine Art soziologische Roadmap zu schreiben, wie man auf 100, 1000, 10000 Menschen und darüber hinaus skalieren kann. Ein kleiner Leitfaden, um der Öffentlichkeit zu erklären, was als Nächstes kommt. Aber wir hatten auch ein paar Bedenken – Dinge, die wir nicht verstanden, zum Beispiel die Frage, wie man die rechtlichen Rahmenbedingungen so gestaltet, dass es sicher ist, in einem Sonnensystem zu leben, in dem Dutzende von Nationen, Unternehmen und möglicherweise auch Einzelpersonen Objekte auf den Heimatplaneten schleudern können, die so groß sind wie die, die die Dinosaurier auslöschten. Ein klares Protokoll wäre schön. Wir mussten feststellen, dass diese Bedenken bis auf wenige Ausnahmen von den Befürwortern der Weltraumkolonisierung ignoriert und manchmal sogar feindselig behandelt wurden.

Je intensiver wir uns mit dem Thema beschäftigten, desto größer wurde der Umfang unserer Bedenken. Wie funktioniert die Demokratie in einer Gesellschaft, in der die Atemluft rationiert ist – und möglicherweise von Unternehmen kontrolliert wird? Wie verändert sich die Soziologie, wenn sich die Menschen nicht fortpflanzen können, sofern sie sich nicht in der normalen Schwerkraft der Erde befinden? Wie vermeiden wir ein Gerangel um Territorien, wenn einige Regionen des Weltraums besser sind als andere? Wie sieht eigentlich das heutige Weltraumrecht aus, wie ist es dazu gekommen und wird es sich möglicherweise ändern? Diese Fragen schienen grundlegend für die Besiedlung des Weltraums zu sein und waren, offen gesagt, wirklich interessant, wurden aber in der Regel als Punkte übergangen, die sich mit der Entwicklung größerer Raketen von selbst regeln würden. So wandelte sich das Buch, in dem es nun weniger darum gehen sollte, das Geschäft mit den zukünftigen Weltraumsiedlungen zu erklären, sondern vielmehr darum, den unerforschten Fragen auf den Grund zu gehen, deren Erforschung uns an einige seltsame Orte führte.

Wir lasen Berichte über Höhlen auf dem Mond, unangenehm detaillierte Konzepte zur Paarung im Orbit und Abhandlungen über Weltraumwahnsinn, Mondgesetze, Pläne für marsianische Firmenstädte und Hoffnungen auf neue Lebensformen in fernen Welten. Wir nahmen uns Dutzende von alten Weltraumbüchern vor, die bis in die 1920er-Jahre zurückreichen und von denen viele eine baldige Besiedlung des Weltraums vorhersagten. Wir sprachen mit Experten aus Wirtschaft und Politik, die wenig Interesse an der Raumfahrt hatten, aber auch mit Raumfahrtbefürwortern und Raumfahrtunternehmern. Wir platzen praktisch vor seltsamem Weltraumwissen. Wussten Sie, dass die kolumbianische Verfassung einen Anspruch auf eine bestimmte Region des Weltraums erhebt? Wussten Sie, dass die erste Frau, die eine Raumstation betrat, eine Schürze »geschenkt« bekam und gefragt wurde, ob sie für den Rest ihrer Mission das Kochen und Putzen übernehmen würde? Wussten Sie, dass ein frühes Konzept zur Lebenserhaltung im Weltraum eine Substanz vorsah, die sowohl als Lagerfläche als auch als Frühstück dienen konnte? Wussten Sie, dass der ehemalige Präsidentschaftskandidat der Republikanischen Partei der USA, Barry Goldwater, einst dafür plädierte, Stiersamen in den Orbit zu schicken, um Spermien für die Geschlechtsselektion zu separieren?

Wir verliebten uns zwar in das Forschungsgebiet der Weltraumsiedlung, aber wir machten uns immer mehr Sorgen über all die Vorschläge, wie dies in den kommenden Jahrzehnten umgesetzt werden könnte. Wenn man nur über technische Dinge spricht, wie die Größe von Raketen oder die Frage, ob es auf dem Mars Wasser und Kohlenstoff gibt, kann das Gesamtbild ziemlich solide aussehen. Wenn man sich aber mit den schwammigen Details der menschlichen Existenz befasst, sieht die Sache, nun ja, schwammig aus.

Ein Beispiel hierfür sind Weltraumbabys. Können wir sie erzeugen? Bei Vorschlägen für Weltraumsiedlungen wird oft einfach davon ausgegangen, dass man problemlos ein natürliches Bevölkerungswachstum erreichen kann. Wir wissen nicht, ob das stimmt, und es gibt gute Gründe für die Annahme, dass es nicht so ist. Ein Start-up namens SpaceLife Origin gab 2018 sein Ziel bekannt, bis 2024 die erste menschliche Geburt im Weltraum zu erreichen. Im Jahr 2019 verließ der CEO das Unternehmen unter Berufung auf »ernsthafte ethische, sicherheitstechnische und medizinische Bedenken«.[4] Damit hat er den Nagel auf den Kopf getroffen. Von allen NASA-Astronauten haben nur fünf Astronauten neun aufeinanderfolgende Monate im Weltraum verbracht, nur zwei dieser fünf waren Frauen, und keiner von ihnen musste dies tun, während er ein Fötus war. Auch die Menschen, die den Fötus austragen, könnten Bedenken haben. Mütter auf der Erde machen sich Sorgen über Dinge wie ob es in Ordnung ist, Sushi zu essen oder ein Bier zu trinken. Und nun stellen Sie sich einmal 1 Prozent Knochenschwund pro Monat vor, während Sie jeden Tag mehrere Stunden Widerstandstraining in einer Atmosphäre mit hoher Strahlung und hohem Kohlendioxidgehalt ohne erdnahe Schwerkraft absolvieren. Es ist sicherlich möglich, dass alles gut geht, aber wir würden nicht darauf wetten wollen. In Anbetracht der Tatsache, dass das Bevölkerungswachstum es erfordert, dass Babys nicht nur geboren werden, sondern auch aufwachsen, um später selbst Babys zu bekommen, würde es Jahrzehnte dauern, angemessene Sicherheitsprotokolle zu erstellen, selbst wenn wir ab morgen unethischerweise mit Experimenten an Menschen beginnen würden. Aber das tun wir nicht. Der derzeitige Stand der Technik umfasst kurze, unsystematische Experimente im Orbit wie das, bei dem Geckos für eine genau dokumentierte gemeinsame Zeit nach oben geschickt wurden, bevor das Experiment scheiterte und alle erfroren. So läuft das im Weltraum.

Elon Musk sagt, dass wir im Jahr 2029 unsere Füße auf dem Mars haben werden und eine Millionenstadt 20 oder 30 Jahre später möglich ist. Wir nehmen an, dass er die Weltraumbabys erst einmal im Griff hat, sodass wir uns mit einem größeren Problem befassen können: Der Weltraum ist schrecklich. Wenn wir mit Menschen sprechen, die keine Weltraumfreaks sind, haben wir den Eindruck, dass sie zwar wissen, dass der Weltraum ziemlich mies ist, aber dass sie das Ausmaß der Scheußlichkeit unterschätzen. Wir haben vorhin gesagt, dass man verrückt wäre, die Erde für den Mars zu verlassen. Das stimmt, aber wir sollten hinzufügen, dass der Mars mit Abstand der einladendste Ort für eine Weltraumsiedlung ist. Den zweiten Platz belegt der Mond, der neben vielen anderen Mängeln sehr arm an Kohlenstoff ist, dem Grundbaustein des Lebens.

Die allgemein schreckliche Beschaffenheit des Weltraums hat zur Folge, dass man dort wahrscheinlich unterirdisch leben muss, damit man nicht mit der Umwelt in Berührung kommt. Das Überleben von Millionen von Menschen erfordert eine sehr gute Abdichtung, enorme Mengen an Elektrizität, wahnsinnig große Strukturen und – was am schwierigsten ist – ein künstliches Ökosystem, um alle Bewohner zu versorgen. Können wir das schaffen? Das größte System dieser Art, das jemals gebaut wurde, war Biosphäre 2, das in den 1990er-Jahren errichtet wurde und insgesamt acht Menschen zwei hungrige Jahre lang ernährte. Ist es realistisch, dass wir das in den nächsten 30 Jahren von acht Menschen auf eine Million skalieren können? Wie bei den Weltraumbabys besteht das Problem hier nicht nur darin, dass die Technologie eine Herausforderung darstellt. Auch Computer und Flugzeuge waren mal eine Herausforderung, aber wir haben sie trotzdem gebaut. Das Problem liegt vielmehr darin, dass wir, um von acht auf eine Million zu skalieren, ein extrem komplexes biologisches System verstehen müssen, auf das die Siedler angewiesen sein werden, um Nahrung, sauberes Wasser und Luft zu erhalten und generell zu überleben. Wir können das schaffen, aber im Tempo der Ökologie, nicht des Risikokapitals. Wo wir gerade dabei sind: Wie bei den Weltraumbabys gibt auch hier niemand das Geld aus, das erforderlich ist, um schnelle Antworten zu erhalten, vielleicht weil es keinen offensichtlichen Profit bei Dingen wie orbitaler Geburtshilfe oder luftdichten Gewächshäusern von der doppelten Größe Singapurs gibt.*

Wir haben immer noch keine Ahnung von vielen grundlegenden Aspekten, und dieses Wissen zu erlangen, wird teuer, zeitaufwendig und ohne offensichtliche Rendite sein. Wenn es Ihnen wie uns geht, denken Sie an diesem Punkt: Okay, die Wissenschaft und die Technik sind zwar kompliziert, aber wir können es trotzdem tun, und wir sollten es tun, weil es großartig ist. Das führt leider zu einem Problem, das größer als die Wissenschaft oder die Technologie ist: das Recht.

Ob Sie es glauben oder nicht, es gibt tatsächlich ein Weltraumrecht und sogar Weltraumanwälte. Das sind keine Aktenkoffer tragenden Leute in Raumanzügen, sondern Gelehrte des internationalen Rechts. Sie halten Konferenzen, Institute und simulierte Gerichtsverhandlungen ab und sind, soweit wir das beurteilen können, sehr verärgert darüber, dass die Fans der Weltraumkolonisierung oft so tun, als gäbe es sie nicht. Wir werden später auf die Einzelheiten eingehen, aber das übergeordnete Problem besteht darin, dass die Art und Weise, wie das Weltraumrecht mit moderner Technologie und Geopolitik interagiert, praktisch darauf ausgelegt ist, eine Krise zu er-

* Biosphäre 2 war etwa 1,27 Hektar groß und für acht Menschen vorgesehen. Wenn wir das auf eine Million Menschen übertragen, sind das etwa 1600 Quadratkilometer Treibhausfläche.

zeugen, wenn die Menschheit sich in Richtung Weltraumsiedlungen bewegt. Der Grund dafür ist folgender: Der Weltraum ist ein Gemeingut. Er gehört allen. Niemand hat das Recht, sich ein Gebiet anzueignen. Nach vielen modernen Interpretationen – und insbesondere nach der amerikanischen Interpretation – kann jedoch jeder so viel von der Oberfläche nutzen, wie er will. Darüber sollten wir mal kurz nachdenken: Sie können die gesamte Mondoberfläche nach Belieben nutzen, solange Sie nicht sagen: »Das ist meins«, im Sinne von: Das ist mein Territorium. Rechtlich gesehen könnten wir wahrscheinlich in riesigen, von der Erde aus sichtbaren Buchstaben schreiben: »Der Mond gehört den Weinersmiths, ihr Deppen auf der Erde«, solange wir nicht behaupten, dass wir das tatsächlich glauben.

Andere Akteure könnten dies ebenfalls tun: China, Indien, die Europäische Weltraumorganisation oder auch private Raumfahrtunternehmen. Wenn man dann noch bedenkt, dass nur ein winziger Teil der Mondoberfläche von besonderem Nutzen ist und dass die wahrscheinlichsten Streitparteien Atommächte sind, ergibt sich eine interessante Situation. Kelly besuchte 2019 den Internationalen Astronautenkongress IAC – eine Art Abschlussball der nerdigen Weltraumszene mit wichtigen Vertretern der Weltregierung und der Raumfahrtbehörden –, wo sie an einer Sitzung zum Thema Weltraumrecht teilnahm. Die gängige Meinung unter den US-amerikanischen Vertretern? Das Weltraumrecht ist zu langsam, und man ist sich untereinander nicht einig, wie es weitergehen soll; also sollten wir einfach nationale Regeln verabschieden, versuchen, befreundete Nationen dazu zu bringen, diesen zuzustimmen, und unser Ding machen. Das Problem, das wir dabei sehen, ist, dass wir damit quasi territoriale Ansprüche erheben können, die die Auslegung des internationalen Rechts sprengen.

Besonders besorgniserregend ist, dass diese Entscheidung, sich kopfüber in eine Krise zu stürzen, auch dann getroffen werden kann, wenn es keinen guten wirtschaftlichen oder militärischen Grund dafür gibt. Zach sprach einmal mit einem Wissenschaftler für internationale Sicherheit darüber, warum Nationen Dinge tun, die keinen Sinn ergeben. Seine konkrete Frage bezog sich auf Helium-3, eine Substanz, die mehrere Regierungen, Unternehmen und Raumfahrtbehörden wegen ihres wirtschaftlichen Wertes auf dem Mond abbauen wollen. Aus Gründen, die wir später noch erläutern werden, sind wir der Meinung, dass diese Überlegung schlichtweg albern ist, und wir haben uns gefragt, warum all diese verschiedenen Akteure angeblich daran ein Interesse haben. Die Antwort lautete in etwa: »Na ja, die Einstellung ist … wenn China es macht … dann müssen wir es auch machen.« Auch die Raumfahrtbehörden sind in dieser Hinsicht nicht zurückhaltend. In einem Interview mit der *New York Times* aus dem Jahr 2022 sagte der NASA-Administrator Bill Nelson über die chinesische Präsenz auf der Mondoberfläche: »Wir müssen uns darüber im Klaren sein, dass sie sagen könnten: ›Dies ist unsere exklusive Zone. Haltet euch fern davon.‹«[5]

Wenn man den Weltraum sicher besiedeln will, ist die richtige Technologie schon schwierig, aber das ist noch nicht alles. Wir brauchen auch zumindest einigermaßen harmonische internationale Beziehungen. Es sieht allerdings auf der Erde gerade nicht gut aus, und im Weltraum sieht es vielleicht nicht viel anders aus. In einem 2022 von der Defense Innovation Unit herausgegebenen Bericht, der von Workshop-Teilnehmern aus Organisationen wie der US Space Force und der Air Force verfasst wurde, vertreten die

Autoren die Ansicht, dass ein neues »Weltraumrennen« mit China bereits begonnen hat. Dazu schreiben sie: »Der Wettbewerb stellt einen wichtigen Wendepunkt nicht nur für das 21. Jahrhundert, sondern für die gesamte Menschheitsgeschichte dar. Das Ziel des neuen Wettlaufs im Weltraum besteht in nichts Geringerem als der dauerhaften Etablierung der ersten menschlichen Siedlung außerhalb des Planeten, die von einer florierenden Wirtschaft zum, im und aus dem Weltraum angetrieben und unterstützt wird.«[6]

Doch es gibt auch Raum für Optimismus. Die Menschheit hat es geschafft, die Antarktis und den Meeresboden friedlich zu reglementieren – Gebiete, die dem Weltraum insofern ähneln, als sie im Grunde genommen schrecklich sind und bis Mitte des 20. Jahrhunderts weitgehend unzugänglich waren. Ob wir das im Weltraum, der seit den 1950er-Jahren eng mit nationalem Prestige verbunden ist, künftig auch tun können, ist allerdings komplizierter. Aber nehmen wir einmal an, wir schaffen das alles. Wir haben Blasen-Ökosysteme, China und die Vereinigten Staaten verstehen sich dank eines brillanten neuen Rechtsrahmens prächtig, und wir machen lauter erstklassige Weltraumbabys. Dann bleibt nur noch ein letztes Problem: wir.

Angesichts der Schwierigkeit, den Weltraum zu besiedeln, kommen die Befürworter in der Regel mit ehrgeizigen Zielen für die Menschheit an den Verhandlungstisch. Eines der plausibelsten Ziele lautet, dass eine zweite menschliche Zivilisation im Wesentlichen eine Sicherungskopie für den Fall ist, dass wir die Zivilisation auf der Erde versehentlich vernichten. Oder sie verschmoren lassen. Oder sie von einem Asteroiden getroffen wird. In dieser Vision ist die Besiedlung des Weltraums ein Plan B für unsere Spezies, was die Besiedlung des Weltraums zu einem lohnenswerten Ziel macht, ungeachtet des Risikos oder der kurzfristigen Rentabilität der Investition.

Aber sind wir sicher, dass eine Plan-B-Strategie tatsächlich die Wahrscheinlichkeit des Überlebens unserer Spezies erhöht? Vielleicht nicht.

Eine ausführliche Betrachtung des Space-Bastardtums

Die wohl ausführlichste Behandlung dieses Themas findet sich im Buch *Dark Skies: Space Expansionism, Planetary Geopolitics, and the Ends of Humanity* von Dr. Daniel Deudney, einem Wissenschaftler für internationale Beziehungen. Es ist ein kompliziertes Argument, aber der Grundgedanke ist folgender: Da wir Menschen so sind, wie wir sind, führt der Vorstoß in den Weltraum zu mindestens zwei Formen existenzieller Gefahren: das Risiko eines nuklearen Konflikts auf der Erde aufgrund eines Gerangels um das Weltraumterritorium und das Risiko, dass schwere Objekte auf die Erde geschleudert werden, wenn es den Menschen erlaubt wird, Dinge wie Asteroiden und massive Raumstationen im Orbit zu kontrollieren.

Der erste Punkt könnte zumindest im Prinzip durch eine angemessene rechtliche Regelung gelöst werden, aber der zweite Punkt ist schwieriger. Je mehr Möglichkeiten wir im Weltraum haben, desto mehr Möglichkeiten zur Selbstvernichtung stehen uns offen. Dafür ist nicht einmal ein interplanetarischer Krieg erforderlich. Eine terroristische Handlung würde ausreichen und wäre wahrscheinlich schwieriger zu bekämpfen.

Deudney ist unter den Fans der Weltraumkolonisierung nicht sehr beliebt,* aber wir sind der Ansicht, dass er ernst genommen werden muss. Wenn er recht hat, gibt es selbst dann, wenn wir die benötigte Technologie herstellen und die rechtlichen Voraussetzungen schaffen können, immer noch ein starkes Argument gegen eine massive menschliche Präsenz im Weltraum. Dabei gibt es mindestens zwei verschiedene Möglichkeiten, wie es schiefgehen könnte: Erstens erhöht mehr menschliche Präsenz im Weltraum einfach die Wahrscheinlichkeit eines schlechten Ausgangs. Das zweite Problem ist das, was man als Tendenz zur »Weltraum-Bastardokratie« bezeichnen könnte. Darauf werden wir noch näher eingehen, aber es gibt Gründe für die Annahme, dass die Besiedlung des Weltraums, so wie man

* Also wir, die Space Bastards, mögen ihn. Er scheint ein wirklich netter Kerl zu sein.

sie sich im Allgemeinen vorstellt, mit größter Wahrscheinlichkeit grausame oder autokratische Regierungen hervorbringt.

Besonders besorgniserregend an Deudneys Argumenten ist die Tatsache, dass es unter den Befürwortern der Besiedlung des Weltraums – zu denen zwei der reichsten Männer der Erde gehören, die beide Eigentümer von Raumfahrtunternehmen sind – alle möglichen fragwürdigen Überzeugungen darüber gibt, wie der Weltraum die Menschheit verbessern wird. Die Besiedlung des Weltraums ist etwas, das die Menschen schon seit der viktorianischen Ära anstreben. Es gibt seit Langem bestehende Gesellschaften, die sich dieser Idee verschrieben haben und die im Laufe der Jahre alle möglichen Argumente dafür entwickelt haben, warum die Menschen ins All aufbrechen müssen, und das schon bald, und wie großartig alles sein wird, wenn wir erst einmal dort sind.

Je nachdem, welcher Theorie man Glauben schenkt, soll der Weltraum Folgendes ermöglichen: die Wahrscheinlichkeit von Kriegen verringern, die Politik verbessern, der Knappheit ein Ende setzen, uns vor dem Klimawandel bewahren, eine homogenisierte und schnell verweichlichende Erde wiederbeleben und nach einer weitverbreiteten Vorstellung, die als »Overview-Effekt« bezeichnet wird, uns alle so weise wie Philosophen machen. Wenn auch nur eine dieser Behauptungen wahr wäre, könnte sie Deudneys Argumente widerlegen. Wenn wir da oben alle Philosophen sein werden, warum sollten wir uns dann Gedanken über Krieg machen? Oder wenn wir eine Chance haben, die Knappheit zu beseitigen, ist das Existenzwagnis vielleicht die Gefahr wert. Das Problem ist nur, dass diese Thesen aus Gründen, auf die wir im weiteren Verlauf des Buches eingehen werden, mit ziemlicher Sicherheit falsch sind.

Aber sie sind nach wie vor weit verbreitet und haben Einfluss auf mächtige Technologen in der Weltraumsiedlungsbewegung und in den Raumfahrtbehörden. Eine seit Langem bestehende Überzeugung der Weltraumsiedlungsideologie ist weitgehend libertär und konservativ. Sie sieht die moderne Erde als zunehmend homogenisiert und bürokratisiert an, die den Einfluss einer Pionierzivilisation im Weltraum benötigt, um uns einen stärkeren, freieren und besseren Weg aufzuzeigen. Elon Musk glaubt wahrscheinlich in irgendeiner Form daran. Denken Sie nur an seinen Tweet, in dem er behauptet: »Wenn er nicht gestoppt wird, wird der Woke-Mind-Virus die Zivilisation zerstören und die Menschheit wird niemals den Mars erreichen.«[7] Eine verwandte Version dieser Vorstellung sieht so aus, dass der Weltraum wie der alte amerikanische Westen sein wird, der die Vereinigten Staaten angeblich zu ihrem modernen, dynamischen und robusten individualistischen Selbst gemacht hat. Diese Idee geht auf das 19. Jahrhundert zurück, ist aber seit den 1980er-Jahren unter Historikern nicht mehr verbreitet. Dennoch lebt sie in Regierungs- und Militärdokumenten, politischen Reden und in der Philosophie der National Space Society weiter und wird von Dr. Robert Zubrin, dem Präsidenten der Mars Society, vertreten.

Jeff Bezos hat seine Theorie der Weltraumbesiedlung wahrscheinlich von Dr. Gerard K. O'Neill übernommen, einem Princeton-Professor, dessen Vorlesungen Bezos als junger Student besuchte. O'Neills Weltraumphilosophie drehte sich um große, solarbetriebene Raumstationen als Mittel zur Rettung der Wirtschaft und Ökologie der Erde. Dieses Argument mag um 1970 herum plausibel gewesen sein, als die Meinung weit verbreitet war, dass der Weltraum immer billiger werden würde und dass Energie- und Nahrungsmittelkrisen in den 1980er-Jahren zu beispiellosen weltweiten Hungersnöten führen würden. Heute kann man die Biosphäre der Erde viel besser mit erdgebundener Sonnen- und Windenergie retten. Selbst wenn wir glauben, dass Weltraumsiedlungen den Druck von den Meeren und Böden der Erde nehmen könnten, werden sie auf keinen Fall rechtzeitig entstehen, um mögliche Umweltkatastrophen zu verhindern.

Was auch immer man sonst über diese Vorstellungen sagen mag, sie scheinen ernst gemeint zu sein. Unserer Erfahrung nach denken die Leute oft, dass Weltraummilliardäre Gauner, Lügner oder sogar Investmentbetrüger sind. Und es macht natürlich keinen Spaß, in der Position zu sein, sagen zu müssen: »Leute, wartet! Diese Milliardäre werden missverstanden!« Aber abgesehen von dem Hype und der Effekthascherei gibt es allen Grund zu der Annahme, dass den Raketenmilliardären die Besiedlung des Weltraums wirklich am Herzen liegt. Jeff Bezos hielt seine Abschiedsrede als Highschool-Schüler zum Thema Weltraumkolonien und ist heute der wichtigste Fürsprecher für große, rotierende Raumstationsiedlungen, wie sie O'Neill befürwortete. Als Elon Musk durch den Verkauf von PayPal reich wurde und lange bevor er SpaceX gründete, dachte er darüber nach, eine Mäusekolonie oder ein kleines Gewächshaus auf den Mars zu bringen. Mit so etwas lässt sich kein Geld verdienen. Musk wollte, dass die Menschen seine Vision für den Weltraum in einer Zeit wahrnehmen, in der die Weltraumaktivitäten nicht besonders ausgeprägt waren.

Wir haben die Erfahrung gemacht, dass viele Menschen glauben, SpaceX sei eine Art von Betrug und nutze eine alte, von der Regierung geschaffene Raumfahrttechnologie zur persönlichen Bereicherung oder verheimliche irgendwie die wahren Kosten der Raketenstarts, um die öffentlichen Kassen zu schröpfen. Auf diese Auffassung sind wir immer wieder gestoßen, und wir können nur sagen, dass sie den reinen Fakten so sehr widerspricht, dass sie an eine Verschwörungstheorie grenzt. Wie auch immer Sie zu Musk stehen, SpaceX hat den Weltraumstart wirklich revolutioniert, und keine Raumfahrtbehörde auf der Erde, einschließlich der NASA, hat es geschafft, deren Technologie zu kopieren. Fairerweise muss man sagen, dass Musks SpaceX, Bezos' Blue Origin und andere Raketenstartunternehmen viele Regierungsaufträge erhalten haben, was aber in den Vereinigten Staaten seit den Anfängen der Raumfahrt dem Standard entspricht. Die Revolution in der Preisgestaltung kam erst mit SpaceX.

Sowohl Bezos als auch Musk machen natürlich einen zu großen Aufriss um das Thema, aber die Beweise sprechen dafür, dass sie tatsächlich an eine Zukunft mit Weltraumsiedlungen glauben. Was uns beunruhigt, ist nicht, dass sie lügen, sondern dass sie seltsame Vorstellungen von der menschlichen Soziologie haben, die die Zukunft auf unerwünschte Weise beeinflussen könnten.

Ein Plädoyer für ein gemäßigtes Tempo im Weltraum

Wir stehen also vor folgender Situation: Die Kolonisierung des Weltraums wird nicht dazu beitragen, die Knappheit zu beseitigen, uns klug zu machen oder die Umwelt zu retten. Selbst wenn es möglich wäre, sind die technologischen und wissenschaftlichen Hindernisse für eine sichere Besiedlung in naher Zukunft sehr groß und werden unterschätzt. Und selbst wenn wir die Technologie hätten, würden die derzeitigen rechtlichen Strukturen wahrscheinlich zu einem Konflikt führen, da die verschiedenen Parteien um das Territorium ringen. Wenn wir wirklich Pech haben, könnte der internationale Wettbewerb zu einer unnötigen geopolitischen Eskalation zwischen den Atommächten führen. Und sogar wenn all diese Dinge geregelt wären, gäbe es immer noch gute Gründe, unsere Ambitionen langfristig einzuschränken. Doch trotz alledem drängen sehr mächtige Leute, unterstützt durch die neuesten nationalen Gesetze und multilateralen Abkommen, darauf, dass diese Dinge so schnell wie möglich geschehen.

Wir sind nicht der Meinung, dass dies bedeuten muss, dass Weltraumsiedlungen niemals entstehen sollten. Wir sind jedoch der Meinung, dass Weltraumsiedlungen wahrscheinlich ein Projekt für Jahrhunderte und nicht für Jahrzehnte sind und sein sollten. Insbesondere werden wir argumentieren, dass wir, wenn die Menschheit Weltraumsiedlungen anstrebt, einen Ansatz des »Abwartens und Großangehens« wählen sollten. Wir sollten die großen Entwicklungen in Wissenschaft, Technologie und internationalem Recht abwarten und dann viele Siedler auf einmal losschicken.

Doch dieses Abwarten besteht nicht nur aus Herumsitzen. Auf den folgenden Seiten erfahren wir etwas über Spinnenroboter auf dem Mond, die Zeugung von Babys auf marsianischen Achterbahnen, die Anzahl der Menschen, die für eine lebensfähige Fortpflanzungspopulation erforderlich sind, und auch über andere seltsame Dinge. Selbst wenn unsere Spezies den Mars niemals besiedeln sollte, ist die Entscheidung, wie wir das tun könnten, ein Projekt, das objektiv großartige und bizarre Forschung und Entwicklung in fast jedem Bereich menschlicher Bestrebungen erfordert – von künstlichen Gebärmüttern bis zum internationalen Recht. Keine noch so große wissenschaftliche Anstrengung garantiert, dass wir ein langfristiges existenzielles Risiko ausschließen können, aber wenn die Pläne für die Besiedlung des Mars auf Hunderte von Jahren angelegt sind, haben wir zumindest Zeit, Lösungen für diese Aufgabe zu entwickeln.

Ein Zitat, das in 99,9999 Prozent aller Bücher über die Besiedlung des Weltraums verwendet wird, stammt vom Gründervater der Raketentechnik, Konstantin Ziolkowski, der 1911 in einem Artikel schrieb: »Die Erde ist die Wiege der Menschheit, aber man kann nicht ewig in der Wiege bleiben.« Mag sein. Aber wir sollten uns daran erinnern, dass das, was aus der Wiege kommt, kein ausgereifter Erwachsener ist, sondern ein Kleinkind – ohne Wissen, ganz zappelig und anfällig für Selbstzerstörung. Wenn wir vorhaben, diesen Ort zu verlassen, sollten wir dies besser als Erwachsene tun. Lassen Sie uns die schwierigen Jahre damit verbringen, zu lernen und dann zu neuen Ufern aufzubrechen.

Ihre Einführung in das Space-Bastardtum

Betrachten Sie dieses Buch als einen unverblümten Siedlungsleitfaden für den Rest des Sonnensystems. Wenn Sie sich noch nicht mit dem Thema der Weltraumkolonisierung befasst haben, wird Ihnen das meiste davon unbekannt sein und Sie hoffentlich überraschen. Wenn Sie sich bereits ein wenig mit der Besiedlung des Weltraums auskennen, dann werden Sie hier eine realistischere und ganzheitlichere Sichtweise vorfinden als in jedem anderen Buch zu diesem Thema.

Das Buch ist in sechs Abschnitte unterteilt. Im ersten geht es darum, was der Weltraum mit dem menschlichen Körper und Geist macht. Der zweite beschäftigt sich damit, wo wir diese Körper und Köpfe im Weltraum unterbringen könnten. Im dritten Abschnitt wird erläutert, wie wir dafür sorgen können, dass sie nicht alle sterben. Im vierten Abschnitt wird die Frage behandelt, ob irgendetwas davon legal ist oder sein sollte. Der fünfte Abschnitt befasst sich mit der Überlegung, wie wir die Gesetzgebung aktualisieren können, um die Ansiedlung von Menschen besser zu ermöglichen, ohne die Menschen zu Hause aus den Augen zu verlieren. Der letzte Abschnitt beschäftigt sich mit der Soziologie, dem Wachstum und der Frage, ob wir einen Plan B für die Menschheit entwickeln können und ob dies wünschenswert ist.

Da wir versuchen, so viele Themen abzudecken, ohne dabei zu viele Details zu vernachlässigen, schließen wir jeden Abschnitt mit einem Notabene ab – einem kuriosen Beitrag aus unseren Recherchen, der nicht unbedingt zum Gesamtbild beiträgt, aber eine Atempause von der Flut an Informationen bietet und an dem Sie sicher Freude haben werden.

Außerdem möchten wir Ihnen Stella vorstellen:

Stella ist eine Weltraumsiedlerin, die bereit ist, sich von diesem blassblauen Punkt zu verabschieden. Mit jedem weiteren Kapitel werden wir sie verändern, um zu veranschaulichen, was wir bisher gelernt haben. Dabei gehen wir von ihrer Kleidung über den Ort, an dem sie lebt, bis hin zu ihrer neuen Weltraumnation, die hoffentlich nicht von der Erde bombardiert wird. Am Ende werden Sie selbst entscheiden können, ob Stellas Entschluss, das Sonnensystem zu besiedeln, eine kluge Entscheidung war, entweder für sie selbst oder für die Welt, die sie verlassen hat.

Kapitel 1
Eine Einführung in die Weltraummythen

Idyllische Zukunftsvisionen scheinen immer mit der versteckten Annahme einherzugehen, dass sich die menschliche Natur ändern wird. Dass die Schwächen der Menschheit irgendwie mit der Ehrfurcht vor dem Leben inmitten der Sterne verschmelzen werden. Die Menschen werden weltliche Schwächen wie Alkohol und Drogen aufgeben, und außerdem wird jeder supereffizient sein, so wie es sich die Umweltschützer erträumen. Aber das war noch nie der Fall, während wir vorwärtsgeschritten sind, also wüsste ich nicht, warum das in der Zukunft passieren sollte.[8]

– Andy Weir, weltberühmter Science-Fiction-Autor, der auch sehr aufschlussreiche Buchkommentare über Alkohol im Weltraum schreibt

Skurrile Ideen über die Besiedlung des Weltraums dienen oft als Rechtfertigung für das ganze Projekt. Sie versprechen in der Regel großen Reichtum, eine bessere Menschheit oder eine Flucht vor der Schrecklichkeit der Erde. Da dieses Buch weitgehend von der Annahme ausgeht, dass es keine dringende Notwendigkeit für die Besiedlung des Weltraums gibt, werden wir versuchen, Sie davon zu überzeugen, dass die meisten Argumente der Besiedlungsbefürworter falsch sind. Einige dieser Argumente werden Ihnen vielleicht nicht bekannt sein, aber alle haben zumindest einige mächtige Fürsprecher in Regierungs-, Militär- oder Wirtschaftskreisen.

Schlechte Argumente für die Weltraumkolonisierung

Argument 1: Der Weltraum rettet die Menschheit vor der drohenden Katastrophe, indem er ihr eine neue Heimat bietet

Die Vorstellung, dass eine multiplanetare Menschheit besser vor dem Aussterben bewahrt werden kann, ist weit verbreitet und auf lange Sicht plausibel. Kurzfristig hilft die Besiedlung des Weltraums jedoch nicht gegen eine der Katastrophen, die Sie sich in dieser Sekunde vielleicht ausmalen. Sie hilft nicht bei der globalen Erderwärmung, bei einem Atomkrieg, bei Überbevölkerung und wahrscheinlich nicht einmal bei einem Asteroideneinschlag wie bei den Dinosauriern. Und warum? Vereinfacht gesagt, weil der Weltraum so schrecklich ist, dass eine einzige Katastrophe nicht ausreicht, um eine bessere Option als die Erde zu sein. Eine Erde mit Klimawandel, Atomkrieg und mit so was wie Zombies und Werwölfen ist immer noch ein viel besserer Ort als der Mars. Um auf der Erde zu überleben, braucht man Feuer und einen spitzen Stock. Um im Weltraum zu überleben, braucht man alle möglichen Hightechgeräte, die wir auf der Erde kaum herstellen können. Wir werden das alles im Laufe des Buches näher erläutern, aber im Grunde geht es darum, dass keine außerweltliche Siedlung in absehbarer Zeit den Verlust der Erde überleben kann. Es wird schon schwer genug sein, überhaupt eine große Siedlung aufzubauen, aber für eine wirtschaftliche Unabhängigkeit sind möglicherweise Millionen von Menschen erforderlich.

Wir sind der Meinung, dass es durchaus gute Argumente für einen Plan B der Menschheit außerhalb der Erde gibt, dass es aber keine guten Gründe gibt, diesen schnell umzusetzen. Ein häufig vorgebrachtes Argument für die Dringlichkeit ist das sogenannte »kurzes Zeitfenster«-Argument. Die Grundannahme ist, dass »goldene Zeitalter« historisch gesehen nicht lange andauern, sodass unser derzeitiges Zeitalter der Raumfahrt zu Ende gehen könnte, bevor wir den Mars erreichen. Wir wissen nicht, ob das eine gute Analyse der Geschichte ist, aber was wir festhalten können, ist, dass das gegenwärtige Zeitalter einfach nicht golden genug ist, um eine unabhängige Marswirtschaft zu schaffen. Wenn man einen Mars schaffen will, der den Tod der Erde überleben kann, sollte man dafür sorgen, dass die Erde noch eine sehr lange Zeit nicht stirbt.

Urteil der Weinersmiths:

Argument 2: Die Weltraumkolonisierung rettet die Umwelt auf der Erde durch die Verlagerung von Industrie und Bevölkerung ins All

Von diesem Argument existieren verschiedene Varianten, von denen viele bei den Befürwortern rotierender Raumstationen, darunter Jeff Bezos, beliebt sind.

Eine Version dieser These besagt, dass das Sonnensystem mehr als genug Masse enthält, um rotierende Raumstationen zu errichten, die eine nahezu endlose Anzahl von Menschen im Weltraum beherbergen können. Das ist insofern tatsächlich möglich, als es im Weltraum jede Menge Material gibt, das in Raumstationen umgewandelt werden könnte – aber wir sollten hier einmal die Proportionen betrachten. Auf die Erde des Jahres 2022 kommen etwa 80 Millionen Menschen pro Jahr. Wenn wir zur Rettung unserer Ökologie die menschliche Bevölkerung auf der Erde reduzieren müssen, dann müssen wir *täglich* 220 000 Freiwillige in den Weltraum schicken und unterbringen, nur um über die Runden zu kommen.

Eine verwandte Theorie besagt, dass der Weltraum für die Schwerindustrie genutzt werden sollte, während die Erde in einen unverschmutzten, paradiesischen Zustand zurückkehrt. Der gesamte unliebsame Bergbau und die Produktion können woanders stattfinden, und die Nebenprodukte werden sauber in der riesigen Mülldeponie des Sonnensystems entsorgt. Wie Jeff Bezos erklärt: »Die Erde wird in Wohngebiete und leichte Industriegebiete aufgeteilt.«[9] Auch das ist theoretisch möglich, und solange man nur über große Konzepte wie Umweltverschmutzung und Masse nachdenkt, klingt es vielleicht auch machbar. Aber die Schwierigkeiten liegen hierbei in den Details. Nehmen wir zum Beispiel Zement. Er trägt wesentlich zur globalen Erderwärmung bei. Können wir ihn also im Weltraum herstellen?

Technisch gesehen gibt es die meisten Bestandteile von Zement auf dem Mond, aber sie werden nicht leicht zu finden sein. Die Baumaschinen müssen so gebaut werden, dass sie in einer luftleeren Umgebung mit geringer Schwerkraft und äquatorialen Temperaturschwankungen von –130 °C bis 120 °C funktionieren. In diesem Zusammenhang sind es nur Kleinigkeiten, die ins Gewicht fallen. Es ist fast unmöglich, ein Schmiermittel zu finden, das diesen Temperaturschwankungen standhält, ohne sich zu zersetzen. Das Gleiche gilt für die Maschinen selbst. Bei extremer Kälte können einige Metalle an Duktilität verlieren und an Sprödigkeit zunehmen; unterhalb einer bestimmten Temperatur verhalten sich Metalle eher wie Stein. So stark sie auch sein mögen, sie können sich nicht mehr biegen und verformen. Es wird spekuliert, dass die *Titanic* gesunken ist, weil ihr Stahlrumpf einen Übergang von duktil zu spröde erlebte, bevor er auf den berüchtigten Eisberg traf. Das ist ein nicht unerhebliches Problem, wenn man Baumaschinen einsetzen will, die regelmäßig gegen harte Oberflächen prallen.

Und das ist nur ein kleines Detail von wiederum einem Teil des Prozesses, ganz zu schweigen davon, all diese Fabriken zu bauen. Wie schnell können wir diese Probleme lösen und dann auf den Bedarf der Erde skalieren, die derzeit über 3,5 Milliarden Tonnen Zement pro Jahr benötigt? Und wäre dieser Zement wirtschaftlich wettbewerbsfähig mit dem auf der Erde hergestellten Zement, selbst wenn wir ihn herstellen könnten? Und, nebenbei bemerkt, wie sehen die Regeln für den Abwurf von 3,5 Milliarden Tonnen Gestein pro Jahr auf der Erde aus?

Ein Teil dessen, was diese Pläne zum Funktionieren bringen soll, ist billige, reichlich vorhandene Energie dank weltraumbasierter Solarenergie. Auch das ist eine schlechte Idee. Die weltraumbasierte Solarenergie spielt eine wichtige Rolle in den Vorschlägen zur Besiedlung des Weltraums durch riesige rotierende Raumstationen. Sie wird auch häufig von Regierungen und privaten Raumfahrtunternehmen als eine Möglichkeit vorgeschlagen, Geld zu verdienen und gleichzeitig den Planeten ökologisch zu entlasten. Vielleicht haben Sie ja bereits einen Bericht über chinesische Universitäten, die Europäische Weltraumorganisation oder ein neues Start-up-Unternehmen gelesen, die diese Technologie in naher Zukunft einsetzen wollen. Das sollten diese Akteure besser nicht tun.

Es ist natürlich richtig, dass es im Weltraum jede Menge Sonnenlicht gibt, das nicht durch störende irdische Faktoren wie das Wetter und die Atmosphäre beeinträchtigt wird. Wie viel mehr Energie man pro Solarpanel erhalten kann, hängt davon ab, welche Annahmen man zu treffen bereit ist; verschiedene Schätzungen gehen jedoch von einer zehnfachen Steigerung aus. Das klingt nach viel, bis man sich fragt, wie groß der Kostenunterschied zwischen einem Panel im Weltraum und einem Panel in Australien ist.

Es ist denkbar, dass man in einer Welt, in der Solarpanels unglaublich teuer sind und die Kosten für den Transport von Objekten in den Weltraum extrem sinken, versucht, die Energie pro Panel zu maximieren, indem man sie oberhalb der Atmosphäre anbringt. Aber die Panels sind billig, und selbst wenn wir davon ausgehen, dass die Kosten für den Weltraumstart ziemlich stark sinken, geht die Rechnung nicht auf. Das wird besonders deutlich, wenn man an die Wartung denkt. Stellen Sie sich Hektar um Hektar an Glaspanels im Weltraum vor, die regelmäßig von intensiver Strahlung und Weltraummüll getroffen werden, während sie der extremen Hitze des ewigen Sonnenlichts ausgesetzt sind.* Sie müssen entweder von Astronauten oder von einer Armee fortschrittlicher Roboter repariert und gepflegt werden. Solarzellen in Australien können von einem Teenager mit einem Wischer gereinigt werden.

Wenn man den Solarstrom zurück auf die Erde leitet, hat man ein weiteres Problem. Solarmodule auf der Erde können ihren Strom direkt in das Stromnetz oder in Batterien einspeisen. Der Strom aus dem Weltraum muss zu riesigen Empfängern auf der Erde geleitet werden und verliert auf dem Weg dorthin Energie. Er kann allerdings auch nicht mit einer zu hohen Intensität ausgestrahlt werden, um Vögel und Flugzeuge nicht zu gefährden.

---

* Ein großes Problem dabei ist auch, dass die Wärme irgendwohin muss. Auf der Erde leiten wir die Wärme normalerweise ab, indem wir sie in die Luft oder ins Wasser leiten. Im Weltraum ist dies nicht möglich, weshalb die Internationale Raumstation (ISS) zum Beispiel über gigantische spezielle Kühlsysteme verfügt. Auch diese müssen gewartet werden.

Solarenergie aus dem Weltraum ist dann wertvoll, wenn man sich bereits im Weltraum befindet, um Energie zu erzeugen, ohne Treibstoff zu verbrennen. Auch auf der Erde kann sie in einigen sehr begrenzten Fällen nützlich sein, beispielsweise um Energie zu Militärbasen zu leiten, bei denen die Lieferung fossiler Brennstoffe eine Gefahr darstellen würde. Für praktischere Anwendungen ist es besser, auf konventionelle, langweilige erneuerbare Energien zurückzugreifen. Wenn wir erst einmal alle Dächer mit Solaranlagen ausgestattet haben und dann die Wüste Sahara ebenfalls, dann können wir über den Weltraum reden, sollte der Planet trotzdem noch mehr Energie benötigen.

Wir sind skeptisch, dass es jemals wirtschaftlich sinnvoll sein wird, riesige Mengen an Sonnenenergie im Weltraum zu gewinnen und diese Energie dann zu nutzen, um Mondstaub in Zement, Stahl oder Industriechemikalien zu verwandeln. Aber selbst wenn wir glauben, dass dies eines Tages geschehen wird, wird dieser Tag nicht rechtzeitig kommen, um uns von den heutigen Umweltproblemen zu befreien.

Urteil der Weinersmiths:

Argument 3: Die Weltraumressourcen werden uns alle reich machen

Das ist sicherlich möglich, aber im Moment sieht es wirtschaftlich nicht gut aus. Wie wir später noch sehen werden, gibt es nirgendwo im Weltraum so etwas wie einen riesigen Brocken reines Platin oder Gold. Die Ressourcen, die es im Weltraum gibt, sind wahrscheinlich sehr teuer im Abbau und werden es auch bleiben, selbst wenn sich die Technologie stark verbessert.

Außerdem besteht ein erheblicher Unterschied zwischen dem Zugang zu Rohstoffen und allgemeinem Wohlstand. Nehmen wir als Beispiel Aluminium. Es wurde 1825 entdeckt und war anfangs so wertvoll, dass es sich nur die Wohlhabenden leisten konnten. In den Schmuckstücken der viktorianischen Zeit wurde Aluminium bisweilen als Edelmetall verwendet. Heute kann man mit Alufolie eine Lasagne abdecken. Das liegt daran, dass Aluminium im späten 19. Jahrhundert durch industrielle Verfahren unglaublich billig geworden war und der Markt mit dem ehemaligen Luxusgut regelrecht überschwemmt wurde. Das ist eine großartige Entwicklung, und natürlich bietet Aluminium unzählige wertvolle Anwendungsmöglichkeiten, von der Küche bis zu Flugzeugen. Aber die Tatsache, dass die meisten von uns große Mengen eines einst so wertvollen Metalls kaufen können, bedeutet nicht, dass wir alle Millionäre sind.

Unserer Erfahrung nach neigen die Menschen zu der Annahme, dass Rohstoffe der wichtigste Faktor für das menschliche Wohlergehen sind. Obwohl sie ein notwendiger Bestandteil unserer Wirtschaft sind, machen nicht erneuerbare Ressourcen, sprich wertvolle Stoffe, die im Boden gefunden werden, laut einem aktuellen Bericht der Weltbank nur etwa 2,5 Prozent des Reichtums der Erde aus.[10] Und bei einem großen Teil davon handelt es sich um fossile Brennstoffe, die im Weltraum nicht verfügbar sind. Das wirklich Wertvolle für die Volkswirtschaften sind die Menschen, unsere Ideen und unsere Technologie. Sie können sich selbst davon überzeugen, indem Sie Ihr Handy einschmelzen und den Wert des daraus entstehenden Glases, Metalls und Plastiks ermitteln.

Selbst wenn der Weltraum einen kostengünstigen Zugang zu allen Arten von Rohstoffen bietet, die *irgendeinen* Menschen reich machen, gibt es keinen Grund, von einer annähernd gleichen Verteilung des Reichtums auf der Erde auszugehen. Wenn Sie glauben, dass im Weltraum das große Geld zu holen ist, dann sieht es so aus, dass die Vereinigten Staaten die besten Voraussetzungen haben, es sich zu holen. Und dies könnte wiederum der Wirtschaft der weniger entwickelten Länder schaden, die von der Rohstoffgewinnung abhängig sind. Einigen Lesern wird dies wichtiger sein als anderen, aber selbst wenn Sie der Meinung sind, dass die Verteilung des Reichtums keine große moralische Bedeutung hat, kann sie dennoch von geopolitischer Bedeutung sein. Wie wir später sehen werden, können Veränderungen im Machtgleichgewicht zwischen den Nationen unter bestimmten Bedingungen einen Krieg wahrscheinlicher machen. Wenn der Weltraum ein Land wirklich besonders reich macht, müssen die Folgen nicht zwangsläufig nur gut sein.

Urteil der Weinersmiths:

Argument 4: Die Weltraumkolonisierung wird Kriege beenden oder zumindest reduzieren

Von diesem Argument gibt es mehrere Versionen, doch wir haben festgestellt, dass die folgenden drei am häufigsten vorkommen: Die Besiedlung des Weltraums wird mehr Territorium schaffen, sodass wir weniger um Territorium kämpfen werden; die Besiedlung des Weltraums wird uns reich machen, sodass wir gar nicht mehr kämpfen wollen; die Besiedlung des Weltraums wird es unzufriedenen Bürgern ermöglichen, einfach an anderen Orten zu siedeln, was die Spannungen auf der Erde verringern wird.

Das Argument des größeren Territoriums ist das dümmste. Nationen kämpfen nicht einfach um Land, sie kämpfen um ein *bestimmtes* Land. Man kann Streitigkeiten über Jerusalem, Kaschmir oder die Krim nicht lösen, indem man den beteiligten Parteien gleich große Teile der Antarktis verspricht. Das wäre so, als würde man in einem schwierigen Scheidungsverfahren versuchen, den Streit um das Sorgerecht zu lösen, indem man anbietet, einfach ein paar andere Kinder zu nehmen. Und wenn wir Land als »gebaute Strukturen, in denen Menschen leben« definieren, was die Definition ist, die man für Weltraumhabitate verwenden muss, dann erzeugen wir auf der Erde die ganze Zeit über Land. Selbst durch einzelne Gebäude wird weitaus mehr Fläche geschaffen als durch jede Weltraumsiedlung, die in naher Zukunft gebaut werden könnte. Und wenn Sie persönlich einfach irgendeine Art von Land wollen, dann gibt es genug davon. Googeln Sie das mal. In manchen Industriestaaten wie Kanada oder Japan bieten kleine Ortschaften kostenloses Land für Menschen an, die bereit sind, aus den Großstädten dorthin zu ziehen.

Das Argument des Reichtums mag verlockend klingen: Wenn die Menschen reich sind, warum sollten wir dann kämpfen? Aber nicht alle Kriegswissenschaftler glauben an das Argument »Geld macht uns alle zu Freunden«. Kriege werden aus allen möglichen Gründen begonnen, die nichts damit zu tun haben, dass eine Gruppe von Menschen auf ihre Ressourcen schaut und sagt: »Hey, das sieht doch ganz gut aus.« Eine nicht vollständige Liste von Kriegsursachen umfasst: religiöse Differenzen, Anführer, die selbst nicht die Kosten der Gewalt tragen, und falsche Vorstellungen über die Stärken oder Absichten der anderen Partei. Selbst wenn es durch die Weltraumaktivitäten allen besser ginge, würde dies die Nationen nicht davon abhalten, religiöse Differenzen, schlechte Staatsführer oder Misstrauen gegenüber Rivalen zu haben.

Was den Frieden angeht, indem man den Menschen erlaubt, sich einfach dazu zu entschließen, zwischen den Siedlungen zu wechseln, so sollten wir bedenken, dass dies den meisten Menschen nicht einmal zwischen den Nationen auf der Erde erlaubt ist. Der Weltraum wird wahrscheinlich noch schlimmer sein. Wie auch immer Sie dazu stehen, dass Einwanderer in Ihr Land kommen, eines fürchten Sie wahrscheinlich nicht: dass diese zu viel Luft einatmen. Im Weltraum ist die Atmosphäre konstruiert, ebenso wie der Boden unter den Füßen, und die einzelnen Siedlungen sind nur für eine bestimmte Bevölkerungszahl ausgelegt. Das ist natürlich keine Umgebung, in der man offene Grenzen erwarten würde. Einige Befürworter weisen darauf hin, dass man im Weltraum jederzeit einfach einen neuen Ort zum Leben schaffen kann, aber dann lautet das Argument: »Man kann einfach seine Zelte abbrechen und eine mehrere Millionen Tonnen schwere Raumstation errichten.« Und das wird, so vermuten wir, für die meisten von uns nicht infrage kommen. Und selbst wenn es so wäre, ist es immer noch nicht eindeutig wünschenswert. Dr. De Witt Douglas Kilgore, einer der wenigen Historiker, die sich mit den Ideen über den Weltraum beschäftigt haben, nannte es eine Form der himmlischen »weißen Flucht«.[11] Das heißt, der

Weltraum wird nicht als Lösung für die Politik gesehen, sondern als Flucht vor politischen Realitäten, die eine Gruppe als unangenehm empfindet.

Urteil der Weinersmiths:

Argument 5: Die Erforschung des Weltraums ist ein natürlicher Drang des Menschen

Dies ist ein beliebtes Argument. Der Grundgedanke ist, dass es vielleicht keinen guten und lohnenden Grund für die Erforschung des Weltraums gibt, dass wir aber unserer eigenen Natur zuwiderhandeln, wenn wir es nicht tun, und dass das wiederum zu einer weitverbreiteten Stagnation der Menschheit führt. Die schönste Version dieses Arguments stammt natürlich von Dr. Carl Sagan: »Trotz all seiner materiellen Vorteile hat uns das sesshafte Leben gereizt und unausgefüllt zurückgelassen. Selbst nach 400 Generationen in Dörfern und Städten haben wir es nicht vergessen. Die Freiheit der Straße ruft immer noch leise, wie ein fast vergessenes Lied aus der Kindheit.«[12] Das ist eine schöne Idee und noch viel schöner geschrieben. Gegen solche Ansichten lässt es sich allerdings nur schwer argumentieren, denn es ist nicht immer klar, was genau behauptet wird. Wenn die Leute jedoch konkret werden, verweisen sie meist auf zwei Dinge: berühmte menschliche Entdecker und die Tatsache, dass sich die Menschen über die ganze Welt verbreitet haben.

Der Verweis auf berühmte Entdecker ist zwar rührend, aber nicht sehr überzeugend. Die meisten von uns sind nämlich keine berühmten Entdecker. Die meisten von uns machen lieber an Orten Urlaub, an denen es Gebäck und Klimaanlagen gibt, und nicht auf dem Mount Everest oder im Amazonasbecken. Es ist toll, dass einige Leute auf diese Dinge stehen, aber man kann schwerlich behaupten, dass sie die allgemeine menschliche Natur repräsentieren. Manche Menschen sind Meister im Mayonnaiseessen, aber

Sie werden nie jemanden sagen hören, dass diese Leute eine tiefe menschliche Wahrheit verkörpern.

Und wenn man sich die Geschichten der Entdecker anschaut, scheinen Prioritätsansprüche mindestens so wichtig zu sein wie die Entdeckung. Als die Peary-Expedition 1909 behauptete, den Nordpol erreicht zu haben, lieferte sie sich einen öffentlichen Streit um die Vorrangstellung mit Dr. Frederick Cook, der behauptete, zuerst dort gewesen zu sein. Einer, der keinen Anspruch auf Priorität erhob, war Roald Amundsen. Er hatte ursprünglich vorgehabt, als Erster am Nordpol zu sein, als er von Pearys Erfolg erfuhr. Und was tat er? Er verlegte seine Expedition sofort auf den noch unerreichten Südpol, obwohl ein Großteil des hohen Nordens noch unerforscht war. Klingt es so, als wäre das Hauptziel immer die reine Neugier gewesen? Wenn die Erforschung ein natürlicher menschlicher Drang ist, der befriedigt werden muss, warum sitzen dann so viele von uns gerne auf ihren Sofas und warum sind die wenigen wirklichen Entdecker so sehr mit der Erforschung beschäftigt, die sie berühmt machen wird?

Das zweite Argument – der Verweis auf die Ausbreitung des Menschen auf der ganzen Welt – ist ebenfalls fragwürdig. Der *Homo sapiens* hat sich tatsächlich auf allen Kontinenten ausgebreitet. Aber das haben Kakerlaken auch. Ebenso wie viele Pflanzen, die sich nicht sonderlich um ihr kosmisches Schicksal zu kümmern scheinen. Die Menschen ziehen ständig an neue Orte, und zwar aus Gründen, die nichts mit einem Entdeckungsdrang zu tun haben. Die moderne Massenmigration hat oft mit Kriegen, Verfolgung und Hunger zu tun. Es ist daher naheliegend, dass dies auch in der fernen Vergangenheit so war.

Und schließlich, wenn das Unterlassen von Erforschung zu Stagnation führt, wo ist dann all die Stagnation? Was »Stagnation« ist, ist natürlich Ansichtssache, aber die Oberfläche der Welt ist seit Mitte des 20. Jahrhunderts vollständig kartiert worden, und seit den 1950er-Jahren sind eine Menge cooler Dinge passiert. Wir können uns nur schwer ein ernsthaftes Argument dafür vorstellen, dass die Kultur aufgehört hat, kreativ zu sein, oder dass die Wissenschaft aufgehört hat, Fortschritte zu machen. Dieses Buch, das Sie in der Hand halten, gibt es nur, weil sich die Entwicklung der Raumfahrttechnologie in den letzten zehn Jahren plötzlich rasant beschleunigt hat – eine Leistung, die ohne die jahrzehntelangen gewaltigen Fortschritte in der Computertechnik nicht möglich gewesen wäre.

Urteil der Weinersmiths:

Argument 6: Der Weltraum wird uns vereinen

Wahrscheinlich nicht. Oder fragen Sie sich doch einmal, ob die letzten 20 Jahre eine Zeit besonders guter internationaler Zusammenarbeit waren, insbesondere zwischen Russland und den Vereinigten Staaten. Das müsste eigentlich so sein – seit 2001 arbeiten internationale Besatzungen in der Internationalen Raumstation (ISS) harmonisch zusammen. Doch im Jahr 2022, nach der russischen Invasion in der Ukraine, sagte der amerikanische Astronaut Scott Kelly zum Chef der russischen Raumfahrtbehörde, Dmitri Rogosin: »Vielleicht finden Sie einen Job bei McDonald's, wenn es McDonald's in Russland noch gibt.« Damit reagierte er auf ein Video, das Rogosin geteilt hatte, in dem Flaggen von Ländern, die Russland sanktioniert hatten, auf einer Rakete verdeckt worden waren, obwohl sie in harmonischeren Zeiten auf die Rakete gemalt worden waren. Rogosin feuerte zurück: »Halt die Klappe, du Schwachkopf!«[13] Das alles geschah natürlich auf Twitter. Rogosin sagte daraufhin, dass Kelly wahrscheinlich durch seine langen Aufenthalte im Orbit dement sei. Selbst die Raumfahrer sind sich nicht einig über den Weltraum.

Eine wahrscheinlichere Vermutung, die von Leuten bevorzugt wird, die sich mit Weltraumpolitik beschäftigt haben, ist, dass der Weltraum uns nicht eint. Vielmehr führen wir gemeinsame Weltraumaktivitäten durch, wenn wir uns bereits gut verstehen. Abgesehen vom Bau und von der Wartung der Internationalen Raumstation fanden die wichtigsten Ereignisse der Weltraumkooperation im 20. Jahrhundert 1975 während der kurzen Entspannungsphase des Kalten Krieges und dann in den späten 1990er-Jahren statt, nachdem die Sowjetunion zusammengebrochen war und Russland nicht mehr als Bedrohung angesehen wurde.

Zweifellos sorgt die Zusammenarbeit im Weltraum für ein gewisses Maß an Zusammengehörigkeitsgefühl und verschafft einigen Teilen unserer Bevölkerung Übung in der Zusammenarbeit, aber es gibt mit Sicherheit billigere Möglichkeiten, das gleiche Ziel zu erreichen. Dazu sollte man bedenken, dass sich die Kosten für den Aufbau der ISS bis heute auf etwa 150 Milliarden Dollar belaufen, was sie zum teuersten von Menschenhand geschaffenen Objekt aller Zeiten macht. Das ist beinahe genug, um jeden einzelnen Russen – Mann, Frau und Kind – nach Disneyland zu schicken. Für die Kosten, die entstehen, wenn wir zehnmal so viele Menschen in den Weltraum schicken, könnten wir ihnen wahrscheinlich Dauerkarten und ein Eis spendieren. Und das ist eine ganze Menge an Einigkeit.

Selbst wenn die Weltraumaktivitäten die Nationen dazu bringen würden, sich zu vertragen, ist es nicht klar, ob dies wünschenswert wäre. Nationen kommen oft aus guten Gründen nicht miteinander aus. Einer der Gründe, warum die USA nach 1975 nicht in größerem Umfang mit der UdSSR im Weltraum zusammengearbeitet haben, ist, dass die Carter-Regierung Bedenken wegen der sowjetischen Menschenrechtsverletzungen hatte. Wollen wir in einer Welt leben, in der sich Carters Position zu den Menschenrechten ändert, weil sich ein paar nette Leute im Weltraum zu Apfelkuchen und Borschtsch getroffen haben? Bei einigen internationalen Konflikten mag es wirklich um die Notwendigkeit gehen, zusammenzustehen und sich gegenseitig als Mitglieder der gleichen Menschheitsfamilie zu sehen, aber viele beruhen auf tatsächlichen Unterschieden in den Werten und Zielen. Diese Streitigkeiten können und sollten durch konventionelle Politik gelöst werden.

Urteil der Weinersmiths:

Argument 7: Die Raumfahrt wird uns weise machen

Es gibt verschiedene Varianten dieses Arguments, aber die bekannteste ist der Begriff des Overview-Effekts des Philosophen Frank White. White und viele andere Menschen in der Raumfahrtgemeinde glauben, dass der Blick auf die Erde aus dem Weltraum besondere Einsichten über die Natur und die Verbundenheit der Menschen vermittelt. Er sagt: »Menschen, die im Weltraum leben, werden philosophische Erkenntnisse für selbstverständlich halten, für deren Formulierung die Menschen auf der Erde Tausende von Jahren gebraucht haben.«[14]

Wenn dem so ist, haben sie wohl nichts Weltbewegendes zustande gebracht. Nach fast 70 Jahren Raumfahrt und mehr als 600 Raumfahrern findet man in keiner Bibliothek ein Buch wie *Eine Kritik der reinen Vernunft … im Weltraum* und auch keine *Abhandlung über die menschliche Weltraumnatur.* Soweit wir das beurteilen können, passen die meisten philosophischen Äußerungen von Raumfahrern gut auf eine Glückwunschkarte: Die Standardaussagen lauten, dass die Erde schön und zerbrechlich ist und dass man »von dort oben keine Grenzen sieht«. Letzteres ist übrigens nicht einmal wahr. Ein Kosmonaut sagte uns, dass man die Grenze zwischen Indien und Pakistan sowie die Grenze zwischen Nord- und Südkorea sehen kann. Angenommen, man könnte diese Grenzen vom Weltraum aus wirklich nicht sehen, wäre das dann eine Weisheit? Wir glauben, dass ein einsichtiger Mensch erkennen sollte, dass es eine Grenze zwischen den beiden koreanischen Staaten gibt. Die Menschen, die auf der einen Seite gefangen sind, tun dies sicherlich.

Ein weiteres ernstes Problem für diese Theorie ist, dass es keine guten Beweise dafür gibt. Es wurden einige Arbeiten anhand umfassender Umfragen verfasst, in denen die Astronauten gefragt wurden, ob die Zeit im Orbit ihr Interesse an Dingen wie der Umwelt und der menschlichen Verbundenheit gesteigert habe. Eine Arbeit enthielt einen Fragebogen mit freier Antwortmöglichkeit, in dem mehrere Astronauten anmerkten, dass sie nicht die Möglichkeit hatten, ein verringertes oder unverändertes Interesse an diesen Dingen zu bekunden.

Das soll nicht heißen, dass ein Flug ins All stumpfsinnig ist. Zweifellos ist es eine bedeutungsvolle, transzendente Erfahrung. Aber es gibt auch andere transzendente Erfahrungen, die in der Regel weniger kosten. Ein Versuch, den Overview-Effekt zu messen, ergab, dass der Effekt, wenn er denn existiert, in etwa dem entspricht, den frischgebackene Mütter erleben. Wir haben nicht vor, uns über frischgebackene Mütter lustig zu machen und unser Publikum so früh im Buch zu verprellen, aber können wir uns darauf einigen, dass Facebook wesentlich angenehmer wäre, wenn jede frischgebackene Mutter die Erkenntnisse von Philosophen und Weisen hätte? Außerdem ist es billiger und einfacher, neue Mütter zu machen als neue Astronauten. Niemand wird aus Versehen Astronaut.

Die Theorie wird aber vor allem durch die Tatsache erschüttert, dass bisher zwar nur etwa 600 Menschen im Weltraum waren, es aber etwa 6000 Geschichten über schlechtes Verhalten von Astronauten gibt. Alkoholismus, Ehebruch, Fliegen unter Drogeneinfluss, Lügen gegenüber medizinischem Personal, Leugnen des Klimawandels, Förderung von Pseudowissenschaft, öffentliche Auseinandersetzungen mit anderen Astronauten und die Situation, als eine Astronautin quer durchs Land fuhr, um die neue Freundin ihres Ex-Freundes zu entführen. Der Ex-Freund war ebenfalls Astronaut und hatte sie wohl hintergangen. Am wenigsten weise war vielleicht die Tatsache, dass Walentina Tereschkowa, die erste Frau im All, in der russischen Duma eine Verfassungsänderung vorschlug, die Wladimir Putin die Option auf zwei weitere Amtszeiten als Präsident einräumte. Später wurde sie von der US-Regierung mit Sanktionen belegt, weil sie die Annexion der Ukraine durch Russland und die Scheinreferenden, mit denen diese gerechtfertigt wurde, unterstützt hatte. Vielleicht sind wir aus dem Weltraum betrachtet alle gleich, aber einige von uns sind gleicher als andere.

Urteil der Weinersmiths:

Argument 8: **Die Schaffung von Nationen im Weltraum wird unsere homogenisierte, bürokratische und allgemein verweichlichte Erdenkultur wiederbeleben**

Die Frage, ob die Erde homogener wird, wird unter Soziologen heftig diskutiert. Die Globalisierung wirkt sich zwar auf kleine lokale Kulturen aus, aber sie führt auch zu einer kulturellen Hybridisierung, die neue Dinge hervorbringt. Ob dies als Verlust zu werten ist, ist eine Frage der Perspektive, doch die vielleicht am besten quantifizierbare Version des Homogenisierungsarguments ist der Verlust seltener Sprachen auf der ganzen Welt. Das passiert tatsächlich, aber wir haben mit Linguisten über diese Frage gesprochen, und sie waren skeptisch gegenüber der Vorstellung, dass der Aufbruch ins All daran etwas ändern würde. Um neue Sprachen zu entwickeln, ist eine echte langfristige Trennung erforderlich. Eine vollständige Trennung von der Erde ist aber in absehbarer Zeit weder möglich noch wünschenswert. Wenn man eine neue Sprache will, sollte man ein paar Menschen für ein paar Jahrhunderte auf eine einsame Insel ohne Internet schicken. Auf dem Mars wird es nämlich Netflix geben.

Für einige Leute ist das Thema nicht die Homogenisierung, sondern die Verweichlichung. Viele amerikanische Raumfahrtbefürworter favorisieren eine Version dessen, was Wissenschaftler die Turner-These oder die Frontier-These (Grenzlandthese) nennen.* Die Behauptung ist, dass die Vereinigten Staaten aufgrund einer seit Langem bestehenden Frontier-Kultur dynamisch, demokratisch, robust individualistisch und allgemein großartig geworden sind. Manchmal ist dies eine einfache rhetorische Ausschmückung über den Weltraum als Ort des Neuen und des Abenteuers, aber oft wird die Grenze als etwas mehr gesehen – als eine Art Prozess der sozialen Wiederauferstehung. In dieser Vision werden die Siedler im Weltraum eine harte, ernsthafte und kreative Zivilisation aufbauen, und diese Grenzlandgesellschaft wird den Menschen auf der Erde eine stärkere und demokratischere Lebensweise zeigen, so

* Uns wurde von europäischen Freunden gesagt, dass dies eine amerikanische Eigenart sei, aber wir haben mindestens zwei europäische Quellen gefunden, die dieses Argument ebenfalls verwenden.

wie es der amerikanische Westen für die Vereinigten Staaten getan haben soll. Das Problem dabei ist, dass diese einst populäre Theorie heute von so gut wie allen etablierten Historikern als irreführende Vereinfachung abgelehnt wird.*

Selbst wenn sie wahr wäre, so sieht die Theorie folgendermaßen aus: Wenn man die Originalliteratur liest, beruht die Turner-Theorie auf der Vorstellung, dass die US-Siedler über billiges Land verfügten, isoliert von Gebieten, die nicht an der Grenze lagen, und – ominöserweise – die Notwendigkeit hatten, sich zu organisieren, um der einheimischen Bevölkerung Land abzunehmen. Der Weltraum ist teuer, wird Internet haben, und glücklicherweise gibt es keine einheimische Bevölkerung, die man ausbeuten und ermorden könnte. Wie bei der Frage der Homogenisierung ist es, selbst wenn die Theorie stimmt, keineswegs klar, dass eine Marsbasis die Lösung ist.

Eine allgemeinere Version dieses Frontier-Arguments besagt, dass die raue Welt des Weltraums und die Notwendigkeit der Robotik zu einem enormen Anstieg der Kreativität führen werden. Auch dies ist schwer zu messen und wird von Gelehrten diskutiert, aber es gibt Gründe, skeptisch zu sein, dass der Weltraum die optimale Lösung ist. Um zu veranschaulichen, warum, betrachten Sie einmal eine Idee, die wir im Gegensatz zur Biosphäre »Nekrosphäre« nennen. Die Nekrosphäre ist ein konstruiertes Bauwerk auf der Erde. In ihr ist der Boden vergiftet, es gibt keine Luft, und die Bewohner werden ständig mit Strahlung beschossen.

* Nach akademischen Maßstäben war die Abwertung ziemlich brutal. Hier ein Auszug aus einem Artikel des Yale-Historikers Dr. William Cronon aus dem Jahr 1987, der sich durch seinen Versuch auszeichnet, die positiven Aspekte von Turners Arbeit hervorzuheben: »Was könnte nach all den Artikeln, Büchern und Dissertationen noch einen weiteren Ausflug auf das ›blutgetränkte Feld‹ der Frontier-These rechtfertigen? […] In dem halben Jahrhundert, das seit Turners Tod vergangen ist, wurde sein Ruf einer Reihe von Angriffen ausgesetzt, die wenig von seiner Argumentation übrig gelassen haben.«

Warum haben wir sie gebaut? In der Gewissheit, dass wir Ingenieure hineinstecken können, die aufgrund der rauen Umgebung in Kombination mit ihrem Bedürfnis, nicht zu sterben, wertvolle Ideen ausspucken werden wie ein Wasserhahn, der unter Druck steht. Wenn Ihnen das unglaubwürdig vorkommt, sollten Sie sich fragen, warum jemand erwartet, dass eine Marsbasis all diese angeblichen Vorteile bringt. Sie sollten sich auch fragen, warum so viele Innovationen auf der Erde nicht aus anarchischen Einöden stammen, sondern aus Städten, in denen die größte Not eines Ingenieurs ein Espresso für 8 Dollar ist.

Auf jeden Fall sollte man Folgendes festhalten: Wenn das Ziel darin besteht, Nationen außerhalb der Erde zu gründen, ist dies nach internationalem Recht einfach nicht erlaubt. Wenn man bedenkt, wie abhängig jede zukünftige Weltraumsiedlung von der Erde sein wird, ist dies ein nicht unerhebliches Hindernis.

Urteil der Weinersmiths:

Es gibt noch weitere Argumente, doch die hier genannten sind diejenigen, die uns am häufigsten begegnet sind. Sie sollten jedoch beachten, dass wir keine Argumente dafür vorgebracht haben, dass die Menschen den Weltraum nicht besiedeln sollten, sondern nur, dass viele der angeblichen Vorteile unplausibel sind. Das führt uns zu unserer letzten Frage an dieser Stelle:

Okay, gibt es dann überhaupt gute Argumente für die Weltraumbesiedlung?

Ja, die gibt es. Wir sind der Meinung, dass es zwei Argumente gibt, die zumindest nicht auf unplausiblen ökonomischen oder falschen soziologischen Grundlagen beruhen. Sie haben ein gemeinsames Problem, aber es ist ein spekulatives Problem in Bezug auf die Zukunft.

Argument 1: **Die Kathedrale des Überlebens**

Es gibt nur sehr wenige Philosophen, die im Netz gegen das menschliche Leben argumentieren. Zu ihrer Verteidigung sei gesagt, dass sie einige der besten Buchtitel haben, darunter *Every Cradle Is a Grave* und *Better Never to Have Been*, was auf Deutsch etwa heißt: »Jede Wiege ist ein Grab« und »Besser, nie geboren worden zu sein«. Die meisten von uns würden es jedoch begrüßen, wenn die menschliche Existenz weiterhin bestehen bliebe. Wenn man sich die Arten ansieht, die auf der Erde lange überlebt haben, dann haben diese in der Regel einige Faktoren gemeinsam: große Populationen, genetische Vielfalt, weite geografische Verbreitung. Eine Marssiedlung, die über genügend Menschen und Lebensraum verfügt, um eine irdische Katastrophe zu überleben, scheint diese Voraussetzungen zu erfüllen. Sie wird uns weder vor dem Klimawandel noch vor einer der anderen wahrscheinlichen Arten der Selbstzerstörung in naher Zukunft bewahren, aber sie könnte langfristig ein lohnendes Unterfangen sein. Wie bei den Kathedralen auf der Erde werden diejenigen von uns, die die ersten Ziegelsteine gegossen haben, vielleicht nicht mehr da sein, um zu sehen, wie die Turmspitze aufgesetzt wird, aber dennoch sollten wir vielleicht mit dem Bau beginnen.

Was genau uns in dieser Sekunde dazu verpflichten könnte, ist schwieriger zu beantworten, aber wenn wir uns einig sind, dass wir dieses Projekt für die Enkel unserer Enkel realisieren sollten, erscheint es sinnvoll, jetzt die ersten Schritte zu unternehmen.

Urteil der Weinersmiths:

Argument 2: **Das Whirlpool-Argument**

Wenn Sie sich einen Whirlpool kaufen wollen, sagt niemand: »Es ist das Schicksal des Menschen, seinen Hintern in sprudelnd heißes Wasser zu tauchen.« Niemand versucht Sie davon zu überzeugen, dass eine Menschheit ohne Whirlpools zwangsläufig stagnieren wird. Niemand sagt Ihnen, dass die Verbreitung von wohlig warmen Badewannen im Freien die menschlichen Konflikte beenden wird. Es ist nur so, dass Sie einen Whirlpool wollen, jemand ihn verkauft und niemand das Recht hat, Sie daran zu hindern. Das ist nicht das edelste oder erbaulichste Argument für eine bestimmte Handlung, aber wir vermuten, dass Appelle an den menschlichen Edelmut häufig mit Appellen an die Steuerzahler einhergehen. Wenn der Grund für die Reise in den Weltraum nicht philosophischer Natur ist und es auch nicht nur um die Rentabilität geht, dann ist das auch in Ordnung. »Weil es fantastisch ist« ist immer noch ein völlig brauchbares Argument.

Urteil der Weinersmiths:

Die Fliege in der Weltraumsuppe

Ein möglicher Haken an diesen beiden Argumenten ist die Frage, ob der Aufbruch in den Weltraum möglicherweise das Überleben der Arten stärker gefährdet. Nehmen wir an, der Weltraum erhöht das Risiko eines artenvernichtenden Krieges oder Terrorismus. In diesem Fall haben wir eine »Überlebenskathedrale« gebaut, die auf uns alle herabstürzen könnte. Wenn unsere Rechtfertigung für die Besiedlung des Weltraums das langfristige Überleben der Spezies ist, müssen wir einigermaßen sicher sein, dass die Besiedlung unsere Chancen auch tatsächlich erhöht.

In Bezug auf das Whirlpool-Argument können Sie sich ein Spektrum vorstellen, das von Whirlpools bis zu Atomwaffen reicht. Für die meisten von uns stellt der Erwerb eines Whirlpools keine Gefahr für andere dar. Vielleicht ist da mal jemand, der versehentlich über den Zaun guckt, aber das ist sein Problem. Der Erwerb von Nuklearwaffen ist dagegen etwas ganz anderes. Wenn Sie eine Interkontinentalrakete mit Atomsprengköpfen besitzen, ist das keine persönliche Angelegenheit, weil *ich* dadurch in die Luft gejagt werden könnte. Das gibt mir das Recht, Ihnen den Besitz zu verbieten. Und das gilt auch dann, wenn Sie ein sehr netter Mensch sind und nicht vorhaben, die Atombombe in Ihrer Garage tatsächlich einzusetzen. Die Frage ist also, ob eine Weltraumsiedlung dem Whirlpool oder der Atombombe ähnlicher ist – ist es eine freie Entscheidung für den Einzelnen oder ein Fall, in dem eine strenge Regulierung erforderlich ist?

Wir halten diese beiden Punkte für die stärksten Argumente für eine Weltraumbesiedlung, sind jedoch schweren Herzens zu der Überzeugung gelangt, dass die Fliege in der Suppe eher ein Elefant ist. Wir werden den Rest des Buches damit verbringen, uns mit dem Weltraum und den für ihn geltenden Vorschriften zu befassen. Danach werden wir auf diese Argumente zurückkommen und sie im Lichte all dieser Informationen bewerten.

Eine kurze Bemerkung zur Sprache und dem ausgeprägten Chauvinismus der Autoren

Die beiden am häufigsten verwendeten Begriffe für einen Ort im Weltraum, an dem Menschen dauerhaft leben können, sind »Kolonie« und »Siedlung«. Zu diesem Thema existiert eine Debatte, die mindestens bis in die 1970er-Jahre zurückreicht und in der es darum geht, welcher dieser beiden Begriffe weniger historisch belastet ist.

Es wurden zwar bereits einige Alternativen vorgeschlagen, aber um ehrlich zu sein, sind sie nicht besonders gut. Das Beyond Earth Institute zum

Beispiel bevorzugt die plumpe, vielsilbige Formulierung »Gemeinschaften jenseits der Erde«. Eine kürzere Variante ist »Weltraumaußenposten«, aber das entspricht nicht der Vorstellung, dass die Menschen eines Tages Familien, Kinder und Institutionen haben werden. Hingegen klingen »Weltraumstädte« wesentlich großartiger als alles, wovon wir erwarten, dass es in absehbarer Zeit existieren wird, und »Weltraumdörfer« klingt so, als würde es um Bauern in Sackleinenanzügen mit pferdegezogenen Marsrovern gehen. Der produktive, wenn auch nicht immer poetische Isaac Asimov schlug einmal unsere bevorzugte Option vor: »Spome«.* Versuchen Sie mal, das Wort auszusprechen. *Spome!* Sehen Sie, Sie lächeln schon. Spome ist die Abkürzung für »Space Home« (also Weltraumzuhause), und obwohl es gewiss nicht historisch belastet ist, klingt es irgendwie nach einem Stück Seife oder nach einer Ablagerung, die ein Chirurg aus den Nieren entfernen muss. Wir verwenden größtenteils den Begriff »Siedlung«, weil er unter Weltraumfreaks derzeit das bevorzugte Wort ist. Wenn sich ab und zu »Spome« oder sonst etwas einschleicht, bitten wir um Spometschuldigung.

Schließlich möchten wir mit einer gewissen Beklommenheit darauf hinweisen, dass das Buch an einigen Stellen amerikazentriert sein könnte. Wir, die Autoren, sind beide Amerikaner – wir mögen Filterkaffee und schlechten Käse, und wenn wir Touristenattraktionen in Übersee besuchen, klatschen wir unangemessen. Das ist bedauerlich, kann aber nicht geändert werden. Wir haben daher unser Bestes getan und mit nichtamerikanischen Lesern und Wissenschaftlern gesprochen und uns ihre Ansichten angehört, insbesondere wenn sie den unseren widersprechen. Dennoch möchten wir betonen, dass ein gewisses Maß an Amerikazentrismus gerechtfertigt ist, wenn es um den Weltraum geht – im Guten wie im Schlechten. Die Vereinigten Staaten sind zwar nicht mehr die einzige Großmacht auf der Erde, aber sie sind nach wie vor der überwältigende Akteur im Weltraum. Die US-Regie-

* Beeindruckend ist, dass »Spome« nicht einmal der seltsamste Begriff ist. Diese Ehre gebührt einem Begriff, den Dr. David Criswell 1985 in einem Buchkapitel vorgeschlagen hat: das unaussprechliche »s'home« als Zusammenziehung von *space* und *home*. David Criswell, »Solar System Industrialization: Implications for Interstellar Migrations«, in *Interstellar Migration and the Human Experience*, Hg. Ben R. Finney und Eric M. Jones (Berkeley: University of California Press, 1985), S. 57.

rung gibt weit mehr für die Raumfahrt aus als jede andere, und die revolutionären neuen Raumfahrtunternehmen sind alle in den USA ansässig. Wenn wir von Zeit zu Zeit über Mythen von der amerikanischen Frontier-Kultur oder über Rechtstheorien sprechen, die die Vereinigten Staaten bevorzugen, dann deshalb, weil dies die Mythen der derzeitigen Hegemonialmacht im Weltraum sind.

Im Jahr 1976 beanspruchten acht Äquatorialnationen im Rahmen der Bogotá-Deklaration territoriale Rechte auf den geostationären Orbit, der sich aufgrund der Natur der Orbitalmechanik über ihren Köpfen befindet. Der geostationäre Orbit ist wertvoll, und die Idee dahinter war, dass diese weniger entwickelten Nationen von jedem, der ihren Weltraum nutzt, eine Miete erhalten sollten. Doch obwohl die kolumbianische Verfassung bis heute besondere Rechte auf einen Teil dieses Orbits geltend macht, wurde dieser Anspruch von der internationalen Gemeinschaft weitgehend ignoriert. Hätte das Land mit dem stärksten Militär der Geschichte und der fortschrittlichsten Raumfahrttechnologie den gleichen Anspruch erhoben, so würden wir vermuten, dass das frisch angebrachte Schild »Zu vermieten« etwas ernster genommen worden wäre.

In einem Raum voller Tiere ist der Gorilla vielleicht nicht der Klügste, aber vermutlich wollen alle wissen, was er gerade denkt.

Teil I

Rundumversorgung für Weltraumbewohner

WENN SIE EIN WELTRAUMSIEDLER SIND UND DAS ZIEL DARIN BEsteht, eine große Bevölkerung im Weltraum zu haben, ist das Beste, was Sie tun können, nicht zu sterben. Oder wenn Sie vorhaben zu sterben, tun Sie es nicht sofort. Wenn Sie es einrichten können, bekommen Sie ein paar Kinder, ziehen Sie sie bis zum reproduktiven Alter auf und verabschieden Sie sich erst dann sanft in den ewigen Schlaf.

Wir haben keine Ahnung, wie man das macht. Zumindest nicht wirklich. Die Menschen sind nun schon seit über 60 Jahren im Weltraum, und wir wissen viel darüber, was Astronauten erleben. Aber Astronauten sind keine normalen Menschen. Ehrlich gesagt sind sie besser als wir. Auch wenn sich dies im Zeitalter des Weltraumtourismus langsam ändert, weil auch die weniger Begabten unter uns in den Orbit gelangen können, ist der durchschnittliche Astronaut jemand, der tiefgreifende Fachkenntnisse hat und über die Fähigkeit verfügt, eine Reihe von körperlichen und geistigen Tests zu bestehen, bei denen die meisten von uns nach ein paar Tagen aufgeben würden. Viele der frühen Raumfahrer waren hoch qualifizierte Testpiloten, aber selbst als die Raumfahrtagenturen sich ein wenig anderen Berufszweigen öffneten, blieben die Lebensläufe einschüchternd. Dr. Sally Ride schloss ihr Physikstudium mit einem Doktortitel in Stanford ab, bevor sie Astronautin wurde, und während ihrer Flugausbildung bezeichnete sie der Navy-Testpilot Jon McBride als »die beste Studentin, die ich je hatte«. Sie war 27 Jahre alt, als sie ausgewählt wurde.[15] Während Dr. Rhea Seddon auf ihren Einsatz im Spaceshuttle wartete, kombinierte sie ihre Ausbildung zur Astronautin mit ihrer Arbeit als Chirurgin und zog in ihrer Freizeit mehrere Kinder groß. Bereitet Ihnen das ein mulmiges Gefühl? Das sind normale Eigenschaften für eine Astronautin. Und natürlich ist das großartig für den Erfolg einer Mission, aber nicht so toll, wenn wir wissen wollen, wie die Weltraummedizin für durchschnittliche Menschen in großen Weltraumsiedlungen aussehen wird.

Wenn man dies mit den Tatsachen kombiniert, dass noch niemand länger als 437 Tage am Stück im Weltraum war und dass die Gesamtzeit, die die Apollo-Missionen in der Schwerkraft des Mondes verbracht haben – die im Übrigen nur ein Sechstel der Schwerkraft der Erde beträgt –, sich auf knapp zwei Wochen beläuft, wird deutlich, wie wenig wir über die wichtigste Frage für die Besiedlung des Weltraums wissen: Können normale Menschen über längere Zeiträume außerhalb der Erde überleben?

In diesem Teil des Buches möchten wir einen genaueren Blick darauf werfen, was bekannt ist und was nicht. Viele der wahrscheinlichsten Probleme könnten mit kurzfristiger Technologie oder einer Unmenge an Geld leicht überwunden werden. Andere könnten auf lange Sicht einschüchternde Hindernisse für jede Art von dauerhafter Besiedlung des Weltraums darstellen.

Kapitel 2
Erstickung, Knochenschwund und fliegende Schweine: Die Wissenschaft der Weltraumphysiologie

Das vormenschliche Weltraumzeitalter

Der Mensch ist, grob gesagt, eine etwa 2 Meter hohe Flüssigkeitssäule, in der verschiedene feuchte und wackelige biologische Systeme schweben – Verdauung, Abfallspeicherung, Gleichgewichtssinn, Blutzirkulation. All diese Systeme haben sich in einer Umgebung entwickelt, in der eine 6-Trilliarden-Tonnen-Kugel namens Erde am Fuß der Säule saß.

Nehmen wir also an, es ist der 12. April 1961. Sie sind Juri Gagarin und stehen kurz davor, diese brandneue Sache zu machen, bei der Sie im Sprengkopf einer Rakete in die Umlaufbahn fliegen. Warum sind Sie zuversichtlich, dass sich Ihr Magen nicht von innen nach außen drehen wird?* Dass Ihr Gehirn weiterhin mit Sauerstoff versorgt wird? Dass Ihre Lunge, Ihre Leber und Ihre Nieren auch dann noch funktionieren, wenn sie in Ihrer Körperhöhle herumschweben?

Zum einen sind Sie nicht der erste Reisende, der diesen Ausflug unternimmt. Nicht einmal der erste Affe. Sowohl die USA als auch die Sowjet-

* Wally Schirra, der einzige Astronaut, der an jedem der ersten drei US-Raumfahrtprogramme für Menschen teilgenommen hat – Mercury, Gemini und Apollo – erklärte in seiner Biografie, dass er diese Art von Ängsten für albern halte, weil er in seiner Zeit bei der Air Force einmal beobachtet habe, wie ein Stützpunktkommandant einen Martini trank, während er auf dem Kopf stand. Oder, wie er es ausdrückte, »Schwerkraft minus eins«. Walter M. Schirra, Jr., mit Richard Billings, *Schirra's Space* (Boston: Quinlan Press, 1988), S. 23.

union haben die Auswirkungen des Weltraums auf das nichtmenschliche Leben mehr als ein Jahrzehnt lang untersucht, bevor Gagarin flog. Die sowjetischen Ingenieure bevorzugten Hunde für den Flug. Um die Überlegenheit der liberalen Demokratie zu demonstrieren, ließen die Amerikaner Affen starten.*

Aber wenn nichtmenschliche Spezies Vorrang hätten, stünden die Menschen im Wettbewerb mit Katzen, Hunden, Mäusen, Schildkröten, Schimpansen, Fruchtfliegen und einer Vielzahl von Affenarten. Es ist wie bei der Arche Noah, nur dass es nicht alle bis zum Regenbogen geschafft haben.

Laika, eine sanftmütige Mischlingshündin aus den Straßen Moskaus, war das erste Tier, das die Erde im Orbit umkreiste. Sie starb, als ihr Raum-

* Das ist kein Scherz. Mündliche Überlieferungen berichten, dass Dr. Wernher von Braun, der ehemalige Nazi-Raketenkonstrukteur, der zum Architekten der Raketen wurde, die Menschen auf den Mond schickten, darauf bestand, dass Primaten notwendig seien, um die Sowjets zu übertreffen. Übrigens: Die einzige Katze, die jemals ins All flog, war Félicette, die von den Franzosen geschickt wurde.

schiff etwa sechs Stunden nach dem Start am 3. November 1957 unerwartet überhitzte. Dies verkürzte ihr Leben aber nicht sehr – ihr Raumschiff, Sputnik 2, war nämlich nicht mit einer Rückholkapsel ausgestattet. Im Jahr 1960 waren die sowjetischen Weltraumhündinnen Belka und Strelka die ersten Hunde, die die Erde umkreisten und sicher wieder zurückkehrten – bis heute sind sie als Präparate im Kosmonautik-Gedenkmuseum in Moskau ausgestellt. Bei der Landung zeigten sie sich völlig unbeirrt von den Strapazen des Weltraums. Das galt nicht für alle Weltraumtiere, auch nicht für diejenigen, die überlebten. Ham, ein amerikanischer Schimpanse, flog kurz vor Gagarin und musste kurzzeitig eine Beschleunigung der 15-fachen Erdanziehung ertragen. Während seiner Pressekonferenz am nächsten Tag war er ziemlich sauer, schrie und fletschte die Zähne gegenüber den Reportern und Fotografen. Kein typisches Verhalten für NASA-Astronauten, aber aus rein physiologischer Sicht war die gute Nachricht, dass Ham sehr lebendig war.

Und tatsächlich war dies bei Gagarin nach seinen anderthalb Stunden in der Umlaufbahn auch der Fall. Er überlebte nicht nur, er genoss auch die erste Weltraummahlzeit der Menschheit: zwei Tuben püriertes Fleisch, eine Tube Schokoladensauce.

Diese einzige Erdumkreisung markierte den Beginn der Weltraummedizin für Menschen. Aber wie jede Mission aus den berauschenden Anfangsjahren des Weltraumwettbewerbs sagt sie uns wenig über die Besiedlung des Weltraums. Wenn Sie also etwas über die heldenhaften ersten Jahrzehnte der Raumfahrt wissen, mit ihren sekundenschnellen Entscheidungen, ihrem haarscharfen Entkommen, ihren Triumphen und ihren Tragödien, dann tut es uns leid, aber dieses Wissen ist für unsere Zwecke weitgehend nutzlos. Armstrong und Aldrin verbrachten etwa drei Stunden mit einem Spaziergang auf dem Mond. Vor den 1970er-Jahren dauerte die längste Reise ins All etwa zwei Wochen. Das ist nicht genug Zeit, um die schwerwiegendsten bekannten Probleme der Weltraummedizin zu lösen.

Die langfristige Weltraummedizin begann erst, als die Sowjetunion, nachdem sie den Wettlauf zum Mond verloren hatte, die Ära der Raumstationen mit Saljut 1 einleitete, die 1971 erstmals eingesetzt wurde. Seitdem hat es so wenige Raumstationen gegeben, dass wir sie in der folgenden Abbildung vollständig dokumentieren können.*

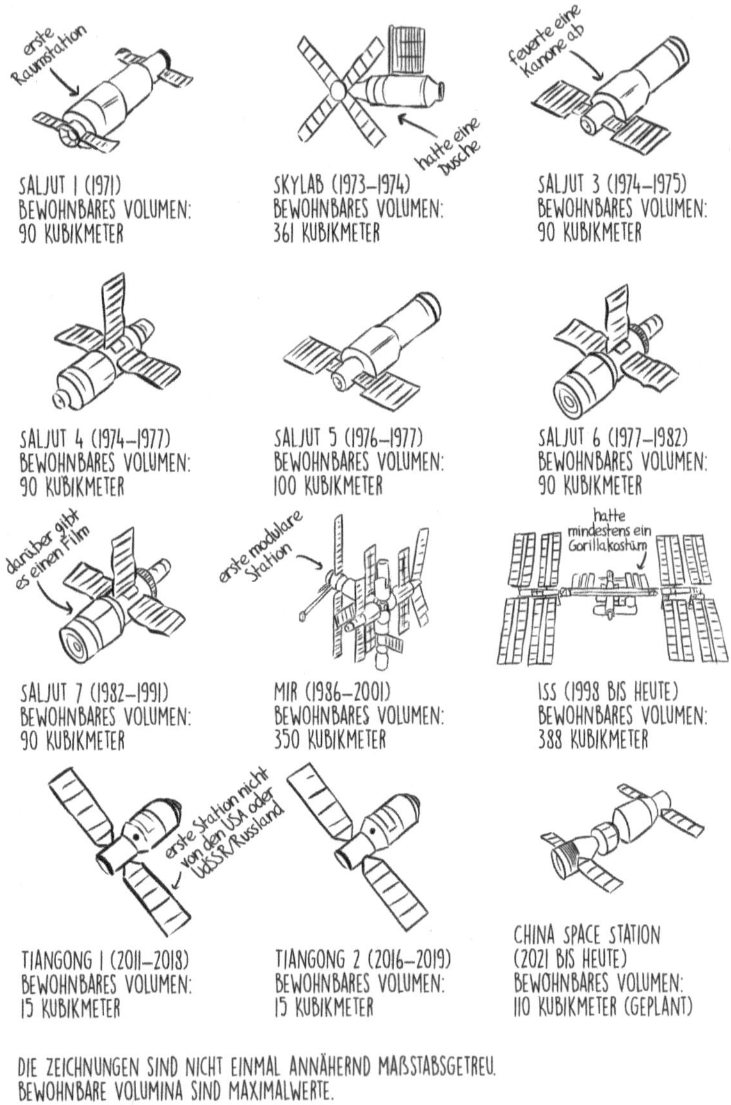

* Saljut 2 war nie bemannt.

Im Laufe dieser Zeit wurden die Reisen im Allgemeinen länger, bis der Kosmonaut Waleri Poljakow während seines Einsatzes an Bord der Mir in den Jahren 1994 bis 1995 den Spitzenwert von 437 aufeinanderfolgenden Tagen erreichte. Seitdem waren nur eine Handvoll Astronauten länger als sechs Monate am Stück unterwegs. Dennoch stammt der größte Teil unseres weltraummedizinischen Wissens von der Internationalen Raumstation, die nach wie vor die größte jemals gebaute Raumstation ist und etwa sechsmal so viel Platz bietet wie die Saljut-Reihe und eine reguläre Besatzung von sechs Personen hat, während frühere Raumstationen zwei oder drei Personen für Langzeitmissionen einsetzten.*

Die gute Nachricht aus dem Weltraum ist, dass er einen nicht sofort umbringt. Solange die Ausrüstung funktioniert, scheint der Weltraum selbst nicht *so* gefährlich zu sein, zumindest nicht über moderate Zeiträume. Wenn Astronauten ums Leben gekommen sind, dann immer wegen eines Problems mit dem Raumfahrzeug, nie wegen der langsamen, schädlichen Auswirkungen der Weltraumumgebung. Aber, wie wir, die Autoren dieses Buches, uns gegenseitig jedes Mal daran erinnern, wenn der jeweils andere an der Reihe ist, auf die Kinder aufzupassen, gibt es viele Zwischenstufen zwischen Leben und Tod. Sie zu kennen, gibt uns den besten Einblick in die wahrscheinlichen Gesundheitsprobleme von Weltraumsiedlern.

Das Vakuum des Weltraums oder: Ihr Körper ist eine Getränkedose

Auf der Erde drückt die Luft aus allen Richtungen mit einem konstanten Druck von etwa 1 Kraftkilogramm pro Quadratzentimeter auf Ihre Haut – oder in albernen physikalischen Einheiten: 1 Atmosphäre. Das ist ungefähr das Gewicht von 1 Liter Wasser auf jedem Quadratzentimeter Ihrer Haut.

* Wenn Sie schon einmal Bilder gesehen haben, auf denen eine größere Anzahl von Kosmonauten in einer Raumstation zu sehen ist, dann liegt das daran, dass während des Wechsels der Besatzung oder bei Kurzzeitmissionen mehr Personen anwesend sind.

Sie bemerken dies aus dem gleichen Grund nicht, aus dem eine Tiefseegarnele nicht bemerkt, dass die sie umgebende Flüssigkeit ein U-Boot implodieren lassen könnte – Ihr Körper ist an den Druck nahe der Erdoberfläche angepasst. Er gleicht den typischen Druck Ihrer Umgebung aus und Sie erleben nur selten plötzliche Druckänderungen.

Jetzt denken Sie einmal an ein Erfrischungsgetränk. Wenn Sie eine verschlossene Flasche Diät-Pepsi kaufen, wissen Sie, dass sie voller Kohlensäure ist, aber Sie sehen nicht viele Blasen. Das liegt daran, dass die Flasche mit ungefähr dem Vierfachen des Luftdrucks der Erdoberfläche verschlossen ist, sodass das Kohlendioxid ruhig in der Flasche schwebt. Wenn Sie den Deckel öffnen, setzen Sie den Inhalt der relativ milden Atmosphäre der Erde aus. All das gelöste Gas strömt in dem bekannten blubbernden Schaum heraus. Wenn Sie diesen plötzlichen Gasausbruch vermeiden wollen, können Sie die Flasche auch 40 Meter unter dem Meer öffnen, wo der Druck das Gas an Ort und Stelle hält und das Meerwasser die Diät-Pepsi nicht schlechter schmecken lässt.

Ihr Körper ist wie das Getränk, mit dem Unterschied, dass das in Ihren Flüssigkeiten schwebende Gas Stickstoff* ist, der aus der Atmosphäre aufgenommen wurde. Wenn Sie in den Weltraum teleportiert würden, wo der Luftdruck »null«** ist, würden Ihre Körperflüssigkeiten beim Öffnen wie die Diät-Pepsi reagieren, nur dass statt eines Schaumausbruchs Stickstoffblasen Ihre Venen und Arterien verstopfen und den normalen Fluss von Blut, Sauerstoff und Nährstoffen unterbinden würden. Diese Gefahr kennen Taucher, die aus geringer Tiefe zurück an die Oberfläche tauchen. Wenn sie zu schnell von hohem zu niedrigem Druck wechseln, bekommen sie die »Dekompressionskrankheit«, die oft die Gelenke betrifft, sodass sich die Betroffenen vor Schmerzen krümmen. Ist das Gehirn betroffen, leidet man unter Bewusstseinstrübungen sowie Brechreiz und Schwindelgefühlen, bei der Lunge droht sogar Erstickungsgefahr.

* Technisch gesehen bedeutet das, dass Ihr Körper eher wie ein Guinness ist.

** Wir wurden von befreundeten Physikern darüber informiert, dass die Menge der Teilchen im Weltraum technisch gesehen nicht null ist. Kelly hält das für einen guten Punkt. Zach ermutigt die Physiker daher, ein Barometer in einer hohen Umlaufbahn zu betreiben.

Wenn man dem Weltraum ausgesetzt ist, wird man höchstwahrscheinlich einfach den Tod erleiden. Tatsächlich sind die einzigen Menschen, die jemals im Weltraum gestorben sind,* durch plötzlichen Druckabfall ums Leben gekommen. Es war der 30. Juni 1971, als die Kosmonauten Georgi Dobrowolski, Wiktor Pazajew und Wladislaw Wolkow von der Saljut 1 zurückkehrten. Die drei Kosmonauten hatten wochenlang Akrobatik in der Schwerelosigkeit vorgeführt, die im Fernsehen für die bewundernde sowjetische Öffentlichkeit übertragen wurde. Sie stiegen in die Landekapsel ein und nach einigen kurzen Problemen mit der Versiegelung der Luke dockten sie ab und begannen ihren Rückflug. Als die Bodencrew eintraf und die Kapsel geöffnet wurde, fand man die Männer noch immer sitzend und im Tode erstarrt vor. Versuche, sie wiederzubeleben, erwiesen sich als nutzlos – sie hatten massive Hirnblutungen erlitten. Nachfolgende Untersuchungen ergaben, dass sich beim Abdocken von der Raumstation ein Ventil des Rückkehrmoduls unerwartet geöffnet hatte, wodurch sie einem nahezu perfekten Vakuum ausgesetzt waren.

Die Dekompressionskrankheit ist nicht nur eine Gefahr bei Unfällen, sondern immer dann, wenn man einen Druckanzug benutzt. Sie stellen sich einen Raumanzug vielleicht als eine Art sperrige Kleidung vor, aber normale Kleidung muss keinen geschlossenen Lebensraum in sich selbst darstellen. Es wäre genauer, sich einen Lederballon vorzustellen, der zufällig die Form eines Menschen hat. Und wie bei einem Ballon gilt: Je höher der Innendruck, desto schwieriger ist es, ihn zu biegen. Bei einem menschenförmigen Ballon bedeutet hoher Druck, dass er sich an den Gelenken nur schwer biegen lässt. Und zwar nur sehr schwer. So ist beispielsweise ein Phänomen namens »Fingernagelablösung« oder »Onycholyse« gut dokumentiert, allerdings empfehlen wir Ihnen, nicht nachzulesen, was das ist. Obwohl die Internationale Raumstation auf Erddruck gehalten wird, haben amerikanische und russische Raumanzüge nur etwa ein Drittel dieses Drucks.

* Es gab auch andere Todesfälle im Zusammenhang mit der Raumfahrt, die sich jedoch in der Erdatmosphäre ereigneten.

RUSSISCHER ANZUG ORLAN-MKS

AMERIKANISCHER ANZUG EMU (EXTRAVEHICULAR MOBILITY UNIT)

Warum werden Astronauten also nicht krumm, schlaff und todkrank, wenn sie Raumanzüge anziehen? Weil sie vor ihren Weltraumspaziergängen reinen Sauerstoff einatmen, wodurch der meiste Stickstoff aus ihrem Blut gezogen wird. Kein Stickstoff, keine Stickstoffblasen.* Im Film ist es oft so, dass heldenhafte Astronauten in einen Raumanzug schlüpfen und jemandem zur Rettung eilen, aber bei den derzeitigen Raumanzügen würde dies dazu führen, dass Brad Pitt seine Gelenke umklammert und zu einem sehr schmerzhaften (wenn auch gut aussehenden) Tod wankt.

Der scharfsinnige Nerd wird sich nun fragen, warum die ISS nicht einfach bei demselben niedrigen Druck wie der Raumanzug gehalten wird. Die kurze Antwort ist, dass Menschen zwar bei niedrigem Druck überleben können, solange genügend Sauerstoff vorhanden ist, die Ingenieure aber alle Geräte so konstruieren müssten, dass sie in einer Umgebung mit niedrigem Druck und reinem Sauerstoff funktionieren.

Außerdem ist reiner Sauerstoff gefährlich. Im Jahr 1967, während der Vorbereitungen für den Apollo-1-Flug, löste ein Funke in der Kapsel der

---

* Sie fragen sich vielleicht, warum der Sauerstoff nicht wie Stickstoff heraussprudelt. Die Antwort ist, dass der Sauerstoff in verschiedenen Molekülen gebunden wird, die vom Körper verwendet werden, sodass sich bei einem Druckabfall keine großen Sauerstoffblasen bilden, wie es bei Stickstoff der Fall ist.

Besatzung einen heftigen Brand in der reinen Sauerstoffumgebung aus. Die drei Astronauten Edward White II, Roger Chaffee und Gus Grissom konnten nicht gerettet werden, weil der plötzliche Temperatur- und Druckanstieg es unmöglich machte, die nach innen zu öffnende Luke zu betätigen, während die starke Hitze die Rettungskräfte daran hinderte, sie herauszuholen.

Weniger bekannt ist ein ähnlicher und früherer Vorfall in der Sowjetunion. Anfang 1961 wurde Walentin Bondarenko zum Kosmonauten ausgebildet. Eine der Trainingsübungen bestand darin, zehn Tage in einer Druckkammer mit hohem Sauerstoffgehalt zu verbringen. Kurz vor dem Ende des Aufenthaltes entfernte er einen medizinischen Sensor von seinem Körper und wischte den Klebstoff vom Sensor mit einem Alkoholtupfer ab. Er warf ihn geistesabwesend zur Seite, wo er auf einer elektrischen Heizplatte landete. Das daraus resultierende Feuer geriet schnell außer Kontrolle und verbrannte seinen Anzug. Der Sauerstoff musste aus der Kammer abgelassen werden, bevor die Rettungskräfte ihn erreichen konnten, und er starb kurz darauf an einem Schock. Dies geschah, nur einen Monat bevor Gagarin als erster Mensch in den Weltraum flog. Die Sowjets zogen es vor, ihr Versagen geheim zu halten. Als die Apollo-15-Astronauten auf dem Mond eine Gedenktafel mit den Namen der Astronauten und Kosmonauten hinterließen, die beim Wettlauf zum Mond ihr Leben verloren hatten, war Bondarenko nicht darunter. Seine Geschichte wurde erst 25 Jahre nach seinem Tod bekannt.

Der Mangel an Luft im Weltraum ist wohlbekannt, sodass man leicht vergisst, wie viele Aspekte des Lebens sich ändern müssen, wenn der Mensch ins All vordringt. Das Vakuum ist potenziell tödlich und auf Dauer wirklich unangenehm. Außerdem verändert sich das Risiko zum Schlechteren, wenn die menschliche Präsenz im Weltraum zunimmt, denn im Weltraum bewegen sich die Objekte zwangsläufig mit hoher Geschwindigkeit zueinander. Die Orbitalgeschwindigkeit beträgt etwa 8 Kilometer pro Sekunde. Wenn ein Objekt mit einer Geschwindigkeit von etwa 3 Kilometern pro Sekunde auf ein Raumschiff prallt, gibt es ungefähr die kinetische Energie seines eigenen Gewichts in TNT-Äquivalent ab. Solange sich die Objekte in dieselbe Richtung und mit derselben Geschwindigkeit bewegen, ist alles in Ordnung, aber in der Realität ist das oft nicht der Fall. Dies gilt insbesondere, wenn Nationen beschließen, Satelliten zu zerstören, und dabei Trümmer in alle Richtungen geschleudert werden, wie es die USA, Russland, China und Indien getan haben.

Dies ist ein größeres Problem für Siedlungskonzepte im offenen Weltraum als für Oberflächensiedlungen, aber unabhängig davon, wo sich das Habitat befindet, wird die Tatsache, dass der Tod immer präsent ist, soziale und politische Konsequenzen haben.

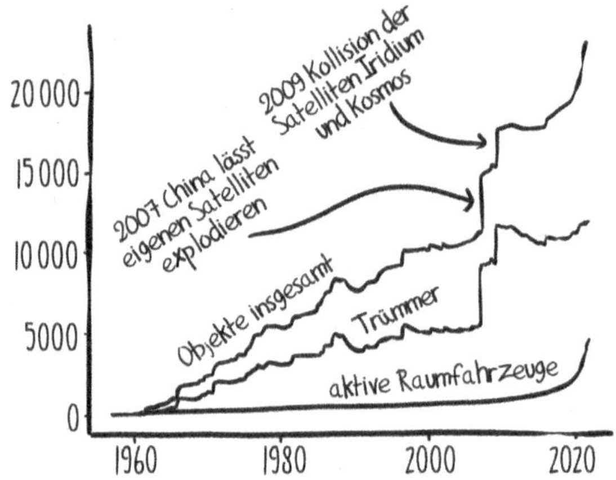

Basierend auf einer Abbildung in A. Lawrence et al., »The Case for Space Environmentalism«, arXiv (21. April 2022), https://arxiv.org/abs/2204.10025v1.

In einer Weltraumsiedlung wird Sauerstoff auf chemischem oder biologischem Wege erzeugt werden, aber in jedem Fall wird es sich um Systeme handeln, die vollständig von Menschenhand gebaut wurden. Diese Systeme werden natürlich jemandem gehören. Einige Theoretiker der Weltraumbesiedlung haben argumentiert, dass die Notwendigkeit einer künstlichen Atmosphäre das Potenzial für eine autokratische Kontrolle über den existenziellen Stoff schafft. Dr. Charles Cockell, ein Astrobiologe, hat auf dieser Grundlage argumentiert, dass es eine »Technologie für die Freiheit« geben sollte, also beispielsweise dafür zu sorgen, dass die Systeme für die Sauerstofferzeugung dezentral und nicht zentralisiert sind. Wir wissen nicht, ob so etwas funktionieren wird, aber es ist wahrscheinlich, dass die Politik der

Weltraumsiedlungen von der Physik der Weltraumsiedlungen beeinflusst wird, und das nicht unbedingt zum Guten.

Explosionen und Nacktheit: Lektionen über Strahlung im Weltraum

Angenommen, wir haben einen Weg gefunden, mit der annähernden Leere des Weltraums umzugehen, dann sollten wir uns jetzt mit einer unfreundlichen Präsenz in der Leere beschäftigen: der Strahlung. Unter bestimmten Umständen kann Strahlung schnell tödlich sein; was im Weltraum jedoch noch besorgniserregender ist, ist ein langsamer, aber ernsthafter Anstieg des Risikos für medizinische Probleme, insbesondere Krebs. Dies ist besonders alarmierend, wenn wir uns vorstellen, dass wir von einer Welt mit Fachleuten mittleren Alters, die ein Jahr im Orbit verbringen, zu einer Welt kommen, in der Kinder im Weltraum aufwachsen. Die Notwendigkeit, die Strahlung zu stoppen, ist einer der wichtigsten Faktoren, die die Gestaltung der menschlichen Besiedlung im Weltraum beeinflussen werden, und wird daher erhebliche Auswirkungen auf die Lebensqualität haben. Allerdings ist es mit dem heutigen Wissen schwer, die Auswirkungen der Strahlung auf den Körper vorherzusagen.

Strahlung ist überall!

Strahlung wird manchmal für etwas Unnatürliches gehalten – etwas, dem man nur bei Atommüll oder Atombomben begegnet. Tatsächlich sind wir aber von Materialien umgeben, die Strahlung abgeben – Strahlung kommt vom Himmel, aus dem Boden, aus der Nahrung. Die »Bananenäquivalenzdosis« ist ein häufig verwendetes Maß für die Strahlenbelastung, denn Bananen enthalten Kalium-40, ein radioaktives Isotop, und sind dennoch gesund. Einer von uns beiden, also einer der Autoren, ist der Meinung, dass man damit einen ausgezeichneten Pudding zubereiten kann. Einige Verhaltensweisen, die die relative Strahlendosis erhöhen können, sind der Verzehr von

Paranüssen, das Schlafen neben einem anderen Menschen oder eine Reise nach Denver, Colorado. Es mag Wagemutige geben, die alle drei Dinge auf einmal getan haben.

Ähnlich wie beim Druck hat sich der menschliche Körper in einer Umgebung entwickelt, in der bestimmte Arten von Strahlung in einem gewissen Umfang auf der Erde vorkommen. Der Grund dafür, dass Krebs und Superkräfte selten sind, liegt darin, dass der größte Teil der Strahlung, der wir ausgesetzt sind, unbemerkt von unserem Körper verarbeitet wird. Die dünne Hülle aus toter Haut um uns bietet einen natürlichen Schutzschild, und unser innerer Mechanismus ist recht gut darin, strahlengeschädigte Zellen zu reparieren oder zu zerstören.

Das Problem im Weltraum besteht jedoch darin, dass man ohne ausreichende Abschirmung, auf die wir später noch eingehen werden, höheren Strahlungsdosen und anderen Strahlungsarten ausgesetzt ist, als dies auf der Erde der Fall ist. Diese Strahlung kommt hauptsächlich von zwei Orten – der Sonne und dem Rest des Universums.

Die Sonne will unseren Tod

Als strahlender Plasmaball verbringt die Sonne bereits die meiste Zeit damit, heiße Ionen in alle Richtungen auszustoßen. Die Magnetosphäre und die Atmosphäre der Erde schützen uns vor den meisten dieser Ionen. Wenn wir uns allerdings im Weltraum befinden, sollten wir der Sonnenstrahlung lieber aus dem Weg gehen, auch wenn sie nicht zum sofortigen Tod führt. Ab und zu kommt es jedoch zu einer Sonneneruption, bei der die Sonne plötzlich an Helligkeit zunimmt.

Und es kommt noch schlimmer: Manchmal wird eine Sonneneruption von einem »solaren Teilchenereignis« begleitet, das ein Teilchenereignis in demselben Sinne ist, wie ein Tsunami ein Wasserereignis ist. Stellen Sie sich eine relativ kleine Region der Sonne vor, die plötzlich einen riesigen Strom von Protonen ausstößt, die sich wie ein Todesstrahl in eine Richtung bewegen.

Glücklicherweise »ist der Weltraum groß«, wie der Science-Fiction-Gott Douglas Adams es ausdrückte. Zufällig gerichtete Todesstrahlen werden ein winziges menschliches Raumschiff wahrscheinlich verfehlen. Wenn man jedoch in diesen Strahl gerät, führt dies zu einer akuten Strahlenkrankheit, deren Symptome Erbrechen, Hautverbrennungen, Herzprobleme, Lungenschäden, ein geschwächtes Immunsystem und – wenn die Dosis hoch genug ist – einen schmerzhaften Tod umfassen.

Sie fragen sich vielleicht, wie der Aktionsplan aussieht, wenn man zufällig bei einem solchen Ereignis an Bord eines Raumschiffs ist. Für die kurzfristigen Bemühungen, zum Mond zurückzukehren, besteht die Vorgehensweise nach den Worten des NASA-Wissenschaftlers Dr. Kerry Lee darin, »jede verfügbare Masse zu nutzen«.[16] Das heißt, dass man alles, was man im Raumschiff oder in der Station finden kann, umverteilt, weil es nun als Strahlungsschutz dient. Warum kein spezieller Strahlungsblocker? Weil das eine riesige Menge an Masse ist, die man nur für teures Geld zum Mond schicken kann und die dann dort einfach herumliegt. Weltraumsiedlungen müssen besser sein, und wie wir sehen werden, besteht die wahrscheinliche Lösung darin, unterirdisch zu leben.

Eigentlich will das ganze Universum unseren Tod

Manchmal explodiert ein Stern. Das kommt selten vor, aber häufig genug, sodass der Weltraum ein Kreuzfeuer der Auswirkungen dieser Explosion ist. Obwohl sie eine relativ geringe Dichte haben, sind die sehr schnell geladenen Teilchen überall. Das meiste davon ist von geringer Masse – einzelne Protonen oder Heliumatome –, aber ein kleiner Prozentsatz der Produkte dieser Explosionen sind schwere, schnell geladene Teilchen.

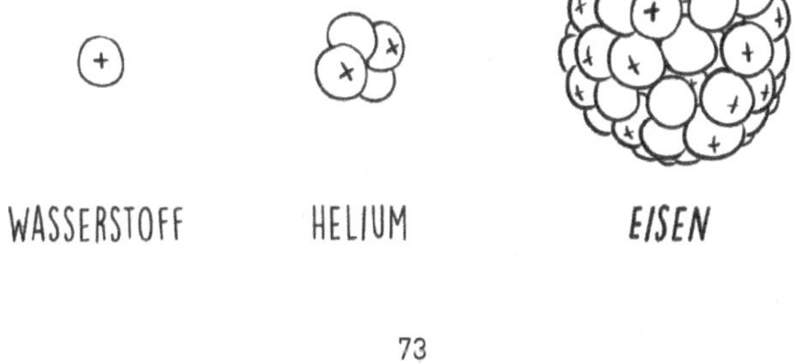

Diese Teilchen sind gefährlich. In einem Experiment wurden Eisenkerne mit hoher Energie in eine gelartige Substanz geschossen, um zu simulieren, was der Weltraum dem menschlichen Körper antun könnte. Einzelne Eisenkerne – einzelne Atome – sprengten Tunnel aus, die so dick wie ein menschliches Haar waren.

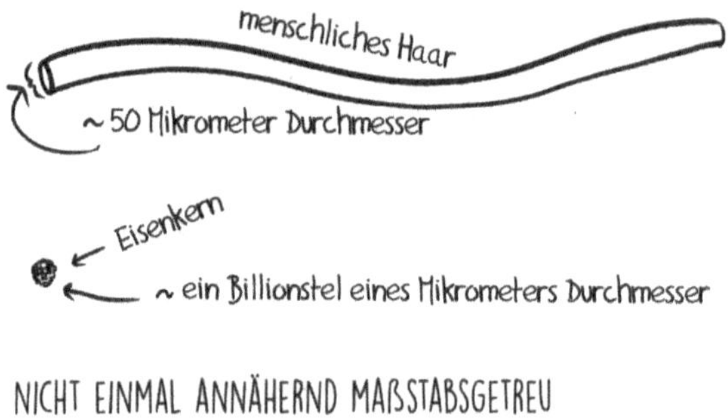

Dass der Mensch dieser »galaktischen kosmischen Strahlung« ausgesetzt ist, ist ein ständiger Bestandteil des Lebens im Weltraum. Astronauten berichten manchmal von »Lichtblitzen«, die nur sie sehen können, was darauf zurückzuführen sein könnte, dass ihre Augen von diesen weit reisenden Teilen der untergegangenen Sterne getroffen werden. Aktuelle Schätzungen besagen, dass jeder einzelne Zellkern in unserem Körper alle paar Tage von einem Proton und alle paar Monate von einem größeren geladenen Teilchen getroffen wird, sobald wir die schützende Atmosphäre und Magnetosphäre der Erde verlassen.

Strahlung greift auch die Ausrüstung an

Strahlung kann auch unsere Technologie stören. Im Jahr 1859 wurde unser Planet von einem solaren Teilchenereignis getroffen, das als Carrington-Ereignis bekannt wurde, benannt nach dem britischen Astronomen Richard Carrington.[17] Die Auswirkungen sind in Aufzeichnungen vom 28. August 1859 aus ganz Amerika dokumentiert. In einem Büro in Boston fielen gegen 18:30 Uhr alle abgehenden Telegrafenleitungen aus. In Pittsburgh zwangen plötzliche Überspannungen im elektrischen System die Telegrafenbeamten, die Batterien abzuklemmen, und als sie dies taten, sprangen »Feuerströme« und Funken heraus. In dieser Nacht wurden von Kalifornien bis Großbritannien, von Griechenland bis Australien Erscheinungen beobachtet, die den Polarlichtern ähnelten. Ein Mann beschrieb »eine brennende Kuppel, die von Säulen in verschiedenen Farben getragen wurde«. Die Störungen hielten den ganzen Tag über an, weil, wie ein Autor schrieb, »die Erdatmosphäre immer noch von elektrischer und magnetischer Energie durchdrungen war«. Feuerströme sind wahrscheinlich noch weniger angenehm, wenn man in einem geschlossenen Lebensraum lebt, in dem elektrisch betriebene Maschinen für die Belüftung zuständig sind. Seitdem ist nichts dergleichen mehr passiert, obwohl im Jahr 2012 ein Ereignis von ähnlicher Stärke wie 1859 die Erde nur knapp verfehlte, eine Entfernung, die der Astronom Dr. Phil Plait als »nicht groß genug, um mich glücklich zu machen« bezeichnete.

Auch auf der ISS scheint die Strahlung von Zeit zu Zeit Probleme zu bereiten. Hier eine Geschichte aus *How to Astronaut*, Terry Virts' Memoiren über das Leben auf der ISS: Es war während einer Expedition im Jahr 2014, als er plötzlich ein schrilles Hupen hörte. Die Besatzung rannte los, um zu sehen, was los war, und stellte fest, dass der »ATM«-Alarm aufleuchtete. ATM steht für »Atmosphäre«. Virts nahm an, dass es sich um ein kleines Leck oder einen falschen Alarm handelte, aber die italienische Astronautin Samantha Cristoforetti erinnerte sich genau an die Bedeutung des Alarms und rief: »NEIN – Ammoniakleck!«

Ammoniak ist nichts, was man in einer Raumstation haben möchte. Es ist gut für das Kühlsystem, aber giftig für Menschen und schwer zu entfernen. Wenn genügend Ammoniak austritt, könnte die gesamte Station unbewohnbar werden, und im schlimmsten Fall könnte das Gas einen Überdruck erzeugen und ein Modul zum Bersten bringen.

Das Protokoll, das die Astronauten befolgen sollten, sah ungefähr so aus:

1. Sauerstoffmasken aufsetzen
2. Zum russischen Segment hinüberschweben, die erste Luke schließen

3. Nackt ausziehen
4. Die zweite Luke schließen, um das amerikanische Segment abzuschotten

Sie wundern sich vielleicht über einen dieser Schritte, aber dafür gibt es eine einfache Erklärung: Man versiegelt das amerikanische Segment, weil das russische Kühlsystem Glykol und kein Ammoniak verwendet. Wenn also ein Ammoniakleck auftritt, dann auf der amerikanischen Seite.

Ach so, Schritt 3. Also, Ammoniak kontaminiert die Kleidung, also sollte man sie sicherheitshalber in der Ammoniakzone zurücklassen und hoffen, dass die Russen Ersatzunterwäsche haben. Nach dem Ammoniakalarm beschloss die Besatzung, sich nicht streng an die Vorschriften zu halten. Hauptsächlich weil sie nicht nach Ammoniak rochen und daher dachten, es sei ein falscher Alarm. Oder vielleicht dachten sie, dass der plötzliche Anblick von nackten Kollegen in der Schwerelosigkeit schlimmer sei als der Tod.

Das Ganze wiederholte sich ein zweites Mal, einschließlich der inzwischen üblichen Auslassung von Schritt 3. Dies sollte eine Lektion für jeden Raumfahrtplaner sein, der erwartet, menschliches Verhalten zu kontrollieren oder auf der Grundlage rationaler Eigeninteressen vorherzusagen.

Aber was hat das alles mit Strahlung zu tun? Obwohl man sich nicht 100-prozentig sicher sein kann, wird vermutet, dass die Ursache für den Fehlalarm die Strahlung war, die auf die Geräte einwirkte.

Strahlung hat auch schon weiter draußen zu Problemen geführt. Im Jahr 2003, als der Mars Odyssey Orbiter den Roten Planeten umkreiste, feuerte die Sonne einen gewaltigen Strahlungsstoß ab, der den Kontakt zum Orbiter abbrach und ihn in den Sicherheitsmodus versetzte. Einer seiner Sensoren, der die Strahlung aufspüren sollte, wurde dauerhaft zerstört. Nach den Worten eines Wissenschaftlers »erstickte« er an den Daten.[18] Stellen Sie sich vor, Sie befinden sich in einem Raumschiff in der Marsumlaufbahn, verlieren plötzlich den Kontakt zur Heimat und werden dann darüber informiert, dass Ihr Strahlungsdetektor aufgrund von zu viel Strahlung nicht mehr funktioniert.

Die Abschirmung will uns auch töten

Oh, und jetzt wird's lustig: Selbst wenn wir eine massive Abschirmung gegen Strahlung haben, können wir von »Spallation« getroffen werden. Leider sind Spome und Spallation sprachlich nicht miteinander verwandt – Spallation kommt von einem viel älteren Wort, das »Splitter« im Sinne eines abgebrochenen Stücks bedeutet. Wenn schnelle, schwere Ionen auf die Abschirmung prallen und langsamer werden, können sie Kaskaden von sekundären und biologisch gefährlichen Teilchen erzeugen, die manchmal als »nuklearer Schauer« bezeichnet werden.

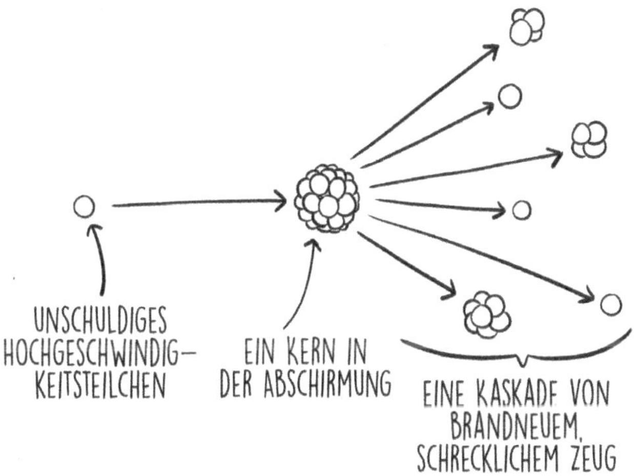

Die Spallation ist ein besonders anschauliches Beispiel dafür, wie unglaublich komplex die Entwicklung für den Weltraum ist, sobald man sich mit den Details beschäftigt. Wenn der Strahlenschutzschild zum Beispiel sehr dick ist und aus Aluminium besteht, können wir am Ende sogar noch mehr Strahlung ausgesetzt sein, als wenn wir überhaupt keine Abschirmung hätten.

Die endgültige Antwort zum Thema Strahlung

Weltraumstrahlung ist also schlecht.

Richtig?

Na ja ... ja. Wahrscheinlich. Denken wir.

Es ist schwierig, dieses Thema wissenschaftlich zu erforschen. Die besten verfügbaren Daten stammen von Labortieren, von Menschen, die mit radioaktivem Material gearbeitet haben, und aus Zeiten, in denen etwas Schreckliches passiert ist, wie die Katastrophe von Tschernobyl oder der Abwurf von Atombomben auf Hiroshima und Nagasaki durch die Vereinigten Staaten. Selbst diese Daten sind zur Beurteilung der Weltraumstrahlung nicht perfekt. Beispielsweise wurden die Opfer von Atombomben einer plötzlichen massiven Dosis ausgesetzt, bei der es sich vermutlich größtenteils um Neutronen handelte, wohingegen die typische Situation im Weltraum eine langfristige Exposition gegenüber geladenen Teilchen mit sich bringt. Studien an Labortieren sind ebenfalls nur bedingt geeignet, da sie nicht eins zu eins auf den Menschen übertragen werden können und es ohnehin schwierig ist, in einem Labor eine weltraumähnliche Strahlung zu erzeugen.

Aber Moment mal, wir haben doch schon 50 Jahre lang Menschen auf Raumstationen. Sagt uns das denn gar nichts? Natürlich sagt uns das etwas, aber da alle Raumstationen im Schutz der Magnetosphäre der Erde kreisen, sind die Astronauten einer Strahlung ausgesetzt, die zwei- bis dreimal geringer ist als die, der man im Weltraum ausgesetzt ist.

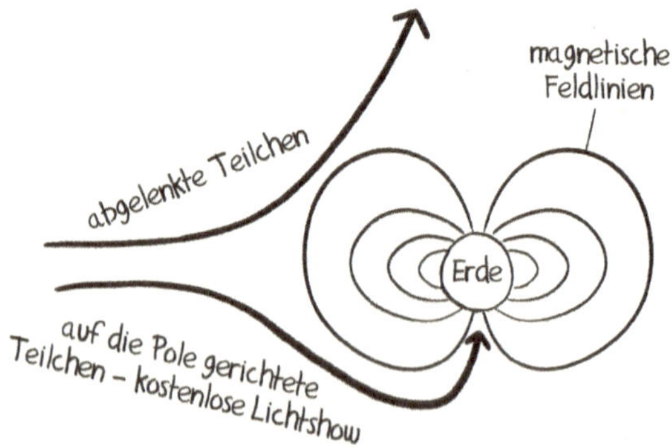

Die einzige direkte Quelle, die wir über die physiologischen Auswirkungen der Strahlung jenseits der Magnetosphäre haben, stammt von den Apollo-Missionen, die zum Mond und zurück flogen. Die längste davon war die Apollo-17-Mission, die nur etwa zwölfeinhalb Tage dauerte.

Eine typische Marstransitzeit beträgt etwa sechs Monate. Die erfreuliche Nachricht ist, dass die Besatzungsmitglieder der Apollo-Mission zwar eine enorme zusätzliche Strahlendosis abbekommen haben, aber offenbar kein erhöhtes Auftreten von Krebs zu verzeichnen hatten. Das ist ermutigend, aber insofern ein Problem, als es sich um eine winzige Stichprobe handelt – gerade einmal 24 Männer. Außerdem handelte es sich nicht um eine zufällige Gruppe, sondern um die absolute Elite – die meisten der Männer waren Testpiloten, und alle wurden so gründlich medizinisch untersucht, dass es schon an Sadismus grenzte, worunter unter anderem auch intime Begegnungen mit etwas fielen, das als »Stahlaal« bezeichnet wurde. Wenn diese Männer seltener an Krebs erkrankten, als man erwarten würde, liegt das vielleicht daran, dass sie einfach etwas robuster waren als die meisten von uns.

Eine noch ominösere Erklärung ist, dass der Zusammenhang zwischen Strahlung und Krebs zwar real ist, aber nicht vollständig verstanden wird. Für den Weltraum gilt das in doppelter Hinsicht. Wenn Sie schon immer mal das wissenschaftliche Äquivalent eines klagenden Achselzuckens lesen wollten, hier eine Zeile aus einem 2018 veröffentlichten Artikel: »Es gibt keine definitiven Beweise dafür, dass die Weltraumstrahlung beim Menschen Krebs verursacht, aber es ist vernünftig anzunehmen, dass sie es kann.«[19]

Die Wissenschaft ist sich nicht ganz schlüssig, aber die Raumfahrtbehörden brauchen dennoch Richtlinien. Auf der Grundlage von Modellen des National Radiation Council (Nationaler Strahlenrat) hat die NASA Regeln für die Strahlungsdosis festgelegt – niemand hat ein mehr als 3-prozentiges »Risiko eines durch die Strahlung verursachten Todes« (REID = *risk of exposure-induced death*).* Dieser scheinbar vernünftige Grenzwert hat

* Für den engagierten Nerd bedeutet das laut einem aktuellen Bericht der National Academy of Sciences Folgendes: »3 Prozent REID bedeutet, dass innerhalb einer Kohorte von 100 Astronauten 3 wahrscheinlich irgendwann in ihrem Leben an strahleninduziertem Krebs sterben werden.«

merkwürdige Konsequenzen. Denn der Tod bringt keine Chancengleichheit mit sich. Einige Untersuchungen von Überlebenden der Atombombe deuten darauf hin, dass Eierstock- und Brustgewebe besonders anfällig für Strahlenschäden sind. Aus diesem Grund fordern einige Raumfahrtbefürworter sogar, dass bei langfristigen Marsmissionen keine Frauen zugelassen werden sollten. Dies könnte den Plänen für ein Bevölkerungswachstum in einer zukünftigen Siedlung einen Dämpfer versetzen. Nach den derzeitigen Standards könnten auf dem Mars jedoch auch keine Männer erlaubt sein. Der aktuelle Rekord für die Gesamtzahl der Monate im All wird von Gennadi Padalka gehalten, der bei fünf Flügen insgesamt etwa 29 Monate im All verbracht hat. Diese Zeitspanne würde die derzeitigen NASA-Grenzwerte für alle Altersgruppen überschreiten. Eine realistische Marsreise, mit Aufenthalt und Rückflug, würde aber wohl länger dauern.

Es sind also keine Frauen erlaubt, weil überhaupt keine Menschen erlaubt sind. Auch für erfahrene Raumfahrer, die bereits nahe oder jenseits der Strahlungsgrenze sind, ist eine solche Mission ein absolutes No-Go. Die Lösung? Ein kürzlich veröffentlichtes Papier der National Academy of Sciences argumentiert, dass wir, wenn wir erfahrene Astronauten für eine Marsreise einsetzen wollen, den stärksten Verteidigungsmechanismus der Erde nutzen müssen: eine unterzeichnete Verzichtserklärung.

Ein besonderes Problem des Weltraums: Mikrogravitation

Obwohl sich die Astronauten innerhalb der Anziehungskraft der Erde befinden, führt ihre kreisförmige Umlaufbahn dazu, dass sie ständig in Richtung Erde »fallen«, ähnlich wie bei einer Achterbahn, die nie endet. Sie schweben also genau so, wie sie es tun würden, wenn sie keiner starken Schwerkraft ausgesetzt wären. Wie bei einer Achterbahn löst das Gefühl des Fallens oft Erbrechen aus, das aber in der Regel nach ein paar Tagen wieder verschwindet. Sobald sie sich eingewöhnt haben, beschreiben Astronauten die Mikrogravitation oft als eine der besonderen Freuden des Orbits.

Für den menschlichen Körper ist das jedoch nicht gut. Die Mikrogravitation verursacht vorhersehbare physiologische Probleme, von denen einige kurzfristig, andere möglicherweise dauerhaft und wieder andere noch unentdeckt sind, weil die Menschen noch nicht genug Zeit im Weltraum verbracht haben.

Wenn es in diesem Buch um die Planung eines einjährigen Campingtrips im Orbit ginge, könnten wir Ihnen einige ausgezeichnete Ratschläge geben. Aber der Plan ist ja die Besiedlung des Weltraums. Und an dieser Stelle müssen wir ein großes Problem mit den Daten eingestehen. Kein seriöser Plan für die Besiedlung des Weltraums sieht ein längeres Leben in der Mikrogravitation vor, aber das ist genau das Gravitationsprofil, aus dem fast alle Daten der Weltraummedizin stammen. Die überwiegende Mehrheit der Vorschläge zur Besiedlung des Weltraums bezieht sich auf den Mond, der etwa ein Sechstel der Erdgravitation hat, oder den Mars, der etwa zwei Fünftel der Erdgravitation hat. Die meisten anderen Vorschläge beziehen sich auf rotierende Raumstationen, die auf künstliche Weise eine normale Erdanziehung erzeugen können.

Uns liegen fast keine medizinischen Daten über das Leben in der partiellen Erdgravitation vor. Das Beste, was wir haben, sind die zwölf Männer, die zusammengenommen weniger als einen Monat auf der Mondoberfläche verbracht haben. Wenn es in der Teilgravitation ernsthafte negative Auswirkungen auf das Leben gibt, dann dauert es wahrscheinlich länger, bis sie sich zeigen.

Das lässt eine Menge Spielraum für Unsicherheiten. Es kann sein, dass die geringe Schwerkraft des Mondes erdähnlich genug ist, um dem menschlichen Körper die schlimmsten Probleme zu ersparen, die in der Mikrogravitation auftreten. Oder es kann sein, dass die Auswirkungen im Großen und Ganzen denen der Mikrogravitation ähneln, aber länger brauchen, um sich zu zeigen. Es könnte auch sein, dass es seltsame neue Probleme gibt, mit denen wir nicht gerechnet haben.

Was das Verständnis der Weltraumumgebung angeht, so können wir Ihnen nur sagen, wie es sich bisher dargestellt hat. Das werden wir hier tun, aber wir müssen uns darüber im Klaren sein, dass wir nur begrenzt in der

Lage sind, Schlussfolgerungen zu ziehen, und dass bessere Daten wahrscheinlich erst nach einem groß angelegten Experiment mit einem rotierenden Raumschiff oder einer ersten Mondbasis zur Verfügung stehen werden.

Bye-bye Bizeps: Der menschliche Körper in der Mikrogravitation

Aus der Sicht der Knochen bedeutet das Herumlaufen nichts anderes, als immer wieder hochgehoben und hinuntergestoßen zu werden. Unser Körper ist darauf vorbereitet, aber unser Körper ist ein Geizkragen. Knochen und Muskeln müssen genutzt werden, damit sie nicht verkümmern, doch wenn wir in der Schwerelosigkeit schweben, nutzen wir sie oft nicht.

Im Weltraum werden die Beine zum Abstoßen von einer Wand und zur Verankerung des Körpers an den allgegenwärtigen Klettverschlüssen eingesetzt, aber die meisten Manöver werden mit dem Oberkörper ausgeführt, während der Rest des Körpers verkümmert. Vier Monate im Weltraum bedeuten etwa 1 Prozent Masseverlust der Wirbelsäule *pro Monat.*

Während sich die Wirbelsäule degradiert, verlängert sie sich in der Schwerelosigkeit übrigens auch. Aus diesem Grund treten recht häufig Schmerzen im unteren Rückenbereich im Weltraum und nach dem Flug auf. Einem Bericht von Mike Mullane zufolge hatten die fünf Männer an Bord eines Fluges im Jahr 1984 ernsthafte Rückenprobleme. Die einzige Person, die keine Schmerzen hatte, war die einzige weibliche Passagierin, Dr. Judy Resnik. Mullane erinnert sich, dass sie sagte: »Ich kann es nicht glauben! Ich gehe mit fünf Männern ins Bett und sie haben alle Rückenschmerzen.«[20]

Die Muskeln erleiden ein ähnliches Schicksal wie die Knochen. Eine Studie an ISS-Astronauten ergab, dass ihre Wadenmuskeln nach sechs Monaten im Orbit um 13 Prozent geschrumpft waren.[21] Das klingt vielleicht nicht so schlimm, ist aber auch deswegen bedenklich, weil die Astronauten in diesen sechs Monaten regelmäßig mehrstündige Trainingseinheiten absolviert haben. Die meisten Raumfahrer sind nach ein oder zwei Monaten auf der Erde wieder fit, aber in manchen Fällen kann das sechs Monate bis drei Jahre dauern.

Nach einer kurzen Zeit im Weltraum hat man also Osteoporose, schwache Muskeln und Rückenprobleme. Und ganz nebenbei kann das verlorene Knochenkalzium zu Verstopfung und Nierensteinen führen. Da haben wir nun also die Wiege der Erde verlassen und sind in das Pflegeheim im Orbit gewechselt.

Nach mehr als 50 Jahren Forschung in Raumstationen bestehen die besten Lösungen für diese Probleme aus den beiden schlimmsten Wörtern in jeder Sprache – Ernährung und Bewegung. Vitamin-D-Präparate und Osteoporosemedikamente scheinen beim Knochenschwund zu helfen, und von den Astronauten wird immer noch erwartet, dass sie täglich zweieinhalb Stunden Sport treiben, und das an sechs Tagen in der Woche, um den Muskel- und Knochenabbau zu verlangsamen. Dies gilt trotz der Tatsache, dass das Training im Weltraum die häufigste Ursache für Verletzungen im Weltraum ist.

In einer Weltraumsiedlung mit partieller Erdanziehung ist es möglich, dass die Siedler die Erdanziehung simulieren, indem sie mit Gewichten beschwerte Kleidung tragen. Bislang sind die langfristigen Auswirkungen der Schwerelosigkeit oder der partiellen Erdanziehung allerdings unbekannt. Und was die Auswirkungen auf ein sich entwickelndes menschliches Kind betrifft, so haben wir keine Ahnung, wie diese ausfallen könnten.

Schrecklich sexy: Die zwiespältige Welt der Flüssigkeitsverschiebungen

Manchmal stellen wir uns unser Kreislaufsystem wie eine Pumpe mit Rohren vor. Das Herz schlägt unaufhörlich, und das Blut fließt dorthin, wo es hinsoll. Das ist in gewisser Weise richtig, aber im Wesentlichen zu einfach. Das Blut oberhalb des Herzens muss nur nach unten fließen, um es zu erreichen. Das Blut in den Füßen braucht einen kräftigen Stoß, um nach oben zu gelangen. Es sei denn, man macht einen Handstand, in diesem Fall ist es umgekehrt. Auf eine Art und Weise, die für die Sanitäranlagen eines Hauses unvorstellbar ist, bleibt unser Kreislaufsystem funktionsfähig, egal ob wir flach auf dem Rücken liegen, auf der Seite liegen oder kopfüber hängen.

Aber wenn man eine Weile in der Schwerelosigkeit verweilt, wird es seltsam. Die Beine pumpen, als ob sie immer noch gegen die Schwerkraft ankämpfen würden, mit der sich der Mensch entwickelt hat. Die Flüssigkeit wandert nach oben, wodurch das Flüssigkeitsvolumen der Beine abnimmt. Das Ergebnis ist das, was in einer Studie als »Puffy-Face Bird-Legs«-Syndrom (aufgedunsenes Gesicht und dünne Beine) bezeichnet wurde. Und da der Körper durch die unterschiedlichen Flüssigkeiten in der Höhe verwirrt ist, muss er häufiger zur Toilette gehen.

Ist das schlecht? Das hängt davon ab, wen man fragt. Wie die erfahrene Astronautin Generalleutnant Susan Helms in einem Interview für das seinerzeit bekannte Buch *Sex in Space* sagte, verliert man an Gewicht und Falten, während man dünnere Beine und mehr Körpergröße gewinnt. Einige von Ihnen sind vielleicht nicht begeistert von der Vorstellung, dass milliardenschwere Weltraumsiedler auf dem Weg zum Mars auch noch unglaublich sexy werden, aber ihre Körper vergessen während der Reise auch, wie man den Blutfluss gegen die Schwerkraft steuert, was zu Schwindel oder sogar Ohnmacht führen kann, wenn sie das Landungsfahrzeug verlassen.

Die beste Gegenmaßnahme, die bisher bekannt ist, ist ziemlich einfach: Man trinkt etwas Salziges, wie Brühe oder Sportgetränke. Und man nimmt Elektrolyte und Flüssigkeit zu sich, bevor die Schwerkraft wieder einsetzt. Das erhöht den Blutdruck und bringt die Gesamtflüssigkeitsmenge in die Nähe des Normalwerts.

Das geht ins Auge ... womöglich dauerhaft

Die Mikrogravitation beeinträchtigt offenbar auch das Sehvermögen. Wir wissen nicht, warum, aber vermutlich erhöht die Flüssigkeitsverschiebung nach oben den Druck im Kopf, wodurch sich die Form der Augäpfel und der Blutgefäße, die sie versorgen, verändert.

Die Probleme scheinen sich zu verschlimmern, je länger man im Weltraum ist. In einer Umfrage unter 300 Astronauten berichteten 23 Prozent derjenigen, die an Shuttlemissionen teilgenommen hatten, dass sie nach ihrer Rückkehr Schwierigkeiten hatten, Dinge in der Nähe zu erkennen.[22]

Das ist ziemlich schlimm, wenn man bedenkt, dass die Shuttlemissionen in der Regel nur zwei Wochen oder weniger dauerten. Bei denjenigen, die länger auf der ISS waren, stieg die Zahl auf 50 Prozent. Das Problem tritt häufiger bei Astronauten über 40 Jahren auf. Ihnen werden daher Brillen verschrieben, um eine Weitsichtigkeit zu vermeiden. Diese werden Space Anticipation Glasses (Weltraumvorsorgebrillen) genannt.

Wie sich dieses Problem auf die Augen auswirkt, ist weitgehend bekannt. Es ist jedoch möglich, dass die Augen nur die am besten erkennbare Form der Schädigung sind und dass auch subtilere Auswirkungen auf das Gehirn selbst auftreten. Damit werden wir uns jetzt nicht lange aufhalten, denn im Moment sind die Daten unklar, aber es besteht die Möglichkeit, dass die Weltraumbedingungen kognitive Auswirkungen haben. Ehrlich gesagt klingt eine kumulative Schädigung des Gehirns angesichts der Strahlung und der Flüssigkeitsverschiebungen nicht nach einer besonders gewagten Vermutung. Wenn es sich um ein subtiles Problem handelt, das sich mit der Zeit verschlimmert, wird es für jeden Plan zur Besiedlung des Weltraums von großer Bedeutung sein.

Und alle Probleme im Zusammenhang mit der Mikrogravitation, die wir erörtert haben, könnten sich bei längeren Zeiträumen noch verschärfen. Angenommen, Sie verbringen zehn Jahre damit, sich an die Schwerkraft des Mars anzupassen. Können Sie auf die Erde zurückkehren? Wir wissen es wirklich nicht, und wir kennen die Antwort nicht, wenn Ihre zehn Jahre im Alter von null Jahren beginnen.

Es gibt hier keine großartigen Gegenmaßnahmen, aber ein Gerät, das im Laufe der Jahre getestet wurde, setzt die gesamte untere Körperhälfte unter Unterdruck, um die Körperflüssigkeiten davon zu überzeugen, nach unten zu fließen. Diese »saugenden Hosen«,[23] wie Scott Kelly sie nannte, können Risiken mit sich bringen. Seinem Bericht zufolge wurde ein Kosmonaut, der sie benutzte, einmal ohnmächtig, als seine Herzfrequenz sank. Auch Scott Kelly wäre beinahe ohnmächtig geworden, weil er einen Fehler bei der Druckeinstellung gemacht hatte.

Auf der Erde wird das Augapfel-Problem untersucht, indem man Menschen tagelang liegen lässt, was zu Veränderungen im Auge führt, von denen wir annehmen, dass sie denen im Weltraum ähneln. Dies hat die Erprobung neuer Geräte ermöglicht und die jüngsten Arbeiten gehen über die primitive Welt der saugenden Hosen hinaus. In einer erdgebundenen Studie wurde ein kompletter Schlafsack getestet, der tatsächlich zu helfen schien. Ob saugende Hosen und saugende Schlafsäcke in Weltraumsiedlungen erforderlich sein werden, ist eine Frage für unerschrockene Reisende der Zukunft.

Flüssigkeitsverschiebungen sind nicht unbedingt das Erste, woran man denkt, wenn man sich eine Weltraumsiedlung vorstellt, doch sie könnten mit zunehmender Zeit zu den wichtigsten Problemen gehören. Das Leben in partieller Schwerkraft wird vielleicht nicht dieselbe Art von Schäden verursachen, aber wenn doch, dann müssen Weltraumsiedlungen mit relativ schweren Sehstörungen bei den meisten ihrer Bewohner rechnen. Wenn es ernstere Probleme gibt, wie beispielsweise kognitive Beeinträchtigungen, dann hoffen wir mal, dass die saugenden Hosen ein bisschen stromlinienförmiger werden.

Medizinische Versorgung in Weltraumsiedlungen: Traumamedizin im All

Eine unserer wirksamsten medizinischen Strategien bei Weltraumsiedlungen besteht darin, jeden auszusortieren, der auch nur ein geringes medizinisches

Problem hat. Aber Traumata sind schwieriger zu vermeiden, weil man nicht nach Menschen suchen kann, die nicht »versehentlich von einem Experiment zerquetscht werden«.

Auf der Erde gehören zu den typischen traumatischen Verletzungen Fälle wie Atemwegsverstopfung, Knochenbrüche, Kopfverletzungen und ganz allgemein Blutungen, die eigentlich nicht auftreten sollten. Die Hauptaufgabe eines Unfallchirurgen besteht darin, dafür zu sorgen, dass der Patient atmet und nicht zu stark blutet – Dinge, die vor Ort so schnell wie möglich erledigt werden sollten, idealerweise innerhalb weniger Minuten. Aber selbst von der ISS, die nur ein paar Hundert Kilometer von der Erdoberfläche entfernt ist, dauert die Evakuierung sechs bis vierundzwanzig Stunden.

Es gibt gute Gründe, sich diesbezüglich Sorgen zu machen. Nach einer langen Reise in den Weltraum leiden die Raumfahrer unter all den bereits beschriebenen körperlichen Schwächen sowie unter den kurzfristigen Auswirkungen der veränderten Schwerkraft wie Übelkeit, Schwindel und Ungeschicklichkeit.* Sie begeben sich dann in eine ungewohnte Umgebung, in der sie sofort ihre Arbeit aufnehmen müssen. Daher sind Unfälle vorprogrammiert.

Ohne ein spezielles Krankenzimmer mit einem geeigneten Luftfiltersystem werden Chirurgen im Weltraum keinen idealen Operationssaal vorfinden. Dies gilt insbesondere für die Mikrogravitation, in der Nahrung, Mikroben und menschliche Ausscheidungen herumschwimmen können. Wenn ein chirurgischer Eingriff erforderlich ist, muss der Arzt für die besonderen Schwerkraftbedingungen, unter denen er arbeitet, geschult sein. In einem Artikel heißt es zum Beispiel, dass Blut »dazu neigt, sich zu sammeln und zu Wölbungen zu verdichten, die bei einer Verletzung durch Instrumente aufbrechen können«.[24] Chirurgen, die im Weltraum Traumata behandeln, benötigen daher möglicherweise auch eine spezielle Ausbildung in

* Ungeschicklichkeit ist ein Problem, weil der propriozeptive Sinn – also das Gefühl dafür, wo sich die Körperteile befinden – durcheinandergerät, da der Körper in der veränderten Schwerkraft nicht mehr in seiner normalen Weise aufgehängt ist. Außerdem berichten viele Astronauten, dass sie Gegenstände zerbrochen haben, weil sie vergessen haben, dass etwas in der Schwerkraft zu Boden geht, wenn man es loslässt.

bildgebenden Verfahren für die Schwerkraft, der sie ausgesetzt sein werden.

Obwohl es bisher noch kein medizinisches Zentrum im Weltraum gegeben hat, werden Weltraumsiedlungen solche Zentren brauchen. Zu den Vorschlägen, die in naher Zukunft umgesetzt werden sollen, gehören spezielle Raumstationsmodule namens »Trauma Pods« oder eine »chirurgische Arbeitsstation« – eine Art aufblasbares Zelt, das den Patienten umgibt und ihn vor der Umgebung schützt und umgekehrt.

Ein alternativer Vorschlag ist die minimalinvasive Chirurgie. Hier führt man einen winzigen sterilen Schnitt aus und arbeitet im Inneren des Körpers, wobei man die Körperhöhle als Arbeitsplatz für die Operation nutzt. Das ist theoretisch großartig und funktioniert auf der Erde gut, allerdings nur für eine Teilmenge der medizinischen Probleme. Außerdem gibt es, zumindest in der Mikrogravitation, Probleme, die kein Arzt auf der Erde je erlebt hat. In einem Artikel heißt es: »Der Darm schwimmt im Operationsfeld«,[25] in einem anderen: »Es wurde auch über die Tendenz von Organen berichtet, sich herauszulösen«.[26]

Aber der Patient erhält doch wenigstens eine Betäubung, oder? Ja, aber man kann keine inhalativen Anästhetika verwenden, denn wenn es ein Leck gibt, dann hat man gerade Lachgas in die geschlossene Atmosphäre abgegeben. Eine andere Möglichkeit ist die Spinalanästhesie, aber da sich die Körperflüssigkeiten nach oben verlagern, kann es sein, dass das Anästhetikum nicht dort landet, wo es hingehört. Die beste Lösung ist wahrscheinlich eine Injektion an der Operationsstelle. Und nebenbei bemerkt funktioniert das vielleicht nicht richtig. Es gibt Hinweise darauf, dass der menschliche Körper Nährstoffe und Medikamente in der Schwerelosigkeit nicht im gleichen Maße aufnimmt wie auf der Erde. Das ist nicht verwunderlich, wenn man die Flüssigkeitsverschiebungen und die Tatsache bedenkt, dass der Mageninhalt schwebt, aber es bedeutet, dass alle Medikamente, insbesondere wichtige Medikamente wie Anästhetika, für jedes neue Gravitationsprofil neu zertifiziert werden müssen.

Vielleicht fragen Sie sich jetzt, woher wir so viel über die Traumachirurgie in der Schwerelosigkeit wissen. Wie viele dramatische Traumaoperationen wurden im Weltraum durchgeführt? Die Antwort lautet: gar keine. Zumindest nicht an Menschen. Es gab zwei Spaceshuttle-Flüge, bei denen chirurgische Experimente an Nagetieren durchgeführt wurden, darunter eines, bei dem die Verwendung von Lokalanästhesie validiert wurde. Aber das erklärt nicht, warum wir all die anderen merkwürdigen Dinge wissen. Es ist möglich, in der Schwerelosigkeit Wunden zu vernähen, und anscheinend ist es möglich, im Schwebezustand eine Trepanation am Schädel durchzuführen. Blut bildet Wölbungen, Därme wandern!

Wenn Sie darüber mehr erfahren möchten, verweisen wir auf die umfangreiche wissenschaftliche Literatur, in der die Wörter »Schwein« und »Parabelflug« vorkommen, mit Titeln wie »Cardiopulmonary Resuscitation in Microgravity: Efficacy in the Swine During Parabolic Flight«. Parabelflüge sind eine gängige Methode, um Ausrüstung und Protokolle in simulierter Schwerelosigkeit zu testen. Kurz gesagt, wenn Sie ein Flugzeug in einer Parabel* mit genau dem richtigen Bogen fliegen, erleben Sie etwa 30 Sekunden freien Fall.

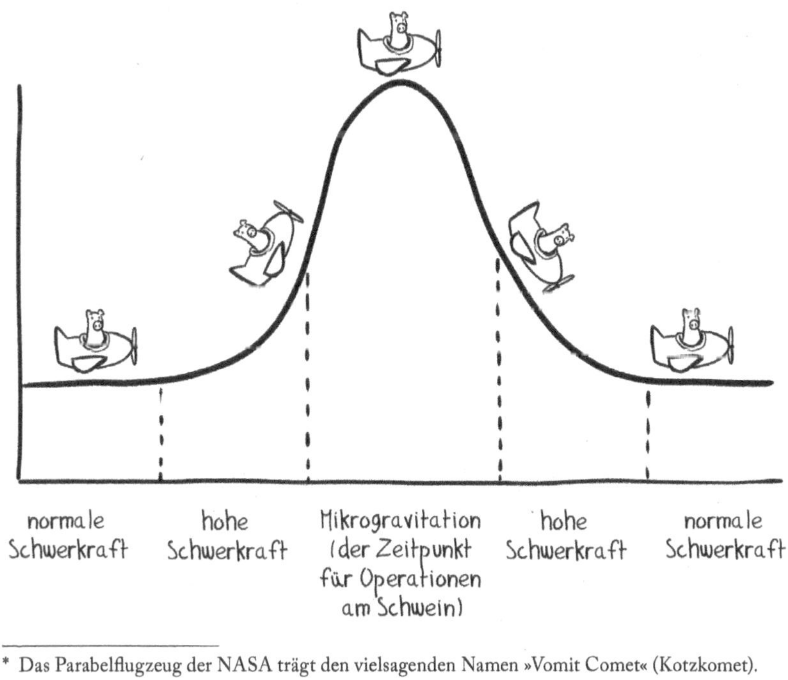

* Das Parabelflugzeug der NASA trägt den vielsagenden Namen »Vomit Comet« (Kotzkomet).

Wenn man das oft genug wiederholt, kann man eine gute Stunde simulierte Schwerelosigkeit an einem einzigen Tag erleben. Und wenn man ein totes Schwein und ein paar sehr, sehr, sehr, sehr engagierte Mediziner mitnimmt, kann man einiges über medizinische Verfahren im Weltraum erfahren.

Wir können hier nicht in die Tiefe gehen, denn dieses Buch handelt leider nicht von den tapferen Männern und Frauen, die wiederholte achterbahnähnliche Flugreisen auf sich genommen haben, um eine Präzisionsoperation an einem verstorbenen schweinischen Freund durchzuführen. Darüber wird und sollte es auch keine Gedichte geben. Aber wenn Sie sich jemals gefragt haben: »Können wir herausfinden, wie man im Weltraum eine Kraniotomie durchführt?«, dann lautet die Antwort Ja. Wenn Schweine fliegen.

Die gute Nachricht für Chirurgen, die in Weltraumsiedlungen operieren, ist, dass die partielle Schwerkraft wahrscheinlich einen großen Unterschied macht. Wenn jemand Blut auf den Mond spritzt, fällt es zwar in Zeitlupe, aber es findet schließlich seinen Weg zum Boden und idealerweise in einen Abfluss. Die schlechte Nachricht: Sie befinden sich in einer ungewohnten Umgebung mit beengten Arbeitsbedingungen und begrenzten Vorräten und haben keine Möglichkeit, ihre Patienten mit dem Hubschrauber in die Traumastation zu fliegen. Unfälle sollte man einplanen. Selbst die knallharten Weltraumhelden des Apollo-Programms berichteten von häufigen Stürzen, während sie auf der Mondoberfläche herumliefen und Experimente aufbauten. Jede baldige Weltraumsiedlung wird eine aktive Baustelle sein, auf der Arbeiter beschäftigt sind, die in einer völlig anderen Umgebung aufgewachsen sind. Die Traumamedizin ist ein Muss, auch wenn sie eine sehr teure Angelegenheit sein wird.

Wird die Zukunft schlimmer?

Ein Grund dafür, dass es noch nie Operationen im Weltraum gegeben hat, ist, dass wir im Allgemeinen keine Menschen zu Astronauten machen, bei denen medizinische Probleme zu erwarten sind. Aber mit der zunehmenden Kommerzialisierung der Raumfahrt ändert sich das. In dem Maße, wie der

Weltraumtourismus zunimmt, werden die wichtigsten Voraussetzungen für eine Reise in den Orbit nicht mehr Fähigkeit, Ausbildung und gute Gesundheit sein, sondern vielmehr ein gut gefülltes Bankkonto und die Bereitschaft, eine Verzichtserklärung zu unterschreiben. In der Zukunft der Weltraummedizin wird es daher weniger um die Auswahl gesunder Teilnehmer als vielmehr um die Behandlung von Vorerkrankungen gehen – ein viel schwierigeres Problem, über das wir noch viel weniger wissen. Aber eines, das wir meistern müssen, wenn wir Städte auf anderen Welten haben wollen.

Nehmen Sie sich nun einmal einen Moment Zeit, um das Ausmaß unserer Unwissenheit zu begreifen. Der längste Aufenthalt im Weltraum beträgt etwa 1,3 Jahre. Nur sehr wenige Astronauten haben diese Zeitspanne auch nur annähernd erreicht. Wir haben keine Daten über die langfristigen Auswirkungen der Strahlung auf den menschlichen Körper außerhalb der Magnetosphäre der Erde. Wir haben fast keine Daten über die partielle Schwerkraft. Wir haben auch so gut wie keine Daten über Menschen mit chronischen Gesundheitsproblemen.

Wir vermuten, dass keines dieser Probleme die Besiedlung des Weltraums verhindert. Unter der Annahme eines unbegrenzten finanziellen Budgets und einer Vielzahl technologischer Entwicklungen könnte eine riesige rotierende Weltraumbasis mit einer starken Abschirmung so ziemlich alles lösen. Wir werden später untersuchen, ob das eine gute Idee ist, aber wichtig ist, dass die hier genannten Probleme keine unüberwindbaren Hindernisse darstellen. Wir sollten nicht davon ausgehen, dass diese Probleme zwangsläufig darüber entscheiden, ob wir ins All fliegen oder nicht, sondern dass sie die Bedingungen beeinflussen, unter denen wir ins All fliegen. Je mehr Wissenschaft und Technologie wir haben, desto weniger störend werden diese Hindernisse sein.

Was bedeutet das für unsere unerschrockene Siedlerin Stella? Einen Druckanzug, saugende Hosen und eine Weltraumvorsorgebrille.

Die gute Nachricht ist, dass Stella im Moment nur körperlich unbeholfen ist. Das wird sich ändern, wenn wir uns einem intimeren Thema zuwenden.

Kapitel 3
Weltraumsex und die Folgen

Die Erde ist der rechte Ort für Liebe:
Ich weiß nicht, wo es besser gehen sollte.

– Robert Frost, aus dem Gedicht »Birken«

Sex in der Schwerelosigkeit oder: Kann man es im All tun?

Sex »funktioniert« wahrscheinlich in der Schwerelosigkeit. Im mechanischen Sinne. Allerdings ist die Physik ein wenig kompliziert, denn jede Aktion hat eine gleichwertige und entgegengesetzte Reaktion. Außerdem gibt es in der Schwerelosigkeit kein sinnvolles Oben oder Unten, zumindest nicht im physikalischen Sinne. Hier auf der Erde kann man einen originellen Sexeuphemismus konstruieren, indem man einfach das Wort »horizontal« und den Namen eines Tanzes verwendet, aber in der Schwerelosigkeit gibt es keine Horizontale. All dies könnte den »orientierungslosen Mambo« unangenehm machen. Wie die Weltraum-Populärwissenschaftler James und Alcestis Oberg einmal schrieben, können Menschen, die sich an diesem Akt versuchen, »hilflos herumtaumeln wie gestrandete Flundern, bis sie auf eine Wand stoßen, an der sie zerschellen können«.[27]*

* Den Obergs gelang im selben Buch noch ein zweites originelles Fisch/Sex-Gleichnis: »Die Beine werden dünner, und der Brustkorb wird größer, was für beide Geschlechter eine gute Nachricht ist. Dies geschieht, weil Flüssigkeiten nach oben steigen. Allerdings blähen diese Flüssigkeiten auch das Gesicht auf, sodass sich die Gesichtszüge des geliebten Menschen wie ein Kugelfisch füllen.«

In der Annahme, dass dies unerwünscht ist, braucht man etwas, das alle Beteiligten zusammenhält. Wir haben mehr als einen Vorschlag für einen sogenannten »Unkeuschheitsgürtel« gesehen – eine Art Gummiband für zwei Personen. Ein anderes Konzept ist der »Kuscheltunnel« für alle, die schon immer mal in einer engen, schlecht belüfteten Röhre Liebe machen wollten. Dann gibt es noch den »2Suit«, der ein Paar über Klettverschlüsse zusammenhält. Und dann das Beste von allem, in den unsterblichen Worten des Ingenieurs und Futuristen Dr. Thomas Heppenheimer, der in den glorreichen 1970er-Jahren schrieb: »Eine Möglichkeit, dieses Schwerelosigkeitsvergnügen zu genießen, wird in einem Space Chevy Van sein.«[28]

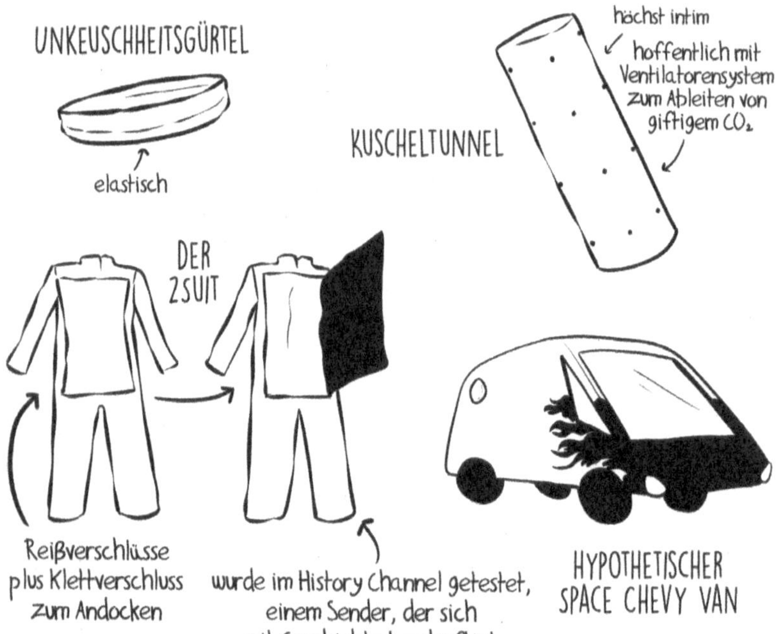

Wie dem auch sei, das Leben in der partiellen Schwerkraft wird dem Leben auf der Erde ähnlicher sein, nur dass alles langsamer herunterfallen wird. Dadurch wird der Kuscheltunnel überflüssig, aber der Chevy wird so begehrenswert bleiben, wie er es immer war. Die optimale Einstellung der

Schwerkraft wird allerdings eine wichtige Aufgabe für künftige Generationen sein.

So viel zur Physik; was ist mit der Biologie? Die Beweise deuten darauf hin, dass das Fleisch willig ist. Der Weltraumtourist Dennis Tito berichtete von Astro-Erektionen,[29] und der Spaceshuttle-Veteran Mike Mullane schrieb, zweifellos mit Blick auf die Geschichtsbücher: »Ich hatte eine so starke Erektion, dass sie schmerzhaft war. Ich hätte mich durch Kryptonit bohren können.« Kryptonit ist nicht so sehr für seine Härte als vielmehr für seine Superman vernichtenden Fähigkeiten bekannt, aber wenn man zwischen den Zeilen liest, scheint Mullane für Paarungsmöglichkeiten zur Verfügung gestanden zu haben.

Auch das Verlangen scheint vorhanden zu sein: Der Kosmonaut Alexander Laweikin sagte, dass er die Frauen zu Hause oft vermisse: »Es gibt sexuelle Träume, als Ersatz«.[30] Möglicherweise wurden diese Träume durch künstliche Mittel unterstützt – mehrere Berichte beziehen sich auf eine Sammlung europäischer Softcore-Pornofilme an Bord der Mir. Norm Thagard erinnert sich: »Es gab auch einige nicht harte Pornos, also eine Art Softpornos, und Veloga legte einige dieser Filme ein, und Gennadi konnte sich einfach nicht dazu durchringen, so zu tun, als ob er überhaupt Interesse daran hätte. Also saß Gennadi da und las ein Buch, während Veloga und ich uns so etwas wie *Emmanuelle* oder so ansahen.«[31]

Auch andere Hilfsmittel wurden in Betracht gezogen. Der Kosmonaut Poljakow, der, wie Sie sich vielleicht erinnern, der Rekordhalter für die meisten aufeinanderfolgenden Tage im Weltraum ist, bemerkte, dass zu einem bestimmten Zeitpunkt davon die Rede war, eine »Puppe, die man in einem Sexshop kaufen kann« in den Orbit zu schicken, obwohl diese besondere Form der Selbstbefriedigung offenbar nie stattfand. Laut Poljakow, der sich gegen Sexpuppen im Weltraum aussprach, war dies die richtige Entscheidung, denn ein Mann »könnte ein sogenanntes ›Puppensyndrom‹ entwickeln, also anfangen, die Puppe zu bevorzugen«.[32] Manchmal sagen Menschen viel, indem sie wenig sagen.

Auf jeden Fall können wir mit ziemlicher Sicherheit sagen, dass es im Weltraum tatsächlich Selbstbefriedigung gegeben hat. Laweikin berichtete, dass Masturbation in der Umlaufbahn üblich war. Kürzlich wurde Scott Kelly nach einem Jahr auf der ISS von *Atlas Obscura* interviewt. Auf die Frage »Masturbieren Astronauten im Weltraum?« lachte er verlegen und sagte: »Kann ich die Aussage verweigern?«[33] Einem von medizinischen Experten verfassten Artikel zufolge könnten diese Astronauten die richtige Idee gehabt haben: »Es ist wenig über sexuelle Aktivitäten im Weltraum bekannt, aber eine unregelmäßige Ejakulation, die zu einer Ansammlung von Prostatasekreten führt, kann das Wachstum von Bakterien fördern.«[34*]

Aber um ein Weltraumbaby zu machen, muss die Menschheit von der Selbstbefriedigung zu Sex wechseln. Oder haben wir das bereits getan? Wir haben uns als Forscher wirklich bemüht, eine Antwort zu finden, und müssen zugeben: Wir wissen es nicht. Wir sind uns nicht einmal über die Wahrscheinlichkeit einig. Zach gibt dem Ganzen eine Chance von 5 Prozent, Kelly hält es zu 75 Prozent für wahrscheinlich. Das hat zu zahlreichen Ehestreitigkeiten und dem lauten und häufigen Gebrauch der Phrase »Oh, komm schon« geführt.

Unserer Erfahrung nach gibt es in dieser Debatte drei Hauptlager:

1. Menschen, die glauben, dass es nicht passiert ist, weil es keine direkten Beweise dafür gibt.
2. Menschen, die glauben, dass es geschehen sein MUSS, wenn man bedenkt, wie viel Zeit die Leute gemeinsam im Weltraum verbracht haben.
3. Menschen, die sich ziemlich sicher sind, dass sie irgendwo gelesen haben, dass es definitiv schon passiert ist.

Die Leute im letzten Lager irren sich, wobei wir festgestellt haben, dass sie sich meist auf einen bestimmten Shuttleflug beziehen: Mark Lee und Jan Davis

* Trotz einer aufrichtigen und ziemlich dämlichen Anstrengung konnten wir keine Astronautinnen finden, die zugegeben hätten, dass sie lieber die Aussage verweigern würden. Das könnte ein echter Verhaltensunterschied sein, oder es könnte einfach eine Frage der Wahrscheinlichkeit sein – fast alle Langzeitraumfahrer sind Männer, und die meisten von ihnen haben die Selbstbefriedigung auch nicht zugegeben. Es ist auch möglich, dass Frauen einfach nicht darüber reden, weil sie schon genug mit ihrem nicht karrierebezogenen Verhalten konfrontiert werden, ohne dass dieses spezielle Thema noch hinzukommt.

waren beide Astronauten, die 1992 mit dem Spaceshuttle *Endeavor* starteten. Sie hatten sich während des Trainings ineinander verliebt und vor dem Start heimlich geheiratet. Ein frisch verheiratetes Paar in einem Spaceshuttle mag der plausibelste Fall für ein erfolgreiches Rendezvous und Andocken sein, aber mal ernsthaft: Ein Shuttle hat ungefähr so viel Wohnraum wie ein Schulbus, das aber mit einer siebenköpfigen Besatzung, einer geschlossenen Atmosphäre und ohne Dusche. Zweifellos ist dies die ideale Umgebung für *irgendjemanden*, aber wenn Lee und Davis erfolgreich die niedrige Erdumlaufbahn entweiht hätten, hätte die Besatzung dies wahrscheinlich bemerkt. Wir können die Existenz einer sieben Personen umfassenden Verschwörung zum Geschlechtsverkehr im Weltraum nicht kategorisch leugnen. Aber wir können zumindest sagen, dass es bei einer zwei- oder dreiköpfigen Besatzung einer frühen Raumstation am einfachsten gewesen wäre, so etwas geheim zu halten.*

SPACE SHUTTLE

KURZE MISSIONEN

BESATZUNGEN VON ETWA 7 PERSONEN

72 KUBIKMETER BEWOHNBARES VOLUMEN

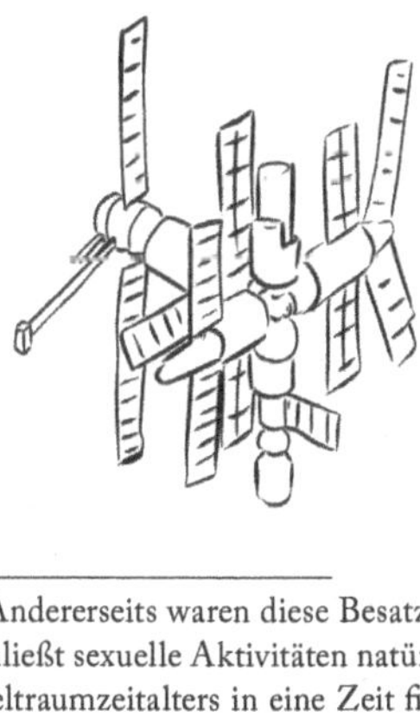

MIR

LANGE MISSIONEN

BESATZUNGEN VON ETWA 3 PERSONEN

350 KUBIKMETER BEWOHNBARES VOLUMEN

FILM ***EMMANUELLE***

* Andererseits waren diese Besatzungen fast, wenn auch nicht ganz, ausschließlich männlich. Das schließt sexuelle Aktivitäten natürlich nicht aus, aber es ist erwähnenswert, dass der größte Teil des Weltraumzeitalters in eine Zeit fiel, in der eine ausgeprägte Homophobie herrschte. Der Versuch, heimlich Sex im Weltraum zu haben, wäre auch ohne das zusätzliche Stigma, die falsche Art von heimlichem Sex im Weltraum zu haben, schon ein großes Karriererisiko gewesen.

Und dann ist da noch unser Lieblingsgerücht über Sex im Weltraum: Laut G. Harry Stine, einem Ingenieur und bekannten Popularisierer der Raketenwissenschaft, wurden im neutralen Auftriebtank der NASA »eindeutige Experimente« durchgeführt, die zweifelsfrei bestätigen, dass »es für Menschen tatsächlich möglich ist, in der Schwerelosigkeit zu kopulieren«. Aber, so Stine, ihm habe eine anonyme Quelle mitgeteilt, dass es am besten mit einem dritten Schwimmer funktioniert, der »zur richtigen Zeit am richtigen Ort stößt«. Die Menschen, die dieses spezielle Manöver im Orbit durchgeführt haben, nannten sich selbst den »Three Dolphin Club« und hatten sogar eine Mitgliedsnadel.

»Seit 1990«, so schrieb er, »gab es auf *sieben Flügen* außerplanmäßige persönliche Aktivitäten an Bord des Spaceshuttle.«[35]

Ein Haken an dieser Behauptung ist, dass Delfine das eigentlich nicht tun.* Tatsächlich sind wir nicht einmal sicher, was genau Astronaut Nummer 3 eigentlich stoßen soll. Stellen Sie es sich vor. Oder lassen Sie es lie-

* Ein großes Lob geht an dieser Stelle an die beste Populärwissenschaftlerin aller Zeiten, Mary Roach, die in ihrem Buch *Packing for Mars* als Erste auf dieses Problem hingewiesen hat. Das hat uns dazu veranlasst, Stines überraschend detaillierte Ausführungen über Sex im All zu lesen.

ber. Wie auch immer, der Autor der Geschichte ist 1997 verstorben. Soweit wir wissen, wurden seine Unterlagen nicht durchforstet, um die Quelle der Geschichte über die drei Delfine zu finden, aber angesichts der Tatsache, dass trotz der scheinbar ununterbrochenen orbitalen Ménages-à-trois keine weiteren ähnlichen Behauptungen aufgetaucht sind, vermuten wir, dass die einzige Person, die reingelegt wurde, Mr Stine war.

Sehr gut. Nun, da wir mit dem langweiligen Thema der Dreierbeziehung im Weltraum fertig sind, können wir uns wieder dem unterhaltsamen Teil zuwenden: ob all das Gefummele in einem Chevy Van uns das bringt, was wir wirklich wollen – eine sofortige Schwangerschaft.

Ein Braten im Weltraumofen oder: Gründe, nicht schwanger zu werden, während man mit 7,8 Kilometern pro Sekunde um die Erde fliegt

Stellen Sie sich Folgendes vor: Sie werden darüber informiert, dass es eine Droge gibt, die wirklich Spaß bringt, aber zu langsamem Knochenschwund, großen Flüssigkeitsverschiebungen im Körper, Nierensteinen, Muskelschwäche, Schwindel und Schäden am Augapfel führt. Vielleicht nehmen Sie die Droge trotzdem, weil alle coolen Kids sie auch einwerfen, aber Sie würden wesentlich vorsichtiger sein, wenn Sie ein Baby erwarten würden. Ersetzen Sie die Droge durch den Weltraum, und Sie werden verstehen, warum Sie im Orbit nicht auf Verhütungsmittel verzichten sollten.

Der Weltraum hat in jeder Phase potenziell negative Auswirkungen. Spermien und Eizellen sind ständiger Strahlung ausgesetzt, lange bevor jemand einen 2Suit anzieht. Das Gleiche gilt für den entstehenden Fötus, das sich entwickelnde Baby und die Keimzellen des sich entwickelnden Kindes.

Die Mikrogravitation ist ebenfalls ein beunruhigender Faktor. Einerseits befindet sich ein Fötus in einer Art Miniaturtank mit neutralem Auftrieb, sodass eine Veränderung in der Schwerkraft möglicherweise keine großen Auswirkungen auf die Entwicklung im Mutterleib hat. Laut dem ersten Google-Ergebnis, das wir finden konnten, kann man sogar während der Schwangerschaft Kopfstände machen, wenn man das Bedürfnis danach hat. Allerdings gab es noch nie eine Schwangerschaft außerhalb der Schwerkraft oder in geringer Schwerkraft. Wenn irgendein Teil des Entwicklungsprozesses auf einen konstanten, erdähnlichen Abwärtssog angewiesen ist, wird er außerhalb der Erde gestört werden. Oder wir müssen künstliche Schwerkraft erzeugen, indem wir die Station in Rotation versetzen. Das wird teuer. Eine Alternative wäre, die Mütter für die Dauer der Schwangerschaft in einer Zentrifuge reisen zu lassen und dieses Gerät möglicherweise auch während der Wehen zu benutzen, was der Erfinder für patentwürdig hielt.*

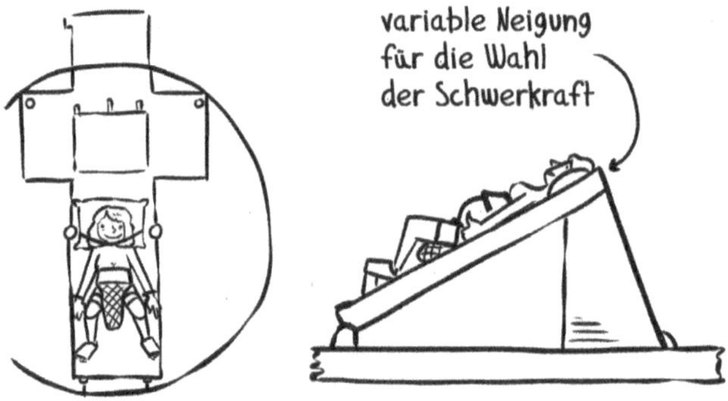

(VEREINFACHTE ZEICHNUNG, TATSÄCHLICHES GERÄT NOCH MERKWÜRDIGER)

Bildreferenzen: https://patents.google.com/patent/US3216423A/en

Die Rotation sorgt für die nötige Schwerkraft, sodass sich keine Mutter mehr fragen müsste, ob ihr morgens übel wird oder nicht. Und wo wir gerade bei den Privilegien des Lebenspendens sind: Bedenken Sie, dass die Kno-

* Um es klar zu sagen: Das war ursprünglich eine sehr schlechte Idee für den Einsatz auf der Erde, aber es könnte eines Tages eine sehr schlechte Idee auf dem Mars sein. George Blonsky und Charlotte Blonsky, »Apparatus for Facilitating the Birth of a Child by Centrifugal Force« (Vorrichtung zur Erleichterung der Geburt eines Kindes durch Zentrifugalkraft), US-Patentnummer US3216423A, 1963.

chen der Mutter in der Mikrogravitation und vielleicht auch bei nur partieller Erdanziehung geschwächt werden. Eine ernsthafte offene Frage ist, ob eine Geburt mit einem geschwächten Becken sicher ist. Genau. Ich wette, die Mutterzentrifuge* sieht jetzt verdammt verlockend aus.

Für das Baby ist die Zeit nach der Geburt besonders besorgniserregend. Die wichtigste derzeitige Methode zur Erhaltung der Knochengesundheit bei Astronauten ist Bewegung, aber versuchen Sie mal, ein drei Monate altes Baby dazu zu bringen, drei Stunden am Tag Widerstandstraining zu betreiben. Auf dem Mond oder dem Mars könnte man das Problem vielleicht mit einem beschwerten Strampler lösen, aber da die NASA noch kein Mondneugeborenes präsentiert hat, wissen wir nur, dass das wirklich niedlich aussehen würde. Vielleicht gibt es irgendwann Medikamente, die den Knochenschwund im Weltraum aufhalten, aber ob wir sie bei Kindern einsetzen können, ist eine andere Frage. Was wir heute über menschliche Knochen im Weltraum wissen, stammt ausschließlich von voll entwickelten Erwachsenen. Wir wissen nicht, wie sich die veränderte Schwerkraft auf ein zwölfjähriges Mädchen auswirkt, das einen Wachstumsschub hat.

Ein weiteres Problem in jeder Phase von der Empfängnis bis zur Adoleszenz sind die Hormone. Es gibt Hinweise auf hormonelle Veränderungen bei Astronauten, zum Beispiel einen verminderten Testosteronspiegel bei Männern. Die Ursache könnte einfach der Stress sein, den die Fahrt in einer riesigen explodierenden Röhre über der Atmosphäre und die anschließende ganztägige Arbeit in einer Hochdruckumgebung verursachen. Aber wir wissen es nicht mit Sicherheit, und noch einmal: Was auch immer die Ursache des Problems ist, wir kennen nur die Auswirkungen auf erwachsene Männer, nicht auf Jungen.

Vor allem der Mars könnte Hormonprobleme verursachen. Wir werden später auf die Einzelheiten eingehen, aber schon jetzt sollten Sie wissen, dass der Marsboden einen recht hohen Gehalt an Perchloraten aufweist, einer Klasse von Chemikalien, die die Schilddrüsenhormone durcheinanderbringen.

* Ein befreundeter Luft- und Raumfahrtingenieur, Joe Batwinis, der die übliche Tendenz von Ingenieuren zur Optimierung zeigt, bemerkte, dass wir, wenn wir künstliche Gebärmütter hätten, keine Mutterzentrifuge, sondern nur eine Gebärmutterzentrifuge bräuchten.

Und dann stellt sich noch die Frage, in was für einer Atmosphäre wir unsere Kinder hier aufziehen. Wenn die Siedlung wie die ISS ist, dann ist es ein Ort mit ungewöhnlich hohen CO_2-Werten. Das allein wäre schon eine neuartige Umgebung für die Entwicklung eines Babys, aber es könnte noch weitere Probleme geben. Wenn neue Geräte zur ISS gebracht werden, müssen sie sorgfältig daraufhin überprüft werden, welche flüchtigen organischen Verbindungen sie ausstoßen. Stellen Sie sich das einmal so vor: Wenn ein neuer Computer frisch aus der Fabrik bei Ihnen zu Hause eintrifft, ist es Ihnen eigentlich egal, ob er irgendwelche seltsamen synthetischen Gase ausdünstet. Sie denken sich einfach: »Gut, dass ich nicht in einer winzigen, versiegelten Atmosphäre lebe«, und wenden sich wieder Ihrem Alltag zu.

Die NASA führt eine Liste mit den sogenannten SMACs, Spacecraft Maximum Allowable Concentrations, also den maximal zulässigen Konzentrationen für Raumfahrzeuge. Diese geben an, wie lange jemand den verschiedenen Verbindungen in einem Raumschiff ausgesetzt sein darf. Wenn man zum Beispiel nur eine Stunde lang ausgesetzt ist, darf die Atmosphäre 425 Teile pro Million Kohlenmonoxid enthalten. Erhöht man diesen Wert auf 24 Stunden, sind nur 100 Teile pro Million erlaubt. Wenn man länger als 1000 Tage bleibt, sinkt der Wert auf 15, was in etwa dem entspricht, was man in der Küche eines Hauses mit Gasherd finden würde. Warum hält man nicht einfach immer alles im Erdbereich? Weil es teurer ist. Eine Beschwerde, die sowohl Scott Kelly als auch Terry Virts in Bezug auf ihre Zeit auf der ISS vorbrachten und die auch Menschen, die in U-Booten arbeiten, bekannt vorkommen dürfte, ist der hohe Kohlendioxidgehalt in der Atmosphäre, der zu Kopfschmerzen führen kann. Die SMACs auf einem angemessenen Niveau zu halten, ist eine knifflige Angelegenheit, vor allem wenn, wie in einem Artikel beklagt wird, »erdgebundene [Luftqualitätsindizes] nicht auf Innenräume in der Mikrogravitation extrapoliert werden können«.[36]

Wenn man nun einmal all das gerade Genannte berücksichtigt und dazu noch bedenkt, dass noch nie jemand länger als 1,3 Jahre am Stück in einem Raumschiff gelebt hat, wird klar, warum die Antwort auf die meisten Fragen zur sicheren Zeugung von Babys im Weltraum ein sehr nervöses Achselzucken ist.

Um denjenigen gegenüber fair zu bleiben, die enthusiastischer sind, sollten wir uns daran erinnern, dass in den 1950er-Jahren einige Wissenschaftler befürchteten, der Mensch könne in der Mikrogravitation nicht überleben, Punkt. Vielleicht wird die Fortpflanzung ähnlich unbedenklich sein. Ein Unterschied besteht jedoch darin, dass es ein ziemlich guter Test ist, einen Hund oder einen Affen für eine Weile nach oben zu schicken, wenn wir nur den Nachweis erbringen wollen, dass man davon nicht unbedingt stirbt. Die Überprüfung einer erfolgreichen Geburt und Entwicklung eines Kindes ist viel komplexer. Es lässt sich nicht nur schwieriger testen, sondern es ist auch extrem schwierig, die Gründe für eventuelle Fortpflanzungsprobleme der Menschen außerhalb der Erde herauszufinden. Nehmen wir an, Sie hätten morgen eine Marssiedlung und beobachteten eine dreimal so hohe Rate an Entwicklungsstörungen wie den Normalwert. Worauf würden Sie dann mit dem Finger zeigen? Vielleicht liegt es an der veränderten Schwerkraft, vielleicht aber auch an der Strahlung. Vielleicht ist es die Strahlung, aber nur in Verbindung mit einem veränderten Mikrobiom und dem Stress, in einer feindlichen Umgebung überleben zu müssen. Vielleicht ist es auch ein extrem niedrig konzentriertes SMAC-Gas, dem niemand genügend Aufmerksamkeit schenkt. Und wenn es sich um ein Kind handelt, das im Weltraum gezeugt und geboren wurde, muss man auch über den Zeitpunkt nachdenken: Entstand das Problem in den Keimzellen der Eltern, in der Gebärmutter, irgendwann nach der Geburt oder wann?

Warum wissen wir nicht mehr?

Die Erforschung der Fortpflanzung im Weltraum ist schwierig und teuer und die ISS wurde nicht als Kinderstube eingerichtet. Außerdem sind die Raumfahrtagenturen, insbesondere in den Vereinigten Staaten, sehr zurückhaltend, wenn es um die Erforschung dieser Art von Fragen geht. Das ist nicht völlig unvernünftig – niemand braucht wirklich eine Babyproduktion auf einer Sechspersonenbasis im Weltraum, und da diese Gruppen eine Menge öffentlicher Gelder erhalten, vermuten wir, dass die Administratoren keine öffentlichen Erklärungen über die Gelder abgeben wollen, die für Kuscheltunnel in der Schwerelosigkeit bereitgestellt werden.

Leider war die bisherige Arbeit nicht im Geringsten systematisch – sie wurde an unterschiedlichen Lebewesen, in unterschiedlichen Versuchsanordnungen, mit unterschiedlichen Protokollen und über unterschiedlich lange Zeiträume durchgeführt. Das Einzige, was diese Experimente gemeinsam haben, ist, dass sie nicht lange genug gelaufen sind, um für die Untersuchung von Weltraumsiedlungen nützlich zu sein. Wenn das Ziel darin besteht, Generationen im Weltraum anzusiedeln, reicht es nicht aus, zu zeigen, dass Empfängnis und Geburt theoretisch möglich sind – wir müssen wissen, dass diese Babys auch heranwachsen können, um später eigene Babys zu bekommen. Uns sind keine Studien über Säugetiere im Weltraum bekannt, bei denen der Prozess von der Empfängnis bis zur Geburt beobachtet wurde, geschweige denn die Entwicklung und Empfängnis in der folgenden Generation.

Einige Weltraumsimulationen können auf der Erde durchgeführt werden, doch es hat sich gezeigt, dass die Simulation der veränderten Schwerkraft sehr schwierig ist.

Hinweis: Leser, die Tierversuche ablehnen, sollten den folgenden Absatz überspringen.

Es wurden beispielsweise einige Experimente mit kleinen Säugetieren durchgeführt. Bei der sogenannten »Aufhängung der hinteren Gliedmaßen« wurden die Tiere an ihren Schwänzen aufgehängt, sodass die Hinterbeine baumelten, was wohl eine Art seltsame Schwerkraft simulieren sollte. Es stellte sich heraus, dass bei Ratten die Hoden in den Bauch sinken, wodurch sich die Temperatur des Hodensacks verändert. Dies kann die Spermien schädigen. In einem Experiment bestand die Lösung in einer Operation, um die Hoden »intraskrotal«, also innerhalb des Hodensacks, zu halten. Soweit wir wissen, hat noch niemand ein solches Experiment an Menschen ausprobiert, aber wenn doch, wie zuverlässig würden Sie die daraus resultierenden Daten finden? Wenn die Forscher Probleme mit den Spermien feststellten, läge das dann an der unterschiedlichen »Schwerkraft« oder an der vermutlich recht anstrengenden Operation? Und selbst wenn man diese

Frage beantworten könnte – hätte die Antwort auch im Weltraum Gültigkeit?

Experimente im Weltraum bringen ähnliche Probleme mit sich. Der Start in die Umlaufbahn besteht in einer hohen Beschleunigung mit Vibrationen, gefolgt vom Schweben. Wenn man eine Ratte ist, weiß man nicht einmal, warum das alles passiert, und Stress kann zu seltsamen physiologischen Ergebnissen führen. So dachten Forscher beispielsweise anfangs, dass Mäuse im Weltraum keine Reproduktionszyklen erleben. Aber in längeren Experimenten stellte sich heraus, dass dies doch der Fall ist, wenn man die Mäuse untersucht, bevor sie auf die Erde zurückgebracht werden. Vermutlich liegt das daran, dass sie lange genug oben waren, um sich an die neue Umgebung zu gewöhnen, und nicht durch den Rückflug zur Erde gestresst wurden – aber wir müssen mehr wissen.

Wir verfügen zwar nicht über systematische oder langfristige Daten, aber was wir sagen können, ist, dass die verfügbaren Experimente darauf hindeuten, dass *wir* auf gar keinen Fall versuchen sollten, im Weltraum Kinder zu bekommen und aufzuziehen. Experimente zeigen, dass die Strahlung den Keimzellen schadet und dass die Mikrogravitation das Cytoskelett, also das Zellskelett, schädigen kann. Falls Sie sich nicht mehr an den Biologieunterricht in der Schule erinnern: Das sind die Strukturen in einer Zelle, die der Zelle ihre Form geben, so wie die Holzbalken in den Wänden, die Ihr Haus tragen.

Bei Experimenten mit Lebewesen wie Kaulquappen, Salamandern, Geckos, Molchen, Wachteln (Eiern), Ratten und Mäusen wurden Ergebnisse wie erhöhte Raten von Anomalien, ungewöhnliche Schwimmmuster, ungewöhnlich große Köpfe, ungewöhnlich lange Schwänze, eine erhöhte Sterblichkeitsrate bei Neugeborenen und ein Rückgang von Oxytocin (ein wichtiges Hormon für die Geburt und die Bindung) festgestellt. In einem Fall wurde ein ganzer Rattenwurf tot geboren, weil ein einziges abnormal großes Jungtier nicht durch den Geburtskanal der Mutter passte.

Aber es gibt auch Studien, in denen alles gut lief. Und es gibt Studien, bei denen Anomalien der frühen Entwicklungsphase etwas später wieder verschwunden sind. Genau aus diesem Grund ist es so problematisch, dass keine nachhaltigen Langzeitstudien durchgeführt werden: Vielleicht gibt es eine Phase im Reproduktionszyklus, die durch die Weltraumumgebung irreparabel geschädigt wird, oder vielleicht können die Körper die Weltraumumgebung kompensieren und am Ende völlig gesund sein. Wir wissen es einfach noch nicht.

Und wird irgendetwas davon auf den Menschen zutreffen? Auch das wissen wir nicht. Einige Frauen, die als Astronautinnen im All waren, haben später Kinder bekommen.* Sie benötigten jedoch oft eine Technologie zur künstlichen Befruchtung. Allerdings gibt es dafür einen langweiligeren Grund als die Raumfahrt: das Alter. Das Durchschnittsalter der Astronautinnen liegt bei 38 Jahren, wenn sie zum ersten Mal ins All fliegen, und diese Frauen warten in der Regel mit dem Kinderkriegen, bis sie ihre Astronautenkarriere beendet haben. Positiv zu vermerken ist, dass Astronautenmütter nicht häufiger Fehlgeburten hatten als vergleichbar alte Nichtastronautenmütter. Das ist insgesamt eine gute Nachricht, aber da Sexismus weiterhin bestehen bleibt, sind zum Zeitpunkt der Erstellung dieses Buches gerade einmal 75 Frauen in den Weltraum geflogen. Es gibt einfach nicht genügend Daten, mit denen wir arbeiten können.

Wir wünschten, wir könnten mehr sagen, aber es ist schwer, Vertrauen in etwas zu haben, das mit der Geburt von Babys außerhalb der Erde zu tun hat. Wir sind immer wieder auf Befürworter der Weltraumsiedlungen gestoßen, die glauben, dass wir, weil wir nicht wissen, ob es ein Problem gibt, davon ausgehen sollten, dass es in Ordnung ist. In Anbetracht dessen, was wir über die Weltraummedizin wissen und was wir über die Fortpflanzung von Tieren im Weltraum sagen können, halten wir das für verrückt. Jeder Plan für die Besiedlung des Weltraums, der nicht zumindest versucht, dieses Problem zu berücksichtigen, sollte als eine große Forschungslücke betrachtet werden.

* Männer auch, aber die männlichen Keimzellen werden im Laufe der Zeit wieder aufgefüllt, und es sind nicht ihre Körper, in denen die Babys heranwachsen.

Der Mars ist kein geeigneter Ort, um ein Kind großzuziehen

Seltsamerweise erwähnte Elton John in seinem Song »Rocket Man« nicht die Möglichkeit eines Beckenbruchs während der Wehen oder die Notwendigkeit, während der Schwangerschaft zentrifugiert zu werden. Das ist poetische Freiheit. Die Wahrheit ist, dass wir nicht wissen, ob er recht hatte oder nicht, und wir werden es wohl auch nicht so bald herausfinden. Wenn Sie wirklich wissen wollen, ob Menschen im Weltraum Babys bekommen können, wäre das beste Experiment, ein ganzes ISS-Modul für eine Nagetierkolonie zu verwenden, die über eine Reihe von Generationen hinweg beobachtet werden kann. Das wichtigste und hochwertigste Projekt auf der ISS ist heute wahrscheinlich MARS – das Multiple Artificial-gravity Research System (Multiples Forschungssystem für künstliche Schwerkraft). Es wird von der japanischen Raumfahrtbehörde JAXA betrieben und ist in der Lage, die Schwerkraft zu simulieren. Aber selbst dieses System simuliert nicht alle Probleme, die an bestimmten Orten im Weltraum auftreten können, wie zum Beispiel die Toxine des Mars oder die Strahlung des Mondes.

Wir wollen damit nicht sagen, dass es unmöglich ist, diese Probleme zu lösen. Aber wie bei der Weltraummedizin im Allgemeinen wäre es eine gewaltige, kostspielige und jahrzehntelange Angelegenheit, das Wissen zu erlangen, das wir für eine sichere und ethisch vertretbare Fortpflanzung im Weltraum benötigen. Und seltsamerweise gibt es unter den Befürwortern riesiger Weltraumsiedlungen in den nächsten 30 Jahren niemanden, der die enormen Ausgaben tätigt, die notwendig sind, um Antworten zu erhalten.

Wir können nur sagen, dass der Übergang vom derzeitigen Wissensstand zur erfolgreichen Zeugung von Babys im Weltraum eine heikle Angelegenheit sein wird, nicht nur aus wissenschaftlicher Sicht, sondern auch aus der Perspektive der wissenschaftlichen Ethik. Erwachsene Menschen können in Experimente einwilligen. Babys können das nicht. Ein Kind freiwillig in eine Weltraumumgebung zu bringen, sollte erst dann geschehen, wenn wir eine Menge positiver Daten von anderen Organismen haben. Im Idealfall würde dies irgendwann zu einer Art Primatenzentrum im Weltraum führen, komplett mit einer Kindertagesstätte für Affen und dem Äquivalent eines

Chevy Vans für Affen. Das wird sehr teuer und sehr zeitaufwendig sein und bringt natürlich seine eigenen ethischen Überlegungen mit sich. Wenn es keinen dringenden Grund gibt, den Weltraum zu besiedeln, was ist dann die ethische Rechtfertigung für eine Unzahl von Experimenten an Tieren, einschließlich Menschen, die zu jung sind, um ihre Zustimmung zu geben?

Technische Lösungen

Ein alternativer Ansatz wäre, die Einrichtungen so erdähnlich zu gestalten, dass wir uns in Bezug auf die Sicherheit einigermaßen gut fühlen können. Wir werden uns in Kürze mit orbitalen Raumstationen befassen, aber einer ihrer größten Vorteile ist die Fähigkeit, eine erdähnliche Schwerkraft zu erzeugen. Wenn wir herausfinden, dass es nicht sicher ist, auf dem Mars oder dem Mond Kinder zu gebären und aufzuziehen, weil die geringe Schwerkraft zu Entwicklungsproblemen führt, könnte die Lösung in einer Art orbitaler Babyproduktionsstation liegen. Quasi eine Kombination aus Flitterwochensuite, Kindertagesstätte und Kindergarten im Himmel.

Für Menschen, die auf dem Boden bleiben wollen, gibt es vielleicht Alternativen. Ein Autor schlug eine gigantische, schräg angelegte Rennstrecke auf der Marsoberfläche vor. Sie sind schwanger? Kein Problem – steigen Sie einfach in das Karussell mit Erdanziehungskraft ein.

Selbst wenn man eine solche Einrichtung hätte, die wir »das Pregnodrom« nennen, bräuchte man wahrscheinlich immer noch eine Abschirmung gegen die Strahlung. Es würde sich also nicht nur um ein Pregnodrom handeln, sondern um ein *unterirdisches* Pregnodrom.

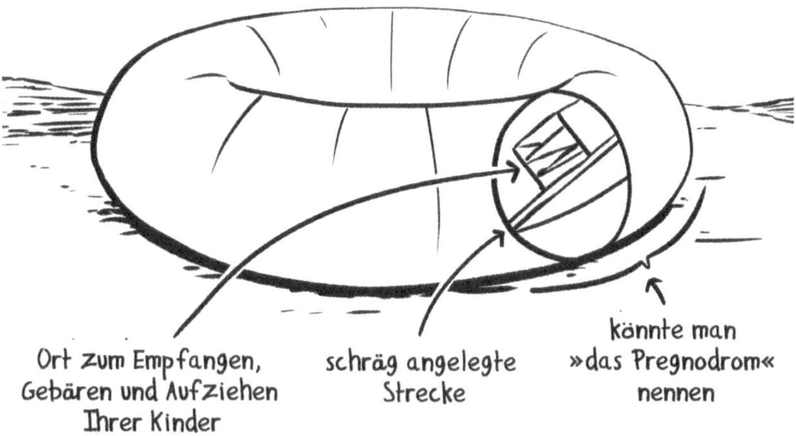

Das ist kostspielig und gefährlich – und offen gesagt ist es eine ziemliche Enttäuschung, 40 Millionen Meilen zu reisen, um in einem Haufen Dreck zu leben. Die Alternative besteht darin, auf mehr Technologie zu warten, aber manchmal ist die gewünschte Technologie ziemlich futuristisch, selbst wenn man sich bereits ein Pregnodrom vorstellt. Auf einem Workshop der National Space Society zur Besiedlung des Weltraums, an dem Kelly im Jahr 2021 teilnahm, betonte die Gruppe Human Biological Response to the Space Environment (menschliche biologische Reaktion auf die Weltraumumgebung) die Notwendigkeit einer künstlichen Gebärmutter mit strahlungssicherer Umhüllung. Aber künstliche Gebärmütter stecken, und wir entschuldigen uns für diesen Scherz, noch in den Kinderschuhen.

Die Übergabe der Schwangerschaft an eine gepanzerte Babymaschine mag Ihnen etwas seltsam vorkommen, aber das ist nur die Spitze des verrückten Eisbergs. Auf der Ebene der Gesellschaft werden die Dinge noch seltsamer. Wie wir gesehen haben, wird das Strahlungsrisiko durch Alter* und Geschlecht beeinflusst. Dies muss berücksichtigt werden, wenn das Ziel eine erfolgreiche Fortpflanzung ist. Wäre es zum Beispiel angemessen, alle sich entwickelnden Menschen einfach unter der Erde zu halten, während die Älteren die Oberfläche erkunden dürfen? Wenn ja, gäbe es dann geschlechtsspezifische Unterschiede bei der Frage, wann man die Basis verlassen darf?

Oder nehmen wir an, die Menschen brauchen die volle Erdanziehungskraft, bis sie 18 Jahre alt sind. Was ist dann Ihre Verantwortung als Elternteil? Werden die Erde und die Raumstationen zu einer Art Fortpflanzungsstätte, zu der die Menschen für ihr gesamtes reproduktives Leben zurückkehren? Und beachten Sie, dass eine Rückkehr zur Erde für Sie vielleicht gar nicht infrage kommt, wenn Sie auf dem Mars aufgewachsen sind. Wenn Sie lange genug in partieller Schwerkraft gelebt haben, können Ihre Knochen die Schwerkraft der Erde vielleicht einfach nicht verkraften. Oder wenn Weltraumsiedlungen den vielen Parasiten und Krankheitserregern entgehen, die uns hier auf der Erde plagen, dann wäre ein Immunsystem, das in einer relativ sterilen Marsumgebung entwickelt wurde, vielleicht nicht in der Lage, mit dem Ansturm der Krankheitserreger auf der Erde Schritt zu halten. Auch hier gilt, dass grundlegende wissenschaftliche Fakten letztlich soziale und politische Ergebnisse in einer Weise beeinflussen können, die auf der Grundlage unseres begrenzten Wissens nur schwer vorherzusagen ist.

Biotech-Lösungen und deren Probleme

Eine häufig vorgeschlagene Lösung für viele dieser Probleme ist die Durchführung einer Art von Gentechnologie. Es gibt mindestens ein Buch, das sich

* Einer der unangenehmeren Gründe, warum das Alter eine Rolle spielen könnte, ist, dass man weniger Zeit hat, strahleninduzierten Krebs zu entwickeln, je älter man ist. Das heißt, wenn die Strahlung im Weltraum die jährliche Wahrscheinlichkeit, an Krebs zu erkranken, erhöht, besteht eine Möglichkeit darin, Menschen zu schicken, die noch weniger Jahre zur Verfügung haben.

ausschließlich mit der Frage der genetischen Modifikationen im Weltraum befasst, und es enthält Vorschläge, die von der Verlängerung der menschlichen Lebensspanne bis zur Veränderung des ABCC11-Gens reichen (das bei einigen Ethnien für den Achselgeruch verantwortlich ist), um die soziale Harmonie zu verbessern. Einzelne Genveränderungen sind möglich, aber wir vermuten, dass komplexere Ansätze, wie eine strahlenresistente Außenhaut oder genetische Veränderungen, die den Knochen in der Schwerelosigkeit helfen, wissenschaftlich noch in weiter Ferne liegen.

Noch wichtiger ist, dass wir glauben, dass der ethische Schaden potenziell enorm ist. Bioethiker debattieren bereits darüber, ob es angemessen ist, »Designerbabys« zu entwickeln, aber uns scheint es ziemlich klar zu sein, dass die Erschaffung neuer Menschen, die speziell an feindliche Weltraumumgebungen fern der Heimatwelt angepasst sind, nur um diese zu besiedeln, moralisch heikel ist. Es ist schwer vorstellbar, dass so etwas ohne eine Vielzahl von genetischen Experimenten an Babys mit fragwürdigem medizinischem Wert möglich wäre. Wenn es eine extreme Dringlichkeit für die menschliche Migration zum Mars gäbe, könnte man vielleicht für diese Art von Dingen plädieren. Aber das ist nicht der Fall.

Wenn wir über die Bevölkerung und das Wachstum menschlicher Siedlungen sprechen, dann reden wir oft auf einem hohen Niveau mit Menschen, die uns ökologischen und wirtschaftlichen Input liefern – beispielsweise Statistiken für eine Siedlungsstrategie. Wir sind Nerds – wir mögen Statistiken. Wir denken, dass die Sicht aus der Vogelperspektive oft angemessen ist. Wenn wir Dinge wie »aber Statistiken sind keine Menschen« hören, rücken wir unsere Brillen missmutig zurecht. Aber man muss vorsichtig sein, denn manchmal kann Abstraktion das Potenzial für Grausamkeiten verbergen.

Wenn das Ziel darin besteht, in einer Umgebung, die zu medizinischen Problemen führen kann, schnell viele Babys zu bekommen, wird das Ergebnis wahrscheinlich eine nicht unerhebliche Anzahl von Kindern sein, die nicht an die harte und anspruchsvolle Umgebung angepasst sind. Es kann sein, dass Kinder mit körperlichen oder kognitiven Behinderungen geboren werden, die nicht den gleichen Beitrag leisten können wie nicht behinderte Kinder. Es kann auch vorkommen, dass Kinder zur Welt kommen, die aus unerfindlichen Gründen Schwierigkeiten haben, in einer beengten, nichtirdischen Umgebung psychisch zu gedeihen. Wie reagieren die Fans der Weltraumbesiedlung auf diese schwierigen Fragen? Soweit wir herausgefunden haben, machen sich die meisten nicht die Mühe, sich damit zu befassen. Diejenigen, die es doch tun, machen dies oft mit einer überraschenden Banalität über die wahrscheinlichen Konsequenzen.

Der Weltraum-Anthropologe Dr. Cameron Smith, den wir wirklich für eine der klügsten Stimmen in der Weltraum-Sozialwissenschaft halten, argumentiert, dass eine Weltraumgesellschaft die evolutionäre Anpassung befürworten könnte. Wie er sagt, könnte sie eine Kultur entwickeln, die den »schmerzhaften Übergang« übersteht, der erforderlich ist, »damit die natürliche Auslese die Individuen an ihre neue Umgebung anpassen kann«.[37] Dr. Alexander Layendecker, einer der bekanntesten Forscher auf dem Gebiet der menschlichen Sexualität im Weltraum, schreibt: »Wenn wir als Spezies aufhören zu existieren, wird das Nachdenken über moralische und philosophische Fragen zur Nebensache. Historisch gesehen hat der menschliche Überlebenstrieb die Angewohnheit, Moral und Ethik in Zeiten der Verzweiflung zu verdrängen.«[38] Vielleicht am offensten in diesem Punkt ist Dr. Konrad Szocik, ein Philosoph, der sich auf die Ethik der Weltraumforschung spezialisiert hat. In einem Artikel aus dem Jahr 2018 schreiben er und seine Mitautoren: »Die Idee, Leben in jedem Stadium der Entwicklung zu schützen, ist für eine Marskolonie möglicherweise nicht geeignet.« In demselben Papier argumentieren sie: »Wir gehen davon aus, dass die Umgebung der Marskolonie diese liberale Pro-Abtreibungspolitik [sic] begünstigen würde, weil die Geburt eines behinderten Kindes für die Kolonie äußerst schädlich wäre. […] Eine marsianische Gemeinschaft könnte neue oder höhere Kriterien für wertvolle Nachkommen aufstellen und sich so entwickeln, dass sie die Erhaltung von persönlichen und physiologischen Merkmalen begünstigt, die für Marsbewohner besser geeignet sind.«[39]

Nun könnte man argumentieren, dass dies keine moralischen Argumente sind, sondern lediglich Beschreibungen dessen, was passieren könnte. Das heißt, es sind keine Aussagen darüber, was passieren *sollte*, sondern was passieren *wird*. Das wäre einleuchtend, wenn es sich beispielsweise um

Menschen handeln würde, die seit Generationen auf einer kleinen Insel ausgesetzt sind. Sie könnten in der Tat Normen und Strukturen entwickeln, die zuvor als moralisch fragwürdig angesehen worden wären. Der Unterschied besteht darin, dass wir im Falle einer Weltraumsiedlung eine Entscheidung in voller Kenntnis der Gefahren und der möglichen Folgen treffen. Wenn jemand den Plan hat, 100 Menschen in die Antarktis zu schicken, um dort gestrandet zu leben, und in dem Plan darauf hingewiesen wird, dass die Antarktisbewohner eine Kultur entwickeln könnten, die die Moral in Bezug auf behinderte Kinder als überflüssig ansieht, wird Ihre Antwort nicht »Toll!« sein, sondern »Schickt sie nicht dorthin!«.

Für viele Menschen, die sich eine Marsstadt vorstellen, ist das gesamte Projekt von menschlichen Bestrebungen umhüllt – es ist eine Chance, die Menschheit durch einen Neuanfang zu verbessern. Aber wenn dieser Neuanfang erfordert, dass wir einen neuen ethischen Rahmen schaffen, der den meisten lebenden Erdbewohnern ein Gräuel ist, was bringt es dann? Wohlgemerkt, dieses Problem betrifft nicht nur die Siedler und ihre Kinder. Wenn man Daniel Deudneys Argument akzeptiert, dass eine große menschliche Präsenz im Weltraum uns so viel Macht gibt, um uns selbst zu zerstören, sollte man sich zweimal überlegen, ob man Siedlungen errichtet, bei denen man davon ausgeht, dass die Kultur dem menschlichen Leben einen sehr geringen Wert beimisst.

Groß denken

Es tut uns leid, dass wir mit Witzen über den Kuscheltunnel begonnen und mit Eugenik geendet haben. Babys bringen alles durcheinander, nicht wahr?

Unser Fazit: Alles, was mit der Fortpflanzung im Weltraum zu tun hat, gibt Anlass zur Sorge. Das heißt nicht, dass wir den Weltraum niemals besiedeln können, aber es spricht gegen bestimmte Wege. Viele Vorschläge zur Besiedlung des Weltraums sehen einen Bootstrapping-Ansatz vor, bei dem man mit einer minimalen Basis beginnt und jede Landung die nächste Basis ermöglicht, sodass die Siedlungsbevölkerung exponentiell wachsen kann.* Möglicherweise wäre dies der schnellste Weg, um eine Bevölkerung aufzubauen, aber wenn es keinen dringenden Grund gibt, eine Million Menschen auf den Mars zu bringen, spricht vieles für einen Ansatz des Abwartens und Großangehens für die Besiedlung. Auf diese Idee werden wir in diesem Buch noch mehrmals zurückkommen und die Grundidee ist folgende: Erstens wartet man, bis man die Daten und die Technologie hat, die man braucht, um sicher und ethisch vertretbar voranzukommen. Zweitens: Wenn man versucht, eine Weltraumsiedlung zu errichten, ist es besser, wenn man in wenigen Jahren eine sehr große Anzahl von Menschen ansiedeln kann. Das ist technologisch noch ein weiter Weg, aber die Vorteile liegen im medizinischen Bereich auf der Hand. Mehr Bevölkerung bedeutet mehr Spezialisierung – mehr Menschen, die sich speziell mit medizinischer Arbeit beschäftigen. Es bedeutet auch, dass die Gesellschaft über genügend Pflegekräfte und Redundanzen verfügt, sodass niemand jemals über ein Kind sagen müsste, dass es evolutionsbedingt überflüssig ist.

Wenn die derzeitige Technologie kaum ein Überleben zulässt und auch nur ein natürliches Bevölkerungswachstum erlaubt, indem die konventionellen Moralvorstellungen über den Haufen geworfen werden, und wenn es keinen Grund gibt, sofort aufzubrechen, warum dann nicht geduldig sein? Nehmen wir uns zumindest ein paar Jahrzehnte Zeit, um die Wissenschaft der menschlichen Fortpflanzung sowie jede andere für die Besiedlung des Weltraums relevante Technologie voranzutreiben. Dann können wir eine Bevölkerung entsenden, die groß genug und technologisch so weit fortgeschritten ist, dass wir keine »neuen oder höheren Kriterien für wertvolle Nachkommen« aufstellen müssen.

Was Stella, die Weltraumsiedlerin, betrifft, so gehen wir einfach von einem glücklichen Ende an der Babyfront aus. Die nächste Frage ist, wie bei so vielen frischgebackenen Eltern, ob sie ihren Verstand beisammen behält.

---

* Das muss nicht zwangsläufig die Fortpflanzung einschließen, aber wenn man nicht gewillt ist, Millionen von Menschen die Geburtenkontrolle aufzuzwingen, wird es wahrscheinlich zu einer solchen kommen.

Kapitel 4

Psychologie der Raumfahrer: Das Einzige, was wir mit Sicherheit wissen, ist, dass Astronauten Lügner sind

Wir haben die Erfahrung gemacht, dass die Menschen, wenn die Frage nach der Psychologie im Weltraum aufkommt, in zwei Lager geteilt sind: Entweder halten sie es für ein unbedeutendes Thema, das von Weicheiern aufgeworfen wird, oder sie glauben, dass die Menschen in der fernen und isolierten dunklen Landschaft des Mars sicher verrückt werden. Oder aber, dass akute psychische Probleme unangenehm häufig vorkommen könnten.

Wir argumentieren für eine dritte Möglichkeit. Die Psychologie im Weltraum ist ein ernsthaftes Hindernis für die Besiedlung des Weltraums, nicht wegen dramatischer Probleme, sondern weil die Häufigkeit psychischer Erkrankungen in Weltraumsiedlungen derjenigen auf der Erde sehr ähnlich sein könnte. Da es auf der Erde viele Einrichtungen und Spezialisten für diese Art von Problemen gibt, sollten Weltraumsiedlungen diese ebenfalls aufweisen, was wiederum bedeutet, dass eine große Siedlung mit einer großen Bevölkerung wünschenswert ist.

Es ist nicht verwunderlich, dass sich die Menschen über so etwas wie den Weltraumwahnsinn Sorgen machen: Weltraumsiedlungen werden wahrscheinlich klaustrophobisch und gefährlich sein. Menschen, die vielleicht ein paar Horrorfilme zu viel gesehen haben, fragen sich womöglich, ob Siedler in einer solchen Umgebung eine Art geistigen Zusammenbruch erleiden oder sogar gewalttätig werden könnten. Das ist sicherlich möglich und sollte eingeplant werden, aber es kommt wahrscheinlich auch recht selten vor. Seit fast einem Jahrhundert besiedeln Menschen den Weltraum und verbringen viel Zeit in engen, isolierten Umgebungen, wie U-Booten und antarktischen Basen, und abgesehen von einigen wenigen ernsten Zwischenfällen ist bisher alles gut gegangen. Es gibt viele Anekdoten über Langeweile oder Unwohlsein am Südpol, aber auch auf den anderen sechs Kontinenten sind die Menschen hin und wieder gelangweilt oder traurig. Im Weltraum wird es wahrscheinlich ähnlich sein.

Der einzige Vorbehalt, den wir dem Ganzen noch hinzufügen, sollte inzwischen bekannt sein: Die Daten sind schlecht. Sie sind sogar noch wesentlich weniger zuverlässig als die Daten zur Physiologie. Neben den bekannten Bedenken hinsichtlich unsystematischer Experimente und fehlender Langzeitstudien kommt hier noch die Tatsache hinzu, dass Astronauten Lügner sind, was wir gleich dokumentieren werden. Vor allem was die Psychologie betrifft. Wir glauben den Selbstauskünften der Astronauten nicht. Wenn man dann noch bedenkt, dass wir immer noch nicht wissen, ob es negative physiologische Auswirkungen auf das Gehirn gibt, die auf eine langfristige Exposition gegenüber den Bedingungen im Weltraum zurückzuführen sind, dann ist es nur vernünftig, etwas mehr Wissenschaft zu betreiben, bevor wir mit dem Bau einer Stadt auf dem Mars beginnen.

Planer von Weltraumsiedlungen können in dieser Hinsicht erstaunlich unbekümmert sein. Kelly nahm einmal an einer Raumfahrtkonferenz teil, auf der über ein neues System für das psychologische Management von Astronauten außerhalb der Erde gesprochen wurde. Die Idee war clever: Man bringt Sensoren an den Astronauten an, mit denen man emotionale Störungen erkennen kann. Wenn sie Störungen aufweisen, verriegelt man automatisch die Türen und sperrt den betroffenen Menschen ein. Kelly fragte, ob der Redner glaube, dass die Astronauten mit dieser ständigen Überwachung einverstanden wären. An dieser Stelle schaltete sich der Moderator der Sitzung ein und sagte, dass der berühmte Astronaut John Glenn während seiner gesamten Reise an Bord der *Friendship 7* ein Rektalthermometer trug und man dazu nicht einmal einen Pieps von ihm hörte.

Das stimmt tatsächlich oder zumindest ist es richtig, dass Glenns Reise diese intimste Form der Datenerfassung beinhaltete. Aber es ist erwähnenswert, dass seine Reise nur etwa fünf Stunden dauerte und nicht den mehrjährigen Zeitrahmen einer ersten Marsreise, geschweige denn einer permanenten Basis oder Siedlung.

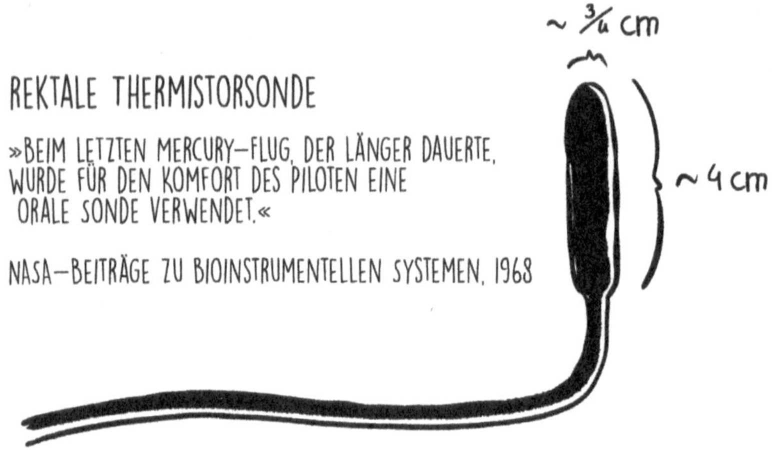

Dies ist offenbar keine isolierte Theorie in der Humanpsychologie. Wir haben eine Arbeit eines Forschers der Johns Hopkins University gefunden, der einen Computer vorschlägt, der Astronauten automatisch mit Nahrung versorgt, um die soziale Harmonie zu erhalten. Wir denken, dass dies als ein wenig übergriffig empfunden werden könnte, dass es aber vielleicht die Tendenz einiger Wissenschaftler widerspiegelt, Astronauten als eine Art Maschinen zu betrachten, die zufällig aus Fleisch bestehen.

Aber es ist auch möglich, zu weit in die andere Richtung zu gehen und die Menschen als übermäßig empfindlich anzusehen. Ein prominenter Weltraumpsychologe spricht von einem »Erde außerhalb des Sichtfeldes«-Effekt, bei dem Menschen auf Reisen in den tiefen Weltraum ernsthafte psychische Probleme erleiden könnten, wenn sie erkennen, dass die Erde nur noch einer von vielen Flecken am Himmel ist. Diese Vorstellung entbehrt, soweit wir wissen, jeder Grundlage in der Beobachtung oder Theorie, so poetisch sie auch klingt. Und vergessen Sie nicht, dass die Erde zwar wie ein weiterer Punkt in der Dunkelheit aussehen mag, aber immer noch Netflix sendet.

Wir sind der Meinung, dass die Psychologie im Weltraum eine Rolle spielt, und zwar eine sehr große Rolle, wenn die Langzeitdaten schlecht ausfallen. Aber es ist wahrscheinlich, dass die psychischen Probleme zumindest ein annähernd ähnliches Ausmaß wie auf der Erde haben. Das bedeutet jedoch nicht, dass die psychische Gesundheit in den Plänen für die Besiedlung des Weltraums keine Rolle spielen sollte – ganz im Gegenteil. Wir müssen zumindest eine ähnliche Infrastruktur wie auf der Erde schaffen. Wie das in einer Siedlung aussehen würde, ist schwer zu sagen, aber wir können Ihnen sagen, was im Weltraum bereits getan wird.

Was ist Weltraumpsychologie?

Im Grunde geht es darum, die Astronauten bei der Arbeit zu halten. Der Begriff »Verhaltensgesundheit« wird manchmal bevorzugt, unter anderem weil er das Stigma des Begriffs »psychische Gesundheit« vermeidet. Er ist auch insofern treffend, als es im Grunde um das Verhalten geht. Weltraumpsychologen kümmern sich zwar um das psychische Wohlbefinden – sie beurteilen zum Beispiel die Qualität des Essens und die Art und Weise, wie Geburtstage gefeiert werden –, aber das ultimative Ziel ist der Abschluss der Mission.

Sie fragen sich vielleicht, warum Astronauten – Elitesupermenschen, die ihren Traumjob machen – überhaupt psychische Probleme haben. Die kurze Version ist, dass der Weltraum im Alltag nicht so toll ist. Es ist nicht im Geringsten *Star-Trek*-mäßig. Es gibt lästige Aufgaben: Mahlzeiten vorbereiten, das Badezimmer putzen, Schimmel beseitigen, Inventur machen. Die Privatunterkünfte sind so groß wie ein Sarg, aus dem Müllsystem strömen komische Gerüche, das Essen ist mittelmäßig, und die Trainingskleidung wird länger benutzt, als Erdbewohner es wagen würden. Teile menschlicher Ausscheidungen finden häufig ihren Weg in die Luft, ebenso wie abgetragene Hornhaut von Füßen, die nicht mehr den Boden berühren. Die Geräte sind ziemlich laut, es ist schwer, genug Schlaf zu bekommen, und in der Regel sind Raumstationen ziemlich überfüllt. Die ISS hat ungefähr das bewohnbare Volumen von zwei durchschnittlichen amerikanischen Wohnungen, aber sie beherbergt sechs Menschen, ihre gesamte Ausrüstung, Lebensmittel, Trainingsmaterial, Experimente und jede Art von Astronautenabfall – von Lebensmittelbehältern bis hin zu Fäkalien.

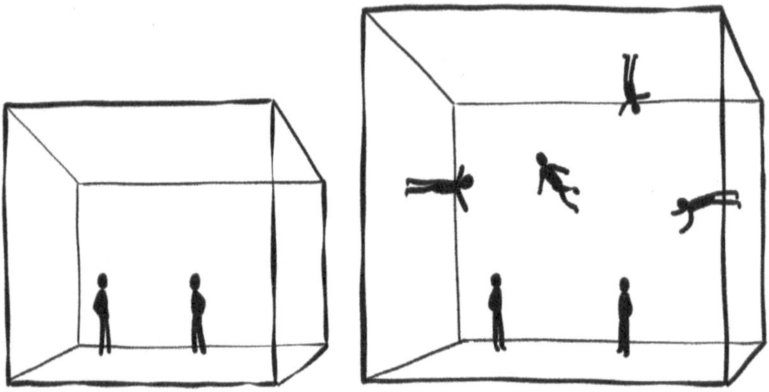

85 QUADRATMETER GROẞE WOHNUNG

ETWA 200 KUBIKMETER

BEWOHNBARES VOLUMEN DER ISS

ETWA 388 KUBIKMETER (FÜHLT SICH GERÄUMIGER AN, DA MAN AN DER DECKE UND DEN WÄNDEN HERUMHÄNGEN KANN)

Das Rektalthermometer ist zwar nicht mehr allgegenwärtig, aber da es sich bei Raumstationen um wissenschaftliche Labore handelt, kommt es von Zeit zu Zeit zu anderen körperlichen Eingriffen wie Blutentnahmen. Selbst wenn es nicht um die Entnahme von Körperflüssigkeiten geht, ist der Zeitplan mit Experimenten, Öffentlichkeitsarbeit und Wartungsarbeiten vollgepackt. All dies wird von gelegentlichen Notfällen unterbrochen, zu denen in der Vergangenheit Brände, das Beinahe-Ertrinken in einem Raumanzug und die Notwendigkeit, schnell ein Leck in der Raumstation zu finden, gehörten.

Der Weltraum, so wie wir ihn kennen, ist eine besonders ungewöhnliche Version dessen, was manchmal als »isolierte und begrenzte Umgebung« bezeichnet wird – eine Umgebung, in der Menschen bekanntermaßen ein gewisses Maß an Unbehagen empfinden. Das Ziel der Weltraumpsychologie ist es, Probleme zu erkennen, die die Umgebung verursachen könnte, und diese zu vermindern. Dies geschieht durch sogenannte »Gegenmaßnahmen«.

Gegenmaßnahmen für den Weltraumblues

Gegenmaßnahmen ist ein recht klinischer Begriff für so ziemlich alles, was die verhaltensbezogene Gesundheit verbessert. Es gibt im Wesentlichen zwei Möglichkeiten, dies zu tun: die Menschen aussortieren, die wahrscheinlich Probleme haben, und die Menschen unterstützen, die es ins All schaffen.

Gegenmaßnahmen vor dem Flug

Was genau das richtige Profil ausmacht, hat sich im Laufe der Zeit geändert. Als die Ära der übermütigen Weltraumhelden der Ära der Langzeitastronauten wich, änderte sich auch das gewünschte psychologische Profil. Ein paar Zitate sollen den Unterschied verdeutlichen. Das erste stammt aus den Memoiren von Deke Slayton, einem der ursprünglichen Mercury-Astronauten, der über seine Tage als junger Pilot spricht:

> *Wir verbrachten etwa eine Woche damit, abends zu trinken und den ganzen Tag über Aufputschpillen zu nehmen. Wenn ich zurückblicke, bin ich erstaunt, wie viel wir getrunken haben und trotzdem geflogen sind.*[10]

Das folgende ist ein aktuelleres Zitat aus den Memoiren des Spaceshuttle-Astronauten Dr. Mike Massimino:

> *Astronauten, die aus dem All zurückkamen, mussten im Wasser planschen, und ich hasste das Wasser. Ich konnte nicht so gut schwimmen. […] Ich hatte außerdem Höhenangst. Das ist immer noch so. Auf einem Balkon in vier oder fünf Stockwerken Höhe stehen und runterschauen? Nein, danke. Achterbahnen mochte ich auch nicht. Sie sind unheimlich.*

Kopfüber zu hängen? Davon wird einem schlecht. Wer macht das schon gerne?[41]

Die Raumfahrt hat ganz offensichtlich ihre mittlere Phase erreicht.

Obwohl sich die Auswahlkriterien geändert haben, ist das allgemeine Verfahren gleich geblieben. Es besteht aus medizinischen Untersuchungen, psychologischen Tests und Interviews mit dem Kandidaten. Verschiedene Programme haben ihre eigenen Besonderheiten. Beim JAXA-Programm müssen die Kandidaten eine Woche lang 1000 Origami-Kraniche falten, um zu zeigen, dass sie auch bei monotonen Aufgaben ein hohes Niveau halten können. Russische Kandidaten werden aus einem Flugzeug abgeworfen und müssen an ihre Handgelenke gebundene Rätsel lösen, bevor sich der Fallschirm öffnet.

Aber das grundlegende Ziel ist überall dasselbe: Der optimale Astronaut ist eine Art hyperkompetenter Ned Flanders – zuverlässig, ausgeglichen, ein bisschen langweilig und auch die Art von Person, die in einem brennenden Jet eine Gehirnoperation durchführen könnte, wenn sie dazu aufgefordert würde.

Wenn die Kandidaten einmal angenommen sind, warten sie oft Jahre – in manchen Fällen mehr als ein Jahrzehnt – bevor sie überhaupt ins All fliegen dürfen. Dies hat zum großen Teil pragmatische Gründe, denn Weltraumflüge finden nur selten statt und verzögern sich manchmal erheblich. Aber die lange Wartezeit vor dem Flug ermöglicht es den Psychiatern auch zu beurteilen, wie Menschen in Teams arbeiten.

Diese Überprüfungsmechanismen sind sehr wichtig, werden aber für eine dauerhafte Besiedlung nicht gut funktionieren. Man kann natürlich Bewerber aussortieren, aber wenn man Elon Musks Plan für eine Million Marsianer umsetzen will, dann stehen nicht einfach eine Million Chris Hadfields* zur Verfügung. Die Standards werden sinken müssen. Es ist möglich, dass durch die Natur des Projekts sogar die falsche Art von Menschen angezogen werden. Das inzwischen eingestellte Programm Mars One, das den Aufbau einer Marssiedlung für Reality-TV-Zwecke vorsah, hat erfolgreich Tausende von Menschen für eine Reise zum Mars ohne Rückkehr angeworben. Sie sind natürlich nie dorthin gereist, aber es ist erwähnenswert, dass viele dieser Menschen Familien, einschließlich Kinder, hatten, die sie zurücklassen wollten. Das soll jetzt nicht zu wertend klingen, aber wenn das Ziel darin besteht, eine neue Gesellschaft zu gründen, dann wirken diese Menschen auf uns ein bisschen zu unsozial.

Eine weitere Quelle für minderwertige Kandidaten sind unsere Kinder. Eine der effektivsten Möglichkeiten, Astronauten zu überprüfen, ist das Alter, denn eine Reihe von psychischen Störungen manifestieren sich am wahrscheinlichsten in den späten Teenagerjahren und frühen Zwanzigern. Ein 45-Jähriger braucht vielleicht eine Weltraumvorsorgebrille, aber in der Regel weiß man, was man psychologisch gesehen bekommt. In einer Weltraumsiedlung werden die Menschen vor Ort geboren, doch es ist bekanntermaßen schwierig, ein Neugeborenes dazu zu bringen, einen psychologischen Fragebogen auszufüllen oder ein Interview mit einem Spezialisten zu führen. Auf lange Sicht wird ein Auswahlverfahren kein effektives Mittel sein, um mit der menschlichen Psychologie umzugehen. Bei der Siedlungspsychologie wird es viel mehr um die Betreuung der Menschen als um die Auswahl gehen.

* Anm. d. Übers.: Chris Hadfield ist ein kanadischer Astronaut, der sich gegen enorm viele Bewerber durchgesetzt hat und mehrfach im All war, unter anderem als ISS-Kommandant.

Gegenmaßnahmen während des Flugs

Eine der am häufigsten angeführten Gegenmaßnahmen ist die Möglichkeit, mit geliebten Menschen auf der Erde zu kommunizieren. Als der Kosmonaut Walentin Lebedew während seiner 211 Tage im Orbit niedergeschlagen war, bemerkte die Missionskontrolle dies und bat seinen Sohn, während eines Überflugs für ihn Klavier zu spielen. Lebedew erkannte den Spieler sofort und es kamen ihm die Tränen.

Heute sind die Dinge weniger dramatisch. Während des größten Teils der Weltraumgeschichte war der Kontakt mit der Heimat begrenzt. Lebedews Anruf musste während eines kurzen offenen Kommunikationsintervalls hereingeschmuggelt werden und erhielt Vorrang vor Missionsinformationen. Heute verfügt die ISS über Internet, sodass die Astronauten ständigen Zugang zu E-Mail, Video, Sprachanrufen und psychologischen Beratungsdiensten haben.

Ob diese Art der Betreuung in einer Siedlung verfügbar sein wird, ist eine Frage der Größe und des Standorts. Der Mond ist beispielsweise nahe genug an der Erde, dass man so etwas wie ein Livegespräch mit einem Psychiater führen kann. Der Mars ist es nicht. Auch wenn frühe Marsreisen oder sogar Marsbasen vielleicht nicht die Kosten für eine professionelle psychiatrische Belegschaft aufbringen wollen, sollte eine Siedlung in voller Größe dies tun. Zumindest sollten sie einige ihrer Mitarbeiter zu Psychiatern weiterbilden, um Probleme zu erkennen, bevor sie schlimmer werden. Was Freunde und Familie in der Heimat betrifft, so wird das schwierig sein. Bei der größten Entfernung dauert es 40 Minuten, bis ein Signal von der Erde zum Mars und zurück gelangt. Die Kommunikation wird also eher in Form von Briefen erfolgen als in Form von Gesprächen.

Für NASA-Astronauten ist es manchmal wichtiger, dass William Shatner anruft, als mit der Familie oder Freunden zu sprechen oder sich durch aufmerksame Begleiter bei psychischen Problemen unterstützen zu lassen. Auch Gespräche mit Will Smith, Stephen Colbert oder dem Papst sind bekannt. Astronauten dürfen um solche Dinge bitten, und die NASA tut ihr Bestes, um sie zu ermöglichen. Tragischerweise wird es nicht möglich sein, live mit Will Smith von den Marssiedlungen aus zu sprechen.

Auch die Unterhaltungsmöglichkeiten sind heutzutage ziemlich gut. Noch 1997 punktete Dr. Michael Foale bei seinen russischen Kollegen an Bord der Mir, indem er einen Videorekorder aufstellte und *Total Recall* und *Crocodile Dundee* live übersetzte. Heute gibt es auf der ISS Netflix und laut Terry Virts »haben die russischen Psychologen *50 Shades of Grey* auf Russisch hochgeladen«.[42] Nicht gerade hohe Kunst, aber wenn das Ziel das Bevölkerungswachstum ist, gibt es schlimmere Möglichkeiten.

Die Astronauten erhalten zudem regelmäßig kleine Geschenke mit Proviant. In einem Fall wurde kürzlich ein wissenschaftlicher Kühlschrank mit Eiscreme hochgeschickt – zweifellos eine willkommene Abwechslung zur typischen Weltraumkost, die oft aus lauwarmen Lebensmittelpaketen besteht. Die Nachschublieferungen bringen auch frisches Obst und Gemüse, das nicht nur geschmacklich und ernährungstechnisch von Vorteil ist. Wiktor Pazajew feierte seinen Geburtstag im Weltraum auf der Saljut 1 mit einer frischen Zitrone und einer Zwiebel. Anatoli Beresowoi und Walentin Lebedew sehnten sich so sehr nach frischen Zwiebeln, dass sie einmal die Miniaturzwiebeln aßen, die für einen experimentellen Kultivator auf der Saljut 7 bestimmt waren. Für Michael Foale war der Duft, der ihn an zu Hause erinnerte, der von frischen Äpfeln. Mit dem Nachschub werden auch kleine Überraschungen zu Feiertagen und Geburtstagen geliefert. Besonders beliebt sind die Carepakete von Freunden und Familie. Oft sind es ganz einfache Dinge – Dr. Shannon Lucid erinnert sich, dass die Mir-Kosmonauten parfümierte Briefe von den Frauen in ihrem Leben zu schätzen wussten. Lucid selbst freute sich über Wackelpudding und eine große Tüte M&Ms.

Ironischerweise sind frische Äpfel in einer weit entfernten Weltraumsiedlung vielleicht leichter zu bekommen als M&M's. Wie wir später noch untersuchen werden, kann man im Grunde keine Weltraumsiedlungen betreiben, ohne ein Ökosystem für den Anbau von Nahrungsmitteln und saubere Luft zu schaffen. Man kann das zwar machen, aber der Preisunterschied zwischen dem Anbau von Äpfeln und dem Transport mit einem Raumschiff wird wahrscheinlich beträchtlich ausfallen.

Eine Tatsache der menschlichen Psychologie, die wir sogar in alten Tagebüchern von Polarforschern gefunden haben, ist die große Bedeutung von Feiertagen und die tiefe Sorge um Nahrung. Die Besatzungen auf diesen eintönigen Reisen feierten oft alle Feiertage, die man sich nur vorstellen kann, um etwas Neues in die Welt zu bringen. Die ISS-Crews von heute erhalten thematische Carepakete zu Geburtstagen und Feiertagen. Der Mars kann zwar nur alle zwei Jahre erreicht werden, aber es könnte klug sein, es der ISS gleichzutun und zu besonderen Anlässen unerreichbare irdische Leckereien zu versenden.

Die Landwirtschaft hat wahrscheinlich auch einen psychologischen Nutzen. Zum Teil ist es einfach die Liebe zu frischen Lebensmitteln, aber auch der Anblick und die Gerüche der Natur in einer ansonsten künstlichen Umgebung tun sicher gut. Eine Möglichkeit, über Gegenmaßnahmen im Weltraum nachzudenken, besteht darin, ein kleines Stückchen Erde fern von zu Hause zu schaffen. Der Kosmonaut Anatoli Beresowoi hörte während seines 211-tägigen Fluges im Jahr 1982 gerne Kassetten mit Naturaufnahmen. Er erinnert sich: »Wir hatten Aufnahmen von Geräuschen: Donner, Regen, Vogelgesang. Wir schalteten diese Kassetten am häufigsten ein, und wir wurden ihrer nie überdrüssig. Sie waren wie Begegnungen mit der Erde.«[43] Terry Virts beschrieb, wie das russische Psychologenteam eine Reihe von Aufnahmen mit dem Namen *Sounds of Earth* schickte – Umgebungsgeräusche wie Meereswellen oder das Innere eines Cafés. Diese Aufnahmen waren sehr beliebt. Einen ganzen Monat lang schlief Virts zu den Klängen des Regens ein, und irgendwann stimmte die Stationsbesatzung zu, sie ein ganzes Wochenende lang zeitgleich auf den Laptops des Schiffs abzuspielen.

Es gibt ein ganzes Feld an Literatur, das sich mit dieser Art von Weltraumergonomie befasst, einschließlich detaillierter Analysen darüber, welche Lebensmittel Astronauten mögen,* ob sie genug schlafen und worüber sie sich in privaten Tagebüchern beschweren. Das Verhalten der Astronauten ist nicht perfekt – es gibt Beschwerden, es gibt Streit, und manchmal geht

* Und was sie nicht mögen. Dr. Jack Stuster ließ die Astronauten Tagebücher führen, von denen eines Folgendes enthielt: »Ich hatte viele programmatische Auseinandersetzungen mit den Russen über das ungleiche Verhältnis von russischen und amerikanischen Lebensmitteln (angeblich 50/50). Sie hatten immer mehr russisches Essen an Bord, mit der Begründung, dass die Menschen russisches Essen lieber mögen. Das ist Schwachsinn.«

es sogar so weit, dass Astronauten Sicherheitsanweisungen missachten, zum Beispiel, als die Besatzung der Apollo 7 sich weigerte, während des Abstiegs Helme zu tragen, weil sie sich erkältet hatte. Aber all das ist nur normales menschliches Verhalten. Psychologisch gesehen waren die Dinge im Weltraum bisher ziemlich gut, sogar langweilig.

Das ist vielleicht nicht das, was Sie gehört haben. Wir haben die Erfahrung gemacht, dass die Leute oft nur auf Erinnerungen beruhendes Halbwissen über Astronautenwahnsinn erzählen. Wenn irgendetwas am Leben im Weltraum wirklich schwere psychische Probleme auslöst, würden wir das gerne wissen. Also, tut es das?

Berichte über den Weltraumwahnsinn …

… sind schwer zu bekommen.

Dies ist ein populärwissenschaftliches Buch. Wir tun unser Bestes, um die Einzelheiten der Psychiatrie im Weltraum interessant zu halten. Wir würden Ihnen gerne erzählen, dass Chris Hadfield einmal verrückt wurde und seine Kollegen mit messerscharfen Bruchstücken von Astronauteneis angriff oder dass Sally Ride einmal versuchte, das Spaceshuttle zu kapern und wie der Teufel zum Jupiter zu rasen. Fehlanzeige. Die Raumfahrer hatten tatsächlich mit vielen Problemen auf dem Boden zu kämpfen, aber im Weltraum ging es erstaunlich ruhig zu. Wir haben recherchiert und recherchiert, und soweit wir das beurteilen können, sind die Geschichten über den Weltraumwahnsinn, die immer wieder auftauchen, entweder stark übertrieben oder schlichtweg falsch.

So gibt es zum Beispiel ein angebliches Zitat des Kosmonauten Waleri Rjumin, das in den sozialen Medien endlos geteilt wird: »Alle Voraussetzungen für einen Mord sind erfüllt, wenn man zwei Männer in eine Kabine mit den Maßen 18 mal 20 Fuß sperrt und sie zwei Monate lang miteinander alleine lässt.«[44] Das klingt ziemlich düster. Das Problem ist nur, dass dies nicht wirklich Rjumins Worte sind. Er hat aus der Literatur zitiert. Hier ist die vollständige Aussage, die er gemacht hat: »O. Henry schrieb in einer seiner Geschichten, wenn man das Handwerk des Mordens fördern wolle, müsse man nur zwei Männer für zwei Monate in einen 18 mal 20 Fuß großen Raum sperren. Das klingt jetzt natürlich witzig. Im Vertrauen gesagt ist ein langer Aufenthalt selbst mit einer angenehmen Person schon eine Prüfung für sich.«[45] Wesentlich weniger erschreckend. Und in der Tat war Rjumin ein vorbildlicher Kosmonaut, der im Laufe seiner langen Karriere eine Vielzahl von Auszeichnungen und Beförderungen erhielt. Und soweit wir wissen, hat er niemals jemanden ermordet.

In den Memoiren und mündlichen Überlieferungen kommen hier und da Probleme zum Vorschein. John Blaha, der vier Monate als Gast auf der Mir verbrachte, litt unter leichten Depressionen. Dr. Jerry Linenger hatte bei einem Weltraumspaziergang ein plötzliches erschreckendes Gefühl, schnell zu fallen, aber er hielt durch. Die vielleicht erschreckendste Geschichte ist die von Dr. Taylor Wang, einem Shuttle-Nutzlastspezialisten, der ein komplexes wissenschaftliches Instrument ins All brachte, das dann kaputtging. Die Missionskontrolle sagte, er könne keine Zeit aufwenden, um es zu reparieren, und nach einigem Hin und Her antwortete er: »Hey, wenn ihr mir nicht die Chance gebt, mein Instrument zu reparieren, kehre ich nicht zur Erde zurück.«[46] Zum Glück für Wang durchschaute niemand seinen Bluff, denn, wie er bemerkte, »wenn man versuchen würde, sich ohne Schwerkraft aufzuhängen, würde man nur baumeln und wie ein Idiot dastehen«.* Am Ende drehte niemand durch: Die Crew arbeitete zusammen und übernahm Wangs andere Aufgaben, damit er die Maschine reparieren konnte.

An dieser Stelle sei angemerkt, dass diese Geschichten in jeder anderen Umgebung als dem Weltraum objektiv langweilig sind. Irgendetwas an der Umlaufbahn lässt die langweiligsten Fakten wie ein großes Drama erscheinen. An Bord der Skylab-4-Mission gab es einen Streit über die Zeit-

* Das vollständige Zitat: »Ich war erleichtert, denn ich hatte nicht wirklich herausgefunden, wie ich nicht zurückkehren sollte, wenn sie meinen Bluff durchschaut hätten. Die asiatische Tradition des ehrenhaften Selbstmordes, *Seppuku*, wäre gescheitert, da alles an Bord des Shuttles auf Sicherheit ausgelegt ist. Mit dem Messer an Bord kann man nicht einmal Brot schneiden. Man könnte seinen Kopf in den Ofen stecken, aber der ist eigentlich nur ein Speisenwärmer. Also würde man sich nicht einmal verbrennen. Und wenn man versuchen würde, sich ohne Schwerkraft aufzuhängen, würde man nur baumeln und wie ein Idiot dastehen.«

planung, der manchmal als Skylab-4-»Meuterei« bezeichnet wird. Ohne ins Detail zu gehen, lief es in etwa so ab: Die Besatzung fühlte sich überplant, hatte eine Diskussion mit der Missionskontrolle, änderte das Planungsprotokoll und schaffte schließlich mehr als das geplante Arbeitspensum. Wenn das eine Meuterei ist, sind Astronauten ziemlich schlecht im Meutern.

Stellen Sie sich einmal vor, ein Freund würde die gleiche Situation in einem Büro auf der Erde beschreiben. Es wäre eine lange Geschichte, in der es darum ginge, sich mit dem Chef zu streiten und dann einen Kompromiss zu finden, um den Zeitplan zu ändern. Wenn Sie am Ende noch wach wären, würden Sie sich wahrscheinlich auf die Seite des Chefs schlagen. Doch wenn so etwas im Orbit passiert, wird es zum Stoff für Legenden. Ein Fall, der in der wissenschaftlichen Literatur über Weltraumpsychologie häufig zitiert wird, betrifft einen Kosmonauten, der sich quasi wie besessen über mögliche Zahnschmerzen beklagte. Wir konnten die entsprechende Referenz aus dem Jahr 1985 ausfindig machen. Die Geschichte handelte von einem Mann, der sich Gedanken darüber machte, möglicherweise Zahnschmerzen zu bekommen, davon träumte, aufwachte und dachte, er hätte tatsächlich Zahnschmerzen, sich aber am nächsten Morgen wieder gut fühlte. Es ist schwer vorstellbar, dass dies ernsthafte psychische Folgen haben könnte. Ein anderer Mann, der Kosmonaut Juri Romanenko, hatte im Weltraum tatsächlich eine freiliegende Zahnwurzel, und anstatt den populärwissenschaftlichen Autoren den Gefallen zu tun, verrückt zu werden, hat er es einfach für die Dauer des Fluges ausgehalten.

Als wir uns diese Weltraumgeschichten anschauten, in der Hoffnung, dass wir unsere Leser mit einem mickrigen Fall von Weltraumverrücktheit erfreuen könnten, begannen wir uns zu fragen, ob es jemals dramatische psychische Aussetzer im Weltraum gegeben hat. Die Antwort ist ein lautstarkes Vielleicht.

Leichte, qualifizierte Fälle von potenziellem Weltraumwahnsinn – in gewisser Weise

Bei unseren Recherchen über das Leben auf Raumstationen von 1971 bis heute haben wir genau zwei Fälle gefunden, in denen ein psychisches Problem zu einer verkürzten Mission geführt haben könnte: 1976 befanden sich die Kosmonauten Boris Wolynow und Witali Scholobow in der Saljut 5 in der Umlaufbahn. Sie hatten kein gutes Verhältnis zueinander. Das passiert von Zeit zu Zeit, aber im Fall der Saljut 5 verschlimmerten sich die Dinge ab Tag 42. Hier eine Beschreibung der Geschehnisse aus einem Artikel des Weltraumhistorikers Dr. Asif Siddiqi aus dem Jahr 2003:

> *Während die Besatzung arbeitete, ging plötzlich der Alarm der Station los; gleichzeitig ging die gesamte Innenbeleuchtung aus und mehrere Systeme an Bord fielen einfach aus. Zu diesem Zeitpunkt befand sich die Station auf der Nachtseite der Erde. In der Dunkelheit, mit dem lauten, schrillen Klang der Sirene, war die Besatzung völlig verwirrt. Innerhalb von Sekunden schalteten sie jedoch zunächst den Alarm ab, um dann Totenstille zu hören, was bedeutete, dass anscheinend alle Systeme der Station abgeschaltet worden waren. Wolynow funkte sofort: »Es hat einen Unfall an Bord gegeben.«*[47]

Augenblicke später, als die Bodenkontrolle herauszufinden versuchte, was los war, gerieten die Kosmonauten aus der Kommunikationsreichweite. Die Station hatte die Lagekontrolle und die Lebenserhaltung verloren – lautlos und dunkel drehte sie sich über der schattenhaften Erde. Erst im Laufe von zwei Stunden gelang es den Männern, die Station wieder in den Normalzustand zu bringen, woraufhin die Mission abgebrochen wurde und die Besatzung vorzeitig nach Hause kam.

Wir haben verschiedene Gründe für den Abbruch der Mission gefunden. Einem Bericht zufolge gab es einen üblen Geruch an Bord des Schiffes, der für die Besatzung bedenklich genug war, um die Station zu verlassen. In einer anderen Version war der schlechte Geruch rein psychologisch zu erklären, da eine spätere Besatzung der Saljut 5 nichts Ungewöhnliches gerochen hat. In dramatischeren Versionen wurde Scholobow von zwischenmenschlichen Problemen oder von der Weite des Kosmos selbst überwältigt und erlitt einen mentalen Zusammenbruch. Wir sind uns 100-prozentig sicher, dass wir unter diesen Bedingungen auch zusammengebrochen wären. Aber angesichts der Tatsache, dass die Geschichten über psychische Probleme im Weltraum in der Regel sehr harmlos sind, wetten wir, dass die wahre Geschichte die am wenigsten aufregende ist: Die Männer haderten miteinander und das Schiff hatte große Probleme, sodass die Mission frühzeitig abgebrochen wurde.

Unser einziges weiteres Beispiel stammt vom Kosmonauten Alexander Laweikin – demselben Mann, der im Kapitel über Weltraumbabys sagte, dass alle Raumfahrer masturbieren. Seine Reise zur Mir wurde 1987 abgebrochen. Die Berichte über die Geschehnisse gehen auseinander, auch wenn sie alle von Laweikin stammen. Einig ist man sich darüber, dass die Herzmonitore bei Laweikin Herzrhythmusstörungen anzeigten. Nachdem eine Reihe von medizinischen Tests nichts ergeben hatten, trat der Zustand während eines Weltraumspaziergangs wieder auf. Zu diesem Zeitpunkt beschlossen die Ärzte, ihn nach Hause zu bringen. Laweikin sagte, er sei von dieser Entscheidung überrascht und entsetzt gewesen. Später erinnerte er sich: »Ich habe mich während des Fluges gut gefühlt, ich fühlte mich die ganze Zeit über großartig. Aber man kann mit den Ärzten nicht diskutieren.«[48]

Doch Jahrzehnte später interviewte Mary Roach Laweikin bei ein paar Gläsern Whiskey für ihr Buch *Packing for Mars*, und Laweikin gab zu, dass die Mission härter gewesen war, als er erwartet hatte. Die Arbeit war hart, die Station war laut und er war reisekrank geworden. Am Ende war er deprimiert und selbstmordgefährdet und machte eine Beobachtung, die offenbar unter Raumfahrern üblich ist: »Ich wollte mich aufhängen. Natürlich ist das wegen der Schwerelosigkeit unmöglich.«[49]

Auch hier wissen wir nicht genau, was passiert ist. Sowohl Laweikin als auch sein Kommandant Romanenko (bekannt für seine freiliegende Zahnwurzel) hatten offenbar ernsthafte Reibereien mit der Missionskontrolle, sodass die Situation zumindest verhaltenstechnisch nicht ideal war. Aber wenn wir den psychiatrischen Worst Case annehmen – dass Laweikin ernsthafte psychische Probleme hatte, die zu Herzproblemen führten, die seine Evakuierung zur Folge hatten –, dann ist die gute Nachricht, dass dies die einzige Weltraummission war, die jemals aufgrund einer psychischen Reaktion auf das Leben im Weltraum abgebrochen wurde, ohne dass es einen größeren externen Auslöser gab.

Wir dokumentieren diese Fälle vor allem, um mit der Vorstellung aufzuräumen, dass die Psyche bislang das größte Hindernis bei Weltraumaktivitäten darstellt. Zumindest bisher waren die Vorsorgeuntersuchungen und die Gegenmaßnahmen während des Fluges unglaublich erfolgreich. Auf der ISS hat es nie so etwas wie diese beiden Vorfälle gegeben.

Die anderen verfügbaren Daten zeichnen ein ähnlich rosiges Bild. Eine Analyse jedes einzelnen gemeldeten Gesundheitsproblems während des Fluges bei allen Shuttleflügen von April 1981 bis Januar 1998 ergab insgesamt 34 Vorfälle von »verhaltensbedingten Anzeichen und Symptomen«,[50] was einer Häufigkeit von etwa einem Vorfall pro drei Personenjahren Weltraumflug entspricht. Das ist erstaunlich wenig, wenn man bedenkt, dass zu den 34 Ereignissen auch Dinge wie Beklemmung und Verärgerung gehören. Für dieses Kapitel haben wir also ganze 34 Beklemmungs- und Ärgerereignisse ausgewertet.

Nach Angaben der NASA wurden weder im Shuttle noch auf der ISS psychische Störungen gemeldet. Die ISS-Insassen haben sich vielleicht mal deprimiert, verärgert oder ängstlich gefühlt, aber nie – nicht ein einziges Mal – hat das Problem den Grad einer Diagnose erreicht.

Daraus könnte man den Schluss ziehen, dass zumindest die allerersten Weltraumsiedler keine größeren Probleme haben sollten. Wir haben zwar keine Langzeitdaten, aber fast alle Daten, die uns vorliegen, sind verdammt beruhigend.

Das ist ein schöner Gedanke. Ist er wirklich. Aber das Problem ist Folgendes: *Astronauten sind Lügner.*

Lügen haben kurze Beine: Die reiche Geschichte des Weltraumflunkerns

Als Eileen Collins, die spätere erste Raumfahrtpilotin, zu ihrem psychologischen Interview bei der NASA ging, war sie besorgt.[51] Nachdem sie einen unschuldig wirkenden psychologischen Fragebogen ausgefüllt hatte, freute sie sich auf die Stunde mit dem Psychologen. Zumindest bevor er ihr sagte, dass sie eine Reihe von Fragen »falsch« beantwortet hatte. »Erzählen Sie mir von Ihren Halluzinationen«, bat er. Als Collins sich verwirrt zeigte, sagte er ihr, dass sie bei der Frage »Wenn ich die Straße entlanggehe, sehe ich Dinge, die andere Menschen nicht sehen« »Wahr« angekreuzt hatte. Überrascht versuchte sie dies zu erklären: »Wenn ich mit meinem Mann unterwegs bin, nehme ich zum Beispiel Blumen, Gartenanlagen und die Kleidung der Leute wahr, während er keine Ahnung hat, dass sie da sind. Er schaut auf andere Dinge.« Der Psychiater antwortete: »Nun, mit dieser Frage wollen wir herausfinden, ob Sie halluzinieren.«

Und nun achten Sie bitte darauf, wie Collins geantwortet hat. Nicht: »Hier liegt ein Missverständnis vor.« Nicht: »Das ist eine bizarre Definition von Halluzination.« Was sie sagte, war Folgendes: »Sir, bei allem Respekt, jemand, der Astronaut werden will, wird keine ungewöhnlichen psychischen Probleme zugeben.«

Tatsächlich beteiligte sich Collins an etwas, von dem sie zweifellos wusste, dass es sich um eine lange Tradition handelt, die Generationen und Kontinente umspannt. Walentina Ponomarjowa, die Ersatzpilotin der ersten Frau, die 1963 ins All flog, berichtete viele Jahre später in einem Interview, dass die Frauen des Programms bei ihren medizinischen Prüfungen geschummelt hätten. Sie sagte: »Die [männlichen] Kosmonauten der ersten Gruppe behandelten uns sehr gut; sie kümmerten sich um uns, sie halfen uns, sie lehrten uns, wie man Ärzte betrügt und wie man Tests leichter bestehen kann.«[52] Michael Collins, der Mondchauffeur von Armstrong und Aldrin, machte kein Geheimnis daraus, dass er in den Raumanzügen, die er als »eklige kleine Särge« bezeichnete, Platzangst bekam, obwohl er während der Missionen Weltraumspaziergänge durchführen musste. Auch die Jahre haben die Tradition nicht geschmälert. Terry Virts erinnert sich in seinen Memoiren aus dem Jahr 2020 daran, dass er bei Gesprächen mit psychiatrischen Beratern immer so tat, als wäre er glücklich, ungeachtet seines persönlichen Lebens oder seiner privaten Gefühlslage.

Bei der Lektüre der Memoiren von Astronauten und Astronautenanwärtern, die bereit waren, die Wahrheit zu gestehen, fanden wir Lügen (und Unterlassungslügen), die dem medizinischen Personal erzählt wurden: Farbenblindheit, Körpergröße, Brustschmerzen, Rückenschmerzen, Verdacht auf Herzinfarkt, Verdacht auf Knochenkrebs, ein schweres Innenohrproblem, das zu Orientierungslosigkeit und Schwindel führte, die gesamte Kindheit, ob man sich während des Testpilotentrainings in die eigenen Handschuhe erbrochen hatte oder nicht, ob man sich beim Andocken an Skylab übergeben hatte, und in mindestens einem Fall entfernte ein Mann tatsächlich Seiten aus seinen eigenen medizinischen Unterlagen, um Informationen vor den Ärzten zu verbergen.*

Warum lügen Astronauten und Piloten die Mediziner an, die für ihre Gesundheit sorgen sollen? Ein einfaches Beispiel aus der Spieltheorie: Wenn man beim Betreten der Arztpraxis fliegen darf, kommt man entweder mit einer weiteren Fluggenehmigung oder mit einem Flugverbot wieder heraus. Es gibt keine Vorteile, wenn man die Wahrheit über etwas Negatives sagt. Ärzte und Psychiater kennen dieses Spiel und deshalb gibt es eine natürliche Feindschaft zwischen Fliegern und Medizinern.** Oder, wie der erfahrene

---

* Wir möchten an dieser Stelle anmerken, dass die Liste durch Wiederholungstäter etwas länger geworden ist.

** Fairerweise muss man sagen, dass unsere Nachforschungen nur einen einzigen Fall ergeben haben, in dem sich eine Lüge negativ auf eine Mission ausgewirkt hat. 1985 musste Kommandant Wladimir Wasjutin wegen einer »akuten Entzündungserkrankung« vorzeitig von der Saljut 7 zurückkehren. Es gibt gute Gründe für die Annahme, dass er von diesem Problem schon vor dem Flug wusste, es aber geheim hielt. Interessanter für diejenigen unter uns, die sich mit kosmischer Verlogenheit befassen, war die Reaktion der Kosmonautenkollegin Jekaterina Iwanowa, deren Flug durch die vorzeitige Rückkehr von Wasjutin gestrichen wurde. Sie war wütend. Nicht weil Wasjutin über seine Flugtauglichkeit gelogen hatte, sondern weil er den unausgesprochenen Kodex der Flieger und Raumfahrer brach: »Eine Grundregel – wenn man gefragt wird, wie man sich fühlt, antwortet man fröhlich ›gut‹, auch wenn man sich kaum auf den Beinen halten kann. […] Aber Wasjutin hat das nicht durchgezogen und deshalb wurde ich wieder einmal mit Flugverbot belegt.« Das heißt, das medizinische Personal anzulügen, ist in Ordnung. Verboten ist es, mit dem Lügen aufzuhören. Bart Hendrickx, »Illness in Orbit«, *Spaceflight* 53 (2011): S. 108.

Astronaut und Physiker Joe Kerwin dem NASA-Psychologen Al Holland gesagt haben soll: »Junge, Sie müssen verstehen, dass die Besatzungen erst zufrieden sein werden, wenn der letzte Psychologe an den Eingeweiden des letzten Bordarztes erstickt ist.«[53]

Es ist einfach unmöglich, die persönlichen Berichte der Astronauten zu lesen und dabei den selbst gemachten Angaben zu vertrauen. Mike Mullane, der medizinische Seiten aus seiner Akte entfernt und auch über seine Kindheit gelogen hat, schrieb: »Wir hätten über ein Holzbein oder ein Glasauge gelogen. *Findet es doch selbst raus*, das war unsere Einstellung.«[54] Glasaugen sind schwer zu verheimlichen. Ein psychischer Zustand ist es nicht, vor allem nicht für Eliteprofis, bei denen die Karriere auf dem Spiel steht. Wenn man eine Weltraumsiedlung plant und seine Vorstellungen von der Psychologie der Astronauten auf die Berichte tatsächlicher Astronauten stützt, macht man einen schrecklichen Fehler.

Ein Blick auf andere Forschungen

Unser Problem ist also Folgendes: Wir wollen mindestens ein paar Tausend Menschen irgendwo im Weltraum unterbringen, und idealerweise noch ein paar mehr. Wir haben keine Langzeitdaten, und die Daten, die uns zur Verfügung stehen, stammen von der professionellen Klasse der Lügner, die als Astronauten bekannt sind. Gibt es eine Alternative? In gewisser Weise. Forscher untersuchen sogenannte Analogien und Simulationen, um zu versuchen, Erkenntnisse über den Weltraum zu gewinnen, während sie auf dem Boden bleiben.

Analogien

Viele Forscher glauben, dass man am besten nach Situationen auf der Erde suchen sollte, die dem Weltraum ähneln. In der Tat gibt es ganze Bücher zum Thema »Weltraumanalogien«, die sich vor allem auf die Antarktis und U-Boote konzentrieren – beides Orte, an denen Menschen über längere

Zeiträume hinweg und unter rauen Bedingungen in geschlossenen Strukturen leben.

Die grundlegenden Erkenntnisse aus diesen Bereichen sind im Großen und Ganzen beruhigend. Im Internet gibt es viele fragwürdige Geschichten über Messerstechereien bei Schachspielen in antarktischen Basen, aber auf statistischer Ebene ist alles ganz in Ordnung. Menschen in antarktischen Forschungsstationen sind manchmal deprimiert und haben die Art von psychischen Problemen, die man erwartet, wenn man mit einer kleinen Gruppe von Menschen in einer kalten Umgebung festsitzt, in der die Sonne nicht scheint. Aber diese Probleme erreichen nur selten das Niveau einer klinischen Diagnose, und manche Studien kommen sogar zu dem Ergebnis, dass es den Menschen auf den Forschungsstationen im Durchschnitt besser geht als der allgemeinen Bevölkerung zu Hause. Das liegt zum Teil an der Voruntersuchung mit psychologischen Tests und zum Teil an den Gegenmaßnahmen, die ähnlich wie die im Weltraum sind. Es liegt wahrscheinlich auch an der Selbstselektion – man wird ja nicht zufällig ausgewählt, um an den Südpol zu gehen, und diejenigen, die sich dafür entscheiden, freuen sich vielleicht auf monatelange Dosennahrung und auf die ewige Nacht.

Bei U-Booten finden wir ähnliche Ergebnisse. Die verfügbaren Daten sind begrenzt, aber Studien berichten über niedrige Raten von psychischen Störungen und in einigen Fällen sogar über niedrigere Raten von psychischen Störungen im Vergleich zu der Bevölkerung, aus der die Besatzungsmitglieder stammen. Auch hier ist dies wahrscheinlich auf Selbstselektion, Untersuchungen und Gegenmaßnahmen zurückzuführen.

Wir würden Ihnen gerne mehr über diese Einrichtungen erzählen, und ehrlich gesagt haben wir eine Menge darüber gelesen, was objektiv interessant war. Die wichtigsten Ergebnisse: U-Boote sind überraschend eklig und Antarktisbewohner haben überraschend viel Sex und laufen manchmal nackt draußen herum. Was die Anwendung dieser Daten auf Weltraumsiedlungen angeht, wo das nackte Herumlaufen im Freien weniger attraktiv und eher erstickend ist, ergibt sich insgesamt ein positives Gesamtbild. Ähnlich wie im Weltraum kommen selbst ausgewählte, vorselektierte Profis in der Regel gut zurecht.

Allerdings sind diese Daten nicht uneingeschränkt anwendbar, da beide Analogien eine zu geringe Bevölkerungszahl haben und zu kurzfristig sind. Es gibt keine ständigen Antarktisbewohner und schon gar keine ständigen U-Boot-Fahrer. Es ist ein himmelweiter Unterschied, ob man für eine bestimmte Zeit mit den rauen Bedingungen zurechtkommen muss oder ob man für immer bleiben und Kinder großziehen muss.

Simulationen

Eine weitere Datenquelle, die uns helfen könnte, etwas über das Verhalten im Weltraum zu erfahren, sind sogenannte Simulationen oder Sims. Im Grunde genommen steckt man Menschen in eine kontrollierte Umgebung, die in irgendeiner Weise dem Weltraum ähnelt, und beobachtet sie. Beispielsweise könnten die Menschen in einer Wüste leben und versuchen, nur mit dem zu überleben, was in der Basis vorhanden ist, und nur in simulierten Raumanzügen nach draußen gehen, während ihr psychischer Zustand überwacht wird.

Über diese Simulationen wird regelmäßig in den Medien berichtet und es gibt Dokumentarfilme und Bücher darüber. Wir selbst haben Freunde, die an solchen Projekten teilnehmen. Wir sind jedoch skeptisch, was die Anwendbarkeit von solchen Simulationen auf den Weltraum angeht, abgesehen von der Lösung kleiner ergonomischer Probleme. Damit stehen wir nicht alleine da – einige Wissenschaftler glauben, dass die einfache Tatsache, dass Simulationen kein Todesrisiko bergen, sie für die Analyse der tatsächlichen Psychologie im Weltraum nutzlos macht. Wie genau lässt sich das Leben auf dem Mars simulieren, wenn alle Probanden wissen, dass sie jederzeit die Simulation verlassen und zu McDonald's gehen können? Außerdem laufen die meisten Simulationen, von wenigen Ausnahmen abgesehen, über Wochen oder vielleicht Monate, aber nicht über die Jahre, die nötig sind, um wirklich zu verstehen, welchen psychischen Tribut das Leben mit einer kleinen Anzahl von Menschen in einer isolierten und begrenzten Umgebung über einen langen Zeitraum hinweg fordert.

Ein weiteres Manko ist, ehrlich gesagt, dass einige dieser Daten auf wissenschaftlich fragwürdige Weise erhoben wurden. Bei der Untersuchung von Mars-500, der aufwendigsten Weltraumsimulation, die jemals durchgeführt wurde und 520 Tage mit einer sechsköpfigen Besatzung andauerte, stießen wir beispielsweise auf ein Dokument, das von jemandem mitverfasst wurde, der auch ein Teilnehmer war. Das ist ein großes wissenschaftliches Tabu, weil dieses »Subjekt« des Experiments im Voraus weiß, was die interessantesten Ergebnisse sein würden. Selbst wenn wir diesen Wissenschaftlern zugestehen, dass sie versuchen, ehrliche Beobachtungen zu machen, ist es schwer zu glauben, dass die Ergebnisse nicht in irgendeiner Weise verfälscht wurden.

Der Schnittpunkt der Unkenntnis

Unsere alternativen Datenquellen sind also nicht besonders gut, wir haben keine Langzeitdaten und Astronauten sind Lügner. Was bedeutet das für uns? Das einzig Gute, das wir am Ende eines Berges von Untersuchungen sagen können, ist, dass die Daten zwar nur mittelmäßig sind, aber zumindest alle in die gleiche Richtung weisen. Vorgeprüfte Fachkräfte in rauen Umgebungen, einschließlich des Weltraums, scheinen keine besonderen psychischen Probleme zu haben. Sofern nicht etwas Unerwartetes hinter der 1,3-Jahres-Grenze lauert, sollten wir davon ausgehen, dass sich die Psychologie in der Weltraumsiedlung nicht grundlegend von der auf der Erde unterscheidet. Allerdings könnten akute psychische Probleme im Weltraum zwar nicht unbedingt häufiger auftreten, aber wesentlich gefährlicher sein.

Der Umgang mit schweren psychischen Problemen im Weltraum

Obwohl Missionen gelegentlich abgebrochen wurden, gab es noch nie die Notwendigkeit einer Notfallevakuierung im Weltraum aufgrund eines psychischen Problems. Sie könnte jedoch bei Bedarf relativ kurzfristig durchgeführt werden. So wird es auch in der Antarktis und in U-Booten gehandhabt. Wenn jemand einen medizinischen oder verhaltensbedingten

Notfall hat, ist die typische Lösung ein Lufttransport an einen Ort, an dem die Person professionell versorgt werden kann.

Aber was ist, wenn die Person eine Gefahr für sich selbst oder andere darstellt und eine Evakuierung nicht infrage kommt? Dank der »International Space Station Integrated Medical Group Medical Checklist« (medizinische Checkliste der integrierten medizinischen Gruppe der Internationalen Raumstation), die einen Abschnitt über den Umgang mit »akuter Psychose« enthält, können wir Ihnen sagen, wie man auf der ISS vorgeht.[55]

> *Anleitung: Packen Sie das Medikamentenset, das graue Klebeband, die Gummibänder und die Handtücher aus. Sprechen Sie mit dem »Patienten«, damit er weiß, dass Sie »eine Fixierung anwenden, um seine Sicherheit zu gewährleisten«. Fesseln Sie die Hand- und Fußgelenke mit Klebeband und benutzen Sie das Gummiband für den Oberkörper. Wenn der Kopf gefesselt werden muss, legen Sie ein Handtuch unter den Nacken und verwenden Sie weiteres Klebeband.*

Dem Patienten werden nun Beruhigungs- und Sedierungsmittel oral angeboten. Wenn er dies ablehnt, werden die Medikamente intramuskulär injiziert. Der Arzt wird angewiesen, bei dem Patienten zu bleiben und die Lebenszeichen sorgfältig zu überwachen und aufzuzeichnen. Ein ähnliches Protokoll wird im Falle von Selbstmordgedanken empfohlen.

So etwas ist im Weltraum noch nie durchgeführt worden. Wenn dies auf der ISS geschehen würde, könnte man die Person für die Dauer einer Notfallreise nach Hause sediert halten. Und vielleicht ist der Mond nahe genug, dass eine Notfallreise zur Erde innerhalb weniger Tage nicht ausgeschlossen wäre. Für eine Siedlung auf dem fernen Mars braucht man Mittel und Wege, um mit psychologischen Notfällen vor Ort umzugehen. Das bedeutet, dass man schon sehr früh im Siedlungsprozess sicherstellen muss, dass man über psychiatrische Betreuung und Medikamente verfügt. Und für den besonderen Fall, dass Menschen anwesend sind, die für sich selbst eine Gefahr darstellen, braucht man vielleicht eine Möglichkeit, sie sicher einzusperren, bis das Problem gelöst ist oder sie zur Erde zurückgebracht werden können.

Dies wird kein triviales Problem sein – aufgrund der unnachgiebigen Natur der Orbitalmechanik würde der Einschluss im schlimmsten Fall über ein Jahr dauern, gefolgt von einem Start in den Orbit und einem sechsmonatigen Transit zur Erde. In einer ausreichend großen Siedlung, die über Spezialisten und entsprechende Einrichtungen verfügt, könnte dies bewältigt werden. Wenn dies allerdings in einem Außenposten mit nur 100 Personen passiert, hat man ein echtes Problem.

Psychologie und Weltraumsiedlungen

Was die Psychologie im Weltraum betrifft, so sind die Erfahrungen bisher gut gewesen, aber wir sollten keine Perfektion erwarten. Wir halten es für wahrscheinlich, dass die Psychologie kein so großes Hindernis für die Besiedlung darstellt wie zum Beispiel die Fortpflanzung. Wenn Sie sich nur an Filmen und Romanen orientieren, könnten Sie den Eindruck gewinnen, dass Menschen in der Isolation ziemlich schnell durchdrehen. In Wirklichkeit gibt es in der Geschichte der Polarforschung viele Beispiele dafür, dass die Besatzungen an einsamen Orten mit schwindenden Nahrungsvorräten gefangen waren und sich psychologisch einigermaßen stabil, manchmal sogar nobel verhalten haben.

Allerdings ist das Fehlen von Langzeitdaten zu den kognitiven Auswirkungen besorgniserregend. Im Hinblick auf unseren Ansatz, abzuwarten und es dann groß anzugehen, wäre das ein wichtiger Grund zu warten. Wir würden gerne viel längerfristige Daten sehen, die entweder kognitive Auswirkungen ausschließen oder uns sagen, wie wir sie abmildern können. Wenn man bedenkt, wie isoliert und gefährlich eine Marssiedlung wäre, könnte sich jede Art von langsam fortschreitender Verschlechterung der geistigen Gesundheit zu einem Albtraum entwickeln.

Die Kombination aus alltäglichen Bedürfnissen und dem Risiko gelegentlicher akuter Probleme bedeutet, dass jede Siedlung einen Unterstützungsplan für das gesamte Spektrum der psychiatrischen Möglichkeiten benötigt. Das sagt sich so leicht, ist aber eine große Herausforderung. In einer Welt, in der die Menschen ständig außerhalb der Erde leben und Kinder großziehen, muss es einen Weg geben, sich vor Ort um das psychische Wohlbefinden zu kümmern. Dabei geht es nicht nur um Menschen und Gebäude, sondern auch um die Medizin. Es wird noch lange dauern, bis das gesamte psychologische Medikamentarium irgendwo anders als auf der Erde hergestellt werden kann, und moderne Medikamente sind nicht dafür ausgelegt, jahrelang haltbar und gleichzeitig der Weltraumstrahlung ausgesetzt zu sein. All das ist viel einfacher, wenn wir warten, bis die Wissenschaft und die Technologie so weit sind, dass wir große Einrichtungen und große Bevölkerungsgruppen in den Weltraum schicken können, während wir gleichzeitig eine Möglichkeit haben, die Menschen regelmäßig zur Erde zurückkehren zu lassen.

Bei unserer Weltraumsiedlerin Stella und ihren Kindern gehen wir davon aus, dass alle psychisch gut daran gewöhnt sind, die Erde nicht mehr zu sehen. Der ganzen Familie geht es physisch und psychisch fantastisch, und so stellt sich die Frage, wo sie sich niederlassen sollen.

Notabene

DIE RAKETENTECHNIK KOMMT INS KINO ODER: WELTRAUMKAPITALISMUS IN FRÜHEREN ZEITEN, TEIL 1

Hermann Oberth wurde 1894 geboren und starb 1989. Er war der einzige Gründervater der Raketentechnik, der lange genug lebte, um Armstrongs »Ein kleiner Schritt für einen Menschen« zu erleben.

Oberth war so etwas wie ein Wunderkind. Als Junge in Rumänien, noch bevor er fortgeschrittene Mathematik gelernt hatte, bemerkte er einen Fehler in Jules Vernes *Von der Erde zum Mond.* Verne lässt seine Raumschiffe aus einer 275 Meter langen Kanone abfeuern. Der junge Oberth berechnete, dass dies das 23000-Fache der normalen Schwerkraft erzeugen würde – genug, um die Hauptfiguren in Kapitel 26 zu verflüssigen. Das war sowohl frühreife Intelligenz als auch, für einen zukünftigen Raketenwissenschaftler, ein fürsorgliches Verhalten.

Als junger Mann wollte Oberth Physik studieren, aber sein Vater, ein Arzt, bestand darauf, dass er Medizin studierte. Oberth gehorchte, ließ sich aber in seinem Interesse für die Raumfahrt nicht beirren. Als junger Sanitäter im Ersten Weltkrieg nahm er Medikamente, die seinen Gleichgewichtssinn beeinträchtigten, und tauchte dann in der Badewanne unter und atmete durch einen Schlauch. Warum? Er wollte die orientierungslose Welt des Weltraums simulieren, um zu sehen, wie ein zukünftiger Raketentechniker arbeiten könnte. Versuchen Sie das nicht zu Hause, aber es hat sich herausgestellt, dass man sich unter Drogen setzen, in der Badewanne tauchen und trotzdem die Orientierung behalten kann. In der Tat war dies wahrscheinlich eines der weniger gefährlichen Dinge, die man im Ersten Weltkrieg tun konnte.

Man kann sich vorstellen, dass es Oberth lieber gewesen wäre, wenn jemand anderes das Versuchskaninchen für seine Experimente gewesen wäre, aber in jenen frühen Tagen gab es nur sehr wenige Finanzmittel für die Raketentechnik. Als sein Vater einlenkte, widmete sich Oberth ernsthaft seinen Weltraumstudien. Da er nicht über die nötigen finanziellen Mittel verfügte, konzentrierte er sich auf die theoretische Arbeit und nutzte das Geld seiner Frau, um mehrere Ausgaben seines Buches *Die Rakete zu den Planetenräumen* zu veröffentlichen, was in Deutschland eine Art Raketenmanie auslöste. Doch obwohl er kurzzeitig die Chance hatte, Risikokapital für ein Raketenprojekt zu bekommen, wurde er ausgebremst, als ein Professor darauf bestand, dass Oberths Ideen nicht realisierbar seien. Ohne eine akademische Stelle oder eine Finanzierungsquelle nahm Oberth eine Stelle als Dorflehrer auf dem Land an und korrespondierte mit anderen frühen Weltraumfreaks, während er in seiner Freizeit populärwissenschaftliche Artikel schrieb.

Dann, eines Tages im Jahr 1928, erhielt er ein Telegramm von dem weltberühmten Filmregisseur Fritz Lang. Lang arbeitete an einem Raumfahrtfilm mit dem Titel *Frau im Mond* und wollte, dass der Film technisch genau war. Oberth packte seine Sachen und machte sich auf den Weg zu den UFA-Studios in Berlin.

Oberth wurde damit betraut, zu Werbezwecken eine 13 Meter hohe Rakete zu bauen, die im Rahmen der Filmpremiere in die Stratosphäre steigen sollte. Vergegenwärtigen Sie sich einen Moment lang, wie absolut verrückt das ist. Oberth war ein Theoretiker, der Physik lehrte, kein Ingenieur. Das wäre in etwa so, als würde man Einstein bitten, in ein paar Monaten eine Atombombe aus dem Nichts zu bauen, und ihm einen Dachboden, ein paar Helfer und ein wenig Geld versprechen.

Der erste Schritt für Oberth bestand darin, mit flüssigen Raketentreibstoffen herumzuexperimentieren. Er war die Art von Mensch, die um der Wissenschaft willen verwirrende Drogen nehmen und unter Wasser gehen, aber wenn er in den späten 1920er-Jahren gewusst hätte, wie viele Menschen – einschließlich seiner Freunde – beim Herumspielen mit Raketentreibstoff sterben würden, hätte er sicher nicht getan, was er als Nächstes tat.

Wenn Sie sich jemals gefragt haben, was passiert, wenn Sie Benzin über flüssigen Sauerstoff gießen, können wir Ihnen sagen, dass Sie zumindest in diesem einen Fall quer durch den Raum geschleudert werden, ein Trommelfell platzt und Ihr linkes Auge geschädigt wird. Wenn Sie sich allerdings genug für Raketen begeistern, können Sie anschließend gleich wieder an die Arbeit gehen.

Da er bis zum Abgabetermin nur sechs Wochen Zeit hatte und keinen Windkanal bauen konnte, bestand die einzige Möglichkeit, die Aerodynamik seines Raketenentwurfs zu testen, darin, ein Modell davon in einen Schornstein fallen zu lassen. Nach einem Bericht von Oberths Freund und Zeitgenossen Dr. Boris W. Rauschenbach hatte die UFA eine geniale Lösung parat: Sie fotografierte das fallende Raketenmodell, stellte es auf den Kopf und verschickte Abzüge als Werbemittel.[56]

Oberth stellte die Rakete nie fertig. Er erlitt sogar einen Nervenzusammenbruch und machte sich noch vor der Premiere auf den Heimweg. Die UFA machte in echter Studiomanier ein Vermögen mit der Vermarktung, ohne die eigentliche Ware zu liefern, und Oberth kehrte in sein Dorf auf dem Land zurück, wo er die Rolle eines Theoretikers spielen sollte, während andere die großen Maschinen des frühen Weltraumzeitalters bauten. Dies sollte seine letzte Begegnung mit dem Weltraumkapitalismus sein.

Teil II
Das Weltraumzuhause: Wo werden die Menschen außerhalb der Erde leben?

IM JAHR 1835 BEHAUPTETE DIE NEW YORKER ZEITUNG *THE SUN,* DASS Sir John Herschel, LL.D., F.R.S., &c.,* der während einer Expedition in der südlichen Hemisphäre ein »Teleskop von gewaltigen Ausmaßen und einem völlig neuen Prinzip« benutzte, Leben auf dem Mond gesehen hätte.[57] Als er den Mond aus der Nähe sah, war Herschel erstaunt, dass er dort viel *besseres* Leben als auf der Erde vorfand – ein Tal der Einhörner, gehörnte Bären, zweibeinige Biber und eine Rasse humanoider Fledermäuse, die über wogenden Flussufern schwebten.

Diese Geschichte fand weite Verbreitung, aber es stellte sich heraus, dass sie einige Ungenauigkeiten enthielt. Heute ist sie als der Mondschwindel von 1835 bekannt. Es war weder das erste noch das letzte Mal, dass ansonsten intelligente Menschen in dem Glauben gelassen wurden, der Weltraum sei ein lebensfreundlicher Ort. Eine lang anhaltende Theorie, die sich bis weit ins 20. Jahrhundert hielt, besagte, dass die Marsoberfläche mit Kanälen übersät sei, die von Außerirdischen gebaut wurden, um ihre schwindenden Wasservorräte zu verwalten.

* Wir vermuten, dass dies »Doctor of Laws, Fellow of the Royal Society, usw.« bedeutet.

In den Tagen vor dem Radio gab es Vorschläge, mit Licht, Feuer oder dem Einritzen von Formen in einen Wald Signale an den Mars zu senden. Noch 1964 sah ein Vorschlag für eine Marsmission vor, dass Astronauten landen und »Lebensformen auf ihren möglichen Nährwert untersuchen« sollten.[58] Aber als die Mariner-4-Sonde ein Jahr später in der Marsumlaufbahn ankam, wurde die Wahrheit offensichtlich: Es hat keinen Sinn, »Entschuldigung, Marsianer, aber welchen Nährwert habt ihr?« in den örtlichen Wald zu ritzen, weil auf dem Mars nun mal niemand lebt. Das Gleiche gilt für den Mond, für die Venus und, soweit wir wissen, für alle anderen Planeten im Sonnensystem außer dieser blassblauen Kugel.

Warum eigentlich? Weil der Weltraum schrecklich ist. Der ganze Weltraum. *Schrecklich.* Selbst Fotos und Videos, die auf den Oberflächen von Mond und Mars aufgenommen wurden, können täuschen. Auf diesen sieht es dort gar nicht so übel aus – eine Art staubige Wüste mit sanften Hügeln. Nicht gerade mit Hörnerbären und Fledermausmenschen im Happy Valley, aber auch nicht ganz uneinladend.

Um diese Bilder richtig zu beurteilen, müssen Sie wissen, was sie Ihnen nicht zeigen können. Der Mond ist nicht nur eine Art graue Sahara ohne Luft. Seine Oberfläche besteht auch noch aus zerklüftetem, elektrisch geladenem, mikroskopisch kleinem Glas und Gestein, das an Druckanzügen und Landefahrzeugen haften bleibt. Und der Mars ist eine Art außerirdisches Tal des Todes – sein Boden ist mit giftigen Chemikalien belastet, und seine dünne kohlenstoffhaltige Atmosphäre peitscht marsumspannende Staubstürme auf, die wochenlang die Sonne verdunkeln. Und das sind die guten Orte zum Landen.

Die Venus mit ihrer Backofenhitze, dem Druck auf dem Meeresgrund und den Schwefelsäurewolken wurde schon mit der Hölle verglichen. Merkur, der nackt vor der nahen Sonne steht, hat äquatoriale Temperaturschwankungen von über 600 °C. Die weiter entfernten Planeten sind mit der heutigen Technologie nur über jahrelange Reisen zu erreichen, und die Sonne ist von dort aus gesehen schwach und weit entfernt. Einige Monde von Jupiter oder Saturn könnten Leben in warmen Ozeanen unter der Oberfläche beherbergen. Aber selbst wenn es in diesen Tiefen warm genug ist, um Leben zu ermöglichen, sind sie durch kilometerdicke Eiskrusten vor den Augen der Menschen geschützt.

Die Frage für einen angehenden Weltraumsiedler lautet nicht: »Wo ist ein guter Ort?«, sondern: »Wo ist ein überlebensfähiger Ort?« Die Möglichkeiten sind begrenzt. Der Weltraum ist groß, ja, aber es gibt nur wenige mögliche Siedlungsplätze im Weltraum. Solange wir nicht ein besonders fortschrittliches technologisches Niveau erreicht haben, gibt es nur zwei Welten, die wir besiedeln können: den Mond und den Mars. Der Mars hat ungefähr die gleiche Landfläche wie die Erde, aber das liegt nur daran, dass es dort keine Ozeane gibt. Der Mond, der ähnlich wasserarm ist, hat etwa so viel Landfläche wie 1,25 Afrikas.

Die einzige andere ernsthafte Möglichkeit, im Weltraum zu leben, wäre der Bau einer riesigen Raumstation – ein sehr schwieriges Projekt, das dennoch prominente Befürworter hat und auf das wir gleich näher eingehen werden.

Betrachten Sie dies als eine Reisebroschüre über Regionen oberhalb der Atmosphäre. Wir zeigen Ihnen die Orte, an die Sie gehen könnten, welche Annehmlichkeiten es dort gibt, wie Ihre Unterkünfte aussehen könnten – und falls es dort ein erhöhtes Todesrisiko gibt, werden wir das nicht weiter vertiefen.

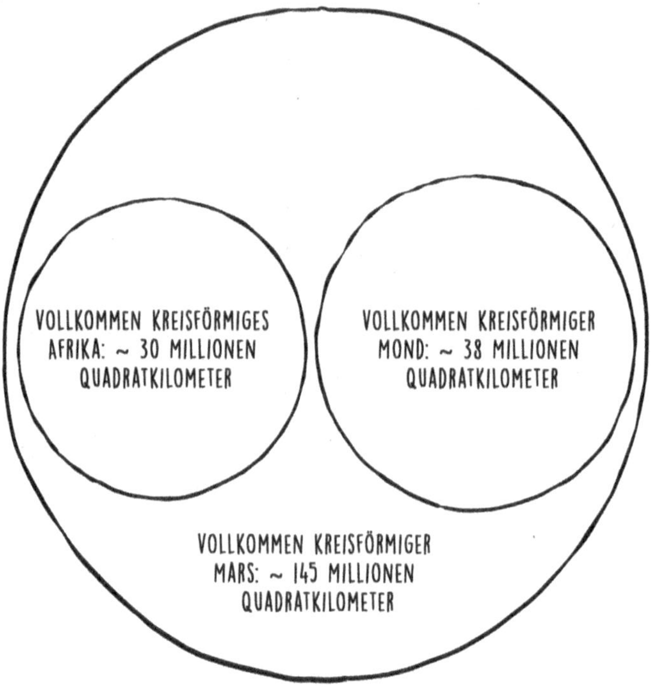

Kapitel 5

Der Mond: Toller Standort, ein bisschen renovierungsbedürftig

Buzz Aldrin bezeichnete die Oberfläche des Mondes einmal als »prächtige Trostlosigkeit«. Über die Prächtigkeit kann man sich streiten, aber die Trostlosigkeit ist wissenschaftlich korrekt. Wenn man eine Siedlung auf dem Mond errichtet, wird das Leben dort von dem Mangel an gewissen Dingen bestimmt sein.

Argumente gegen den Mond

Der Mond hat auf seiner Oberfläche fast keinen Kohlenstoff. Das wenige, was an Kohlenstoff zu finden ist, wurde durch Sonnenwind und Einschläge von Weltraumobjekten über Milliarden von Jahren in winzigen Mengen abgelagert. Das ist ein Problem, denn der Mensch kann gar nicht genug von dem Stoff bekommen. Wir bestehen zu etwa 20 Prozent unserer Masse aus Kohlenstoff. Bei Pflanzen ist es noch gravierender. Bäume zum Beispiel haben ein Trockengewicht, das zu etwa 50 Prozent aus Kohlenstoff besteht. Außerdem ist die Oberfläche des Mondes arm an anderen wichtigen Stoffen wie Stickstoff und Phosphor. Ein Leben, wie wir es kennen, kann sich mit dem, was der Mond bietet, nicht entwickeln. Derzeit gibt es auf dem Mond genau sechs kleine Vorkommen von hoher Kohlenstoffkonzentration: die Apollo-Mondlandeplätze, wo die Helden des Weltraumzeitalters insgesamt 96 Säcke mit Fäkalien, Urin und Erbrochenem hinterließen. Leider ist es gesetzlich untersagt, diese wertvollen historischen Artefakte zu verwenden.*

Abgesehen von kleinen Regionen, zu denen wir gleich kommen werden, ist der Mond auch trocken. Es gibt ein *bisschen* Wasser, das in der Mondoberfläche gebunden ist, aber wenn wir es genau nehmen wollen, gibt es auch Wasser, das in Beton gebunden ist. Nach den neuesten Schätzungen ist der Beton sogar vergleichsweise feucht. Wir haben mal eine Berechnung durchgeführt und schätzen, dass man das gesamte Wasser aus 6 Tonnen Mondboden kochen müsste, um auf die 3 Liter Wasser zu kommen, die man täglich zum Überleben braucht – Reinigung, Duschen und die gelegentliche Wasserballonschlacht nicht mitgerechnet. Der Experte für die Mondoberfläche, Robert Wagner von der Arizona State University, sagte uns jedoch: »Das sieht danach aus, als würden Sie einige der feuchteren Materialien verwenden.«

Der Mond verfügt auch nicht über eine strahlungshemmende mondumspannende Magnetosphäre. Außerdem hat er keine dichte Atmosphäre, die allerdings praktisch ist, wenn man atmen möchte. Sie ist auch deswegen praktisch, weil sie Schutz vor Strahlung und Meteoriten bietet.

Der Mangel an Schutz wirkt sich auch auf den Boden selbst aus. Auf der Erdoberfläche gibt es Wind und Wasser und die allgemeine matschige Beschaffenheit einer lebendigen Welt. Die Oberfläche des Mondes ist das Ergebnis von Milliarden nicht verheilter Wunden, die von gewaltigen Einschlägen großer und kleiner Weltraumobjekte stammen. Die Hitze dieser Einschläge lässt die Oberfläche schmelzen und zertrümmert das, was vorher da war, und dieser Vorgang des Schmelzens und Zertrümmerns wiederholt sich seit Äonen immer wieder. Zu dieser regelmäßigen Zersplitterung aufgrund der extremen Hitze gesellt sich eine anschließende extreme Kälte, was darin resultiert, dass der Mond mit Regolith überzogen ist. Dieses Wort

* Diese Fäkalienbeutel sind von historischem Wert und wissenschaftlichem Interesse. Nach geltendem Weltraumrecht sind diese Ausscheidungen Eigentum der US-Regierung und werden durch die »Empfehlungen für Raumfahrtunternehmen: Wie man den historischen und wissenschaftlichen Wert der Mondartefakte der US-Regierung schützt und bewahrt« (Recommendations to Space-Faring Entities: How to Protect and Preserve the Historical and Scientific Value of U.S. Government Lunar Artifacts) der NASA aus dem Jahr 2011 geschützt. Wenn Sie also schon immer davon geträumt haben, ein Gemüsebeet auf dem Mond mit Neil Armstrongs vor Langem ausgeschiedenem Stuhlgang anzulegen, tut es uns leid, aber das können Sie leider nicht tun.

stammt aus dem Griechischen und bedeutet »Gesteinsdecke«. Scheußliche kleine zerklüftete Stücke aus Stein und Glas.

Und mit dem Dreck, aus dem man die 3 Liter Wasser herauskocht, lässt es sich nicht gerade einfach arbeiten. Harrison Schmitt von der Apollo 17 berichtete von allergieähnlichen Symptomen, die vom eingeatmeten Mondstaub herrührten. Einige Habitatforscher befürchten, dass zu viel eingeatmetes Regolith über einen ausreichend langen Zeitraum zu so etwas wie einer Silikose (auch bekannt als Steinhauerlunge, Schleiferlunge oder Bergmannslunge) führen kann, bei der wiederholte mikroskopische Lungenverkrustungen das Atmen extrem erschweren.

Er ist auch nicht gut für die Ausrüstung. Wie John Young bei der Apollo-16-Mission sagte: »Houston, dieser Staub ist wie ein Schleifmittel. Jedes Mal wenn man an etwas reibt, kann man es nicht mehr lesen. Und genau das ist mit unseren Fernbedienungen und der … gesamten Ausrüstung passiert, die wir haben. Mit anderen Worten, es ist ein Fehler, etwas zu reiben, um es zu reinigen.«[59]

Regolith ist ein ständiges Übel, das nicht unterschätzt werden sollte. Die Mondoberfläche ist elektrisch geladen, was bedeutet, dass sie wie frische Wäsche klebt. Das ist nicht nur schlecht für die Maschinen, sondern führt auch zu Temperaturschwankungen. Jeder weiß, dass Schwarz die tollste Farbe für einen Raumanzug ist, aber man sieht nie einen, weil Weiß die Farbe ist, die das Sonnenlicht reflektiert. Das ist wichtig, weil die Sonnenstrahlen die Mondoberfläche ohne den mildernden Einfluss der Luft erreichen. Aber die statische Anhaftung des Regoliths bedeutet, dass Anzüge, die nicht gereinigt werden, langsam die dunkle gipsgraue Farbe des Mondes annehmen, wodurch sie mehr Wärme absorbieren. Sobald die Beschichtung dick genug ist, kann sie auch als Isolator wirken, was zu einem völlig neuen Problem führen kann – Geräte, die die Wärme des menschlichen Körpers ableiten müssen, können dies nicht. Die Menschen waren noch nicht für einen ausreichend langen Zeitraum auf dem Mond, als dass dies ein großes Problem gewesen wäre, aber es hat das Leben dort durchaus unangenehm gemacht.

Roboter hat es schon schlimmer getroffen. Es wird vermutet, dass der sowjetische Mondrover Lunochod 2 (Mondgänger 2) den Geist aufgab, nachdem er mit einer hitzespeichernden Patina aus Regolith überzogen wurde und schließlich so lange kochte, bis er nicht mehr funktionsfähig war.

Auf der anderen Seite lernt man den Sonnenaufgang auf dem Mond sehr zu schätzen, vor allem weil er nur einmal alle zwei Wochen stattfindet. Die Mondnächte entsprechen 14 Tagen auf der Erde – zwei Wochen hell, zwei

Wochen dunkel. In Kombination mit dem Fehlen von Ozeanen und einer Atmosphäre, die das Klima mildert, ergeben sich regelmäßige äquatoriale Temperaturschwankungen von –130 °C bis 120 °C, wobei in einem Krater am Südpol Temperaturen von bis zu –250 °C gemessen wurden. Das ist schlecht für die Ausrüstung, schlecht für die Menschen, und zwei Wochen Dunkelheit sind ausgesprochen lästig, wenn man versucht, Solarenergie zu erzeugen, was wahrscheinlich der Fall sein wird.

Gibt es für all dies einen positiven Gegenwert? In der Vergangenheit waren die Menschen bereit, alle möglichen Entbehrungen auf sich zu nehmen, um dafür einen Gewinn zu erzielen oder ewigen Ruhm zu erlangen. Ewiger Ruhm ist eine Substanz mit abnehmendem Wert, also konzentrieren wir uns hier auf Rohstoffe.

Mondstaub erzielt einen ziemlich hohen Preis, wenn man ihn nach Hause auf die Erde schaffen kann. Aber in einer Zukunft, in der die Raumfahrt alltäglich wird, wird das Geschenk für Ihren Schatz, ein Fläschchen mit Glas- und Steinstaub, ein wenig von seiner Romantik verlieren. Bei der Frage, wie es mit lokalen Mineralien aussieht, die man raffinieren und gewinnbringend zur Erde transportieren kann, lautet die Antwort, dass es auf dem Mond nichts Wertvolles zu holen gibt. Die Ökonomie der Raumfahrt ändert sich, aber um exportfähig zu sein, müssen in absehbarer Zukunft alle Güter, die im Weltraum für den Verkauf auf der Erde abgebaut werden, einen hohen Wert haben, eine geringe Masse aufweisen und relativ leicht zu beschaffen sein. Nichts auf dem Mond entspricht dieser Beschreibung.

Sie haben möglicherweise schon einmal etwas anderes gehört. In erstaunlich vielen Büchern, die sich mit der Besiedlung des Mondes befassen, wird etwas namens »Helium-3« erwähnt, ein wertvolles Heliumisotop. Unser Herausgeber hat uns untersagt, in einem populärwissenschaftlichen Buch zehn Seiten über die Ökonomie des Heliumisotops zu schwadronieren, aber wenn Sie mal einen Nerd hyperventilieren sehen wollen, geben Sie uns ein Bier aus und fragen Sie uns danach. Kurz gesagt, Helium-3 kommt auf dem Mond häufiger vor als auf der Erde, ja, aber immer noch extrem selten. Wir sprechen hier von Teilen pro Milliarde. Eine Schätzung besagt, dass man 150 Tonnen Regolith benötigt, um ein einziges Gramm Helium-3 zu gewinnen. Mit anderen Worten: Man muss wahrscheinlich viele Quadratkilometer der Mondoberfläche bearbeiten, um eine ansehnliche Menge zu erhalten. Und wofür ist Helium-3 gut? In einem Satz gesagt: Es ist gut für eine kleine Anzahl medizinischer Anwendungen und für eine futuristische Art von Fusionsreaktor, der großartig funktionieren würde, außer dass wir ihn noch nicht bauen können und fast niemand versucht, ihn zu bauen, weil es viel schwieriger ist, ihn zum Laufen zu bringen als typischere Arten von Fusionsreaktoren, die wir ebenfalls nicht bauen können und die einen viel billigeren, reichhaltigeren Brennstoff verwenden – und außerdem ist Helium-3 ein Nebenprodukt, das wir bereits mit einer bekannten nuklearen Energiequelle namens Schwerwasserreaktor herstellen können. So. Wir hören jetzt auf, weil wir nach diesem Satz kurz durchatmen müssen.*

Das ist also der Mond: heißer als eine Wüste, kälter als die Antarktis, luftarm, vom Weltraum bestrahlt, kohlenstoffarm und ohne Mineralien, die wertvoll genug sind, um sie auf der Erde zu verkaufen. Nicht gerade ein Goldgräbergebiet. Oh, und welche langfristigen gesundheitlichen Auswirkungen hat das Leben in einem Sechstel der Erdschwerkraft, während man Glas einatmet? Das können Sie sich bestimmt genauso gut vorstellen wie wir.

Argumente für den Mond

Aber Sie sollten sich mal die Lage ansehen! Abgesehen von der Sonne, auf der man nur schwer landen kann, ist der Mond der einzige Ort im Sonnensystem, der in Relation zur Erde an Ort und Stelle bleibt. Unser kosmischer Mitbewohner ist nur etwa 385 000 Kilometer entfernt, und zwar dauerhaft.

* Wenn Sie mit uns als Nerd über Mondisotope hyperventilieren möchten, empfehlen wir Ihnen diesen aktuellen Artikel: Gerrit Bruhaug und William Phillips, »Nuclear Fuel Resources of the Moon: A Broad Analysis of Future Lunar Nuclear Fuel Utilization«, *NSS Space Settlement Journal* 5 (Juni 2021).

Der Mond ist ein kosmischer Tagesausflug. Einfacher Zugang, einfache Rückkehr. Das bedeutet, dass die Astronauten regelmäßig neue Vorräte erhalten können. Es bedeutet auch, dass Signale nur etwa eine Sekunde für eine Strecke benötigen, sodass in Notfällen nahezu live kommuniziert werden kann. Und es bedeutet, dass Baumaschinen von der Erde aus ferngesteuert werden könnten – es sind also keine schicken autonomen Roboter erforderlich.

Der Mond ist auch ein hervorragender Ort für Raketenstarts. Aus energetischer Sicht ist das Schwierigste an der Raumfahrt nicht die weite Reise, sondern das Verlassen des Planeten selbst. Bei einer Reise zum Mars wird der meiste Treibstoff, den man benötigt, verbrannt, um eine stabile Umlaufbahn über der Erde zu erreichen. Sobald man sich in der Umlaufbahn befindet, reicht ein relativ bescheidener Einsatz von Treibstoff, um das Raumfahrzeug an einen anderen Ort zu bringen.

Sie können sich den Weltraum als eine Art riesiges Air-Hockey-Brett vorstellen, in dessen Oberfläche tiefe Löcher eingelassen sind. Sobald man aus dem Loch heraus ist oder sich auf seinem Rand dreht, ist es ziemlich einfach, an sein Ziel zu kommen, solange man die Zeit hat, dorthin zu gelangen. Die Erde ist ein tiefes Gravitationsloch, der Mond dagegen weit weniger.

Hinzu kommt, dass der Mond keine lästige Atmosphäre hat, die Starts verlangsamt. Damit hat man eine großartige Plattform, um Dinge ins All zu schleudern, zumindest im Vergleich zur Erde. Man könnte sogar einen Massentreiber einrichten – im Grunde eine Achterbahn ins All, die keine Rakete benötigt – etwas, das auf der Erde fast unmöglich ist.

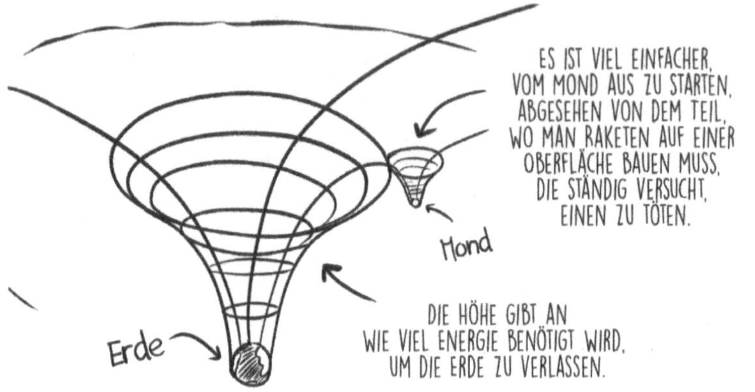

Basierend auf der Abbildung in: Marilyn Dudley-Flores und Thomas Gangale. »Manufactured on the Moon, Made on Mars – Sustainment for the Earth Beyond the Earth«, in AIAA Space Conference and Exhibition, Pasadena, CA, 2009, https://doi.org/10.2514/6.2009-6428.

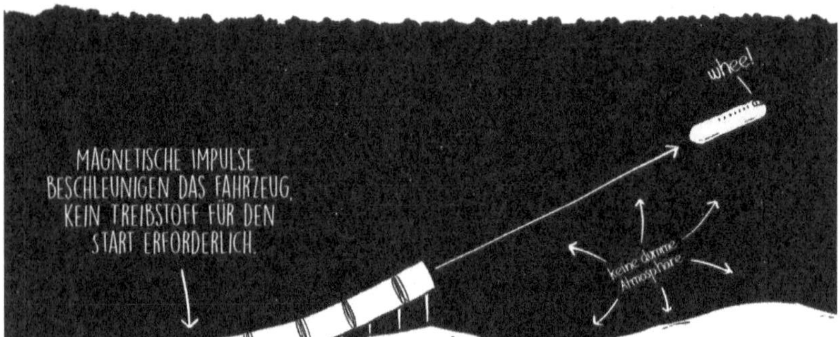

Um es klar zu sagen: Es wäre sehr schwierig, eine Startanlage auf dem Mond zu errichten. Ein großer Teil der Masse muss teuer von der Erde beschafft werden, vor allem am Anfang. Aber zumindest prinzipiell können einige Baumaterialien auf dem Mond erzeugt werden. Die Oberfläche des Mondes ist reich an Silizium, Aluminium, Magnesium, Eisen und Titan. Silizium wird für alle möglichen Zwecke verwendet, von Fenstern bis hin zu Photovoltaik-Solarzellen. Aluminium, Eisen und Titan sind allesamt ausgezeichnete Baumaterialien. Magnesium ist aufgrund seiner niedrigen Schmelztemperatur leicht zu verarbeiten, hat jedoch den Nachteil, dass es mit Sauerstoff, einem bei Menschen beliebten Gas, explosiv reagiert.

Beachten Sie aber, dass Sie ein bisschen nervös sein sollten, wenn Sie von Geeks wie uns hören, dass man etwas bauen kann, weil die erforderlichen Elemente vorhanden sind. Die Feststellung, dass man Photovoltaikelemente aus Metallen und Silizium herstellen kann, ist in etwa so, als würde man sagen, dass man ein Flugzeug bauen kann, weil der Boden unter Ihrem Rasen Aluminium, Eisen und Kohlenstoff enthält. Die Fokussierung auf Elemente kann darüber hinwegtäuschen, dass es sich um eine sehr komplexe Angelegenheit handelt. So erfordert beispielsweise die Arbeit mit Titan enorm hohe Temperaturen in speziellen Öfen. Das Silizium, das für Solarpanels benötigt wird, beginnt sein Leben als zerklüfteter Staub oder gepresstes Gestein. Der Versuch, mit Mondeisen zu arbeiten, ist in etwa so, als würde man versuchen, Stahlträger aus einem Haufen Rost zu bauen. Es ist zwar möglich, aber sehr schwierig. Außerdem ist es erwähnenswert, dass die Menschen nie auf diese Weise über die Ressourcen der Erde sprechen. Man hört nie jemanden sagen: »Wir sollten hier Kupfer abbauen, denn es gibt hier buchstäblich jede Menge Kupfer.« Die Moral von der Geschichte: Hüten Sie sich vor Nerds, die Listen mit Mineralien abhaken, es sei denn, sie haben zufällig auch eine futuristische grenzenlose Energieversorgung im Gepäck, vielleicht mit Helium-3.

Obwohl es auf dem Mond einige nützliche Materialien gibt, sind die Aussichten für eine Besiedlung so ziemlich überall auf der Mondoberfläche recht düster. Aber nicht überall. Auf dem Mond befinden sich ein paar verlockende Orte, die für eine Besiedlung infrage kommen. Diese bezeichnen wir als die »Premiumimmobilien« des Mondes. Von besonderem Interesse sind drei lunare Merkmale: Lavaröhren, Berge des ewigen Lichts und Krater der ewigen Finsternis.*

* Technisch gesehen lautet der heutige Kunstbegriff »Dauerhaft beschattete Regionen«, und nicht alle dieser Regionen sind Krater. Aber wir bleiben bei der schönen Sprache.

Die obere Kruste des Mondes

Lavaröhren sind eine besondere Art von Höhlen, die auch auf der Erde und dem Mars vorkommen. Sie entstehen auf unterschiedliche Weise, aber eine verbreitete Form ist die folgende: Wenn Lava fließt, kühlt ihre äußere Schicht ab und verhärtet sich, ähnlich wie die Oberfläche eines Flusses zu Eis wird, wenn es kalt genug ist. Diese »Kruste« wirkt wie eine Art Thermoskanne und hält die Lava im Inneren schön heiß und fließend. Wenn schließlich all das geschmolzene Gestein abgeflossen ist, bleibt die Kruste als Dach einer riesigen Höhle mit hohen gewölbten Decken zurück, fast wie eine unterirdische Kathedrale.

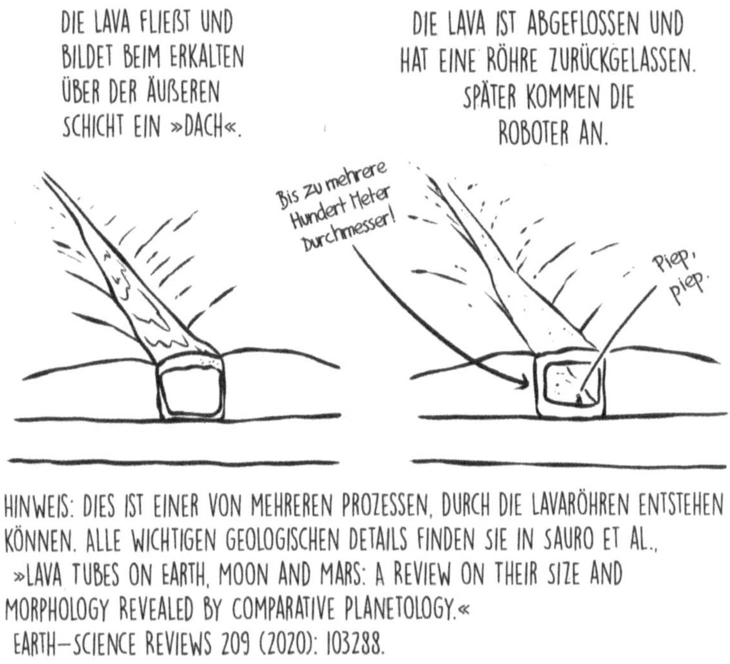

Der Mond produziert keine Lavaströme mehr, aber er hat dies einst getan. Und dank der geringen Schwerkraft des Mondes erreichen einige dieser Röhren gigantische Ausmaße. Sie sind vielleicht mehr als zehnmal so groß wie alles Vergleichbare auf der Erde und haben über eine *Milliarde* Kubikmeter Raum. Deutlich mehr Platz als die 388 Kubikmeter der ISS. Und das Seltsamste ist, dass neuere Erkenntnisse darauf hindeuten, dass zumindest in einigen Fällen in Mondhöhlen Temperaturen herrschen, die zuverlässig mit denen der Erde vergleichbar sind, nämlich im Bereich von 17 °C. Wir werden in Teil III über die Gestaltung von Lebensräumen sprechen, aber für den Moment sollten Sie sich klarmachen, dass diese Höhlen ein vorgefertigtes Loch im Boden darstellen, das Schutz vor Strahlung, Mikrometeoriteneinschlägen und wilden Temperaturschwankungen bietet und es frühen Siedlern ermöglichen könnte, viele der schwierigen ersten Schritte bei der Besiedlung des Mondes zu überbrücken.

Hier gibt es ein paar mögliche Haken. Die Lavaröhren sind aufgrund ihrer schieren Größe nur schwer gefahrlos zu erreichen. Mondspaziergänge sind schon schwer genug, ohne dass man auch noch durch Mondhöhlen klettern muss. Noch wichtiger ist, dass wir einfach nicht viel über diese Höhlen wissen und ihre Stabilität eine schwer zu bewertende Frage bleibt. Wissenschaftler arbeiten an Modellen, um die Merkmale zu bestimmen, die stabile Röhren ausmachen, aber Wagner informiert uns, dass »der stärkste Beweis für die Größe (und das Vorhandensein) von Lavaröhren auf dem Mond die Beobachtungen von kollabierten Segmenten sind«. Das ist nicht die beruhigendste Information, die man sich vorstellen kann; neuere Arbeiten zeigen jedoch, dass es heute zumindest einige Höhlen gibt, die auf Fotos aus der Apollo-Ära zu sehen sind. Und außerdem sind diese Dinger sehr, sehr alt und einige von ihnen sind noch nicht eingestürzt. Wir würden es nicht so ausdrücken, wenn wir Lavaröhren auf einer Immobilienbörse verkaufen würden, aber wenn eine Höhle wesentlich älter ist als das Leben auf der Erde, kann man wohl davon ausgehen, dass sie noch etwas länger bestehen bleibt.

Und dann gibt es noch die Berge des ewigen Lichts und die Krater der ewigen Finsternis. Das klingt wie die Beschreibung der Gemütszustände eines 16-Jährigen, aber in Wirklichkeit ist es eine Geschäftsmöglichkeit und vielleicht eines Tages eine Quelle geopolitischer Spannungen. Wie wir bereits erwähnt haben, gibt es auf dem Mond zwei Wochen Licht und zwei

Wochen Dunkelheit. Doch genau wie auf der Erde ist der Tag-Nacht-Zyklus an den Polen seltsam. Seit dem frühen 19. Jahrhundert spekulierten Wissenschaftler darüber, dass Teile eines Himmelskörpers, der sich im richtigen Winkel zur Sonne befindet, immerwährendes Sonnenlicht abbekommen. Von besonderem Interesse waren die Gipfel an den Mondpolen, die anscheinend ständig vom Sonnenlicht gestreift wurden.

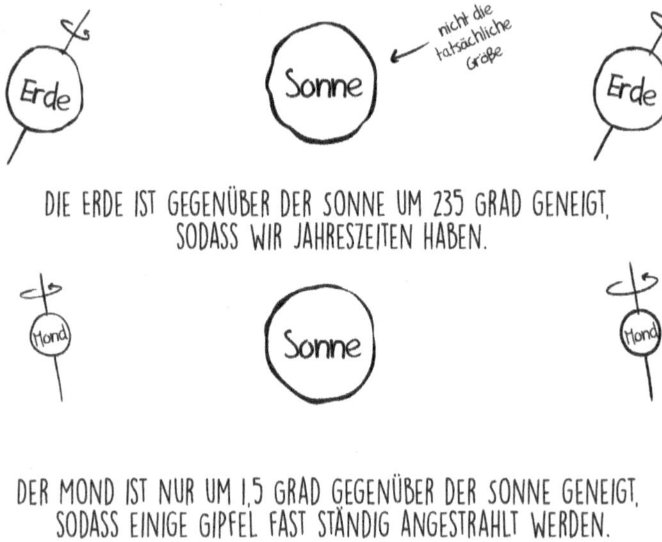

Jüngste Daten bestätigen, dass dies zumindest annähernd der Fall ist. Sie werden die Berge des ewigen Lichts genannt, aber »Berge des so gut wie ewigen Lichts« wäre treffender. Insbesondere Teile der Ränder des Peary-Kraters am Nordpol und des Shackleton-Kraters am Südpol sind mehr als 80 Prozent der Zeit beleuchtet. Das ist ein verlockender Gedanke für Weltraumsiedler: Erstens kann man sich auf einer konstanten Basis mit Energie versorgen, wenn man Solarenergie nutzt, anstatt sich mit zweiwöchigen Nachtabschnitten herumzuschlagen. Zweitens kann man eine weniger unbeständige und mildere Temperatur erreichen, weil man ständig vom Licht gestreift wird, anstatt abwechselnd geblendet und des Lichts beraubt zu werden. Also, eine mildere Temperatur für den Mond. Auf einem Bergrücken zwischen dem

Shackleton- und dem De-Gerlache-Krater beispielsweise liegt die durchschnittliche Sommertemperatur bei etwa –70 °C, was nur etwa 10 °C kälter ist als die Durchschnittstemperatur in der Antarktis. Im Landesinneren. Im Winter. Nicht gerade Cancún, aber die Aussicht ist schön.

Dann gibt es noch die Krater der ewigen Finsternis, die sich ebenfalls an den Polen befinden und die wesentlich einladender sind, als ihr Name vermuten lässt. Da das Licht in einem so spitzen Winkel auf die Pole trifft, entstehen Krater, deren Inneres zum Teil noch nie Tageslicht gesehen hat. Sie können sich das leicht ausmalen, wenn Sie sich einen riesigen Kaffeebecher am Nordpol vorstellen. Der Rand der Tasse und ein Teil des Inneren werden beleuchtet sein, aber wenn die Tasse tief genug ist, gibt es Regionen, in die niemals Licht eindringen wird. Ewige Dunkelheit, was ewige Kälte bedeutet.

Warum will man dauerhaft kalte Schattenbereiche? Weil einige von ihnen dank ihrer extrem niedrigen Temperatur anscheinend Wassereis bewahrt haben. Weder Rover noch Menschen haben diese Orte bisher besucht, sodass sie nur unzureichend charakterisiert sind, aber das Wasser in ihnen stammt wahrscheinlich aus Quellen wie Kometen, die auf den Mond gestürzt sind, und möglicherweise aus längst vergangenem lunarem Vulkanismus. Dieses Wasser bewegte sich auf der Mondoberfläche, in einigen Fällen über Jahrtausende, bevor es in diesen außergewöhnlich kalten Regionen eingeschlossen wurde. Dort blieb es für Äonen in der Dunkelheit gebunden, kristallin und geheimnisvoll, bis ein Raumschiff von Blue Origin in der Nähe landete und Jeff Bezos eine Füllung für seinen Whirlpool brauchte.

Allerdings wird er es nicht leicht haben. Bei diesen Temperaturen ist das Eis steinähnlicher als das Zeug in Ihrem Gefrierschrank. Es enthält auch andere Stoffe, wie Methan, Schwefelwasserstoff und Ammoniak. Dies sind potenziell wertvolle Chemikalien, die aber auch giftig sind und vor dem Trinken herausgefiltert werden müssen. Einige dieser Chemikalien enthalten wertvollen Kohlenstoff, aber selbst wenn man die Apollo-Fäkalienbeutel abgeerntet hat, wird der Kohlenstoffgehalt nicht annähernd ausreichen, um eine Landwirtschaft aufzubauen.

Wenn man jedoch eine Basis auf einem dieser Krater errichten kann, die ja eine Kombination aus ewiger Dunkelheit und (fast) ewigem Licht bieten, hat man Solarenergie und Wasser. Das bedeutet fast alles im Weltraum. Unser Freund H_2O ist der Alleskönner im Weltraum. Man kann Wasser trinken. Man kann es in Sauerstoff und Wasserstoff aufspalten und den Sauerstoff dann als Atemluft verwenden. Und in den richtigen Formen kann man Wasserstoff und Sauerstoff für Raketentreibstoff oder Brennstoffzellen wieder zusammenführen. Solange man viel Energie hat, bedeutet Wasser Überleben, Mobilität, Entkommen, und wenn es einen Markt für Raketentreibstoff auf dem Mond gibt, könnte das eines Tages ein Geschäft sein.

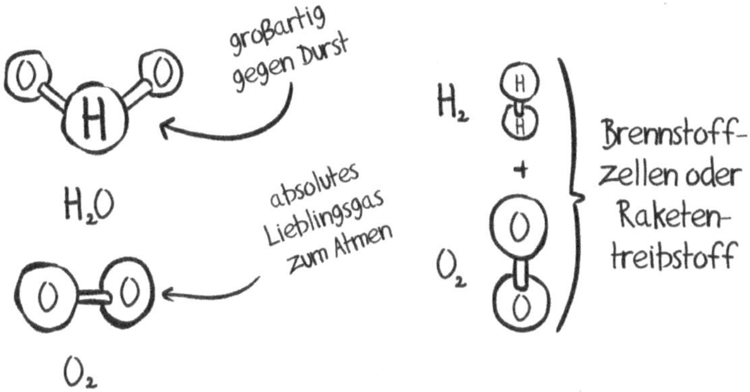

Der größte Nachteil der Premium-Immobilien des Mondes ist, dass wir uns um sie streiten könnten, wenn sie sich als wirklich wertvoll erweisen. Die rechtliche Regelung für diese Orte ist vage und Sie werden später mehr darüber erfahren, aber das Hauptproblem, das wir hier ansprechen wollen, ist, dass diese Ressourcen endlich und nur klein sind.

Zusammengenommen machen die Krater der ewigen Finsternis, wenn man optimistische Zahlen zugrunde legt, nur 0,1 Prozent der Mondoberfläche aus. Sie verfügen auch nicht über so viel Wasser – vielleicht 100 Millionen Tonnen. Das hört sich nach viel an, aber es entspricht etwa dem Gewicht eines Zehntels eines Kubikkilometers Wasser. Die Gesamtmenge an Wasser, die in der ewigen Finsternis verborgen ist, entspricht also etwa 10 Prozent des Volumens des Sardis-Sees. Sie wissen schon, der Sardis-See? Ein künstlich angelegter See in Mississippi? Wir hatten auch noch nie davon gehört, aber er sieht nett aus.

Im See leben Barsche. Es gibt ein Restaurant. Und es gibt noch einen weiteren Vorteil gegenüber wasserreichen Mondkratern: Das Wasser wird in Zeiträumen wieder aufgefüllt, die kürzer als Äonen sind. Wenn das Wasser hauptsächlich als Teil eines menschlichen Lebensraums verwendet wird und man sehr gut darin ist, es zu recyceln, kann es sehr lange reichen. Wenn das Wasser als Raketentreibstoff verwendet wird, ist es weg, sobald der Brennvorgang beendet ist.

Und die Berge? Nach einer Schätzung machen sie ein Hundertmilliardstel der Mondoberfläche aus. Wenn Sie ein wenig nachrechnen, sind das weniger als zwei Tennisplätze. Man kann sich dort noch weiter ausbreiten, indem man seine Solarpanels auf Plattformen aufstellt oder noch weniger ewiges Licht in Kauf nimmt, aber der Punkt ist, dass der Mond selbst zwar eine Fläche hat, die etwas größer ist als die doppelte Fläche von Russland, die besonders guten Teile aber wesentlich kleiner als Liechtenstein sind. Wenn es jemals ein Gerangel um Mondland geben sollte, werden wir uns um diese Orte reißen.

Wer will den Mond besiedeln?

Fast niemand will den Mond als Endziel besiedeln. Da sein größter Wert in seinem Standort liegt und es ihm an Ressourcen fehlt, um Leben zu erhalten, ist der Mond vor allem als Sprungbrett für andere Orte verlockend. Dies gibt uns mindestens zwei Gründe, Anlagen auf dem Mond zu errichten.

Erstens könnten wir ihn als eine Art riesigen Raumhafen nutzen. Die Erde ist schön, vor allem an den Wochenenden, aber es ist schwer, hier zu starten. Wenn wir nur die richtigen Voraussetzungen schaffen, ist der Mond der ideale Ort, um alte Raumfahrzeuge aufzutanken oder neue zu starten. Der Weltraumvisionär Krafft Ehricke soll einmal gesagt haben: »Wenn Gott gewollt hätte, dass der Mensch eine raumfahrende Spezies wird, hätte er ihm den Mond gegeben.«[60]

Der zweite Grund für die Besiedlung des Mondes ist die Übung. Bevor permanente Außenposten in der Antarktis errichtet wurden, haben die

Menschen schon seit über 50 Jahren Wanderungen in der Antarktis unternommen. Dieser Erfolg war zum Teil dem Wissen der Menschen zu verdanken, die seit Tausenden von Jahren im hohen Norden gelebt hatten. In Bezug auf den Mond verfügen wir nicht annähernd über ein derartiges Wissen. Wir haben noch nicht einmal erfahrene Mondreisende. Die zwölf Apollo-Mondfahrer verbrachten insgesamt weniger als einen Monat auf dem Mond, und zum Zeitpunkt des Schreibens dieses Buches sind nur noch vier von ihnen am Leben.

Trotz all seiner Unzulänglichkeiten ist der Mond nahe, was uns einen Großteil der logistischen Komplexität einer Reise an einen anderen Ort erspart. Der Mond ist ein Ort, an dem wir all die Probleme meistern können, die wir zuvor beschrieben haben – Medizin bei niedriger Schwerkraft, Gegenmaßnahmen für langfristige psychische Probleme im Weltraum, Staubminderung, Roboterbau, Kinderzeugung und tausend andere Probleme, von denen einige noch gar nicht absehbar sind. Ein Ort, an dem wir ein Kanu paddeln können, bevor wir auf das Meer hinausfahren.

Dies scheint auch die Ansicht der großen Raumfahrtbehörden und Raumfahrtunternehmen zu sein. In dem internationalen »2020 Artemis Plan« der NASA für die Rückkehr von Menschen zum Mond heißt es: »Je früher wir zum Mond kommen, desto früher können wir amerikanische Astronauten zum Mars bringen.«[61] Auch China strebt für die 2030er-Jahre eine bemannte Mondlandung an und tut sich dafür mit Russland zusammen. Jeff Bezos' Blue Origin ist an dem Wasser, dem Sonnenlicht und den Mineralien im Shackleton-Krater interessiert. Die NASA arbeitet mit SpaceX zusammen, in der Hoffnung, dass das Starship Astronauten zum Mond bringen kann, und SpaceX hat zudem einen privaten Vertrag, um Touristen in die Mondumlaufbahn zu schicken.

Wenn der Mond eines Tages so weit besiedelt ist, dass dort große Produktionsanlagen betrieben werden können, könnte es viel einfacher werden, andere Teile des Weltraums zu erforschen oder sogar zu besiedeln. Da es viel einfacher ist, vom Mond aus zu starten als von der Erde aus, könnte die Herstellung von Treibstoff oder Raketenteilen auf dem Mond im Prinzip viel billiger sein, als sie von der Erde aus hinaufzubefördern.

Aber all diese Dinge sind Überlegungen zweiter Ordnung – der Mond ist wahrscheinlich nur dann für eine Besiedlung wertvoll, wenn ein anderer Ort noch wertvoller ist. Wenn die Menschheit beschließt, dass es sich lohnt, Menschen entweder mit öffentlichen oder privaten Mitteln tief in den Weltraum zu schicken, könnte der Nutzen des Mondes eine vollständige Besiedlung rechtfertigen. Doch obwohl diese Möglichkeit für viele Raumfahrtenthusiasten verlockend ist, sehen die meisten von ihnen den Mond nicht als Ziel, sondern als Zwischenstation auf dem Weg zu einem besseren Ort. Und der bessere Ort, den sie meinen, ist in der Regel der Mars.

Stella und ihre Familie haben sich noch nicht entschieden, also geben wir ihnen einfach eine Reisebroschüre in die Hand, während wir die wichtigste Alternative in Betracht ziehen.

Kapitel 6

Der Mars: Giftlandschaften und ein giftiger Himmel, aber was für eine tolle Gelegenheit!

Schicken Sie alte Männer auf den Mars, denn sie werden sowieso sterben.[62]

– John Young, Astronaut

Wir werden argumentieren, dass der Mars eine gute Wahl für die Besiedlung des Weltraums ist, aber lassen Sie uns zunächst eines klarstellen: Nach irdischen Maßstäben ist der Mars einfach nur ätzend. Er ist noch ätzender als Scott Kellys saugende Hose. Der Mars ist weit davon entfernt, in absehbarer Zeit eine Plan-B-Heimat für die Menschheit zu sein. Stellen Sie sich ein Worst-Case-Klimaszenario vor. Die Meere sind um 10 Meter angestiegen und haben New York City und Boston überflutet. Tief liegende Länder wie Belgien und die Niederlande wurden komplett verschluckt. Hitzewellen machen Teile der südlichen Hemisphäre unbewohnbar, während der Planet von Überschwemmungen, Dürren, Waldbränden und gewaltigen tropischen Wirbelstürmen heimgesucht wird. Mehr als die Hälfte der Arten auf der Welt sterben aus, Korallenriffe werden zu ausgebleichten Skeletten, Süßwasserquellen aus Schneedecken schmelzen weg oder werden durch steigende Meere verschmutzt, tropische Krankheiten halten Einzug in ehemals gemäßigte Klimazonen. Ernten fallen aus, Menschen hungern und Gewalt bricht aus, wenn über eine Milliarde Klimaflüchtlinge gegen die verschlossenen Tore des vergleichsweise lebenswerten Nordens schlagen.

Dieser Planet? Ein Garten Eden, verglichen mit dem Mars oder dem Mond. Die Erde hat noch eine atembare Atmosphäre, eine Magnetosphäre zum Schutz vor Strahlung und höchstwahrscheinlich gibt es auch noch Frühstück bei McDonald's. Es ist keine Welt, die wir *gerne* bewohnen würden, aber es ist die einzige Welt im Sonnensystem, auf der man zehn Minuten lang nackt herumlaufen kann und am Ende noch am Leben ist.

Was den Mars für Weltraumsiedler attraktiv macht, ist nicht sein gegenwärtiger Zustand, sondern sein Potenzial. Auf dem Mars gibt es auf der Ebene der Chemie das meiste, was man braucht, um für immer zu bleiben. Und die grundlegendsten Stoffe wie Kohlenstoff, Sauerstoff und Wasser sind leicht zu beschaffen, zumindest nach den geizigen Standards des Weltraums. Der Mars ist also ein Ort, an dem wir nicht nur überleben, sondern auch expandieren können. Mit genügend Zeit und Mühe bietet der Mars zumindest die *Möglichkeit* einer zweiten unabhängigen Heimat für die Menschheit.

Aber er ist wirklich ätzend.

Argumente gegen den Mars

Wie der Mond ist auch der Mars mit totem Regolith bedeckt. Es gibt zwar eine gewisse Verwitterung durch den wehenden Wind, aber nicht genug, um scharfkantige Partikel zu verhindern. Und der Mars hat noch eine Besonderheit: Die Marsoberfläche ist giftig. Perchlorate, eine Klasse von Chemikalien, die auf der Erde in geringen Spuren vorkommen, machen 0,5 bis 1 Prozent des Marsbodens aus. Wie schlimm das genau ist, hängt von Ihrer Perspektive ab. Optimistischere Siedlungsenthusiasten werden Ihnen sagen, dass die Perchlorate leicht in Sauerstoff umgewandelt werden können. Wir sollten jedoch beachten, dass Perchlorate eine ziemlich unangenehme Chemikalie sind. In hohen Dosen verursachen sie Schilddrüsenprobleme, da sie mit den Jod-Ionen konkurrieren, die unser Körper für die Produktion bestimmter Hormone benötigt. Das ist wahrscheinlich nicht gut, insbesondere für sich entwickelnde Föten und Kinder. Wir tendieren also zu einer weniger optimistischen Sichtweise. Wenn Menschen über den Weltraum sprechen, sind sie oft seltsam großzügig gegenüber Bedingungen, die sie auf der Erde niemals akzeptieren würden. Stellen Sie sich vor, Sie planen, Kinder zu bekommen, und wollen ein Haus kaufen. Was halten Sie davon, wenn ein Immobilienmakler sagt: »Es ist ein toller Ort, aber ich sollte erwähnen, dass die Oberfläche hohe Mengen an Chemikalien enthält, die für Kinder gefährlich sind. Und diese Chemikalien können von essbaren Pflanzen aufgenommen werden. Wenn ich Sie wäre, würde ich diese Perchlorate in Sauerstoff umwandeln, bevor Sie ein Gemüsebeet anlegen.«

Der Marsstaub ist auch aktiver als der Mondstaub. Als sich 1971 der erste Marsorbiter, Mariner 9, seinem Zielplaneten näherte, geschah etwas, das die Wissenschaftler überraschte. Die rote Oberfläche des Mars schien sich in eine glatte Fläche aufzulösen – scheinbar eine flache Scheibe, wo eigentlich eine Kugel sein sollte. Es stellte sich heraus, dass der gesamte Planet, mit Ausnahme von Teilen an den Polen und den hohen vulkanischen Gipfeln, von einem einzigen massiven Staubsturm umhüllt war.

Beeindruckenderweise und für den Menschen ziemlich unangenehm treten diese Staubstürme auf, obwohl die Atmosphäre recht dünn ist – sie beträgt nur etwa 1 Prozent des Erddrucks und besteht fast ausschließlich aus Kohlendioxid. Das Ergebnis besteht darin, dass man, wenn man nach draußen geht, immer noch genauso schnell stirbt wie auf dem Mond, dass aber auch der Himmel von Zeit zu Zeit von tödlichem Giftstaub verdunkelt wird.

Das bringt die Menschen dazu, drinnen zu bleiben. Leider werden ihre Außengeräte, zum Beispiel Sonnenkollektoren, weniger nützlich, wenn sie mit giftigem Regolith beschichtet sind. Selbst ohne Staubstürme wird Photovoltaik auf dem Mars nicht so gut funktionieren wie in den entsprechenden Breitengraden auf der Erde. Das von der Sonne ausgestrahlte Licht gehorcht einem Gesetz des umgekehrten Quadrats. Jedes Mal wenn man sich doppelt so weit von der Sonne entfernt, hat man ein Viertel der Helligkeit. Auf dem Mars bekommt man weniger als die Hälfte des Sonnenlichts pro Fläche ab, das die Erde und der Mond empfangen.*

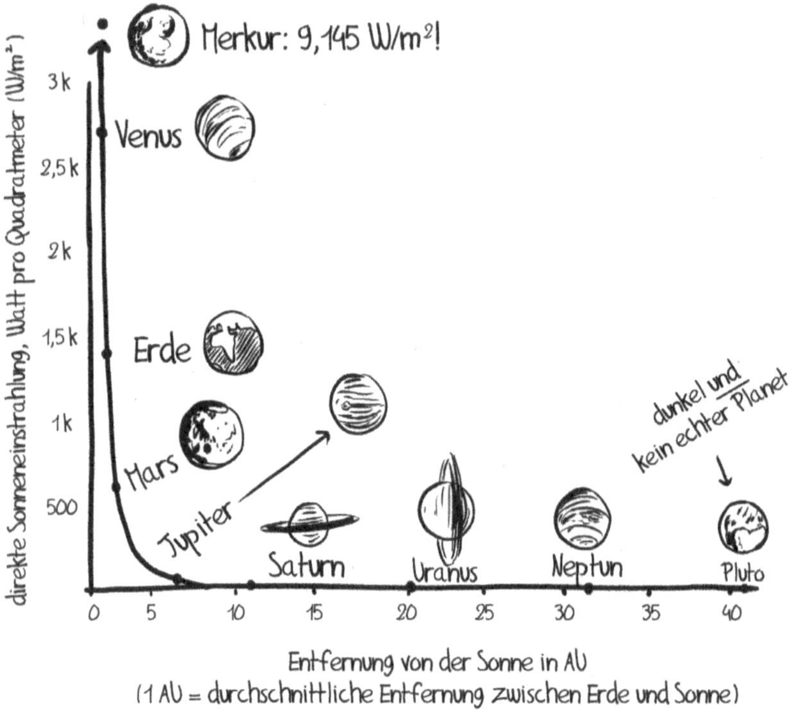

Basierend auf einer Abbildung in: David Buden, Nuclear Thermal Propulsion System (Lakewood, CO: Polaris Books, 2011).

Und das führt uns zu dem größten Problem für die Besiedlung des Mars: die Entfernung. Ohne ein exotisches Antriebssystem werden wir für die Hin- und Rückreise jeweils etwa ein halbes Jahr benötigen. Wir sprechen hier von einer sechsmonatigen Reise in einem engen Schiff, ohne frische Äpfel oder

* Wenn man die giftigen Staubstürme nicht mitzählt, geht es uns dank der dünnen Atmosphäre hier allerdings etwas besser.

Livetelefonate mit Will Smith. Auf diesem Trip reist man nicht mit leichtem Gepäck. Lebensmittel für sechs Monate, Wasser für sechs Monate, Unterwäsche und Zahnpasta für sechs Monate, wobei wir davon ausgehen, dass nichts Überflüssiges eingepackt wird.

Wenn etwas schiefgeht, wird es extrem schwierig sein, wieder nach Hause zu kommen, denn schon die Reise zum Mars muss sehr treibstoffsparend sein. Vorschläge für Reisen zum Mars sehen in der Regel wie folgt aus:

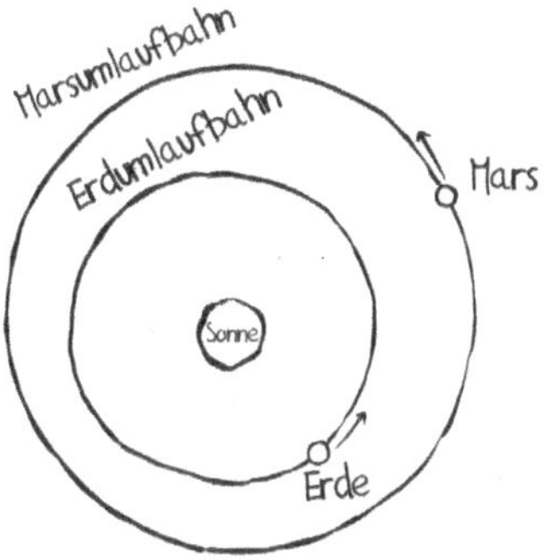

BEDINGUNGEN BEIM START

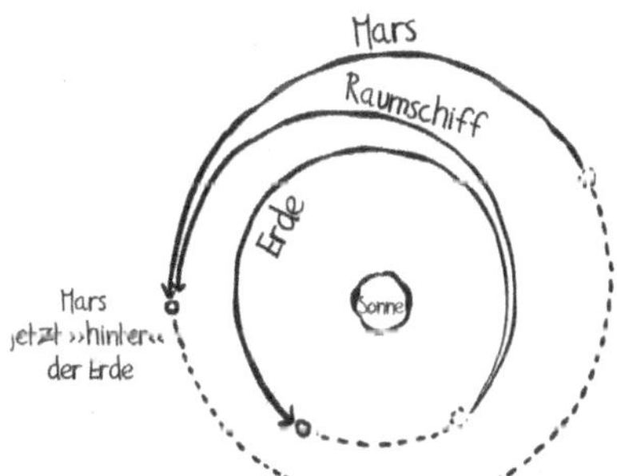

RAUMFAHRZEUG FLIEGT ZUM MARS. DIE ERDE ENTFERNT SICH JETZT.

Einfach ausgedrückt: Wir verlassen die Erde mit hoher Geschwindigkeit, die mit der Zeit durch die Anziehungskraft der Sonne verlangsamt wird. Da wir bei unserer Ankunft unseren Auswärtsimpuls verbraucht haben, verbrennen wir ein wenig Treibstoff, um in die Marsumlaufbahn zu wechseln. Jetzt sollten wir es uns gemütlich machen, denn die Erde ist uns auf ihrer vergleichsweise kurzen Reise um die Sonne vorausgeeilt.* Selbst bei einer ersten Reise zum Mars werden wir insgesamt gut zwei bis drei Jahre von der Erde wegbleiben.**

Sobald wir unsere Reise angetreten haben, können wir erst nach Hause zurückkehren, wenn sich Erde und Mars wieder synchronisiert haben. Das ist riskant. Als das Servicemodul der Apollo-13-Mission auf dem Weg zum Mond explodierte, überlebten die Männer unter anderem deshalb, weil die Physik eine sehr kurze »freie Rückflugbahn« nach Hause mit minimalem Treibstoffverbrauch vorsah.

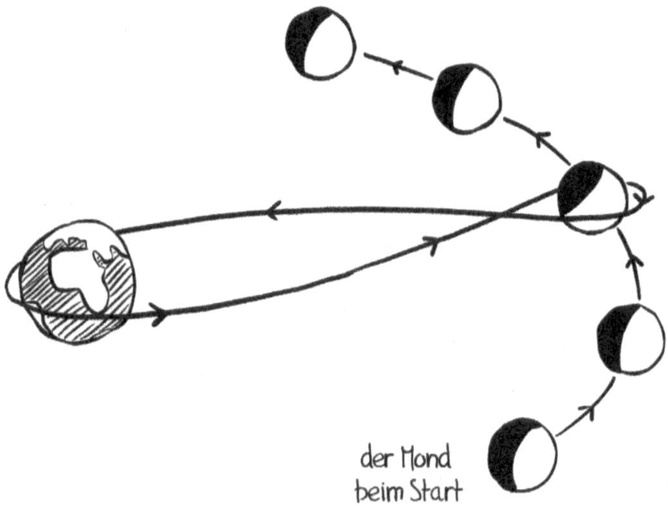

Eine vergleichbare Rückreise vom Mars würde länger als ein Jahr dauern. Wenn auf der Oberfläche des Mondes etwas schiefgeht, kann man von einem Raumschiff von der Erde oder einer Rettungskapsel nach Hause ge-

* Theoretisch könnte man eine riesige Menge an Treibstoff verbrauchen, um schnurstracks zum Mars zu fliegen, aber dieser Weg ist doppelt ineffizient. Man verbraucht viel mehr Treibstoff, um schnell voranzukommen, und verbraucht am Ende noch mehr Treibstoff, damit man nicht direkt am Mars vorbeifliegt. Selbst wenn wir eine Mondbasis hätten, die reichlich Treibstoff für wenig Geld liefert, würde man das vielleicht nicht tun, denn wenn man die größere Menge Treibstoff effizient nutzt, kann man mehr Dinge auf das Raumschiff bringen.

** Es gibt eine Reihe verschiedener Vorschläge für Marslandungen, aber alle beinhalten eine mehrjährige Reise.

rettet werden. Wenn auf dem Mars etwas schiefgeht, ist man wahrscheinlich auf sich allein gestellt.

Man kann noch nicht einmal einen Anruf in Echtzeit tätigen, um Hilfe bei Operationen oder Reparaturen zu bekommen. Bei der größten Entfernung zwischen dem Mars und der Erde benötigt ein Signal 22 Minuten pro Strecke. Bei der kürzesten Entfernung benötigt es drei Minuten.

Und wie auf dem Mond scheint es keine Mineralien mit wirtschaftlichem Wert für den Export zur Erde zu geben. In den Vorschlägen, die wir gelesen haben, ist manchmal von Deuterium die Rede, einem Wasserstoffisotop, das auf dem Mars in höherer Konzentration vorkommt. Das ist noch weniger plausibel als Helium-3 auf dem Mond, denn es ist weiter entfernt, weniger wert und auf der Erde leicht verfügbar. Andere sprechen davon, seltene Elemente auf dem Mars zu finden, bei denen wir fairerweise zugeben müssen, dass sie nicht seit mehreren Jahrtausenden von Menschen abgebaut werden. Aber wir wissen nicht, ob solche Elemente leicht zugänglich sind, und selbst wenn wir es wüssten, wird der Abbau seltener Elemente auf dem Mars nicht so bald möglich sein. Aus diesen Gründen konzentrieren sich die Investitionspläne für den Mars selbst unter Enthusiasten eher auf Dienstleistungen als auf Waren – Dinge wie Tourismus, wissenschaftliche Forschung und mediale Vermarktung. Der Weg zum Mars mag großartige Wissenschaft und innovative Technik erfordern, aber die Miete bezahlen? Das kann nur das Reality-TV leisten.

Das ist also der Mars. Die meisten Probleme des Mondes, plus giftige Staubstürme und ein halbes Jahr Flugzeit pro Strecke. Warum favorisieren dann so viele Siedlungsbefürworter den Mars als ideale zweite Heimat für die Menschheit?

Argumente für den Mars

Okay, die Lage ist nicht so toll, aber die Möglichkeiten zum Gärtnern sind enorm, wenn man erst einmal alle Giftstoffe aus dem Boden entfernt hat. Denn wissen Sie, was, der Mars bietet alle unsere Lieblingselemente: Sauerstoff, Wasserstoff, Kohlenstoff, Stickstoff! Riesige Mengen an Wasser sind in den Eiskappen des Mars eingeschlossen. Selbst wenn man ziemlich weit nach Süden geht, scheint es unter der Oberfläche reichlich Wasser zu geben, und auch in der Atmosphäre ist ein wenig davon vorhanden. Das ist wesentlich besser, als Wasser aus Stein zu kochen oder mit Jeff Bezos um einen gefrorenen See mit ammoniakhaltigem Wasser zu kämpfen.

Und natürlich besteht die Atmosphäre zu 95 Prozent aus Kohlendioxid, aber das ist nur für den Menschen giftig. Pflanzen lieben CO_2. Sie nutzen es, um sich zu entwickeln, und geben dann kostenlos Sauerstoff ab! Und dann ist da noch der Sabatier-Prozess. Sie haben vielleicht noch nie etwas davon gehört, aber Marsenthusiasten kennen ihn auswendig. Wenn Sie auf einer Konferenz zur Besiedlung des Weltraums die Reaktanten laut rezitieren, wird Ihnen jemand mit den daraus resultierenden Ergebnissen antworten.*

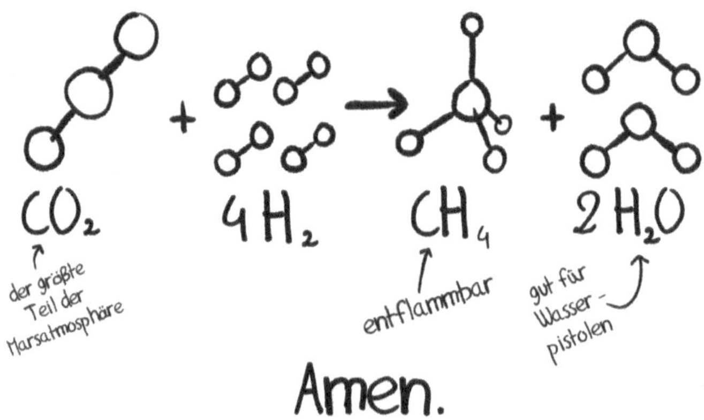

Kohlendioxid und Wasserstoff rein, Methan und Wasser raus. Wasser ist praktisch, wenn Sie nicht in drei Tagen sterben wollen, aber Methan ist auf lange Sicht praktisch. Wenn Ihnen Methan bekannt vorkommt, liegt das daran, dass es ein häufiger Bestandteil von Blähungen ist. Entgegen der weitverbreiteten Meinung ist Methan geruchlos. Außerdem verbrennt es, wenn

* Wir haben dies ursprünglich als Scherz geschrieben, wurden aber darüber informiert, dass dies tatsächlich auf einer Konferenz der National Space Society geschehen ist.

es mit Sauerstoff reagiert, und kann zum Antrieb von Rovern und für Habitate verwendet werden. In flüssiger Form ist es ein hervorragender Raketentreibstoff.* Wenn Sie ein früher Marsforscher sind, könnte eine Ihrer Hauptaktivitäten darin bestehen, eine chemische Reaktion durchzuführen, um Methan für die Rückreise zu bevorraten. Oder wenn Sie das schaffen, könnten Sie auch Maschinen kommen lassen, die das Methan für Sie einlagern.

Nichts davon wird einfach sein, aber es wird alles viel einfacher sein als das Äquivalent auf dem Mond. Während der meiste Sauerstoff auf dem Mond in Stein gebunden ist und ein Großteil des Kohlenstoffs in Fäkalienbeuteln steckt, schweben Sauerstoff und Kohlenstoff auf dem Mars in der Luft. Obwohl die Marsoberfläche immer noch arm an einigen Elementen ist, werden diese nur in Spuren benötigt. Elemente wie Kalium, Bor und Mangan könnte man viel leichter von der Erde transportieren als den Kohlenstoff für eine ganze Farm.

Auch das Klima ist überraschend angenehm, zumindest für Weltraumverhältnisse. Das typische Verhalten eines Nicht-Erde-Planeten, der auf einen Menschen trifft, besteht darin, ihn zu kochen, einzufrieren oder zu zerquetschen. Auf dem Mars ist es wirklich kalt: Die Durchschnittstemperatur auf dem gesamten Planeten beträgt –65 °C, und an den Polen werden im

* Das gilt auch für Wasserstoff, aber Wasserstoff benötigt extrem kalte Temperaturen, um flüssig zu bleiben. Bei Atmosphärendruck genügen –162 °C, um Methan flüssig zu halten. Wasserstoff muss bei –253 °C gehalten werden, was nahe dem absoluten Nullpunkt liegt.

Winter bis zu –140 °C erreicht. Zum Vergleich: Die Rekordtiefsttemperatur auf der Erde liegt bei –89 °C und wurde 1983 in der Wostok-Station in der Antarktis gemessen. In der Nähe des Äquators herrschen auf dem Mars im Sommer jedoch etwa 21 °C – Zimmertemperatur. Wenn man dann noch den erdähnlichen 24,7-Stunden-Tag hinzurechnet, fühlt man sich praktisch wie zu Hause, abgesehen von den endlosen leblosen Horizonten und den giftigen Stürmen, die die Welt in Dunkelheit hüllen.

Trotz seiner Entfernung zur Erde hat der Mars einen gewissen Wert als Startplatz. Wir stehen dem Asteroidenabbau skeptisch gegenüber, aber wenn die Menschheit eines Tages in der Lage ist, Asteroiden gewinnbringend zu verarbeiten, liegt der Mars günstig in der Nähe des Asteroiden-Hauptgürtels, und seine 40-prozentige Erdanziehungskraft und seine dünne Atmosphäre werden den Start von Raketen viel einfacher machen als auf der Erde. Und wenn wir das hinbekommen, wären die winzigen Monde des Mars sogar noch besser.

In einigen Visionen entsteht so ein Dreipunktaustausch: Hightechgüter werden von der Erde zum Mars transportiert, von wo aus Nahrungsmittel und andere Lowtechressourcen zu den Menschen, die auf den Asteroiden arbeiten, verschifft werden. Dort werden wertvolle Rohstoffe wie Metalle abgebaut und dann zur Erde geschleudert, wo hoffentlich einige sehr detaillierte Regeln für das Schleudern von 100 Tonnen schweren Metallstücken auf die Wiege der Menschheit gelten.

Auf dem Mars gibt es nicht so viele erstklassige Immobilien wie auf dem Mond – vor allem weil es dort so *viele* gute Stellen gibt. Die unterschiedlichen Vorschläge konzentrieren sich auf verschiedene Gebiete. Sollen wir zu den kalten Polen aufbrechen, wo es reichlich Wassereis gibt, oder in die wärmeren, äquatorialen Regionen, wo wir vielleicht nach etwas zu trinken graben müssen? Oder sollten wir die Lavaröhren aufsuchen, die zwar nicht so groß sind wie die größten Lavaröhren auf dem Mond, aber immer noch größer als die auf der Erde? Oder sollten wir uns auf die Suche nach der einen anderen Sache machen, die auf dem Mars vorhanden sein könnte und die so wertvoll wäre, dass sie enorme Ausgaben für die Entwicklung einer kurzfristigen Besiedlung rechtfertigen könnte – außerirdisches Leben? Noch 1968 konnte Arthur C. Clarke in seinem Buch *The Promise of Space* (auf Deutsch erschienen unter dem Titel *Unsere Zukunft im Weltall*) schreiben, dass die »Beweise für das Wachstum der Vegetation beeindruckend«[63] seien. Später stellte sich heraus, dass es sich bei den sich jahreszeitlich ausbreitenden dunklen Gebieten auf dem Mars nicht um pflanzliches Leben, sondern um Staubstürme handelte.

Die Hoffnung wurde durch die Viking-Sonden in den 1970er-Jahren wieder geweckt, die in einem Experiment eine Art Nährstoffsuppe in einen Behälter mit Marsboden gaben, woraufhin dieser sofort chemische Anzeichen von Leben produzierte. Seitdem wird über die Bedeutung dieser Reaktion debattiert. Die vorherrschende Meinung ist, dass es sich um eine chemische und nicht um eine biologische Reaktion handelt, vor allem angesichts der hohen Reaktionsgeschwindigkeit. Nachfolgende Marsmissionen konnten kein Leben nachweisen, haben aber zahlreiche Hinweise auf eine warme, feuchte Vergangenheit des Mars gefunden, was darauf hindeutet, dass zumindest die Bedingungen für Leben, wie wir es kennen, einst gegeben waren.

Wenn es dem Leben gelungen ist, irgendwo auf dem Mars zu überleben, könnten Lavaröhren der letzte Zufluchtsort gewesen sein. Wenn das so ist, haben wir vielleicht endlich die Chance, außerirdisches Leben zu entdecken und es auf seinen Nährwert zu prüfen. Das Tückische daran ist, dass die Mikroben auf dem Mars zwar einen enormen Wert haben könnten, aber das Risiko, das einzige außerirdische Leben, dem wir je begegnet sind, versehentlich zu töten, ein guter Grund sein könnte, den Mars nicht zu besiedeln. Oder zumindest nur mit äußerster Vorsicht zu besiedeln.

Wer will zum Mars?

So ziemlich jeder, der den Weltraum besiedeln möchte. Der Mars ist der am häufigsten vorgeschlagene Ort für die Besiedlung des Weltraums, und zwar aus zwei Gründen: Erstens gibt es dort alles, was wir für das Leben, wie wir es kennen, zum Überleben brauchen. Zweitens ist es überall anders weitaus schlimmer. Obwohl das Sonnensystem recht groß ist, gibt es nur wenige Orte, die für die menschliche Existenz auch nur annähernd geeignet sind. Wenn wir davon ausgehen, dass der Mond und der Mars die überwältigend besten Aussichten für die menschliche Zivilisation Teil 2 sind, dann stellt der Mars 80 Prozent des verfügbaren Landes für eine Besiedlung bereit.

In fernerer Zukunft könnte der Mars möglicherweise terraformiert werden, was bedeutet, dass sein Klima so verändert werden könnte, dass es menschenfreundlicher wird. Nicht jeder glaubt, dass Terraforming möglich sein wird, und die Vorschläge, die dafür sprechen, sind, sagen wir mal, etwas dramatisch. Sie fordern, dass Flotten von Nuklearwaffen an den Polen gezündet werden oder dass umgelenkte Himmelsobjekte einen ähnlichen Effekt nur durch Geschwindigkeit und Masse erzielen. Warum sollten wir dies tun? Um all das Eis in Wasserdampf umzuwandeln – ein starkes Treibhausgas. Es ist denkbar, dass der Mars auf diese Weise wärmer, feuchter und einladender für Sauerstoff produzierendes Pflanzenleben wird. Zu gegebener Zeit könnte dies zu einer Welt führen, in der Menschen ohne Druckanzug ins Freie gehen könnten. Wir haben nicht die Absicht, dieses Thema zu sehr zu vertiefen, denn die Technologie wird noch lange nicht zur Verfügung stehen. Außerdem ist es mindestens genauso wichtig, sich die völkerrechtlichen

Konsequenzen anzusehen, die der Einsatz von Atomwaffen und riesigen Weltraumobjekten zur dauerhaften Veränderung des Klimas des einzigen besiedelbaren Planeten mit sich bringt, denn diese sind, sagen wir mal, interessant. Aber wenn Sie unserem früheren Argument Glauben schenken, dass Abwarten der richtige Weg zur Besiedlung des Weltraums sein könnte, wäre das Terraforming des Mars in gewisser Weise die ultimative Version davon.

Der Mond und der Mars sind also unsere besten Optionen. Aber wie wir in unserem Beitrag über die Weltraummedizin erörtert haben, ist es zumindest möglich, dass die partielle Schwerkraft langfristig zu größeren physiologischen Problemen führen wird. Wenn dies der Fall ist, sind gigantische rotierende Stationen im Weltraum wahrscheinlich die nächstbeste Option.

Kapitel 7
Riesige rotierende Weltraumräder: Gar nicht mal die schlechteste Option

Manche Menschen sind der Meinung, dass die riesigen Materiekugeln, die umgangssprachlich als »Planeten« und »Monde« bezeichnet werden, für eine Besiedlung einfach nicht infrage kommen. Haben Sie sich mal Planeten angeschaut? Sie sind so verschwenderisch. Da gibt es zum Beispiel diesen ganzen mittleren Teil der Erde, den wir nicht einmal besuchen. Sind die inneren 6 Trilliarden Tonnen Masse wirklich ein Grund zur Freude? Sicher, wir haben eine Magnetosphäre und eine Atmosphäre, um die Strahlung zu stoppen, aber alles, was wir gegen die Strahlung wirklich brauchen, ist eine Abschirmung. Und natürlich haben wir die Schwerkraft, die ganz nett ist, wenn man herumläuft, aber die kann auch künstlich erzeugt werden, indem man ein Millionen Tonnen schweres Weltraumrad in Gang setzt. Warum sollten wir uns die Mühe machen, die Natur zu reparieren, wenn wir einfach ganz von vorne, also bei null, anfangen können?

Kurz gesagt, weil es noch schwieriger ist als die anderen, bereits sehr schwierigen Optionen für eine Weltraumsiedlung. Das ist bedauerlich, denn riesige rotierende Raumstationen sind wahrscheinlich die eindrucksvollsten Bilder in der Geschichte der Weltraumsiedlungskonzepte – oft werden sie als weitläufige künstliche Landschaften dargestellt, in denen der Blick durch offene Fenster auf Wälder und Flüsse und von dort in die gesprenkelte Schwärze des Weltraums fällt. Doch nicht jeder liebt diese Bilder. In Gesprächen mit Weltraumarchitekten haben wir die Erfahrung gemacht, dass gerne der Satz »Ich *hasse* diese Bilder« verwendet wurde, weil sie der Öffentlichkeit eine völlig irreführende Vorstellung davon vermitteln, was plausibel ist.

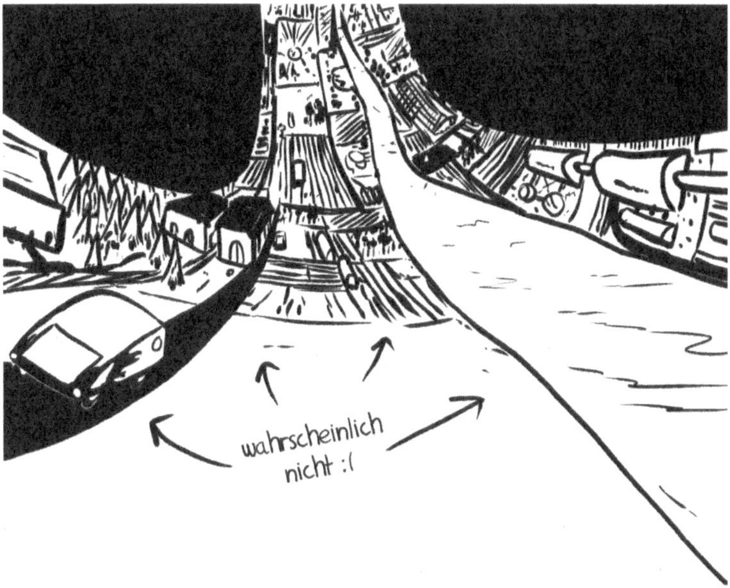

Argumente gegen offene Weltraumsiedlungen

Jeder zukünftige Entwurf für eine solche Station wird wahrscheinlich vorsehen, dass sie aus Teilen gebaut wird, die auf der Erde entstanden sind. Aber die Erde ist eine ziemlich tiefe Schwerkraftquelle, um sie mit einer Rakete zu verlassen, und typische Vorschläge für Siedlungen im offenen Weltraum erfordern Millionen von Tonnen an Material. Nehmen wir mal an, wir können 50 Tonnen Material pro Rakete transportieren – etwa so viel wie die größten Raketen, die je von der Erde aus gestartet wurden. Eine Millionen Tonnen schwere Raumstation würde 20000 solcher Raketenstarts erfordern. Aus diesem Grund sehen die Vorschläge im Allgemeinen vor, dass das Material vom Mond oder von Asteroiden geerntet und dann zu einer Baustelle im Weltraum geschossen wird.

Das Grundkonzept besteht also darin, eine technisch komplexe Startanlage außerhalb der Erde zu errichten, dann eine Art Fanghandschuh zu schaffen, der die Masse aufnimmt, die als industrieller Input nicht besonders vielversprechend ist, und das Ganze dann in das komplexeste Bauwerk umzuwandeln, das die Menschheit je in Erwägung gezogen hat.

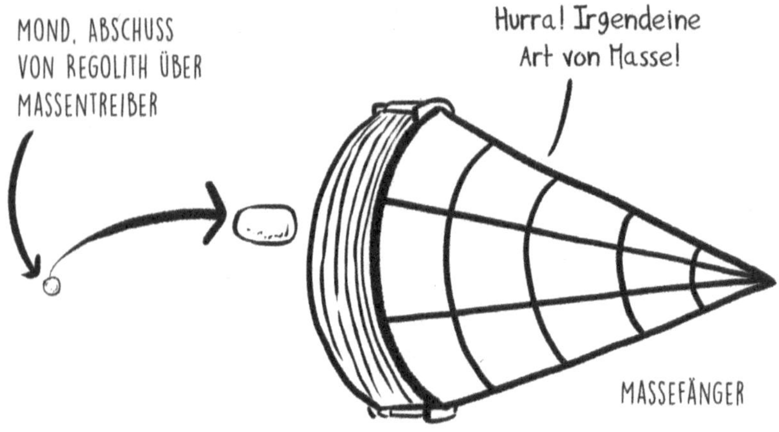

Das klingt schwierig. Können wir diese Dinge eventuell viel kleiner machen? Wahrscheinlich nicht. Damit man um den Rand eines sich drehenden Rades laufen kann, ohne dass einem übel wird, muss das Rad sehr, sehr groß sein. Falls Ihnen nicht klar ist, warum, stellen Sie sich einen extremen Fall vor: Sie befinden sich im Weltraum und der Radius des Rades ist genauso groß wie Ihre Körpergröße.

Stellen Sie sich vor, das Rad dreht sich so schnell, dass Ihre Füße mit der Schwerkraft der Erde in das Rad stoßen. Ihr Kopf befindet sich jedoch in der Mitte des Rades und erfährt eine langsamere Drehung – so etwas wie Schwerelosigkeit. Ihr oberer Teil schwebt und Ihr unterer Teil steht fest. Daher beschließt Ihre Mitte zu kotzen.

Sie brauchen also ein größeres Rad, aber wie groß? Bei zwei Umdrehungen pro Minute benötigen Sie einen Durchmesser von 450 Metern, um eine Erdanziehung zu erreichen. Wenn Sie die Umdrehungen auf vier pro Minute erhöhen, schaffen Sie es mit einem Durchmesser von etwa 112 Metern.*

* Sie könnten auch eine billigere Version mit einem unvollständigen Rand bauen, vielleicht sogar nur zwei Wohnräume, die durch ein Halteseil miteinander verbunden sind, aber jetzt geben Sie den Traum von einer großen Raumstation auf.

Aber wie wird sich ein Mensch fühlen, der mit vier Umdrehungen pro Minute herumwirbelt? Ehrlich gesagt wissen wir es nicht wirklich. Die Studien, die durchgeführt wurden, verwenden oft kleine Stichprobengrößen, laufen nicht sehr lange und werden häufig an Menschen durchgeführt, von denen man weiß, dass sie weniger anfällig für eine Reisekrankheit sind. Außerdem werden sie meist auf der Erde durchgeführt, und einige Daten von Skylab deuten darauf hin, dass das Drehen auf dem Boden krankmachender sein kann als das Drehen im Weltraum.

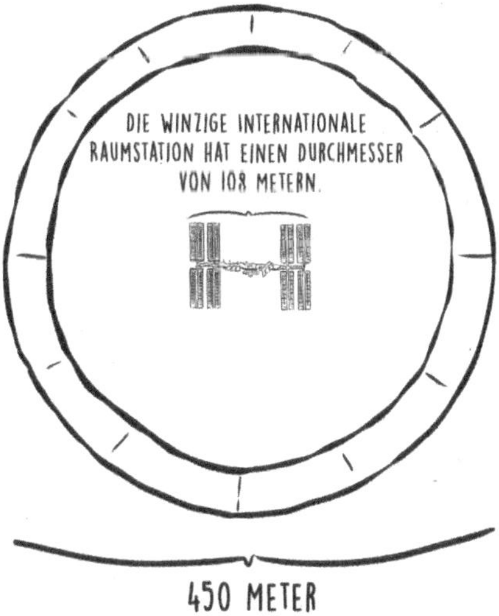

Selbst wenn wir vom besten Fall ausgehen, bei dem Sie nur 112 Meter Durchmesser benötigen, ist das immer noch weitaus ehrgeiziger als alles, was wir je gebaut haben. Die ISS, deren Bau über 150 Milliarden Dollar gekostet hat, ist an ihrer maximalen Länge fast 112 Meter lang, aber sie hat kein riesiges bewohnbares Rad um ihren Rand herum. Selbst mit den aktuellen Kostensenkungen für den Start würde dies sehr teuer werden.

Und eine geringe Größe schafft ihre eigenen Probleme. Ein kleines Rad muss ziemlich clever sein, um das zu vermeiden, was man den »Waschmaschineneffekt« nennen könnte. Nehmen Sie eine Waschmaschine, legen Sie ein schweres Handtuch auf einer Seite hinein und lassen Sie sie schleudern. Unweigerlich hören Sie ein beunruhigendes Kla-klonk-kla-klonk-kla-klonk. Das passiert, wenn ein sich drehendes Objekt aus dem Gleichgewicht gerät, und es ist besonders unangenehm, wenn das Rad eine winzige Blase des Lebens in einer lebensfeindlichen Leere ist. Die Lösung ist, die Quelle des Kla-klonks auszugleichen. Man könnte zum Beispiel ein hydraulisches System verwenden, das Wasser umwälzt, um die richtige Massenverteilung aufrechtzuerhalten.

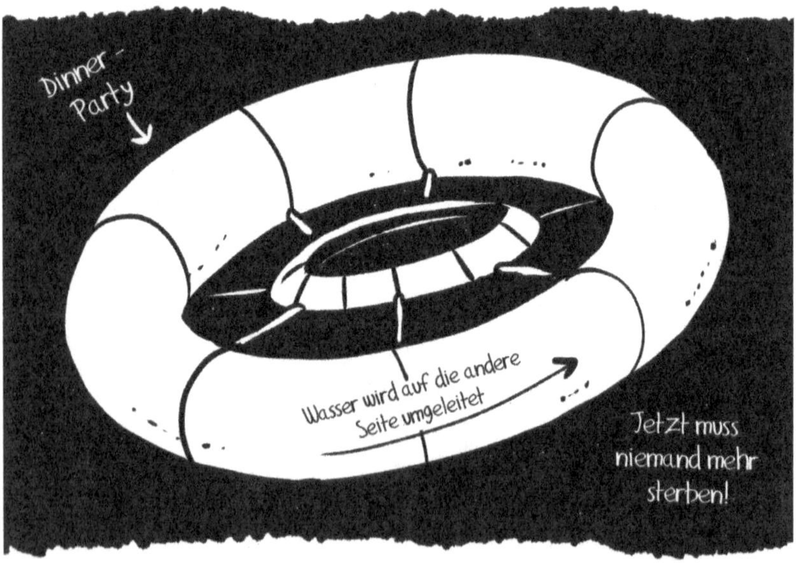

Dies erscheint uns als erschreckend anfällig für Murphys Gesetz. Wie ein Artikel anmerkt: »Eine größere Gewichtsverlagerung (die gesamte Besatzung beim Abendessen an einem Tisch) würde eine programmierte und kontrollierte Gegenbewegung des Ballasts erfordern.«[64] Hoffen wir, dass die Rohre beim Abendessen am Freitagabend nicht versagen – Sie würden es schrecklich finden, wenn Mrs Sandersons Nudelauflauf durch ein Loch in der Welt herausgerissen würde. Die beste Lösung ist vielleicht, die Idee einer kleinen Station aufzugeben – je größer und massiver das Rad, desto weniger Probleme entstehen durch die winzigen Bewegungen der Menschen darin. Aber gut, jetzt sind wir wieder bei einem riesigen und enorm komplexen Projekt angelangt.

Es gibt noch weitere Probleme, auf die wir eingehen könnten, aber im Großen und Ganzen ist es so: Selbst viele der grundlegenden Aspekte rotierender Weltraumräder sind schwierig und gefährlich und extrem teuer. Es stimmt zwar, dass es im Weltraum genügend Material gibt, um diese Dinger zu bauen, aber das ist ungefähr so, als würden wir sagen, wir könnten Solarzellen auf dem Mond bauen. Was dem Physiker einfach erscheint, ist für den Ingenieur oder den Investor vielleicht nicht so leicht zu realisieren.

Selbst wenn wir das alles schaffen könnten, bleibt eine große Frage offen: »Warum sollten wir uns die Mühe machen?« Um ein 400 Meter breites Rad im Weltraum zu bauen, müssen wir davon ausgehen, dass wir bereits über das technologische Niveau verfügen, das notwendig ist, um Startanlagen auf dem Mond zu bauen oder um große, Asteroiden durchstreifende Raumschiffe einzusetzen, ganz zu schweigen von Weltraumfabriken, die in der Lage sind, mit hoher Geschwindigkeit aus Regolith orbitale Vorstädte zu errichten. Aber wenn wir über dieses Know-how verfügen, warum nutzen wir es nicht, um auf dem Mond oder dem Mars zu bleiben, wo das ganze Zeug, das wir transportieren, einfach herumliegt?

Gibt es irgendeine Rechtfertigung für den Bau dieser Dinge?

Zunächst einmal sollten wir sagen, dass es eine Menge schlechter Argumente gibt, die oft vorgebracht werden. Immer wieder wird behauptet, ein Vorteil von Raumstationen sei die Möglichkeit, Dinge wie Temperatur, Licht und Wetter vollständig zu kontrollieren. Das klingt überzeugend, bis man feststellt, dass dies auch in Gebäuden der Fall ist. Ein anderer Gedanke ist, dass wir mehr Land brauchen, weil schließlich kein neues Land für die wachsenden Menschenmassen auf der Erde geschaffen wird. Diese Art von Argumenten geht mindestens bis in die 1920er-Jahre zurück, gewann aber mit dem Aufkommen der Umweltbewegung in den 1960er- und 1970er-Jahren zunehmend an Bedeutung.

Man kann darüber streiten, was die optimale Bevölkerung der Erde in Bezug auf den Verbrauch ist, aber es ist ziemlich klar, dass Land, auf dem Menschen leben können, nicht unser größtes Problem ist. Im Jahr 2018 gab es in Japan 8,49 Millionen verlassene Häuser, und in einigen ländlichen Regionen werden Menschen, die bereit sind, in diese Häuser zu ziehen, steuerliche Anreize geboten. Eine schnelle Google-Suche findet allein in Kanada acht Städte, die kostenloses Land anbieten, wenn Sie bitte einfach einziehen würden. Die Antarktis, die wesentlich einladender ist als jeder Ort im Weltraum, ist 40 Prozent größer als Europa und hat in der Hochsaison weniger als 10000 Einwohner. Außerdem schaffen wir mehr Land. Zumindest wenn man die künstlich angelegten Flächen mitzählt, auf denen Menschen leben – was man tun sollte, wenn man Raumstationen mitzählt. Wir konnten keine Zahlen über die Gesamtmenge an Wohnfläche in Gebäuden finden, die pro Jahr auf der Erde hinzukommen, aber ein Beispiel für die Größenordnung ist das höchste Wohngebäude der Welt, der Central Park Tower in New York City, der 2020 fertiggestellt wurde. Er hat eine Grundfläche von knapp 120000 Quadratmetern – das sind etwa 20 Fußballfelder an neuen Wohn-, Freizeit- und Einkaufsmöglichkeiten in einem einzigen Gebäude, und das übrigens mit perfekt kontrolliertem Wetter und Klima. Kein rotierendes Weltraumrad erforderlich. Aktuell nimmt die Bevölkerung zwar zu, aber die Fruchtbarkeitsrate sinkt. Die Weltbevölkerungsprognose 2022 der Vereinten Nationen geht davon aus, dass die Bevölkerung ihren Höhepunkt in den 2080er-Jahren erreichen wird.

Eine differenziertere Version dieses Arguments würde besagen, dass Raumstationen nicht nur neues Land schaffen, sondern auch eine neue Biosphäre, die unseren überforderten Planeten vor dem Menschen und den von ihm verursachten Schadstoffen bewahrt. Das ist prinzipiell möglich und könnte eines Tages geschehen, aber es wird nicht rechtzeitig kommen, um uns vor großen Umweltproblemen wie dem Klimawandel zu bewahren. Selbst wenn es möglich wäre, all diese Dinge auf umweltneutrale Weise zu bauen, müsste man pro Jahr etwa 80 Millionen Menschen ins All befördern, nur um die Bevölkerung stabil zu halten. Das sind etwa 220 000 Menschen pro Tag. Zum Vergleich: Der Central Park Tower verfügt über etwa 200 Wohnungen. Wenn man davon ausgeht, dass die Siedler auf der Raumstation weniger geräumige Unterkünfte haben werden, und wenn man berücksichtigt, dass ein Teil des Platzes für Dinge wie Geschäfte und Hotels verwendet wird, kommen wir auf 1000 Wohnungen und gehen von fünf Personen pro Wohnung aus. Mit diesen Zahlen müsste man pro Jahr etwa 16 000 Central Park Towers in den Weltraum bringen, nur damit die Bevölkerung der Erde nicht wächst. Oh, und da ist noch nicht eingerechnet, dass diese Menschen vor Ort Landwirtschaftsbetriebe, Einkaufsmöglichkeiten und Space-Chevy-Van-Services benötigen.

Raumstationen sind unglaublich cool. Wenn wir in irgendeinem Weltraumsiedlungskonzept Urlaub machen könnten, würden wir immer ein riesiges rotierendes Weltraumrad den staubigen Wüsten des Mars oder des Mondes vorziehen. Aber wenn man sich die Details ansieht, sind Raumstationen im All im Grunde genommen eine schwierigere Version der Weltraumsiedlung.

Argumente für offene Weltraumsiedlungen

Es gibt ein paar gute Argumente für Raumstationen unter besonderen Bedingungen. Erstens: Babys. Da Sie nun ein Experte für Sex im Weltraum und dessen Folgen sind, kennen Sie die Bedenken bezüglich des Lebens in der Schwerelosigkeit. In einer Welt, in der die partielle Schwerkraft des Mondes und des Mars schlecht für die menschliche Entwicklung ist, müssen wir vielleicht auf die Entwicklung der Weltraumradtechnologie warten, bevor wir den Weltraum besiedeln können. Das spricht allerdings nicht unbedingt für Raumstationen als standardmäßigen Lebensort außerhalb der Erde, denn sie könnten auch nur so etwas wie orbitale Kinderstuben sein. Nicht gerade eine *Star-Trek*-Vision, aber auf jeden Fall viel niedlicher.

Zweitens könnten diese Stationen von Nutzen sein, wenn man davon ausgeht, dass es bereits eine entwickelte Weltraumwirtschaft gibt. Raumstationen haben eine sehr geringe Schwerkraft, was bedeutet, dass Raumschiffe ohne teuren Treibstoffverbrauch ankommen und abfliegen können. Auch der Zugang zu verschiedenen Gravitationsstufen innerhalb der Station könnte alle möglichen Vorteile mit sich bringen. In einem rotierenden Weltraumzylinder hängt das Niveau der künstlichen Schwerkraft von der Position im Rad ab. Ohne in die Mathematik einzusteigen, lässt sich sagen, dass die Schwerkraft am Rand am höchsten ist und mit zunehmender Annäherung an die Achse abnimmt.

Das fantastischste Ergebnis ist, dass Menschen durch die Mitte einer zylindrischen Raumstation fliegen könnten, aber es hätte auch praktische Vorteile für Produktionsprozesse. Der Bau von Raumschiffen könnte in einer Anlage mit Schwerelosigkeit einfacher sein. Man könnte auch eine Anlage mit sehr niedriger Schwerkraft einrichten, sodass man sehr schwere Objekte leicht manipulieren kann,* ohne sich mit den schwebenden Trümmern der Schwerelosigkeit herumschlagen zu müssen. Die Schwerelosigkeit könnte zudem Vorteile für bestimmte Herstellungsprozesse bieten, zum Beispiel für die Kristallbildung. Allerdings sollten wir hinzufügen, dass diese Vorteile mindestens seit den 1970er-Jahren versprochen wurden und bisher noch nicht in großem Umfang zum Tragen gekommen sind.

* Das bedeutet allerdings nicht, dass es völlig sicher ist. Objekte in der Schwerelosigkeit haben immer noch eine Trägheit. Wenn eine riesige Stahlkugel Sie gegen eine Wand drückt, werden Sie in der Schwerelosigkeit trotzdem zerquetscht.

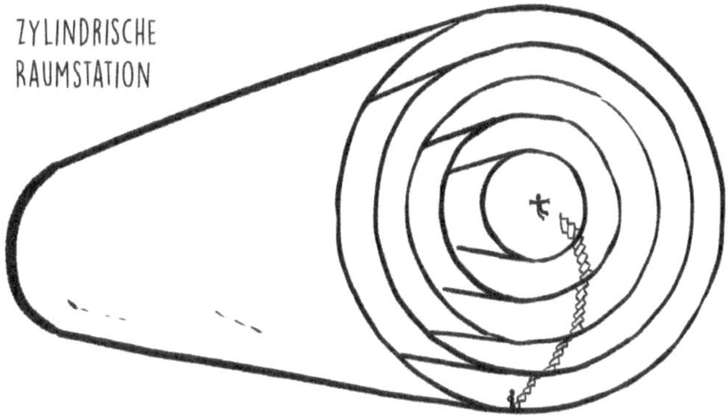

WENN MAN SICH DER ACHSE NÄHERT, HAT JEDES DECK PROPORTIONAL WENIGER »SCHWERKRAFT«. AUF HALBEM WEG ZUR ACHSE REDUZIERT SICH DAS KÖRPERGEWICHT UM DIE HÄLFTE, UND ENTLANG DER ACHSE HERRSCHT REINE MIKROGRAVITATION.

Drittens würden riesige Weltraumräder Reisen zum Mars oder zum Mond wesentlich luxuriöser machen. Und auch sicherer, denn die künstliche Schwerkraft würde die Reisenden vor den Problemen der Mikrogravitation schützen, die sie normalerweise in Raumfahrzeugen erleben. Unserer Erfahrung nach ist »Sehr reiche Leute hätten eine schöne Zeit« jedoch kein typisches Argument für diese Projekte. Und selbst wenn wir viele Weltraumtransporte benötigen, spricht das immer noch nicht für eine vollständige Besiedlung des Weltraums.

Ehrlich gesagt ist das so ziemlich das Beste, was wir über Raumstationen sagen können. Sie sind bei Weltraumfreaks beliebt und waren jahrzehntelang das zentrale Vorhaben der National Space Society. Aber solange die partielle Schwerkraft kein Hindernis darstellt, werden rotierende Raumstationen für lange Zeit keine Priorität bei der Weltraumbesiedlung genießen.

Viele der Argumente, die für Raumstationen vorgebracht werden, haben ihren historischen Ursprung in einer bestimmten Periode der 1970er-Jahre, als es so aussah, als würde die Umweltzerstörung zu drohenden weltweiten Hungersnöten führen – und als der Preis für den Start ins Weltall rapide zu fallen schien. Außerdem waren Technologien für erneuerbare Energien, die wir heute als selbstverständlich ansehen, wie günstige Photovoltaikanlagen, riesige Windturbinen und moderne Batteriespeicher, noch Jahrzehnte entfernt. Wenn man all diese Faktoren kombiniert – eine sehr kurz bevorstehende Ressourcenkatastrophe, ein sehr billiger Zugang zum Weltraum und keine anderen Optionen –, dann hätte man vielleicht einen Grund für riesige, Solarenergie sammelnde Raumstationen mit Fabriken und künstlichen menschlichen Lebensräumen gehabt. Aber die weitverbreiteten Hungersnöte blieben aus,* erneuerbare Energien wurden billig, und die Raumfahrt ist selbst unter Berücksichtigung der jüngsten Veränderungen relativ kostspielig geblieben. Wenn man heute eine Gruppe von Menschen von der Erde wegbringen will, sind Raumstationen wahrscheinlich nicht die erste Wahl.

Aber hey, es gibt schlimmere Optionen.

* Das soll nicht heißen, dass es keine Hungersnöte gegeben hat. Aber die Hungersnöte, die es gab, hatten nicht das vorhergesagte Ausmaß von Hunderten von Millionen von Menschen und waren zudem häufig durch Kriege verursacht, nicht durch einen die Ressourcen übersteigenden Verbrauch. Vergleichen Sie dies mit der Aussage von Dr. Paul Ehrlich im Prolog des 1968 erschienenen Buches *The Population Bomb*: »Der Kampf um die Ernährung der gesamten Menschheit ist vorbei. In den 1970er-Jahren wird es auf der Welt zu Hungersnöten kommen – Hunderte von Millionen Menschen werden verhungern, trotz aller jetzt eingeleiteten Notprogramme.«

Kapitel 8
Schlechtere Optionen

Der Mond, der Mars und Raumstationen sind zwar die häufigsten Vorschläge für Weltraumsiedlungen, aber nicht die einzigen. Hier stellen wir Ihnen die Alternativen vor, die wir aufsteigend nach ihrer Schrecklichkeit geordnet haben.

Asteroiden

Die Asteroiden im Planetengürtel sind noch weiter entfernt als der Mars, was bedeutet, dass die Sonnenenergie begrenzt ist. Außerdem sind viele Asteroiden, entgegen dem, was *Star Wars* uns glauben machen will, keine festen, kartoffelförmigen Felsen, sondern »Schutthaufen«. Und Gestein und Staub in der Schwerelosigkeit eignen sich nun mal nicht als Landefläche. Hinzu kommt, dass sie nicht sehr dicht beieinanderliegen. Wenn man auf einem Asteroiden geparkt ist, kann man einen anderen wahrscheinlich nicht einmal mit bloßem Auge sehen.

Die Ideen zur Nutzung von Asteroiden zur Unterstützung der Besiedlung konzentrieren sich in der Regel auf das Potenzial, mit der Förderung von Asteroidenressourcen Geld zu verdienen. Wir sind diesbezüglich skeptisch. Wenn man die Vorschläge liest, erfährt man von Mineralien im Asteroidengürtel im Wert von Hunderten von Billionen Dollar zu aktuellen Preisen. Abgesehen von der Tatsache, dass die Verringerung der Knappheit von Materialien deren Preise senkt, ist nicht klar, ob wir überhaupt in der Lage sind, Asteroidenmaterialien mit Gewinn zu beschaffen. Es nützt uns nichts, zu wissen, dass die Asteroiden 700 Billionen Dollar wert sind, wenn es 700 Billionen Dollar und 10 Cent kostet, sie auf den Markt zu bringen. Wenn man bereit ist, die Kosten für die Beschaffung zu ignorieren, ist es wirklich besser, auf der Erde zu graben. Die Erde enthält etwa 10^{23} Tonnen Eisen. Wenn wir von einem Wert von 100 Dollar pro Tonne ausgehen, ist das Eisen unzählige Myriaden Dollar wert, und dabei sind das Gold, das Silber, die Diamanten und all die Freunde, die wir auf dem Weg dorthin gewinnen, noch gar nicht mitgerechnet.

Selbst wenn irgendjemand enorme Gewinne im Weltraum macht, gibt es keinen Plan für eine gerechte Verteilung der im Weltraum erworbenen Güter. Bei einem kürzlichen Treffen des Space Generation Congress, bei dem sich die jungen zukünftigen Führungskräfte der Raumfahrt treffen, um zu plaudern, wies ein afrikanischer Delegierter darauf hin, dass die Wirtschaft einiger afrikanischer Länder vom Bergbau abhängt und durch den Zufluss von Mineralien aus dem Weltraum zerstört werden könnte. Wie sehr sich der Leser für die Verteilung der angeblichen Reichtümer des Weltraums interessiert, ist eine Frage der politischen Ideologie, aber es ist wichtig, Folgendes zu erkennen: Wenn es heißt, dass »wir« Zugang zu den Reichtümern des Weltraums haben können, bleibt die Frage, wer denn eigentlich »wir« sind, meist unbestimmt.

Die ernsthafteren Vorschläge für eine wirtschaftliche Nutzung von Asteroiden zielen darauf ab, diejenigen Asteroiden zu erwischen, die ganz besondere Eigenschaften haben. Ein idealer Asteroid sollte sich auf einer Flugbahn befinden, die ihn in die Nähe der Erde bringt. Das bedeutet, dass er nicht zu der Mehrzahl der Asteroiden gehört, die sich im Hauptgürtel tummeln. Der Asteroid sollte sich mit geringer relativer Geschwindigkeit bewegen, während er sich uns nähert. Und er sollte einer der seltenen Asteroiden mit einer hohen Konzentration an wertvollen Metallen wie Rhodium und Platin sein. Eine aktuelle Schätzung geht davon aus, dass die Gesamtzahl der bekannten sich langsam bewegenden und erdnahen Asteroiden, die zudem auch noch Metalle der Platingruppe im Wert von mindestens einer Milliarde Dollar enthalten, bei einigen Dutzend liegt. Wir sprachen mit Dr. Martin Elvis,* der nicht nur Elvis heißt, sondern auch Experte für den Asteroidenabbau ist. Er sagte, er erwarte, dass die Zahl noch höher liege, aber dass das endgültige Ziel der Abbaubetrieb auf den Asteroiden im Hauptgürtel jenseits des Mars sein müsse.

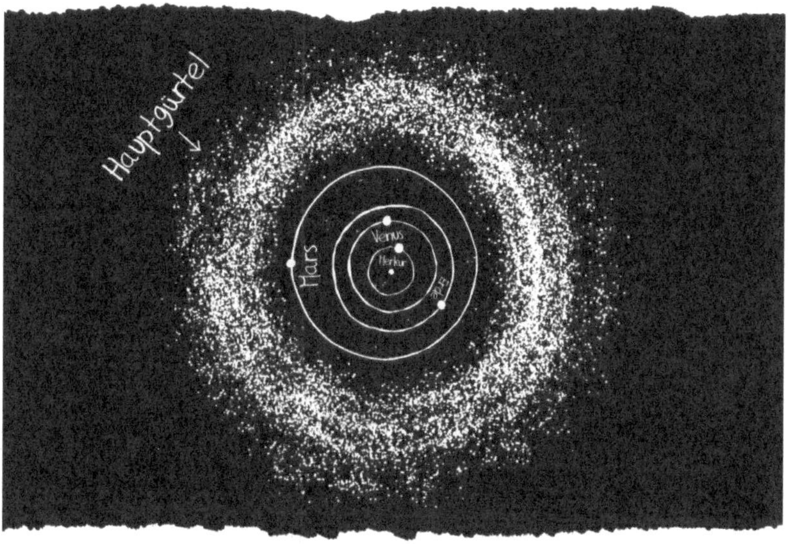

Selbst wenn uns das gelingen sollte, dann stellen Sie sich bitte keinen riesigen Platinbrocken vor – wir reden immer noch über Erz mit nur wenigen Gramm Edelmetall pro Tonne. Das ist unsere beste Chance auf Asteroidengeld, und im Moment ist sie nicht sehr gut. Noch wichtiger für unser Anliegen ist, dass es keinen Grund gibt, hier eine Siedlung zu gründen.

Wenn wir jemals eine große menschliche Präsenz auf den Asteroiden haben werden, wird dies wahrscheinlich von einer großen menschlichen Präsenz an einem besseren Ort abhängen. Platinhaltige, zugängliche Asteroiden

* Wir fügen eine kurze Fußnote ein, um unsere Liebe für Dr. Elvis zu erklären, der unsere Elvis-Witze nicht nur toleriert, sondern darauf besteht. Außerdem, und das ist fast genauso wichtig, hat er uns ausgezeichnete Anmerkungen zu diesem Abschnitt geliefert, obwohl er mit Teilen unserer Sichtweise nicht einverstanden ist. Wenn Sie mehr über Asteroidenressourcen erfahren möchten, lesen Sie Elvis' Buch *Asteroids* aus dem Jahr 2021.

sind Mangelware, aber es gibt auf Asteroiden andere interessante Materialien. Wenn wir beispielsweise nahe gelegene, sich langsam bewegende Asteroiden mit Wasser suchen, dann sind bisher etwa 9000 davon bekannt. Da diese Asteroiden relativ klein sind, ist der Energieaufwand für den Transfer dieser Asteroiden zu einer Mond- oder Marsbasis oder sogar zu einer Raumstation zur Versorgung mit Trinkwasser weitaus geringer als für den Transport von der Erde. Eines Tages könnte auf Asteroiden in großem Umfang Bergbau betrieben werden, aber es ist schwer vorstellbar, warum man dort jemals eine große Bevölkerung ansiedeln möchte. Tatsächlich sind Vorschläge zur Besiedlung von Asteroiden selten. Die typische Idee ist, die Ressourcen von Asteroiden zu nutzen, um Menschen zu versorgen, die in den weniger schlimmen Regionen des Sonnensystems leben. Aber diese haben wir bereits beschrieben, also lassen Sie uns zu den noch schlimmeren Regionen des Sonnensystems übergehen.

Die Venus

Die durchschnittliche Oberflächentemperatur der Venus am Tag liegt bei über 450 °C – heiß genug, um Blei zu schmelzen. Das wird dem Weltraumreisenden nichts ausmachen, denn er wird bereits von einem Atmosphärendruck erdrückt, der mehr als das Neunzigfache des Erddrucks beträgt. Vorausgesetzt, er hat die Schwefelsäurewolken auf dem Weg dorthin überlebt. Positiv ist, dass die dichte Atmosphäre seine Überreste ausreichend vor Strahlung schützen wird.

Wir haben nicht allzu viele Vorschläge für ein Habitat auf der Venus gefunden, aber es gibt ein paar Ideen für eine schwebende Basis in dieser dichten Atmosphäre. Es hat sich nämlich herausgestellt, dass es einen schmalen Bereich des Venushimmels gibt, der menschenfreundliche Temperaturen und einen entsprechenden Druck, geringe Strahlung, 90 Prozent Erdanziehung und Zugang zu atmosphärischem Kohlendioxid bietet. Und das ist natürlich eine tolle Lage!

Wenn Sie von der Vorstellung eines Lebens, bei dem Sie über *und* unter der Hölle baumeln, nicht beeindruckt sind, sollten Sie mal mit den netten Leuten sprechen, die ein Projekt namens Cloud Ten vorgeschlagen haben.

Ihr Plan sieht vor, das gesamte atmosphärische Kohlendioxid zu nutzen, um Bambus und Kombucha zu züchten und daraus kleine zellenähnliche Lebensräume zu bauen.

Wenn Sie bisher auch die Fußnoten gelesen haben, wissen Sie, dass wir zu den Leuten gehören, die Dinge wie technische Dokumente über die rechtlichen Aspekte von Buzz Aldrins Fäkalien lesen. Wir sind nicht qualifiziert, Sie bei der Wahl Ihres Lebensstils zu beraten. Aber wenn Sie von einem Haus aus Bambus und Kombucha träumen, gibt es in Nordkalifornien sicher jemanden, der Sie zu einem günstigeren Preis unterbringen kann.

Der Merkur

Der Merkur ist wie der Mond, liegt aber viel näher an der Sonne, was dazu führt, dass der durchschnittliche Tag-und-Nacht-Zyklus Temperaturschwankungen von –180 °C bis über 425 °C aufweist. Fairerweise muss man sagen, dass die Temperaturen an den Polen etwas milder sind, und wie beim Mond vermuten wir, dass es dort Eis geben könnte, das in tiefen Kratern dauerhaft gefroren ist.

Aber der Merkur ist kein beliebtes Siedlungsziel, abgesehen von ein paar verrückten Vorschlägen, von denen der beste die Besiedlung des Terminus vorsieht. Was ist der Terminus? Die kleine Region, in der der Tag auf die Nacht trifft. Die wunderbare Zone, in der man weder erfrieren muss noch lebendig gekocht wird. Der einzige Nachteil ist, dass man sich sicher in der Penumbra, also im Halbschatten, aufhalten muss, während sich die Nacht ihren Weg um den Planeten bahnt. Die gute Nachricht ist, dass der Merkuräquator nur 15 325 Kilometer misst, also weit weniger als die Hälfte des Erdumfangs. Und was noch besser ist: Der Merkurtag hat eine gemächliche Länge von 4222,6 Stunden. Alles, was man also tun muss, ist, die gesamte menschliche Zivilisation auf dem Planeten alle 24 Stunden um 86 Kilometer zu verschieben, und man bleibt am Leben* oder wird zumindest nicht durch Kälte oder Hitze getötet. Die Strahlung, der Mangel an Luft und das ständige Bedauern über die eigenen Lebensentscheidungen bleiben den Siedlern allerdings erhalten.

* Wir sind hier wirklich etwas unfair gegenüber dem Merkur. Die Siedler könnten ihre Rundreise abkürzen, indem sie einfach näher an den Polen leben. Wenn sie sich jedoch dafür entschieden haben, an einem Ort zu leben, an dem es heiß ist wie in einem Pizzaofen, sobald sie sich zu weit von zu Hause entfernen, haben sie bereits bewiesen, dass ihr Denkvermögen eingeschränkt ist.

Das äußere Sonnensystem

Eine Sache, die die Welten jenseits des Asteroidengürtels gemeinsam haben, ist die Dunkelheit. Sobald man den Asteroidengürtel hinter sich gelassen hat, ist die Sonne als Energiequelle für die Besiedlung fast nutzlos.

Auch die Landeplätze auf den Planeten sind nicht so toll. Um Jupiter und Saturn kreisen ein paar verlockende Monde – Welten wie Enceladus und Europa, die wahrscheinlich warmes Wasser unter der Oberfläche haben. Wenn es Ihr Ziel ist, außerirdisches Leben im Sonnensystem zu finden, sind dies großartige Kandidaten. Wenn Ihr Ziel darin besteht, dieses außerirdische Leben zu *sein*, sind Sie besser etwas näher an Ihrer Heimat aufgehoben. Mit den heutigen Methoden würde man für eine sichere Reise Jahre brauchen, möglicherweise Jahrzehnte, je nachdem, wohin man fliegt. Solange wir nicht über eine sehr futuristische Antriebstechnologie verfügen, werden diese Orte den robotischen Raumsonden vorbehalten bleiben.

Andere Sonnen

Der nächstgelegene Stern, Proxima Centauri, liegt etwa 4,2 Lichtjahre entfernt. Wenn wir davon ausgehen, dass wir so schnell unterwegs sind wie die Parker Solar Probe, die laut *Guinness World Records* die schnellste Raumsonde aller Zeiten ist, dauert das etwa 8000 Jahre. Das schaffen wir also nicht.

Unsere einzige Möglichkeit, mit einer halbwegs kurzfristig verfügbaren Technologie interstellar zu reisen, besteht darin, ein Schiff zu bauen, in dem eine menschliche Zivilisation 400 Generationen lang überleben und sich fortpflanzen kann, ohne sich gegenseitig umzubringen. Klingt das wie etwas, das die Menschen schaffen können?

Falls wir ein wenig Science-Fiction-Technologie zulassen, können wir vielleicht einen ultralangen Winterschlaf halten. Wenn man so darüber nachdenkt, ist das wahrscheinlich plausibler als die 400 Generationen des harmonischen Zusammenlebens. Allerdings müssten wir trotzdem ein

Raumschiff bauen, das in den nächsten acht Jahrtausenden keine größeren technischen Störungen aufweist. Da können wir ruhig etwas mehr Geld für eine schöne Farbe ausgeben.

Wenn wir ganz viel Science-Fiction-Technologie zulassen, könnten wir in etwas mehr als vier Jahren dorthin gelangen, indem wir mit Lichtgeschwindigkeit reisen und irgendwie nicht ausgelöscht werden, wenn wir auf kleine interstellare Objekte mit Geschwindigkeiten treffen, die normalerweise winzigen Partikeln vorbehalten sind. Nun sind wir zwar keine Zukunftsforscher, aber wir sind bereit, darauf zu wetten, dass wir eher alle unsere Gehirne auf Amazon oder wohin auch immer hochladen werden, bevor es Raumschiffe mit Lichtgeschwindigkeit gibt, und wir uns einfach zum nächsten Stern beamen können, wenn uns danach ist.

Ferne Sterne mit Exoplaneten sind toll. Vielleicht finden wir eines Tages Anzeichen für außerirdisches Leben. Vielleicht können wir sie sogar nach ihrem Nährwert fragen. Aber die Wahrscheinlichkeit, dass die Menschheit, wie wir sie kennen, dort auftaucht, um diese Außerirdischen zu begrüßen? So gut wie null.

Der Weltraum: Ziemlich übel

Wenn Sie nur eine Lehre aus Teil II mitnehmen, dann die, dass der Weltraum anders ist als die Erde. Der Weltraum ist komplett anders, und Versuche, die Raumfahrt mit Erkundungen auf der Erde zu vergleichen, klingen leichter, als sie sind. Mit einer Galeone um die Welt zu segeln, ist verdammt beeindruckend, aber es ist immer noch eine Erweiterung des Schwimmens oder des Sitzens auf einem schwimmenden Baumstamm – Dinge, die Menschen und andere Tiere ganz natürlich tun.

Keine andere Spezies, der wir je begegnet sind, hat sich absichtlich in den Weltraum begeben. Das liegt wahrscheinlich daran, dass der Weltraum so ziemlich alle schlechten Umweltbedingungen der Erde in sich vereint, plus ein paar Überraschungen wie extreme Temperaturen, giftgetränkte Böden und endlose Horizonte aus elektrisch geladenem, zerklüftetem Glas.

Die Besiedlung des Weltraums ist nicht unmöglich, aber sie wird verdammt schwierig sein.

Wie Sie sehen, hat Stella beschlossen, zum Mond zu fliegen, der praktischerweise in der Nähe liegt. Unser Ziel in Teil III ist es, herauszufinden, wie sie überleben kann.

Notabene

DER WELTRAUM IST DER RICHTIGE ORT FÜR PRODUKTPRÄSENTATIONEN ODER: WELTRAUMKAPITALISMUS IN FRÜHEREN ZEITEN, TEIL 2

Angesichts der enormen Kosten und des Potenzials für den Einsatz auf dem Schlachtfeld erfolgte die Finanzierung von Raketen in den Jahren, nachdem sich Hermann Oberth in die Luft gesprengt hatte, nicht durch Filme oder Risikokapital. Die Gelder wurden von Regierungen und Militärs bereitgestellt. Doch als der Geldhahn des Kalten Krieges zu versiegen begann, änderte sich alles.

Als die Sowjetunion in den späten 1980er-Jahren ins Trudeln geriet, brauchte die sowjetische Raumfahrtbehörde Geld und war bereit, bei der Verfolgung dieses Ziels etwas weniger kommunistisch zu sein. In den späten 1990er-Jahren war Russland so weit in die Kommerzialisierung vorgedrungen, dass einige seiner Aktivitäten selbst Amerikaner erschaudern ließen.

Sinnbildlich für diesen Wandel war ein Werbespot aus dem Jahr 1997, der an Bord der Mir gefilmt wurde, der damals größten jemals gebauten Raumstation. Er wurde von Alexander Lasutkin gedreht und zeigt den Kommandanten Wassili Ziblijew, der kleine Milchkugeln in die Luft spritzt und sie mit so viel Begeisterung verschlingt, wie er nur aufbringen kann. In dem Werbespot verliert die Bodenkontrolle den Kontakt zur Mir und macht sich ernsthafte Sorgen, bevor es ihnen gelingt, die Verbindung wiederherzustellen. Im Rausch des Erfolgs fragen sie den Kommandanten, ob er etwas braucht.

Der Kommandant antwortet: »Ein Glas echte Milch.«

»Echte Milch im Weltraum? Das hat es noch nie gegeben!«, sagt der schockierte Leiter der Bodenkontrolle.

Ziblijew blickt aus dem Fenster auf den großen blauen Ozean unter ihm und fragt: »Hmm … warum nicht einfach israelische Milch?«

Das sollte eine rhetorische Frage sein, aber es stellte sich heraus, dass die Antwort Krebs war. Tnuva, der israelische Hersteller der Milch, war zu dieser Zeit in Schwierigkeiten, weil er ein mutmaßliches Karzinogen in seine Milch gegeben hatte. Und weil er über die Verwendung dieses mutmaßlichen Karzinogens in seiner Milch gelogen hatte.

In dem Werbespot jedoch treten Tnuvas Wissenschaftler im weißen Labor in Aktion und produzieren in Windeseile das eine Getränk, das jeder russische Mann auf einer Feier zur Hand haben möchte – haltbare Milch. Das Getränk wird zu Kommandant Ziblijew geschickt, der die köstlichen weißen Kugeln in Pac-Man-Manier verschlingt. Eine attraktive, erstaunlich blonde Frau mit unbekanntem Beruf fällt in der Missionskontrolle in Ohnmacht. Ende.

Übrigens musste Ziblijew eine Szene des Werbespots neu drehen, weil der Regisseur auf der Erde der Meinung war, er habe nicht genug gelächelt.

Von den späten 1980er-Jahren bis heute gab es unzählige schamlose Werbeaktionen, die sich auf unangenehme Weise mit der Weltraumgrenze beschäftigten. Wir können sie nicht alle dokumentieren, aber hier ein paar Highlights:

- 1990 – Tokyo Broadcast System bezahlt dafür, dass der Journalist Toyohiro Akiyama an Bord einer Rakete zur Mir fliegt, die mit Werbung für japanische Unternehmen überzogen ist, darunter Unicharm, Hersteller von Einweghygieneprodukten.
- 1996 – Pepsi schickt eine 1,20 Meter lange aufblasbare Pepsi-Dosenattrappe zur Mir, die die Kosmonauten bei mehr als einer EVA (extravehikulare Aktivität) – auch bekannt als Weltraumspaziergang, auch bekannt als die gefährlichste Aktivität in der erdnahen Umlaufbahn, bei der normalerweise keine gigantischen neuartigen Getränkedosen zum Einsatz kommen – mitnehmen

müssen. Übrigens: Obwohl sowohl Coke als auch Pepsi ihren Weg in den Weltraum gefunden haben, sind sie bei Astronauten nicht sonderlich beliebt, denn Rülpsen ist ein riskantes Unterfangen in der Schwerelosigkeit.

- 2000 – Pizza Hut klebt sein Logo auf eine russische Rakete. Ein Jahr später erfolgt die erste Pizzalieferung in den Orbit. Zuvor hatten sie erwogen, ihr Logo auf den Mond zu projizieren, änderten aber ihre Meinung, als sie erfuhren, dass die Laserprojektion die Größe von Texas haben müsste und Hunderte von Millionen Dollar kosten würde.
- 2001 – NBC kündigt einen neuen Schauplatz für seine beliebte Reality-TV-Show *Survivor* mit dem Namen *Destination Mir* an. Die Sendung wurde nie gefilmt, nicht zuletzt weil die Mir im Jahr 2001 zum Absturz gebracht wurde. Was uns zu diesem Thema führt:
- 2001 – Taco Bell stellt eine Zielscheibe auf dem Meer auf und bietet jedem in den Vereinigten Staaten lebenden Menschen einen kostenlosen Taco an, wenn die Mir beim Wiedereintritt in die Atmosphäre die Zielscheibe trifft. Die Mir verfehlt das Ziel, vielleicht als letzter Akt des Trotzes.

Andere Produkte, die im Weltraum beworben wurden, sind Cup O'Noodles, Rold Gold Pretzels und Radio Shack. Eine lobende Erwähnung geht an das Zinger-Sandwich von Kentucky Fried Chicken, das während einer Fahrt in einem Höhenballon dorthin kam, wo noch nie zuvor ein Huhn gewesen ist.

Star Trek hat Ihnen vielleicht den Eindruck vermittelt, dass die Zukunft des Weltraums frei von übertriebenem Konsumverhalten sein wird, aber die besten verfügbaren Beweise deuten darauf hin, dass der Kommerz gerade erst in Fahrt kommt.

Der Versuch von Pizza Hut, eine Werbung in den Mond zu lasern, wurde zwar vereitelt, aber PepsiCo (der Eigentümer von Pizza Hut) lässt sich nicht davon abhalten, den Himmel in eine Werbetafel zu verwandeln. Die russische Niederlassung des Unternehmens hat kürzlich mit einem lokalen Startup namens StartRocket zusammengearbeitet, das plant, gigantische Werbetafeln aus Mylar in die Umlaufbahn zu bringen.

Nachdem dieser Plan durchgesickert war und ein negatives Echo ausgelöst hatte, änderte Pepsi seine Meinung über die Verschandelung des Himmels. Hätte Pepsi den Plan jedoch weiterverfolgt, gäbe es keine stichhaltigen rechtlichen Argumente, um sie zu stoppen. Das US-Gesetz erlaubt es privaten Unternehmen, ihre Raketen und Nutzlasten mit Logos zu versehen, verbietet es ihnen aber, Werbung im Weltraum zu platzieren, die mit bloßem Auge sichtbar ist.[65] Allerdings besagt ein Präzedenzfall, der bis zum ersten Satellitenstart im Jahr 1957 zurückreicht, dass sich Satelliten über allen Ländern frei bewegen können. Wenn man also die Sterne über Amerika mit einer Mylarfolie mit der Aufschrift »American Beer Sucks« (Amerikanisches Bier ist ätzend) verdecken will, müsste man im Prinzip nur von einem anderen Ort als den Vereinigten Staaten aus starten.

Das Komitee der Vereinten Nationen für die friedliche Nutzung des Weltraums hat Interesse daran gezeigt, sich für die Unterbindung unangenehmer Weltraumwerbung einzusetzen; es sind jedoch keine konkreten Schritte unternommen worden. Angesichts dringenderer Probleme wie der Bewaffnung des Weltraums ist dies kaum überraschend. In einem Bericht des Ausschusses aus dem Jahr 2002 heißt es dazu: »Es wurde auch die Ansicht geäußert, dass es fraglich sei, ob eine solche Empfehlung Priorität habe.«[66] Das ist verständlich.

In diesem Buch gehen wir davon aus, dass die menschliche Natur in der wildfremden Umgebung des Weltraums ausgesprochen irdisch bleiben wird. Wir wissen zwar nicht, ob die Enkel Ihrer Enkel unterirdische Marshöhlen oder schwebende Zellen aus Kombucha-Haut am Himmel der Venus bewohnen werden, aber wir können sicher sein, dass Ronald McDonald sie finden wird, wo immer sie sich im Kosmos befinden.

Teil III

Taschenparadies: Wie man ein Terrarium für Menschen einrichtet, das gar nicht so schrecklich ist

BISHER HABEN WIR UNS MIT VIELEN MERKWÜRDIGEN DINGEN beschäftigt. Schwerkraft, Strahlung, verrückte Temperaturschwankungen und so weiter. Die grundlegende Lösung für all diese Probleme besteht darin, sie zu vermeiden, wenn man das kann. Was das konkret bedeutet, kann variieren, aber es wird immer eine Art Blasenwelt sein, die alle Funktionen der Biosphäre der Erde erfüllen muss, nur eben in Miniatur.

Das Design von Ökosystemen ist ein weiteres dieser seltsamen Probleme bei der Besiedlung des Weltraums, das an den Rand gedrängt wird, obwohl es ein großes praktisches Hindernis für das Überleben außerhalb der Erde darstellt. Ähnlich wie die menschliche Fortpflanzung im Weltraum ist das Design von Ökosystemen ein äußerst komplexes wissenschaftliches Problem, das nur mit geringen Mitteln finanziert wird, obwohl es für jedes Weltraumsiedlungsprojekt von grundlegender Bedeutung ist. Vielleicht, weil es um so uncooles Zeug wie den Anbau von Mangos und das Recyceln von Fäkalien geht. Oder vielleicht, weil es sehr teuer wäre, ohne dass derjenige, der es baut, einen entscheidenden geopolitischen Einfluss hätte.

Wenn wir einmal für uns selbst sprechen dürfen, würden wir ganz gerne nicht sterben, wenn wir auf eine Marsbasis geschickt würden. Bevor wir uns mit den Gesetzen des Weltraums beschäftigen, befassen wir uns also mit einigen eher praktischen Dingen – Nahrung, Abfall und Gartenarbeit. Wenn wir das geschafft haben, müssen wir das alles nur noch vor dem sofortigen Tod im Weltraum schützen.

Kapitel 9
Was rein- und was rausmuss: Kot, Nahrung und der »geschlossene Kreislauf«

Weltraumsiedler werden noch lange Zeit Lieferungen von der Erde erhalten müssen, aber zumindest bei grundlegenden Dingen wie Nahrung und Wasser werden sie sich um so viel Unabhängigkeit wie möglich bemühen müssen. Kartoffelsalat wird teuer, wenn er aus der Schwerkraft der Erde geholt, durch den Weltraum geflogen und dann vorsichtig vor einer Luftschleuse auf dem Mars abgesetzt werden muss. Darüber hinaus erhöht der Anbau lokaler Produkte die Chance, nicht zu sterben, wenn eine Lieferung nicht ankommt oder verunreinigt geliefert wird.

Um sich im Weltraum selbst versorgen zu können, muss die Abfallentsorgung ebenfalls einen unheimlich hohen Grad an Raffinesse aufweisen – etwas, das die menschliche Wissenschaft erst noch erlernen muss und das wir am Ende dieses Kapitels untersuchen werden. Doch bevor wir dazu kommen, geben wir Ihnen einen kurzen Überblick darüber, wie Essen und Ausscheidung im Weltraum tatsächlich ablaufen, damit Sie die beiden Enden des Kreislaufs kennen, den wir zu schließen versuchen.

Ausscheidungen: Die unvermeidliche Diskussion über Weltraumtoiletten

Es hat schon viele Weltraumtoiletten gegeben, aber abgesehen von denen bei Start und Landung gab es vor allem zwei Möglichkeiten, sein Geschäft zu verrichten.

In den heroischen Anfangstagen der Raumfahrt war die Lösung ein länglicher Plastikbeutel mit Klebestreifen und einer kleinen fingerförmigen Vertiefung.

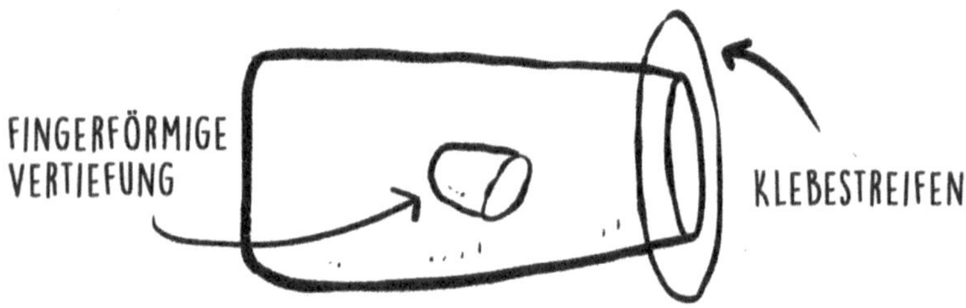

Der Klebestreifen ist aus offensichtlichen Gründen vorhanden, aber warum die fingerförmige Vertiefung? Um den Abfall in die richtige Richtung zu stupsen.

Das gefiel niemandem. Während des Weltraumflugs Gemini 7 beschloss Kommandant Frank Borman, der als, sagen wir mal, pingelig bekannt war, zu versuchen, während der gesamten zweiwöchigen Umlaufzeit seinen Stuhlgang zurückzuhalten.[67] Dieses Unterfangen wurde durch die Verwendung von sogenannten »rückstandsarmen Nahrungsmitteln« durch die NASA etwas erleichtert. Aber 14 Tage sind eine lange Zeit, um Rückstände anzusammeln. An Tag 9 musste sich Borman dem Unvermeidlichen stellen. Er wandte sich an sein einziges Besatzungsmitglied, Jim Lovell, und sagte: »Jim, ich glaube, das war's.« Lovell, der für sein ruhiges Auftreten und seinen Sinn für Humor bekannt war, scherzte zurück: »Frank, du hast nur noch fünf Tage vor dir.« Frank hat diese fünf Tage nicht mehr geschafft.

So groß war Gemini übrigens:

2,55 KUBIKMETER
BEWOHNBARES VOLUMEN

(ZUM VERGLEICH: EIN TESLA MODEL 3 HAT EIN INNENRAUMVOLUMEN VON ETWA 3,2 KUBIKMETERN.)

In den frühen Tagen der Raumstationen wurde diese Methode im Wesentlichen durch einen sehr speziellen zweiköpfigen Staubsauger ersetzt. Ein Kopf war dabei für flüssige Ausscheidungen, die relativ einfach zu handhaben sind. Der andere Kopf war für feste Ausscheidungen, die in ein Netz gesaugt, in einen Beutel gepackt und dann in eine Aufbewahrungstasche gesteckt werden mussten. Und stellen Sie sich nicht irgendeine elegante Entsorgungseinheit aus Metall und Plastik vor. Wie die ISS-Kommandantin Peggy Whitson in einem Interview sagte: »Wenn das Ding voll wird, muss man einen Gummihandschuh anziehen und es wegpacken.«[68]

Positiv ist, dass die partielle Schwerkraft das traditionelle Verhältnis der Menschheit zu ihrem Abfall wiederherstellt, bei dem dieser, sobald er den Körper verlässt, nicht mehr fliegt. Wenn man jedoch etwas aus den alten Weltraumtoiletten lernen kann, dann ist es, dass sie immer komplex und heikel waren. Das gigantische *Human Integration Design Handbook* (Handbuch für menschliches Integrationsdesign) der NASA enthält detaillierte Analysen für Dinge wie die maximale Stuhlgangmasse und -häufigkeit sowie differenzierte Angaben darüber, wie Astronauten gleichzeitig koten und urinieren können müssen. Und doch haben sich die Astronauten im Laufe der

Jahre gezwungen gesehen, eine Vielzahl von Neologismen zu schaffen, um das Phänomen der in der Luft befindlichen Fäkalien zu beschreiben. »Floater«, »Ausreißer« und am schlimmsten: »Bachforelle«. Im ursprünglichen Abfallsystem des Spaceshuttles wurde der Kot nach dem Absaugen mit einem Gerät, das ein Astronaut »Slinger«, also Schleudermaschine, nannte, gegen eine kalte Oberfläche geschleudert, wodurch er effektiv gefriergetrocknet wurde. Aber die Eindämmung war mangelhaft, sodass winzige gefriergetrocknete Kotpartikel in die Kabine gelangen konnten. An Bord der heutigen ISS lebt die Tradition in anderer Form weiter. Tim Peake berichtete von einem Astronauten, der versehentlich »eine anständige Portion Stoffwechselabfälle« verlor, die dann zwei Wochen später in »einer kleinen Lücke in der Nähe des Rückluftfilters« wieder auftauchten.[69]

Bei der »Inspiration4«-Mission von SpaceX im Jahr 2021, bei der vier unerschrockene Privatastronauten in besonders coolen Raumanzügen auf eine Reise in den Orbit geschickt wurden, war ein großes Problem die kaputte Toilette. Zum Zeitpunkt der Fertigstellung dieses Buches gibt es kaum Details, aber anscheinend ging etwas mit dem Ansaugsystem schief, was zu der herrlichen Schlagzeile von *USA Today* führte: »Elon Musk sagt, dass die Inspiration4-Crew ›Probleme‹ mit der Toilette hatte, und verspricht, die sanitären Anlagen nachzurüsten.«[70]

Die sanitären Einrichtungen werden in Weltraumsiedlungen zwar einfacher sein, aber auch eine neue Herausforderung darstellen. In der Vergangenheit war es üblich, dass Astronauten ihren Stuhlgang einfach entsorgten, daher die verlockenden, aber verbotenen Fäkalienbeutel auf dem Mond. Das wird in einer Weltraumsiedlung nicht funktionieren. Man versucht hier ja schließlich, einen Garten Eden zu schaffen, und da sind menschliche Abfälle der Perfektion eines Gartens wesentlich näher als die tote Erde anderer Welten. Aber bisher wurden im Weltraum noch keine festen Abfälle recycelt. Das nächstliegende Äquivalent sind der recycelte Urin und die Flüssigkeiten auf der ISS, die in Trinkwasser umgewandelt werden. Oder, wie die Amerikaner es nennen, »kalter Kaffee«.

In Anbetracht der Verwertbarkeit von Abfällen außerhalb der Erde ist es wahrscheinlich, dass eine Art Kompostierungssystem für menschliche Ausscheidungen eingesetzt wird. Diese Technologie ist auf der Erde wohlbekannt, wird aber an Orten mit geringer Schwerkraft und einer geschlossenen Atmosphäre nur selten eingesetzt.

Ernährung: Weltraumnahrung – schlecht, aber nicht so schlecht wie früher

Der Geschmack ist echt mies.[71]

– Buzz Aldrin, zweiter Mann auf dem Mond

Das Essen im Weltraum unterliegt einer Reihe von Zwängen. Es muss nahrhaft sein. Es muss in einem praktischen, leicht zuzubereitenden Behälter geliefert werden, der keine Chemikalien an die Nahrung abgibt. Es muss möglichst lange haltbar sein. Es darf keine Krümel oder andere kleine Essensreste hinterlassen, die in die Atmosphäre oder die Ausrüstung des Schiffes gelangen könnten. Und idealerweise sollte es all das gewährleisten und gleichzeitig schmackhaft und abwechslungsreich sowohl im Aroma als auch in der Konsistenz sein.

Erschwerend kommt hinzu, dass man vor Ort keine Küche hat. Jedenfalls keine richtige. Mir und Skylab verfügten beide über Kühlschränke, in denen Delikatessen wie Filet Mignon, Eiscreme und Götterspeise aufbewahrt werden konnten. Aber Kühlschränke brauchen viel Platz und Energie. Die ISS erhielt erst im Jahr 2020 einen, obwohl Gerüchten zufolge einige der wissenschaftlichen Kühlschränke manchmal für Getränke verwendet wurden. Die meisten Lebensmittel haben jedoch entweder Raumtemperatur oder sind heiß. Aber niemals kochend heiß und schon gar nicht frisch gebraten oder geröstet – weil das Aktivitäten sind, bei denen unerwünschte Chemikalien in die versiegelte Atmosphäre entweichen könnten. Die Erwärmung erfolgt nur durch Heißwasserinjektion oder in einem Konvektionsofen, der nur etwa 75 °C erreicht. Weltraumsiedlungen werden mit ziemlicher Sicherheit erdähnlichere Küchen haben, die jedoch nicht ganz identisch sein werden. Ihr Herd zu Hause ist höchstwahrscheinlich mit einer Abzugshaube ausgestattet. In Weltraumsiedlungen wird die Atmosphäre allerdings recycelt werden müssen. Der Wunsch der Menschen, wie auf der Erde kochen zu können, muss gegen die Kosten für die Reinigung der Atmosphäre abgewogen werden.

Berichten zufolge schmeckt das Essen in der Weltraumumgebung auch weniger gut und hat weniger Aroma. Das kann daran liegen, dass die Flüssigkeitsverschiebung einen Druck in den Nebenhöhlen erzeugt, der einer Erkältung ähnelt, oder daran, dass in der Schwerelosigkeit keine Gerüche in die Nase steigen, oder auch an der künstlichen Atmosphäre.* Was auch immer der Grund ist, Astronauten haben jedenfalls oft Lust auf pikante Gewürze wie Salz, Pfeffer, Tabasco und Mayonnaise. Und natürlich Taco-Sauce. Die salzige, pikante Taco-Sauce ist bei Astronauten so beliebt, dass sie 1991 für etwa eine Woche zum ersten Zahlungsmittel im Weltraum wurde. Auf dem Shuttleflug STS-40 kam die Taco-Sauce auf alles. Pilot Sid Gutierrez erinnerte sich: »Ich habe es zwar nicht selbst gemacht, habe aber beobachtet, wie die Besatzungsmitglieder morgens Taco-Sauce auf Rice Krispies träufelten.«[72] Um den achten Tag herum wurde dem Kommandanten der STS-40, Bryan O'Connor, klar, dass der Taco-Saucen-Konsum der Besatzung bald den Vorrat übersteigen würde. Laut Gutierrez sicherte der Kommandant »die gesamte verbliebene Taco-Sauce und teilte sie gleichmäßig unter den Besatzungsmitgliedern auf. Danach wurde die Taco-Sauce zum Tauschmittel. Wenn man zum Beispiel mit dem Reinigen der Latrine an der Reihe war, konnte man jemanden dafür mit einer Portion Taco-Sauce bezahlen, um den Job für einen zu übernehmen.«

So furchtbar pikante Rice Krispies auch klingen mögen, so sind sie eine Verbesserung gegenüber den alten Zeiten. Die allerersten Weltraumnahrungsmittel waren Pasten in Tuben, eine Mahlzeitenform, die ursprünglich für Jetpiloten auf Reisen konzipiert wurde. In den 1960er-Jahren wurde die amerikanische Weltraumnahrung auf seltsame Weise abstrakt. Es wur-

* Ein Experiment an Bord der Saljut 6, das den Namen »Geschmack« trug, versuchte, dieses Phänomen besser zu ergründen, indem ein elektrischer Strom an die Geschmacksnerven der Kosmonauten angelegt wurde.

den eine Vielzahl verschiedener Lebensmittelwürfel hergestellt, die oft von einer öligen, gallertartigen Substanz umhüllt waren, darunter »Käsewürfel«, »getoastete Brotwürfel« und die beängstigend unspezifischen »roten Würfel«. Teilweise war dies einfach nur eine Art Amoklauf der Ingenieure,* aber es gab auch eine gewisse Logik darin. Wenn man eine große Menge an Lebensmitteln in einer Form verpacken will, bei der keine Krümel entstehen, sind mundgerechte Würfel mit einer Ummantelung sinnvoll. Der Nachteil war, dass niemand sie mochte. Nach einem Bericht des Lebensmittelwissenschaftlers Dr. Paul Lachance schlug der Astronaut Wally Schirra vor, nur mit diesen mundgerechten Lebensmitteln zu fliegen. Die Ernährungswissenschaftler erkannten, dass dies keine gute Idee war, und schlugen dem Astronauten und seinen Kollegen vor, sich ein paar Tage lang von diesen Lebensmitteln zu ernähren. »Und sie alle gaben es auf, weil das Zeug ihnen die Kehle verklebte … und außerdem waren sie es leid, auf diese harten Chips zu beißen.«[73]

Ein Großteil der frühen Weltraumnahrung war gefriergetrocknet oder dehydriert. Der Entzug von Wasser war damals wertvoller, weil die ersten menschlichen Raumfahrzeuge mit Brennstoffzellen betrieben wurden, die als Nebenprodukt reines Wasser erzeugten. Man musste also nur etwas Strom verbrauchen, eine Tüte mit Kartoffelpüreeflocken öffnen und sie dann genießen. Als die Ära der Raumstationen begann, wurde das Essen ein bisschen besser. Die Speisekarten auf der russischen Seite klingen geradezu nobel, denn auf der Saljut 1 gab es Wurst, Schokolade, Kaffee, Käse, Kekse, Fleisch und Fisch.

Das Spaceshuttle, das von den frühen 1980er-Jahren bis zum Start der ISS das Zentrum der US-Raumfahrtaktivitäten war, verfügte ebenfalls über

* Wir fanden eine Geschichte über Sidney A. Schwartz, einen Wissenschaftler bei Grumman Aircraft, der »Mehl, Maisstärke, Milchpulver, Bananenflocken und Maisgrütze« kombinierte und sie dann »in einer hydraulischen Presse bei 400 Grad Fahrenheit unter 3000 Pfund Druck backte«. Das sind etwa 200 °C und etwa 1360 Kilogramm. Das Ergebnis war »eine körnige braune Platte, so hart wie eine Holzfaserplatte, die mit einer Bandsäge gesägt werden konnte, ohne abzusplittern, oder in die man Bolzen und Schrauben bohren konnte«. Und, so Schwartz, nachdem es »mit einer winzigen Mühle pulverisiert« und »ein paar Stunden in Wasser eingeweicht« wurde, war es essbar und »schmeckte wie Frühstücksflocken mit Bananen. Ich mochte es sehr.« Richard Foss, *Food in the Air and Space: The Surprising History of Food and Drink in the Skies* (New York: Rowman & Littlefield Publishers, 2016), S. 161.

Brennstoffzellen zur Wasserversorgung und war jeweils nur etwa zwei Wochen im Orbit. Daher war die Bevorratung mit Lebensmitteln etwas einfacher, denn viele der frühen Rationen waren lediglich militärische *meals ready to eat*, also Fertiggerichte.* Dennoch gab es zu dieser Zeit wichtige Entwicklungen, darunter die ersten Weltraumtortillas. Die Tortilla wurde 1985 erstmals in den Orbit gebracht, als die Missionsspezialistin Mary Cleave und der Nutzlastspezialist Rodolfo Vela, der erste mexikanische Astronaut, frische Tortillas mitbrachten. Tortillas sind das ideale Weltraumbrot, weil sie sich gut verpacken lassen, keine Krümel hinterlassen und eigentlich einfach nur essbare Teller sind. Seitdem sind die haltbaren Tortillas das bevorzugte Brot für die Astronauten. Auf russischer Seite hat man einen eher technischen Ansatz gewählt. Die Kosmonauten essen winzige Brotquadrate, die speziell entwickelt wurden, um kaum Krümel zu hinterlassen. Aufgrund ihrer Größe werden sie scherzhaft als Barbie-Brot bezeichnet.

Die moderne Weltraumküche besteht größtenteils aus dehydrierten Lebensmitteln, gefriergetrockneten Lebensmitteln, haltbaren Lebensmitteln mit »mittlerer Feuchtigkeit«, wie Trockenobst und M&M's, sowie Lebensmitteln, die thermostabilisiert oder bestrahlt wurden, um sie vor Fäulnis zu schützen. Wenn man sich die Literatur über Weltraumnahrung und die Beschreibungen der Astronauten in ihren Memoiren durchliest, hat man den Eindruck, dass das Essen durchaus in Ordnung ist – im Grunde das, was man essen würde, wenn man in einem Atombunker leben würde, der von jemandem mit einem Abschluss in Lebensmittelwissenschaften ausgestattet ist.

Manchmal trifft man auf Gourmetfreaks, die das Weltraumessen tatsächlich genießen, wie Charlie Duke, der nicht genug von dem »Ambrosia«** bekommen konnte, das für ihn eingepackt wurde. Dr. Mike Massimi-

* Wie man uns mitteilte, handelte es sich dabei nicht immer um ein exquisites Essen. Es gibt zahlreiche scherzhafte Spitznamen, zum Beispiel *meals rarely edible* (also: kaum genießbare Mahlzeiten).

** Zach, der in den amerikanischen Südstaaten aufgewachsen ist, war mit diesem Zeug vertraut. Im Grunde genommen handelte es sich um eine Mischung aus verschiedenen Obstkonserven in Sirup, dazu süße Gelatinestückchen und winzige Marshmallows, alles kombiniert mit noch mehr Zucker und praktisch jeder Art von Fett – Mayo, Schlagsahne, saure Sahne, was auch immer. Zweifellos noch leckerer in einer bestrahlten, haltbaren Form.

no liebte, obwohl er in einer italienisch-amerikanischen Familie aufwuchs, thermostabilisierte Spaghetti-und-Fleischbällchen-Pakete. Die Liebe zur Weltraumnahrung ist jedoch selten, und viele Astronauten verlieren während ihrer Missionen an Gewicht.

Und wie steht es mit den beliebtesten Getränken der Erde – Wein, Bier und Schnaps? Zumindest einmal gab es einen Drink in einer anderen Welt. Das war 1969, als Buzz Aldrin in der Landefähre *Eagle* das Abendmahl feierte. Ein kleiner Schluck für einen Menschen und zugleich ein großer Genuss, da er Wein zu trinken bekam.

Die NASA verbietet offiziell Alkohol auf der ISS, dennoch wurde schon viele Male Alkohol ins All gebracht. Die sowjetischen/russischen Raumstationen waren darin wesentlich freizügiger, was gelegentlich zu einem Kulturschock führte. Dr. Jerry Linenger war überrascht, als er auf der Mir Flaschen mit Cognac und Whiskey in den Handschuhen eines Raumanzugs versteckt fand.* Nichtrussische/nichtamerikanische Flieger waren vielleicht etwas stilvoller – der französische Raumfahrer Patrick Baudry brachte während seines Saljut-Trips im Jahr 1975 Château-Lynch-Bages-Wein mit.

Unter Alkoholeinfluss in der Umlaufbahn zu kreisen, ist vielleicht nicht gerade eine Tradition, aber ein Verhalten, das es schon immer gab. Quellen, die anonym bleiben wollen, haben uns berichtet, dass die Atmosphäre des russischen Segments der ISS von Zeit zu Zeit einen Hauch von Ethanol verströmte. Werden die Siedlungen im Weltraum auch so sein? Zumindest ein Autor rät von einer marsianischen Destillerie in nächster Zeit ab. Der Science-Fiction-Autor Andy Weir sagte im Vorwort zu *Alcohol in Space*, dass Fans oft fragen, ob sein heldenhafter Marsbewohner und Kartoffelbauer Mark Watney Alkohol hätte herstellen können. Die Antwort lautet Nein – nicht wenn er am Leben bleiben wollte. »Man braucht fast 8 Kilogramm Kartoffeln, um eine Flasche Wodka herzustellen ... fast eine Woche Essen für unseren armen gestrandeten Astronauten.«[74]

Es ist wahrscheinlich, dass in einer zukünftigen Weltraumsiedlung noch viele Konservierungstechnologien zum Einsatz kommen werden,

* Armenischer Kognak war Berichten zufolge das beliebteste Getränk der Kosmonauten.

sowohl weil sie das ergänzen, was wir außerhalb der Welt anbauen können, als auch weil sie einen Geschmack von zu Hause vermitteln. Nach zwei Jahren mit lokal angebautem Biogemüse könnte eine Packung leicht weltraumbestrahlter Oreos ziemlich verlockend aussehen. Menschen, die sich mit Weltraumpsychologie beschäftigen, berichten, dass gutes Essen einer der wichtigsten Faktoren für das tägliche Wohlbefinden ist – eine Erkenntnis, die auch in Büchern aus der Zeit der Polarforschung zu finden ist. Indem wir den Menschen diese Nahrungsmittel zuführen, schaffen wir außerdem eine zusätzliche Bodenquelle für unsere Weltraumfarm. Je mehr Nahrung wir jedoch vor Ort anbauen können, desto effizienter, widerstandsfähiger und potenziell dauerhafter wird unsere Weltraumsiedlung.

Ein Farmer auf dem Mars: Die frische Zukunft der Weltraumnahrung

Der Kosmonaut Walentin Lebedew konnte sich auf der Erde nie für Gartenarbeit begeistern. Aber im Orbit verliebte er sich in die Pflege des grünen Lebens in einer künstlichen Welt. Wie er sagte: »Ein winziges Blatt öffnete sich und schien ein helles Fenster in die Welt hinauszuwerfen.«[75]

Pflanzen reinigen die Luft und sorgen für mehr organische Materie auf leblosen Welten. Außerdem liefern sie Nährstoffe wie Vitamin C, die nicht lange haltbar sind. Ein Mangel an Vitamin C führt zu Skorbut, und das würde der Operation zwar ein charmantes Piratenflair verleihen, aber die Siedler würden es wahrscheinlich vorziehen, kein blutendes Zahnfleisch, wackelnde Zähne und Wunden zu haben, die nicht heilen wollen.

Wir wissen, dass man in Raumstationen Pflanzen anbauen kann, solange man Wasser, Atmosphäre, Nährstoffe und ein Anbaubeet bereitstellt. Das ISS »Vegetable Production System« (Gemüseproduktionssystem) und das spätere »Automated Plant Habitat« (Automatisierter Lebensraum für Pflanzen) haben erfolgreich Pflanzen wie Blattsenf, Grünkohl, Kopfsalat, Zwergweizen und Chinakohl angebaut. Wie bei

Menschen im Weltraum ist es auch bei Pflanzen nicht einfach, sie am Leben zu erhalten, aber die gute Nachricht ist, dass sie nicht einfach sofort aufgeben und sterben.

Die Aussage »Man kann Nahrung anbauen, solange es Wasser, Atmosphäre und Nährstoffe gibt« bedeutet jedoch im Grunde nur, dass das Wachstumsmedium der Pflanze nicht aktiv schadet. Mondregolith erfüllt möglicherweise nicht einmal diesen niedrigen Standard. Das erste Experiment, bei dem Pflanzen in tatsächlichem Mondregolith gezüchtet wurden, wurde erst 2022 veröffentlicht, wobei Samen von *Arabidopsis thaliana* (Acker-Schmalwand) verwendet wurden.[76] Der Boden wurde mit Nährstoffen, Wasser und einer pflanzenfreundlichen Atmosphäre versorgt. Die Pflanzen wuchsen zwar, aber nur schlecht. Im Vergleich zu den Pflanzen, die in vergleichsweise nährstoffarmer Erde wuchsen, hatten die Pflanzen, die in alten Proben der Apollo-Mission gewachsen waren, eine rötliche Farbe, was in der Regel auf Stress hinweist. Weitere molekulare Untersuchungen ergaben außerdem, dass sie eine physiologische Stressreaktion zeigten. Sie waren auch kleiner als die Pflanzen im Erdboden.

Okay, aber wir wussten, dass der Mond renovierungsbedürftig ist. Wie sieht es mit dem Mars aus? Vielleicht haben Sie den einen oder anderen populären Artikel gelesen, in dem es heißt, dass Forscher erfolgreich Pflanzen in »marsähnlicher Erde« gezogen haben. Was in der Regel verschwiegen wird, ist, dass der simulierte Marsboden den Marsboden nicht genau simuliert. Zumindest nicht auf chemischer Ebene, da er zu Beginn keine Perchlorate enthält. Der simulierte Boden ist ein bestimmtes Produkt, das die Beschaffenheit des Marsbodens ein wenig nachahmt, aber eigentlich ist es nur Erdboden, der dem Marsboden am nächsten kommt. Niemand hat jemals eine Pflanze auf dem Mars angebaut, aber höchstwahrscheinlich erfordert die Marserde einen aufwendigen Prozess der Reinigung, Düngung und Aussaat von Mikroben. Und selbst wenn es klappt, müssen wir sicherstellen, dass die Pflanzen für den menschlichen Verzehr sicher sind. Andernfalls könnte die Lösung im hydroponischen oder aeroponischen Gartenbau liegen, bei dem mit Nährstoffen angereichertes Wasser oder Luft den Boden ersetzen.

Übrigens wird die Beleuchtung ein Problem sein. Aus Gründen, die wir später erörtern werden, kann man wahrscheinlich kein Glas als Außenhülle verwenden. Auf dem Mars sind die Lichtverhältnisse bereits wesentlich schlechter als auf der Erde, und gelegentlich ist der Himmel durch Staub verdunkelt. Wahrscheinlich wird man eine künstliche Lichtquelle verwenden oder vielleicht Licht von der Oberfläche über Glasfaserkabel leiten oder beides.

Wie bei den Menschen wissen wir auch nicht genau, wie sich die Mikrogravitation und die Strahlung im Weltraum auf die Pflanzen auswirken werden. Eine kürzliche Mission der Europäischen Weltraumorganisation namens Eu:CROPIS* versuchte, diese Frage zu beantworten, indem sie Pflanzen in einem kleinen Satelliten züchtete, was jedoch durch eine Softwarefehlfunktion vereitelt wurde – eine Ausrede, die wir seither für den Tod unserer eigenen Zimmerpflanzen verwenden. Erfolgreicher war Chinas Chang'e 4, der auf der anderen Seite des Mondes Baumwolle wachsen ließ. Es ging ihr ziemlich gut, bis die subantarktische Mondnacht über ihrem Behälter hereinbrach und sie erfror. Aber hey, so weit, so gut.

So viel zum Thema Gartenbau. Können wir Viehzucht betreiben? Ja und nein. Generell gilt: Je größer das Tier, desto weniger effizient ist es bei der Umwandlung von Futter in Fleisch. Zumindest anfangs sind Kühe nicht geeignet. Schweine ebenfalls nicht. Hühner sind in Ordnung, aber Eichhörnchen sind besser. Und warum eigentlich keine Hamster? Weil es eine bessere Option gibt: Insekten.

Insekten – was kann man daran nicht mögen? Sie vermehren sich schnell, brauchen nicht viel Platz, fressen Essensreste, haben einen hohen Proteingehalt und Sie werden niemals eins Wilbur taufen und sich in es verlieben. Zu den vorgeschlagenen Insekten-Proteinquellen gehören Grillen, Seidenraupen, Mehlwürmer, Schwärmer (Schmetterlingsart), Brotkäfer, Termiten und Fliegen. Ob man diese Tierchen mag, ist eine Frage des Geschmacks. Oder möglicherweise eine Frage der Heimtücke. In einem Leitartikel der

* Das »Eu« steht übrigens nicht für Europa, sondern für Euglena, die Mikroorganismen, die in der Studie verwendet wurden.

Zeitschrift *Foods* aus dem Jahr 2020 heißt es: »Mehrere Verbraucherstudien sind zu dem Schluss gekommen, dass das Verstecken von Insekten in traditionellen Lebensmitteln die Bereitschaft der Menschen erhöhen kann, Lebensmittel auf Insektenbasis zu essen.«[77]

Zu den etwas ausgefalleneren Science-Fiction-Optionen gehören Bioreaktoren, die Fleisch aus Zellen herstellen. Einige Start-ups arbeiten bereits an dieser Art der Technologie. Zumindest theoretisch könnte man damit das Fleisch von Kühen, Schweinen, Ziegen und anderen großen Tieren erzeugen, ohne dass man zwei von jeder Art mitbringen muss.

Ein Experte, mit dem wir sprachen, wollte das Ganze sogar unterhalb der zellulären Ebene ansetzen – er vermutete, dass Pflanzen für Gewürze angebaut werden könnten, aber dass wir ansonsten unsere Mahlzeiten aus grundlegenden Nahrungsbausteinen wie Fetten und Aminosäuren herstellen sollten. Andere meinten, wir sollten es einfach halten und uns im Weltraum vegan ernähren. Das ist nicht jedermanns Sache, aber es könnte eine gute Ergänzung zur Kombucha-Hütte auf der Venus sein. Man sollte nur nicht die Wände essen.

Den Kreislauf schließen: Ein Weltraumökosystem aufbauen und dann nicht darin sterben

Für eine vollständig geschlossene Ökologie sollten wir so viel wie möglich recyceln: Ihren Atem, die Feuchtigkeit, die Ihr Körper abgibt, Urin, Fäkalien, abgelöste Hautzellen und alle anderen Ausscheidungen, die Ihre sterbliche Hülle gerade abgibt.

In einer orbitalen Raumstation möchte man wirklich so nahe wie möglich an 100 Prozent herankommen. Auf dem Mond oder Mars ist die Toleranz wesentlich größer. Allerdings muss man immer auf die Elemente achten, die vor Ort schwer zu ersetzen sind, wie Kohlenstoff auf dem Mond oder Phosphor auf dem Mars und Stickstoff fast überall.

Abgesehen von der Herstellung von »kaltem Kaffee« haben wir nicht viel Erfahrung mit dem Recycling im Weltraum. Die ISS ist zwar für eine

Raumstation groß, aber wahrscheinlich viel zu klein, um jemals ein in sich geschlossenes Ökosystem zu haben. Wir sagen »wahrscheinlich«, weil man mit sechs Menschen auf einem so kleinen Raum niemals auch nur annähernd das Verhältnis von Pflanzen zu Menschen auf der Erde erreichen wird. Dennoch wäre es sehr wertvoll zu wissen, wie klein man eines dieser Systeme im Prinzip machen *könnte*. Im Moment wissen wir das nicht. Geschlossene Ökosysteme sind kompliziert und bislang wurde noch nicht viel Geld in sie investiert.

Die frühesten Experimente an Menschen in geschlossenen Kreisläufen waren die Systeme BIOS-1, 2 und 3, die ab 1965 in der Sowjetunion gebaut wurden. Ursprünglich versuchte man, die Männer mit reinen Algen am Leben zu erhalten. Falls Sie den Biologieunterricht in der Schule vergessen haben: Algen sind im Grunde Pflanzenschlamm. Sie ernähren sich von Kohlendioxid, atmen Sauerstoff aus und sind eine nahrhafte Kalorienquelle, wenn es einem nichts ausmacht, jeden Tag die gleiche schreckliche Mahlzeit zu essen.

Spätere BIOS-Experimente führten Pflanzen wie Weizen, Rüben und Gemüse ein und waren schließlich in der Lage, den CO_2-Gehalt auf einem vernünftigen Niveau zu halten. Ein großes Problem, das auch für die Besiedlung des Weltraums von Bedeutung sein wird, war der hohe Arbeitsaufwand – 20 Prozent der Zeit der Besatzung wurden für die Wartung des Systems aufgewendet, obwohl BIOS nie auch nur annähernd ein vollständig geschlossener Kreislauf war. Feste Abfälle wurden nicht recycelt und in das Experiment wurde Fleisch eingeführt. Offenbar wurde eine vegetarische Ernährung nicht einmal in Erwägung gezogen, mit der Begründung: »Sibirier brauchen Fleisch!«[78]

Ein fast vollständig geschlossenes System wurde erst in den 1990er-Jahren verwirklicht und danach nie mehr dupliziert. Dies ist die seltsame, aber unserer Meinung nach unterbewertete Geschichte von Biosphäre 2.

Biosphäre 2: Entgegen der Legende keine unkontrollierte Katastrophe

Die Erde ist die »Biosphäre 1«, und so ist es nur natürlich, dass Biosphäre 2 ein 1,27 Hektar großes, fast luftdichtes Gewächshaus in Arizona ist, das das komplexeste abgeschlossene Ökosystem enthält, das je von Menschen geschaffen wurde. Es entstand durch eine seltsame Partnerschaft zwischen einem Milliardär und einer rätselhaften gegenkulturellen Technologengruppe namens Synergists. Dabei handelte es sich zwar nicht um eine Sekte, aber sie waren zumindest, sagen wir mal, sektenähnlich. Das brachte Probleme mit sich. Ihr charismatischer Anführer, John Allen, hatte den Weltraum im Sinn, als er Biosphäre 2 entwarf, aber seine Vorstellungen von der Ausbildung und Auswahl der Besatzung entsprachen nicht denen der NASA. Um die richtigen Leute zu finden, schickte er die Kandidaten auf ein verrücktes Ökoabenteuer der 1990er-Jahre durch das Outback und auf hohe See. Zweifellos wäre seine Erklärung komplizierter, aber es scheint so, als wäre ein Hauptkriterium für die Auswahl »John Allen findet Sie cool« gewesen.

Auf sozialer Ebene liefen die Dinge nicht gut. Zu Beginn ihres Aufenthalts in Biosphäre 2 begann die achtköpfige Besatzung zu streiten und spaltete sich schließlich in zwei hasserfüllte Fraktionen, die jeweils aus zwei Frauen und zwei Männern bestanden. Nach mehr als einem Jahr sprachen sie noch nicht einmal mehr miteinander. Sie hatten aufgehört, gemeinsam zu essen oder auch nur Augenkontakt herzustellen. Jane Poynter, eine der acht Biosphärenbewohner, erinnerte sich an einen Tag, an dem zwei Mitglieder der gegnerischen Fraktion sie in einer Art koordiniertem Speichelangriff bespuckten. Biosphäre 2 war mit Blick auf Lektionen für eine zukünftige Besiedlung des Weltraums eingerichtet worden, die den Teilnehmern offenbar im Gedächtnis geblieben sind. Poynter sagte über diesen Bruch: »Vielleicht hätten wir auf dem Mars, wo die Sicherheit der Heimat mindestens 48 Millionen Meilen entfernt ist, an einem Strang ziehen können. Aber vielleicht auch nicht. Ich fragte mich, ob Menschen wirklich dazu bestimmt sind, in kleinen Räumen eingeschlossen zu sein, selbst wenn sie so groß, schön und vielfältig sind wie Biosphäre 2. Die menschliche Spezies hat sich schließlich nicht in geschlossenen Räumen entwickelt.«[79]

Es gab bestimmte Gründe für den Abbruch der Beziehungen, die zum großen Teil auf einen Streit mit dem Äquivalent der Missionskontrolle zurückzuführen waren. Das tiefere Problem war jedoch wahrscheinlich das Auswahlverfahren. Wir können uns nur schwer vorstellen, dass eine Crew, die aus lauter Chris Hadfields besteht, so etwas tut.

Außerdem gab es Probleme mit der Nahrungsmittelproduktion. Kurz nach dem Ende des Experiments veröffentlichte das Besatzungsmitglied Sally Silverstone ein Buch mit den Rezepten, die sie verwendet hatten, unter dem Titel *Eating In: From the Field to the Kitchen in Biosphere 2.* Auf Seite 1 dieses Buches findet sich ein Foto der acht Biosphärenbewohner, die am ersten Jahrestag ihres Aufenthaltes unbeholfen lächeln und alle wesentlich hagerer aussehen als der typische Hobbykoch. In der Tat waren sie am Verhungern.

Die halbwilden Hühner, von denen sie gehofft hatten, dass sie besonders robust sein würden, legten nicht regelmäßig Eier, und die ungewöhnliche Schweinerasse, die sie ausgewählt hatten, wollte keine Abfälle fressen und zog es manchmal vor, stattdessen die Hühner zu fressen.* Insekten und Mikroben griffen ihre Ernten an und ließen mehrere proteinreiche und kalorienreiche Arten verdorren. Letztendlich waren die Menschen gezwungen, unreife Bananen und eine ungenießbare Bohnensorte zu essen, die normalerweise für die Fütterung von Nutztieren verwendet wird und die nur nach einstündigem Kochen und anschließendem Unterrühren in nicht ganz so furchtbarem Essen verzehrbar war. Keiner dieser Menschen war vor

* Laut dem Buch *Eating In: From the Field to the Kitchen in Biosphere 2* waren die Hühner eine Kreuzung zwischen »Dschungelhühnern« – im Grunde der Vorfahre der Hühner, die vermutlich an härtere Kost als Hühnerfutter gewöhnt waren – und der Silkie-Rasse der domestizierten Hühner. Sie leisteten nicht viel, denn sie legten jeweils nur etwa ein Ei pro Monat, obwohl sie vielleicht mit einer kalorienreicheren Ernährung besser zurechtgekommen wären. Bei den Schweinen sollte es sich ursprünglich um vietnamesische Hängebauchschweine handeln, die klein und fettreich sein sollten. Aber zu der Zeit waren sie auch ein beliebtes Haustier, was den Zorn von Aktivisten hervorrief, also wurde das Ossabaw-Wildschwein verwendet. Sie fraßen Hühner und wollten lieber stärkehaltige Nahrung als Abfälle. So leisteten sie ihren letzten Beitrag zu Biosphäre 2 während Thanksgiving und Weihnachten 1992.

der Einreise besonders korpulent gewesen, aber die Männer verloren etwa 18 Prozent ihres Körpergewichts und die Frauen etwa 10 Prozent. Und das, obwohl sie irgendwann das Saatgut aßen, das für eine spätere Aussaat bestimmt war.

Auch das Ökosystem erlitt Schaden. Die Entwickler der Ökologie von Biosphäre 2 setzten eine Technik ein, die eines Tages vielleicht auch im Weltraum zum Einsatz kommen wird, das sogenannte »Species Packing«, also im Prinzip das Mitnehmen einer Artenvielfalt. Die Idee dahinter ist, dass man mit vielen Arten beginnt, von denen viele ökologisch überflüssig sind, in der Annahme, dass einige ausgelöscht werden, bevor das Gleichgewicht erreicht ist. Das ist in der Tat passiert, aber am Ende hat man mehr Arten eingebracht, als man beabsichtigt hatte. In Vorschlägen für Weltraumsiedlungen wird manchmal die Möglichkeit erwähnt, genau auszuwählen, welche Lebensformen mit dem Projekt eingeführt werden sollen. Bei dem einen großen Experiment, bei dem dies versucht wurde, kamen mindestens zwei blinde Passagiere mit: Kakerlaken und Rindenskorpione. Für den Fall, dass Sie keine Ahnung haben, wie Rindenskorpione aussehen, bietet das Arizona-Sonora Desert Museum sogenannte »Extra Funfacts« an, darunter »Dies ist die einzige Skorpionart in Arizona, die wirklich als lebensbedrohlich gilt.«[80]

Die Biosphärenbewohner verloren auch fast die Kontrolle über die Atmosphäre. In einem funktionierenden geschlossenen Kreislauf führen CO_2 und O_2 eine Art Tanz auf, indem Tiere Sauerstoff in Kohlendioxid umwandeln und Pflanzen das Gegenteil tun. Doch irgendwann begann der Sauerstoffgehalt zu sinken, während das Kohlendioxid weiter anstieg. Das sollte nicht passieren, und die Besatzung wurde atemlos und lethargisch, als sie verzweifelt versuchte, ihre Arbeit zu erledigen und überall dort, wo sie ein Stückchen Sonnenlicht ergattern konnte, neue Pflanzen anzubauen. Es half nichts. Nach einer erbitterten Debatte beschloss das Führungsteam, frischen Sauerstoff einzuleiten. Was war geschehen? Die Wahl eines Bodens mit einem hohen Anteil an organischer Materie führte dazu, dass Mikroorganismen der Atmosphäre viel Sauerstoff entzogen und Kohlendioxid freisetzten. Dann wurde ein Teil dieses Kohlendioxids vom Strukturbeton absorbiert, wodurch eine große Menge Sauerstoff aus dem System ausgeschlossen wurde.

Warum behaupten wir also, dass es keine Katastrophe war? Weil es mehr oder weniger funktioniert hat.

Acht Menschen gingen rein, acht kamen wieder raus. Die Probleme, die sie hatten, hätten für künftige Experimente einfach dadurch behoben werden können, dass man bessere Tiere und Methoden der Schädlingsbekämpfung auswählt und den Beton mit Epoxid beschichtet, damit er die Menschen nicht aktiv erstickt. Möglicherweise hätte man auch eine Frage über das Anspucken von Kollegen als Teil des Auswahlverfahrens hinzufügen können. Einige Fehler waren geradezu trivial. Mehrere kalorienreiche Obstbäume wie Mango und Avocado trugen zum Zeitpunkt des Versuchsbeginns einfach keine Früchte, hätten aber bei nachfolgenden Besatzungen abgeerntet werden können. Einmal vergiftete sich die Besatzung leicht, weil sie nicht wusste, wie sie den Taro, den sie anbaute, kochen sollte.

Ursprünglich sollte Biosphäre 2 fortlaufend zwei Jahre lang laufen, wurde aber nach der zweiten Runde wegen finanzieller Probleme und Streitigkeiten abgebrochen.* Wäre es fortgesetzt worden, hätten wir wahrscheinlich viel mehr Daten darüber, wie man die Produktion und die Sicherheit maximieren kann. Angenommen, diese Probleme könnten gelöst werden, hätte man dann das ganze System auf den Mars übertragen können?

Nein.

Am wichtigsten ist, dass die Struktur geändert werden muss. Auf der Erde war der Luftdruck in Biosphäre 2 relativ ähnlich wie der Druck außerhalb. Dennoch benötigte das System zwei riesige »Lungen«, um sicherzustellen, dass die Ausdehnung und Kontraktion der Atmosphäre aufgrund von Temperaturschwankungen ausgeglichen werden konnte.

Dies wird im Beinahe-Vakuum des Weltraums schwieriger sein. Auf der ISS haben die Fenster jeweils vier Scheiben, von denen die dünnste etwas

* Als irrelevante Randbemerkung, die aber zu merkwürdig ist, um sie wegzulassen, sei gesagt, dass Chris Bannon und sein Bruder Steve Bannon, der spätere Leiter der Präsidentschaftskampagne von Donald Trump im Jahr 2016, geholt wurden, um das finanziell angeschlagene Experiment zu übernehmen, als es auf seinen Untergang zusteuerte.

mehr als 1,25 Zentimeter dick ist und die dickste mehr als 3 Zentimeter misst. Es mag möglich sein, so etwas auf einer Fläche von mehreren Hektar zu duplizieren, aber es wird nicht billig sein. Eine wahrscheinliche Alternative wäre, das Ganze unter der Erde zu vergraben und den Außendruck durch Regolith zu erzeugen. Aber dazu müsste man auf jeden Fall eine Leitung verlegen oder auf irgendeine Weise Licht erzeugen. Das ist zwar nicht so toll, aber andererseits würde man wahrscheinlich ohnehin Regolith auf dem Gebäude anhäufen, um Strahlung und Temperaturschwankungen auszugleichen.

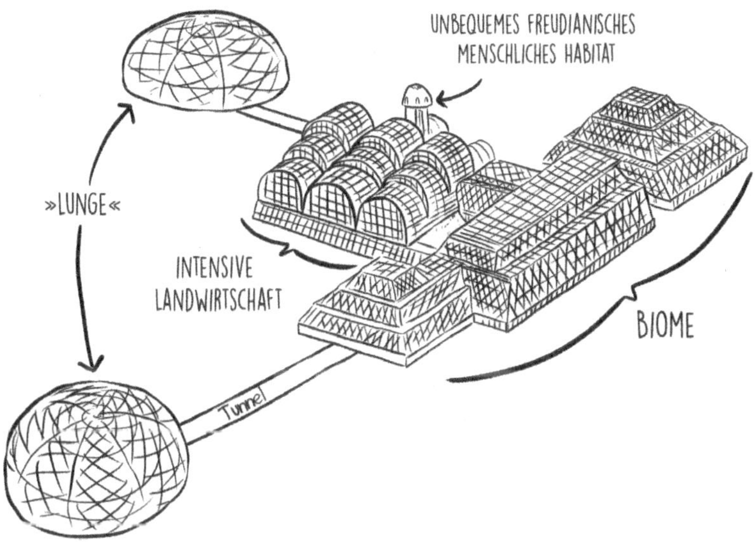

Biosphäre 2 würde wahrscheinlich auch Effizienzsteigerungen benötigen, um auf dem Mars zu funktionieren. Wenn man in der Biosphäre Brot backen will, muss man zunächst Samen in den Boden pflanzen. Man muss Weizen anbauen, ihn zu einer Dreschmaschine bringen, die Körner mahlen und dann den normalen Prozess des Backens beginnen. Wenn man Käse auf seinem Toast haben möchte, muss man Ziegenhirte und Käsehersteller sein. Im Grunde genommen betreibt man Subsistenzwirtschaft auf einem winzigen Stück Land, das manchmal eine technische Systemwartung erfordert.

Das Ergebnis in Biosphäre 2 war eine durchschnittliche Arbeitsbelastung von acht bis zehn Stunden pro Tag an fünfeinhalb Tagen in der Woche. Und das, obwohl nicht alle Aufgaben einer Weltraumsiedlung zu erledigen waren, wie beispielsweise der Betrieb eines Kraftwerks, Bauarbeiten, Produktion und irgendwann auch die Betreuung von Kindern. Eine langfristige Weltraumsiedlung wird von einer gewissen Arbeitsteilung profitieren, aber das wird schwierig, wenn jeder als Vollzeitbauer arbeiten muss, nur um nicht beinahe zu verhungern.

Kelly sprach einmal mit einer Gruppe von Forschern, die sich mit geschlossenen Kreisläufen beschäftigen, und fragte sie, was sie von Biosphäre 2 hielten. Die allgemeine Meinung war, dass es zwar cool war, aber zu ehrgeizig. Für die Kosten, die sich nach heutigem Geld auf etwa 300 bis 400 Millionen Dollar beliefen, hätte man mit einer Reihe kleinerer Anlagen, die man nach und nach ausbauen konnte, bessere wissenschaftliche Ergebnisse erzielen können. Weil hier nicht so methodisch vorgegangen wurde, bleibt Biosphäre 2 eine Art verlockender Beweis für das Konzept. Es beweist nicht, dass wir auf anderen Welten Ökosysteme aufbauen können, aber es deutet diese Möglichkeit an. Wie gut der Versuch gelingen würde, die Bevölkerung um fünf Größenordnungen zu vergrößern, ist eine andere Frage.

Seitdem hat es andere, kleinere Experimente gegeben. Zum Beispiel das japanische CEEF – Closed Ecology Experiment Facilities, in dem das System erfolgreich den größten Teil der Nahrung für zwei menschliche »Ökonauten« sowie deren Ziegen lieferte, aber Schwierigkeiten hatte, die benötigten Mengen an Sauerstoff zu produzieren. China betreibt das Lunar Permanent Astrobase Life-support Artificial Closed Ecosystem oder einfach PALACE. Offensichtlich ist ihr Akronymspiel dem der NASA bereits ebenbürtig. Die PALACE-Besatzung bestand aus drei Personen und hatte gute Erfolge bei der Wiederaufbereitung von Wasser und der Beseitigung von Kohlendioxid aus der Luft mithilfe von Pflanzen, vor allem wenn die Besatzung aus zwei weiblichen Mitgliedern bestand, die kleiner waren als die männlichen Besatzungsmitglieder. Die Europäische Weltraumorganisation hat ein sehr methodisches Ökosystemprojekt mit dem Namen Micro-Ecological Life Support System Alternative (MELiSSA), das jedoch noch keine

Menschen einschließt. Dies sind die richtigen Systeme, um unser Wissen über die Ökologie in geschlossenen Kreisläufen zu erweitern, aber keines erreicht auch nur annähernd die Größenordnung von Biosphäre 2, das seinerseits nicht annähernd die für die Besiedlung des Weltraums erforderliche Größe hatte.

Weltraumkompostierung – nicht so cool wie die Raumfahrt, aber sehr wichtig

Wir würden gerne die endgültigen wissenschaftlichen Erkenntnisse darüber weitergeben, wie man beispielsweise 100 Menschen in eine Glasblase stecken und sie unbegrenzt leben lassen kann. Wir haben sie aber leider nicht. In gewissem Sinne ist dies der ultimative Beweis dafür, dass die Raumfahrtbehörden nicht auf die Besiedlung des Weltraums ausgerichtet sind.

Biosphäre 2 kostete etwa ein Promille der ISS. Man kann darüber diskutieren, was der Sinn von Raumstationen ist, aber wenn sie Teil eines Projekts sind, das zu einer menschlichen Besiedlung außerhalb der Erde führt, ist das keine gute Ressourcenverteilung. Für die gleichen Kosten wie die ISS hätten 1000 Biosphären gebaut werden können. Besser noch, man hätte eine jahrzehntelange Reihe von Experimenten durchführen können, um das zu schaffen, was wir wirklich brauchen – ein extrem detailliertes Computermodell für die Gestaltung versiegelter Welten. Welche Lebensformen man verwenden sollte, wie man sie anordnet, wie man sie so effizient wie möglich macht und wie man die menschliche Bevölkerung und das Wohlbefinden darin maximiert. Oh, und ganz nebenbei würden wir unser Wissen über die Nachhaltigkeit von Ökosystemen und unsere Fähigkeit, in Umgebungen ohne günstiges Klima effizient Nahrung zu erzeugen, erheblich erweitern – beides könnte in den kommenden Jahrzehnten von Bedeutung sein.

Ein wichtiger Grund, warum Regierungen dafür bezahlen, winzige Habitate voller Menschen in die Umlaufbahn zu bringen, ist das nationale Prestige, um vor der Weltgemeinschaft klug und stark zu erscheinen. Menschen in einer Rakete zum Mond zu schießen, ist wesentlich beeindruckender, als detaillierte Berichte darüber zu verfassen, wie man Fäkalien und Essensreste in Weizen verwandelt. Aber wenn das Ziel der Raumfahrtagenturen die Besiedlung des Weltraums ist, sollten diese Dinge viel mehr Mittel erhalten, auch wenn sie in der Öffentlichkeit ein kollektives Gähnen hervorrufen. Wenn wir keine Landwirtschaft vor Ort betreiben können, funktioniert die Besiedlung des Weltraums nur mit ständigen großen Nahrungsmittellieferungen. Das mag auf dem Mond zu enormen Kosten möglich sein, wäre aber auf dem weit entfernten Mars sehr riskant.

Konzertiertere Anstrengungen im Bereich der Ökologie geschlossener Kreisläufe würden auch soziologische Erkenntnisse liefern. So wie wir nicht genug über geschlossene Kreisläufe wissen, wissen wir auch nicht genug darüber, wie die Menschen mit dem Leben in diesen Blasen umgehen. Das wäre nützlich, denn wir Affen bringen unser eigenes Chaos in die Ökologie ein. Vorhin haben wir Andy Weir zitiert, der sagte, dass Alkohol im Weltraum eine schlechte Idee wäre, weil er wertvolle Kalorien vernichten würde. Biologisch gesehen hat er nicht unrecht, aber psychologisch gesehen fehlt ihm vielleicht eine Einsicht. Wir wollen Herrn Weir nicht infrage stellen, aber die kaloriengeplagten Biosphärenbewohner haben in der Tat Alkohol hergestellt. Um Wein zu erzeugen, nutzten sie mehrere ihrer zuverlässigen Kalorienquellen: Bananen, Reis und Rüben.*

* Fairerweise muss man sagen, dass man viel mehr Kalorien verliert, wenn man vom Essen zum Schnaps übergeht, als wenn man nur vom Essen zum Wein übergeht. Vielleicht gibt es für hungernde Marsianer einen Kompromiss in Sachen Alkohol.

Man könnte den Biosphärenbewohnern nun natürlich vorwerfen, dass sie sich irrational verhalten haben, aber wir glauben, dass die Sachlage ein wenig differenzierter ist. Es ist nicht irrational, nach Annehmlichkeiten zu suchen. In einer versiegelten Blase zu leben, physisch von geliebten Menschen getrennt zu sein, gelegentlich von Kollegen bespuckt zu werden – wer würde da nicht gerne an einem sternenklaren Samstagabend ein Glas fermentierte Rüben trinken? Das ultimative Ziel der Weltraumsiedlung ist nicht das Überleben, sondern das Gedeihen. Das bedeutet, dass wir die menschlichen

Schwächen in einer Umgebung berücksichtigen müssen, die der menschlichen Existenz nicht immer wohlgesinnt ist. Wenn wir jemals dauerhafte Weltraumsiedlungen errichten wollen, müssen wir all dies genauso dringend in die Wissenschaft integrieren, wie wir Fahrzeuge bauen müssen, die uns zum Mars bringen können.

Die gute Nachricht für Stella ist, dass wir davon ausgehen, dass alles in Ordnung ist und dass sie ihre Kinder so erzogen hat, dass sie ihre Kollegen nicht anspucken.

Das Letzte, was sie brauchen, um ihr Habitat fertigzustellen, ist die Blase, die den Weltraum draußen hält, und die Energie, die alles im Inneren am Leben erhält.

Kapitel 10

Zu Hause ist es am schönsten: Wie man Lebensräume im Weltraum baut

Es ist keine Übertreibung, wenn ich behaupte, dass Menschen, sollten sie jemals auf dem Mond leben, wie Ameisen, Regenwürmer oder Maulwürfe leben müssen. Das Gleiche gilt für alle runden Himmelskörper ohne nennenswerte Atmosphäre oder Magnetfeld – einschließlich des Mars.[81]

– Dr. James Logan, ehemaliger Leiter der Flugmedizin der NASA und Leiter der medizinischen Abteilung im Johnson Space Center

Die Menschen sind also verweichlicht und schwach. Die verfügbaren Immobilien sind giftig. Und spitz. Und kalt. Die Menschen werden Gemüse in ihren eigenen Abfällen anbauen, sich um ihre Insektennahrung kümmern und Rindenskorpione abwehren, während sie sich mit Rübenwein betrinken. Das ist die neue Morgendämmerung der Menschheit.

Vorausgesetzt, wir können das Licht anlassen.

Das letzte Teil des Puzzles für das Überleben der Menschen außerhalb der Erde besteht darin, einen Weg zu finden, die Menschen und ihre Umgebung vor der allgemeinen Grausamkeit des Mond- und Marsklimas zu schützen. Zwar wurde schon viel Arbeit in all die kleinen Details gesteckt, aber die zwei wirklich großen Probleme, die wir berücksichtigen müssen, sind diese: Energie und Abschirmung.

Energie

Ausgehend von Daten aus dem Jahr 2020 stammen fast 60 Prozent des weltweiten Stroms aus fossilen Brennstoffen. Wenn wir nicht etwas sehr Überraschendes über die Vergangenheit des Mars herausfinden und dann beschließen, ihn in Brand zu setzen, ist alles, was das Wort »fossil« enthält, ein Reinfall. Die meisten erneuerbaren Energien werden im Weltraum auch nicht funktionieren. Wasserkraft erfordert fließendes Wasser. Windkraft erfordert Wind. Es gibt zwar vereinzelte Vorschläge für die Nutzung von Windkraft auf dem Mars, aber um die ultradünne Atmosphäre zu nutzen, müssten die Turbinen riesig sein. Geothermische Energie, bei der die Wärme aus dem Untergrund bezogen wird, wird auf dem geologisch ruhigen Mond nicht funktionieren. Sie könnte auf dem Mars funktionieren, wäre aber ein weiteres riesiges Bauprojekt vor Ort, und die besten Standorte für geothermische Energie sind möglicherweise nicht die besten Standorte für ein frühes Marshabitat.

Damit bleiben zwei Möglichkeiten: Solarenergie und Atomkraft. Höchstwahrscheinlich würde man beides nutzen. Wenn die Atomkraft einen abschreckt, könnte man versucht sein, ganz auf Photovoltaik zu setzen. Dabei sollte man aber bedenken, was das auf dem Mond oder Mars bedeuten würde. Typische Vorschläge für winzige Marsbesatzungen sehen vor, dass allein für den ersten Ausflug mehrere Hektar Panels aufgestellt werden müssen, ganz zu schweigen von den riesigen unterirdischen Gewächshäusern, die erforderlich sind, um die örtlichen Tauschbörsen mit Taco-Sauce zu versorgen. Wenn wir davon ausgehen, dass Marsbewohner einen vergleichbaren Energiebedarf haben wie durchschnittliche US-Bürger, würde eine Stadt mit einer Million Einwohner auf dem Mars etwa 130 Quadratkilometer Solarzellen benötigen.* Marsbewohner werden jedoch mit ziemlicher

* Wir möchten klarstellen, dass wir dies als eine ultraniedrige Grenze betrachten. Eine tatsächliche Zahl zu ermitteln, wäre außerordentlich komplex. Wie uns Dr. Manfred Ehresmann in einem Gespräch mitteilte, müssten sogar Dinge wie die hohe Effizienz von Containerschiffen auf der Erde berücksichtigt werden, weil diese auf dem Wasser schwimmen. Die tatsächliche Zahl könnte also gut und gerne zehn- oder hundertmal größer sein.

Sicherheit weitaus mehr Energie benötigen, da sie den größten Teil ihrer Landwirtschaft und Produktion vor Ort betreiben müssen, einschließlich der Notwendigkeit, Luft zu erzeugen, giftige Böden für die Nutzung zu reinigen und Treibstoff aus der Atmosphäre selbst zu gewinnen.

Auf dem Mond funktionieren die Solarpanels zwei Wochen lang nicht, es sei denn, man befindet sich auf den Bergen des so gut wie ewigen Lichts. Auf dem Mars funktionieren sie tagsüber, wobei man allerdings bedenken muss, dass der Tag nur halb so hell ist wie auf der Erde. Außerdem wird die Sonne gelegentlich durch Staubstürme verdunkelt. In beiden Fällen benötigt man Batteriespeicher für die dunklen Zeiträume. Das Gesamtgewicht der Batterien hängt vom Standort und dem Energiebedarf ab, aber wir sprechen hier mindestens von Tausenden von Tonnen an Ausrüstung, möglicherweise sogar von noch viel mehr. Selbst wenn wir über diese riesigen Notstromsysteme verfügen würden, könnten wir nicht einfach Solarmodule aus dem Baumarkt einstecken. Man braucht hier Panels, die hoher Strahlung, Meteoriteneinschlägen, abrasivem Regolith und ungewohnten Hitze-Kälte-Zyklen standhalten können. Vor allem auf dem Mars muss außerdem der Staub entfernt werden – ein Prozess, der auf der Erde normalerweise viel Wasser und viele Arbeiter erfordert.

Eine gängige Reaktion auf diese Sorge ist der Ausruf: »Roboter! Herrje, wir brauchen Roboter!« Wir mögen Roboter, aber wir sind da skeptisch. Bei der kürzlichen Mission Mars InSight wurde ein Werkzeug namens »Maulwurf« eingesetzt, das 5 Meter tief in die Marsoberfläche bohren sollte. Es schaffte 2 bis 3 Zentimeter, bevor es scheiterte. Der Grund dafür war eine Kombination aus geringer Reibung, extrem verdichtetem Regolith und schwindender Energieversorgung, da sich Staub auf den Solarzellen des Roboters absetzte. Nach monatelangen Versuchen, das Experiment zu retten, war das Team gezwungen aufzugeben. Wir, die Autoren, möchten das nicht kleinreden – schließlich können wir nicht mal Lego-Roboter bauen, geschweige denn solche, die autonom im Weltraum operieren. Ganz zu schweigen von den erfolgreicheren mechanischen Bewohnern des Mars – den Robotern in der Größe eines Lastwagens und dem kleinen Hubschrauber-Bot, der gerade über die roten Hügel fliegt. Aber wir Menschen sind noch weit entfernt von einem autonomen Robotersystem, das Hunderte von Hektar Solarenergie auf unbekanntem Terrain montieren, platzieren und warten kann. Lassen Sie uns also über unseren Freund, das Atom, sprechen.

Weltraumkernkraft: Die Energiequelle, die normalerweise keine radioaktiven Trümmer über Kanada verstreut

Wir vermuten, dass wir uns mit der Kernenergie wahrscheinlich etwas wohler fühlen als die meisten unserer Leser. Wir gehören zu der Sorte Menschen, die auf Partys darüber reden, dass die Handhabung von Atommüll eine gut entwickelte Technologie ist und dass Frankreich nachts nicht grün leuchtet, obwohl sein Stromnetz zu 70 Prozent aus Atomstrom besteht. Aber selbst wenn Sie unserer Meinung sind, könnte es sein, dass Ihnen beim Gedanken daran, riesige Mengen Plutonium in den Weltraum zu schießen, ein bisschen mulmig wird. Würde es Ihnen helfen, wenn Sie wüssten, dass wir das schon seit Jahrzehnten tun? Hierzu gibt es zwei unterschiedliche Vorgehensweisen, die oft verwechselt werden.

Die erste Möglichkeit: Verdammt heiße Brocken

Die einfachste Nutzung der Kernenergie ist die Wärmeerzeugung in einem sogenannten Radioisotopenheizgerät. Sie können sich das Gerät wie einen Zauberkasten vorstellen, der nie* kalt wird. Die Wärmequelle ist radioaktives Metall – in der Regel Plutonium, Americium oder Polonium.

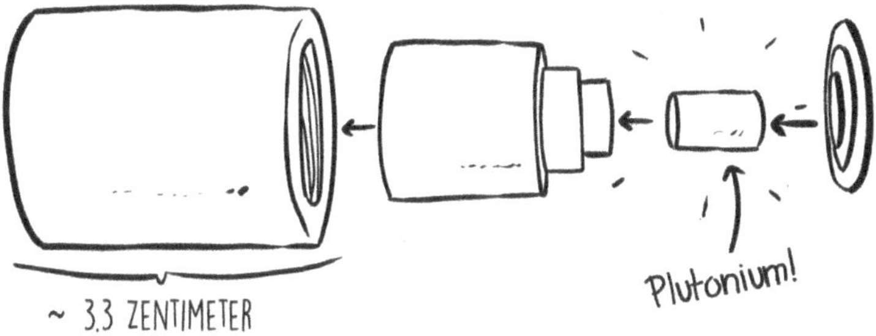

Diese Substanzen unterliegen einem radioaktiven Zerfall, was bedeutet, dass ihre Atome mit der Zeit auseinanderbrechen. Dabei erzeugen sie Wärme, die auch Roboter benötigen, um ihre Karosserie im Weltraum am Laufen zu halten. Tatsächlich haben nuklearbetriebene Weltraumroboter eine lange Geschichte. Die sowjetischen Lunochod-Mondrover nutzten tagsüber Solarenergie, wurden aber dank eines Stücks Polonium-210 auf Betriebstemperatur gehalten. Erst 2018 schickte die chinesische Raumfahrtbehörde den Rover Yutu-2 (Jadehase) auf die nie zuvor erforschte Rückseite des Mondes und verwendete dabei Plutonium-238, damit der Hase es auf seiner Reise gemütlich hatte.

* Nie ist nicht ganz richtig – diese Materialien zerfallen zwar, aber nur über einen langen Zeitraum. Wenn man beispielsweise Plutonium-238 verwendet, sinkt die erzeugte Energiemenge alle 88 Jahre um die Hälfte.

Diese Systeme liefen nicht ganz ohne Störungen. Die vielleicht schlimmste war 1969, als der allererste Lunochod gestartet wurde, aber dann zerstört wurde, als seine Rakete explodierte und Polonium über Teile der Sowjetunion verteilte.

Ein fortschrittlicheres System ist der thermoelektrische Radioisotopengenerator. Im Grunde genommen nimmt man ein nukleares Wärmesystem und fügt ein sogenanntes Thermoelement hinzu. Nun wird ein Teil der Wärme des Systems genutzt, um Strom zu erzeugen.

Der Vorteil ist, dass man damit eine mehr oder weniger dauerhafte und extrem zuverlässige Energiequelle hat. In der Vergangenheit wurden sie als arktische Wärmequellen und sogar als Herzschrittmacher verwendet. Plutonium-238-Versionen versorgten wissenschaftliche Geräte, die von Apollo-Astronauten auf dem Mond zurückgelassen wurden, und sie wurden auch in Marsrovern eingesetzt. Für Sonden in der Tiefe des Weltraums sind sie absolut unverzichtbar, denn von dort aus ist die Solarenergie nicht zu gebrauchen. Dank ihrer radioisotopen thermoelektrischen Generatoren haben die 1977 gestarteten Sonden Voyager 1 und Voyager 2 das Sonnensystem verlassen und senden weiterhin Daten nach Hause.

Das Tolle an solchen Geräten ist, dass sie einfach sind und einfach funktionieren. Der größte Nachteil, abgesehen von der allgemeinen öffentlichen Ablehnung, ist, dass man nicht wahnsinnig viel Strom pro Masseneinheit erhält. Mit Plutonium erzielt man etwa 500 Watt Wärme pro Kilogramm. Wenn die Wärme-Energie-Umwandlung wirklich gut ist, kann man vielleicht 10 Prozent davon gewinnen. Die verbleibende Wärme ist immer noch nützlich, vor allem während der Mondnacht, aber grob gesagt erhält man für je 2 Kilogramm Plutonium genug elektrische Energie, um einen Laptop zu betreiben. Das ist die furchteinflößendste Art, Textverarbeitung zu betreiben, aber nicht besonders effizient, und es wird uns Summen im Bereich von 10 Millionen Dollar kosten.

Wenn wir auf magische Weise eine wahnsinnig große Menge Plutonium-238 auf den Mars bringen könnten, wäre das eine sehr bequeme Art, Energie zu gewinnen – Wärme, Strom und dies ohne das Risiko der klassischen nuklearen Ängste wie Kernschmelzen oder Kühlmittellecks. Aber das geht nicht. Diese Systeme liefern einfach nicht genug Energie für die Masse. Wenn wir sie einsetzen, dann wahrscheinlich für vertraute Zwecke im Weltraum, zum Beispiel um Rover warm zu halten.

Die zweite Möglichkeit: Die guten alten Kernspaltungsreaktoren

Wenn man von einem Kernreaktor spricht, meint man in der Regel einen Spaltreaktor. Die Systeme, über die wir vorhin gesprochen haben, werden mit radioaktivem Material betrieben, das, wenn man es so nennen will, »natürlich« zerfällt. Kernspaltungsreaktoren *zwingen* die Atome zu einem schnellen Zerfall. Das Ergebnis ist eine enorme Menge an Energie pro Masse.

Wir vermuten jedoch, dass der Begriff Kernreaktor in einem Buch über die Raumfahrt einige von Ihnen nervös macht. Seien Sie versichert, dass die Raumfahrtbehörden dies schon oft getan haben, und wie wir sehen werden, haben 98 Prozent dieser Missionen nicht versehentlich radioaktive Trümmer über Kanada verstreut.

Die einzige Energiequelle, die jemals von den Vereinigten Staaten in die Umlaufbahn gebracht wurde, war SNAP-10A, ein 1965 gestarteter Versuchsreaktor, dessen elektrische Komponenten an Tag 43 der Mission versagten.

Obwohl einige Teile davon im Rahmen dessen, was euphemistisch als Abwurf bezeichnet wird, abgebrochen zu sein scheinen, bleibt SNAP in einer hohen Umlaufbahn, wo er höchstwahrscheinlich die nächsten 4000 Jahre um die Erde kreisen wird, oder zumindest so lange, bis die technologisch fortgeschrittenen Nachfahren der heutigen Menschheit ankommen, um zu seufzen, den Kopf zu schütteln und ihn in die Sonne zu schleudern.

Die Sowjetunion brachte über 30 Kernspaltungsreaktoren an Bord von Satelliten ins All. Wenn alles klappte, verbrannten diese Atomsatelliten nach dem Ende der Mission ein wenig Treibstoff, um auf eine »dauerhafte Lagerumlaufbahn« überzugehen, die manchmal etwas gruseliger als »Friedhofsumlaufbahn« bezeichnet wird, wo sie jahrhundertelang verbleiben, ähnlich wie die Ringe des Saturn, die nur aus radioaktivem Müll bestehen.

Aber es lief nicht immer alles glatt. Zwei der Reaktoren traten versehentlich wieder in die Erdatmosphäre ein, darunter der berüchtigte Kosmos 954, der aus Versehen radioaktive Trümmer über Kanada verstreute. Wir werden später noch ausführlicher darüber berichten, wenn wir das Haftungsrecht im Weltraum diskutieren, aber es genügt zu sagen, dass niemand besonders glücklich darüber war.

Kein Kernspaltungsreaktor ist jemals weiter gekommen – weder in einer fernen Sonde noch in einem Rover. Aber auf der Erde werden seit den 1960er-Jahren Tests durchgeführt, die bis zum heutigen Tag andauern. Im Jahr 2015 wurde mit der Arbeit an einem kompakten Kernreaktor namens Kilopower begonnen, der für Weltraumprojekte gedacht ist. Der Kilopower-Reaktor ist klein und liefert genug Energie, um ein paar durchschnittliche westliche Haushalte zu versorgen. Er wurde 2018 getestet (unter dem Namen »Kilopower Reactor Using Stirling Technology« oder KRUSTY,* auf Deutsch: Kilopower-Reaktor unter Verwendung von Stirling-Technologie) und schnitt recht gut ab. Es wird nun an einer größeren Einheit gearbeitet, die genug Energie für 30 Haushalte liefern könnte, und die NASA plant, ein solches Kernspaltungssystem irgendwann auf dem Mond zu testen.

* Ein Artikel aus dem Jahr 2019 enthält weitere Simpson-Akronyme für die »Demonstration Using Flattop Fissions« (DUFF) und den »Fission Reactor Integrated Nuclear Kinetics Code« (FRINK); Autor D. I. Poston scheint dies schon seit gut 20 Jahren zu tun und ist immer noch sehr aktiv.

Kernspaltungsreaktoren sind mit Risiken verbunden. Beim Start besteht die Gefahr einer »schnellen unerwarteten Demontage«, wie Raumfahrtingenieure es nennen, besser bekannt als *BUMM!* Wenn sie erst einmal vor Ort sind, besteht das Hauptproblem darin, dass sie Strahlung abgeben. Daher muss man sie abschirmen, höchstwahrscheinlich indem man sie weit weg vom eigenen Lebensraum aufstellt und in Regolith vergräbt. Es besteht natürlich das zusätzliche Risiko einer Kernschmelze, aber da der Mars bereits mit giftigem Regolith bedeckt ist, wird dies nicht die lokale Wasserscheide oder Ähnliches zerstören.

Wir verstehen, dass die Menschen bei Kernreaktoren im Allgemeinen und bei in den Weltraum geschossenen Kernreaktoren im Besonderen nervös reagieren. Unserer Meinung nach kann man diese Systeme aber sehr sicher machen, wenn man sich an einige Grundregeln hält. Erstens sollten Reaktoren niemals für den Raketenstart verwendet werden. Stattdessen sollten sie nur weit von der Erde entfernt gezündet werden, denn die wirklich unangenehmen nuklearen Nebenprodukte entstehen erst, wenn die Reaktion läuft. Zweitens muss das radioaktive Material im Inneren des Reaktors eingeschlossen werden, sodass im schlimmsten Fall, wenn etwas schiefgeht und die Anlage auf die Erde stürzt, die Aufräumarbeiten auf einen kleinen, überschaubaren Bereich beschränkt bleiben.*

Dennoch sind wir sicher, dass einige Leser dieses Buches trotzdem noch beunruhigt sind. Wir verstehen das, aber wir möchten, dass Sie begreifen, dass ein Nein zur Kernenergie im Grunde genommen die Tür zur Besiedlung des Weltraums schließt, solange keine exotischen Energiequellen zur Verfügung stehen.

Ein Kernreaktor ist eine Energiequelle in einer Box, die nach Belieben herauf- und heruntergeregelt werden kann und die jahrelang ohne Nachtanken auskommen kann. Mondnächte oder Marsstürme sind dem Reaktor egal. Er braucht nur in Notfällen Batterien. Natürlich muss er

* Im Prinzip könnte eines Tages sogar Kernbrennstoff vor Ort gewonnen werden, denn sowohl der Mond als auch der Mars verfügen über Elemente, die sich gut für Kernbrennstoff eignen. Aber wie Helium-3 liegen sie in sehr geringen Konzentrationen vor. Wenn man jedoch die ultimative Sicherheit für die Erde will, gibt es sie zumindest technisch.

gewartet werden, aber sein Platzbedarf beträgt nur einen winzigen Prozentsatz der entsprechenden Solaranlage auf der Erde, und bedenken Sie, dass der Mars im Durchschnitt nur halb so viel Sonnenlicht abbekommt wie wir.

Wenn es eines Tages dauerhafte Weltraumsiedlungen mit lokalen Produktionsstätten geben sollte, könnten sie sich auf Photovoltaik als eine Technologie zur Stromerzeugung stützen, die vor Ort entwickelt werden könnte. Für eine groß angelegte Siedlung wird die Kernspaltung die beste Energiequelle im Weltraum bleiben.

Abschirmung

Bei dem Wort Abschirmung denken Sie vielleicht an Raumschiffe aus *Star Trek* mit unsichtbaren Schutzfeldern. So wird das Leben im Weltraum allerdings nicht aussehen. Die beste Abschirmung im Weltraum wird Schmutz sein. Dieser giftige, zerklüftete, klebrige Dreck, über den wir bereits gesprochen haben, wird das Habitat bedecken, vielleicht bis zu einigen Metern dick, um Meteoriten, Strahlung und Temperaturschwankungen abzuwehren und gleichzeitig den Innendruck aufrechtzuerhalten.

Es gibt mehr oder weniger raffinierte Möglichkeiten, dies zu bewerkstelligen. Eine Möglichkeit besteht darin, sich einfach unter der Erde zu begraben. Der Nachteil dabei ist, dass Raketenlandungen und Staubstürme die Schutzschilde abreißen könnten. Aufwendigere Vorschläge sehen vor, den Regolith in Sandsäcke zu füllen, ihn zu einem Feststoff zu backen oder ihn zu Ziegeln zu verarbeiten. Im Falle einer rotierenden Raumstation könnte man den Regolith auch in Container laden und ins All schießen.

Wenn es uns gelingt, alles im Regolith zu vergraben, müssen wir anschließend herausfinden, wie wir verhindern können, dass Menschen das Regolith einatmen. Die Erfahrung auf dem Mond zeigt nämlich, dass dies eine ernsthafte Gefahr für die Gesundheit und die Ausrüstung darstellt. Dies ist ein altes Problem für Habitatdesigner, die im Laufe der Jahre eine Reihe von Lösungen vorgeschlagen haben.

Zu den Hightechideen gehören staubabweisende Raumanzüge oder spezielle Vorräume, in denen man sich reinigen kann, bevor man ins Innere geht.

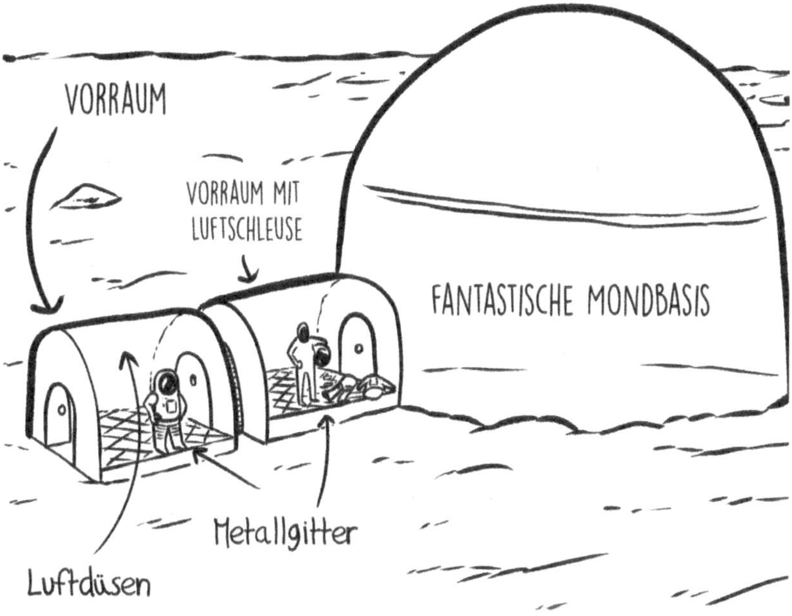

Eine andere Idee sieht vor, den Anzug an der Außenseite des Habitats anzubringen. Man kriecht dann vom Inneren des Habitats in den Anzug hinein und versiegelt ihn, bevor man sich auf den Weg macht. Auf diese Weise ist das Habitat selbst nie direkt dem Staub ausgesetzt. Aber diese Methode hat auch einige Nachteile. Zum Beispiel ist jede Verbindung zwischen den Raumanzügen und dem Habitat im Grunde eine weitere Luftschleuse, um deren Wartung man sich kümmern muss. Außerdem muss man die Anzüge wahrscheinlich von Zeit zu Zeit nach drinnen bringen, um sie auf Schäden zu überprüfen und Reparaturen vorzunehmen, sodass man ohnehin eine andere Lösung für den Umgang mit dem Staub braucht.

Die einfachste Lösung ist vielleicht die beste. Wenn Techniker auf der Erde eine Glasfaserisolierung installieren, reinigen sie diese nicht in einer Luftschleuse oder mit einer glasfaserabweisenden Rüstung. Sie ziehen einen Einwegoverall an und werfen ihn weg, wenn sie fertig sind. Vor diesem Hintergrund schlug ein Designexperte vor, die Raumanzüge mit einer Art Umhang zu versehen. Billig, einfach und jeder sieht aus wie ein Jedi. Die Verwendung von Wegwerfmaterialien ist zwar nicht ideal für das Recycling, aber mit ein wenig Kreativität lassen sich vielleicht ein paar Bananenblätter zusammennähen, nachdem die Weltraumsiedler genügend Früchte für ihren Wein geerntet haben.

Die zweitbeliebteste Möglichkeit der Abschirmung ist die Verwendung von Wasser, das die Strahlung erstaunlich effektiv abhält. Wasser wird knapp sein, aber als Abschirmung erfüllt es eine doppelte Aufgabe. Der äußere Teil des Habitats wäre dann ein Wasserspeicher, der wahrscheinlich komplexer ist als eine einfache Anhäufung von Erde, aber irgendwo muss das Wasser ja auch gelagert werden.

Eine andere Lösung besteht darin, die Verwendung von Regolith zu begrenzen, indem man exotischere Materialien einsetzt. Da wäre zum Beispiel das allseits beliebte hydrierte Borprodukt namens hydrierte Bornitrid-Nanoröhren. Stellen Sie sich einen Haufen winziger molekularer Strohhalme vor. Sie sind nicht billig in der Herstellung, aber sie sind besonders gut in der Neutronenabsorption und der Absorption von Spallationskaskaden, die beim Auftreffen von Teilchen auf andere Arten von Abschirmungen entstehen können.

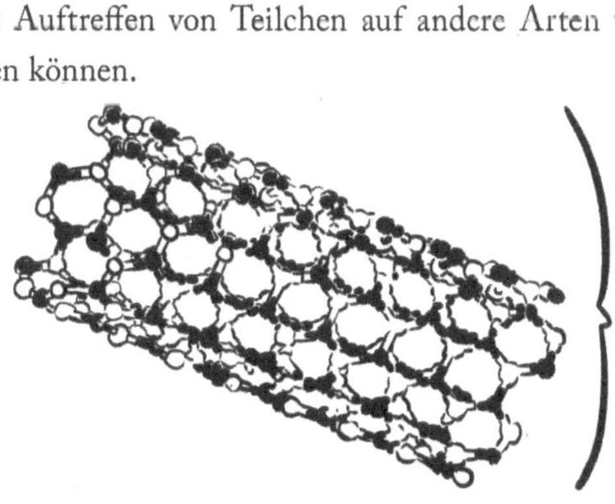

Man kann geladene Strahlung auch durch eine sogenannte aktive Abschirmung blockieren. Stellen Sie sich eine Reihe von Türmen rund um die Basis vor, die mächtige Magnetfelder erzeugen. Diese wiederum lenken geladene Teilchen ab, wenn sie aus dem All kommen. Wenn man dieses System mit den Bornitrid-Nanoröhren kombiniert, erhält man einen ziemlich robusten Strahlungsschutz. Der Nachteil ist, dass ein immerwährendes Kraftfeld aber nicht bei Problemen wie Meteoriten und Temperaturschwankungen hilft. Außerdem verbraucht es viel mehr Energie als ein Leben in einem Haufen von Erdsäcken.

Im Großen und Ganzen wird die Abschirmung schwierig sein, und jede künstlerische Darstellung einer Weltraumsiedlung, in der sich alles unter einer Glaskuppel befindet, ist wahrscheinlich falsch. Wie der Weltraumarchitekt Brent Sherwood in einem Artikel über Mondarchitektur beklagt: »Die Vorstellung von wunderbaren kristallinen Druckkuppeln, die über die Planetenoberfläche verstreut sind und einer Vorstadtbevölkerung einen herrlichen Blick auf den Weltraum bieten, ist eine unbegründete, wenn auch hartnäckige moderne Illusion. Eine solche Architektur würde die Bewohner und ihre Parkanlagen in starkem Sonnenlicht verbrennen lassen und sie gleichzeitig mit Weltraumstrahlung vergiften.«[82]

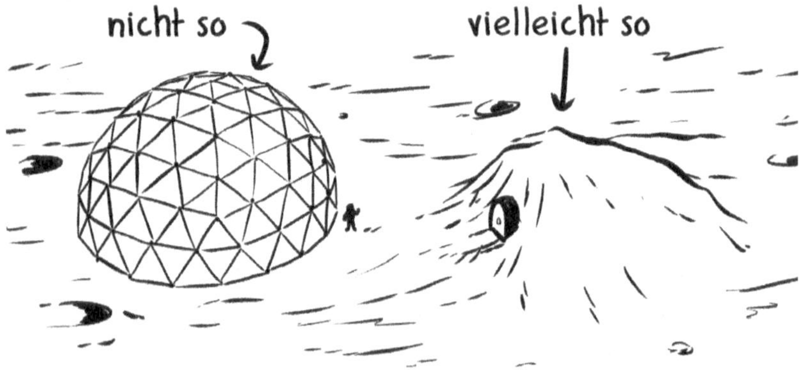

Eines Tages in der Zukunft könnte die Herstellung vor Ort eine ästhetischere Abschirmung als einfache Erdhaufen ermöglichen. Wenn das Verlassen der Erde gleichbedeutend damit ist, dass die Menschheit die Wiege verlässt, dann geht die Menschheit aktuell auf direktem Weg in den Keller ihres Nachbarn.

Das Zuhause fernab der Heimatwelt: Die verschiedenen Klassen von Weltraumhabitaten

Jetzt, da wir wissen, womit wir es zu tun haben und wo wir leben wollen, sind wir bereit zu bauen. Auf dem Gebiet der Weltraumarchitektur teilen die Forscher die Dinge im Allgemeinen in drei Kategorien ein, die fantasievoll als Klasse I, Klasse II und Klasse III bezeichnet werden. Sie können sich diese als die wahrscheinlichen Phasen vorstellen, die wir auf dem Weg zur Besiedlung durchlaufen werden.

Klasse I: Die Menschenschüssel

Ein Habitat der Klasse I ist eigentlich nur ein Teil einer Raumstation, der nicht in den Orbit, sondern auf eine Oberfläche im All transportiert wird. Es handelt sich um einen versiegelten Container, der in eine einzige Raketennutzlastverkleidung passt. In der Vergangenheit bedeutete dies eine Begrenzung des Durchmessers auf etwa 4,40 Meter. Ein paar monstergroße Raketensysteme könnten diesen Wert verdoppeln, wenn sie denn funktionieren, aber Weltraumhäuser der Klasse I werden immer klein und gemütlich sein.

Unabhängig von der Größe kann man sich eine zylindrische Basis vorstellen, die auf der Mondoberfläche abgesetzt wird. Obendrauf kommt Regolith, und voilà, wir leben auf dem Mond. Vielleicht kann man das auch etwas einfacher machen, indem man sich einen Krater von geeigneter Größe sucht und Regolith darüberschiebt. Dr. Manfred Ehresmann nannte dies »die Lavaröhre des armen Mannes«.

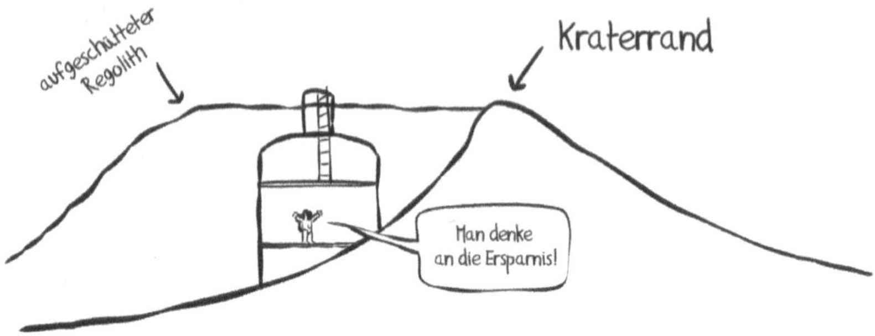

Das ist zwar nicht gerade *Star Trek*, aber im Moment geht es nur darum, erfolgreich zu existieren. Wenn wir beschließen, dass der Mond das Testgelände für die Besiedlung des Weltraums ist, wird Klasse I auch dazu dienen, das Handbuch für Mondsiedler zu erstellen – wie man mit Staub zurechtkommt, wie sich ein Sechstel der Schwerkraft und die Weltraumstrahlung auf den menschlichen Körper auswirken, wie man mit all den kleinen technischen, sicherheitstechnischen, medizinischen und psychologischen Anforderungen in dieser neuen Umgebung umgeht.

Wir werden auch die Möglichkeit haben, etwas zu erforschen. Ein Vorschlag, um etwas mehr Wissenschaft aus den Habitaten der Klasse I herauszuholen, ist der »Habot« – halb Habitat, halb Roboter. Im Grunde genommen ein lunarer Wohnwagenpark.

Der offensichtlich beste Weg, dies zu tun, ist die Verbindung eines Habitats mit einem Design namens All-Terrain Hex-Limbed Extra-Terrestrial Explorer (ATHLETE), das sechs biegsame Beine hat, die in Rädern enden. Es kann gehen, es kann rollen, und vor allem sieht es wie ein riesiger Mondkäfer aus, was, um ehrlich zu sein, der Hauptgrund ist, warum wir es hier erwähnen. Wenn jetzt noch ein paar Jedi-Umhänge hinzukommen, können wir vielleicht sogar über das Fehlen eines robusten Strahlenschutzes und die Möglichkeit hinwegsehen, dass riesige mehrgelenkige Beine nicht optimal sind, um im Mondklima durch Regolith zu rollen. Oder wie Robert Wagner pragmatisch vorschlug: »Vielleicht braucht der riesige Weltraumkäfer ein Paar riesige Weltraumhosen, um den Staub draußen zu halten?«

Klasse II: Einige Montagearbeiten erforderlich

In einem Habitat der Klasse II wird das Zuhause immer noch aus Teilen gebaut, die von der Erde stammen, aber die Teile sind komplexer und müssen vor Ort zusammengesetzt werden. Dies könnte eine erdähnliche Konstruktion sein, aber das klassische Beispiel ist ein aufblasbares Habitat. Aufblasbare Habitate bedeuten, dass man viel mehr bewohnbares Volumen in die Frachtverkleidung einer Rakete packen kann.

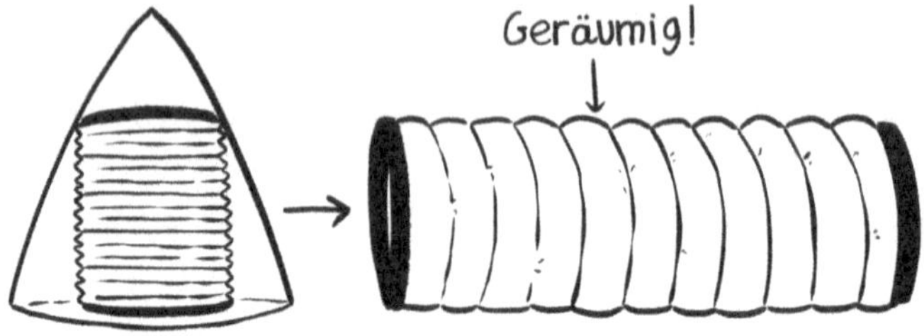

Man kommt auf der Oberfläche an, bläst das Teil auf und fertig. Das Habitat lässt sich zudem versteifen, indem man Materialien verwendet, die sich durch Hitze, UV-Strahlung oder andere seltsame Mittel verfestigen.

Ein hoch entwickeltes aufblasbares Design war das TransHab der NASA. Es war drei Ebenen hoch und wurde um einen harten zentralen Kern aufgeblasen. Sie sollten sich hier keinen einfachen Ballon vorstellen – das Äußere bestand aus einer Reihe komplexer Schichten, zum Beispiel einer Außenschicht, um Meteoriten abzuhalten, Kevlar, um dem inneren Druck des Habitats gegenüber dem Vakuum draußen standzuhalten, und »redundanten Blasen«, die die Ausbreitung eines Feuers verhindern oder verlangsamen sollten. TransHab hatte sogar eine innere »Scheuerbarriere«, denn nur weil man in einem Haufen Gift lebt, heißt das nicht, dass man sich gerne Schrammen holt.

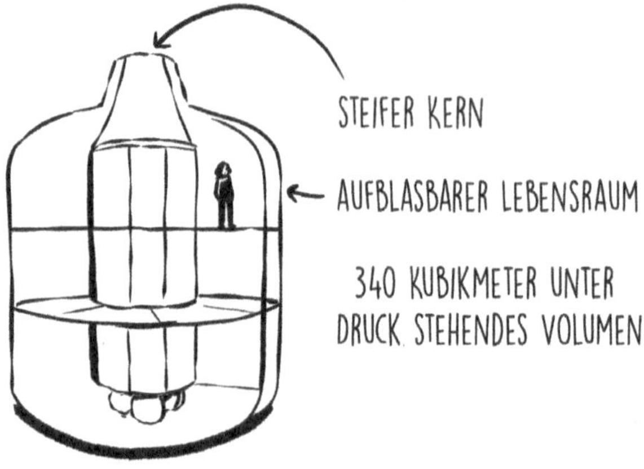

TransHab wurde auf der Erde getestet und hielt simulierten Mikrometeoriteneinschlägen stand, während es unter Druck stand. Aber es ist nie geflogen und das Patent wurde schließlich an das Privatunternehmen Bigelow Aerospace verkauft. Bigelow entwickelte eine kleinere Version, das Bigelow Expandable Activity Module (BEAM), das sich erfolgreich als ISS-Anlage aufblasen ließ und seit 2016 zur Lagerung verwendet wird.

Ein großer Nachteil von aufblasbaren Modulen ist derzeit der Mangel an Wissen. Stahl, Holz, Beton, das sind Dinge, mit denen wir uns auskennen. Abgesehen von aufblasbaren Arena-Kuppeln und Hüpfburgen stellen wir diese Strukturen aber normalerweise nicht auf der Erde auf, geschweige denn auf luftleeren Welten mit felsigen Oberflächen, die mit Weltraumgestein bombardiert werden. Wenn wir uns entscheiden, im Weltraum mit aufblasbaren Konstruktionen zu arbeiten, wäre es nicht verkehrt, wenn die Lernkurve wesentlich steiler wäre.

Klasse III: Selbstbau

Zur Klasse III gehört eigentlich alles, was über Klasse II hinausgeht. Dies sind die Art von Lebensräumen, die Weltraumfreaks anstreben, und ihr Hauptmerkmal besteht darin, dass sie aus Materialien vor Ort gebaut werden.

Es gibt eine Vielzahl von Vorschlägen, wie man dies erreichen kann. Das Regolith des Mondes ist reich an Silizium, aus dem Glas hergestellt wird. Einige Vorschläge sehen daher Mikrowellensysteme vor, die das Regolith zu Ziegeln für den Bau verarbeiten könnten. Ein anderer Vorschlag ist eine Art rollendes Mikrowellensystem, das den Boden unter sich zu Straßen umwandelt. Es gibt auch Vorschläge zur Herstellung von »Mondbeton«, also betonähnlichen Substanzen aus Regolith. Dazu wurden viele Methoden vorgeschlagen, aber wir verraten Ihnen die seltsamste. In einem Artikel des *New Scientist* vom September 2021 heißt es: »Alex Roberts von der Universität Manchester in Großbritannien und seine Kollegen extrahierten aus menschlichem Blut ein Protein namens Serumalbumin, das für die Aufrechterhaltung des Flüssigkeitsgleichgewichts im Körper unerlässlich ist, und verwendeten es, um simulierte Marserde zu binden und ein betonähnliches Material herzustellen.«[83] Na herzlichen Dank, Wissenschaft!

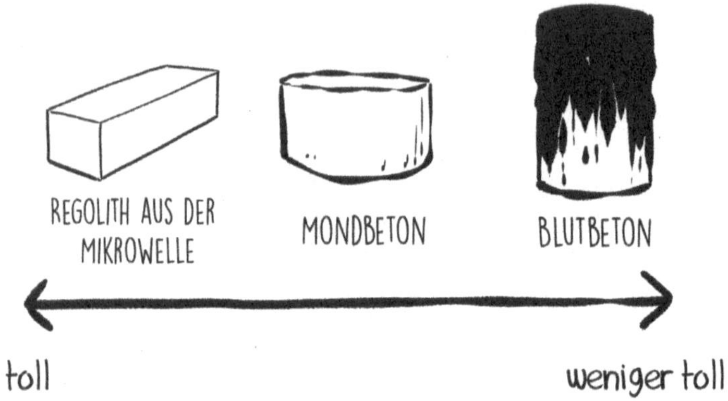

Außerdem gibt es sowohl auf dem Mond als auch auf dem Mars jede Menge Metalle. Aber um es noch einmal zu betonen – die bloße Existenz von Elementen bedeutet nicht, dass sie es wert sind, genutzt zu werden. In einem Dokument, das die Produktion auf dem Mond befürwortet, wird zum Beispiel vorgeschlagen, Titan in einem Ofen bei 1800 °C zu schmelzen.[84] Das könnte ein paar zusätzliche KRUSTYs, also Kilopower-Reaktoren, erfordern.

Für unsere Zwecke müssen Sie vor allem wissen, dass Habitate der Klasse III zwar möglich sind, aber dass sie extrem energieintensiv sein werden. Wir haben bereits darüber gesprochen, dass kleine Kernreaktoren oder große Solaranlagen erforderlich sind. Der Übergang zu Klasse III erfordert eine Energieversorgung in der Größenordnung einer Stadt oder einer sehr großen Fabrik.

Premiumimmobilien

Inzwischen sollte klar sein, warum Lavaröhren so verlockend sind. Man muss kein Regolith anhäufen, wenn ein riesiges, wahrscheinlich stabiles Loch auf einen wartet. Außerdem dürfte es dort nicht viel Staub geben, außer um den Eingang herum. Also geht man einfach rein, bläst eine aufblasbare Hüpfburg auf, die man nur vor undichten Stellen und mäßigen Temperaturschwankungen schützen muss, und voilà – die Weltraumresidenz unserer Träume steht. In ehrgeizigeren Vorschlägen wird ein Teil der Röhre mit einer Dichtungsmasse beschichtet, eine Luftschleuse am Eingang angebracht und die Innenseite unter Druck gesetzt, sodass schnell ein Weltraumhabitat entsteht, das größer ist als alles, was wir in diesem Jahrhundert auf der Oberfläche bauen könnten.

Versiegelte Lavaröhren wären eine unglaubliche Basis für zukünftige Konstruktionen, denn innerhalb des versiegelten Bereichs könnte man einfach bauen. Keine ausgefallenen Habitate mit komplexen Abschirm- und Luftschleusensystemen. Es müsste nicht alles in klebrigem, giftigem Regolith eingegraben werden. Und man müsste keine kleinen Habitate mit langen Tunneln dazwischen verbinden. Im Inneren der riesigen versiegelten Höhle könnte man, wenn man die Materialien für ein englisches Cottage hat, ein englisches Cottage bauen. Der ideale Aufbau sähe in etwa so aus:

Sollte es jemals Städte auf dem Mond oder dem Mars geben, besteht eine gute Chance, dass wir sie genau dort unterbringen. Wenn Lavaröhren in bewohnbaren Raum umgewandelt werden können, ist ein Großteil der Bau- und Transportarbeiten quasi zum Nulltarif schon erledigt. Es wird nicht einfach sein, eine Stadt tief im Inneren eines luftleeren Lochs zu errichten, aber wenn es gelingt, könnte die erste Gruppe, die diese Orte besiedelt, einen jahrzehntelangen Vorteil haben.

Von den geologischen Gegebenheiten her könnte dies zumindest möglich sein. Aber ob man sich für immer an einem Ort im Weltraum niederlassen kann, ist nicht nur eine Frage der Wissenschaft. Es ist auch eine Frage des internationalen Rechts und der Geopolitik.

Stella denkt, dass alle ihre Probleme gelöst sind, aber in Wirklichkeit fangen ihre rechtlichen Probleme gerade erst an.

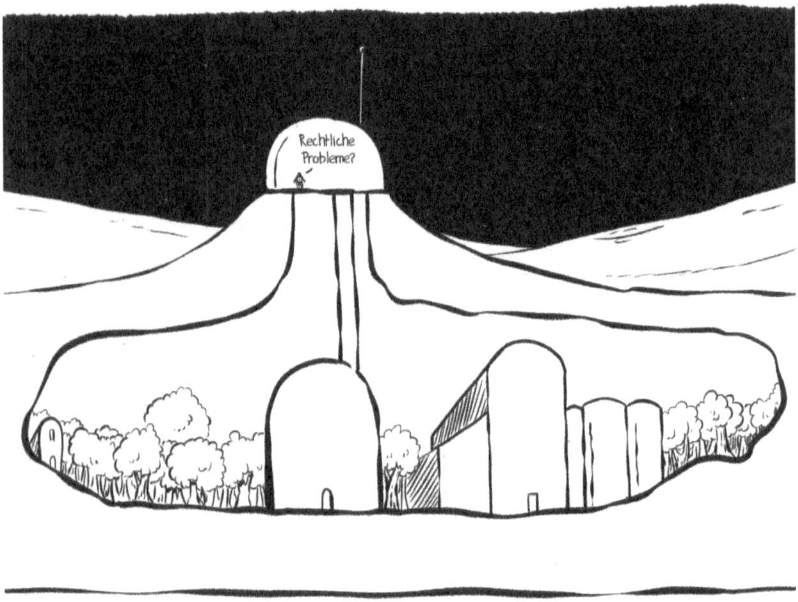

Notabene

DAS GEHEIMNIS DER TAMPONSCHNÜRE

Vielleicht haben Sie schon einmal von der Geschichte gehört, dass Astronautinnen des NASA-Jahrgangs 1978 von ahnungslosen Technikern eine absurde Menge an Tampons erhielten. Die Geschichte geht so:[85] Kathy Sullivan und Sally Ride, beide Mitglieder des Jahrgangs 78, werden gebeten, ein Hygieneset für Frauen im Weltraum zu überprüfen. Ride fängt an, eine Reihe von Tampons herauszuziehen, die in kleinen versiegelten Paketen zusammengeschweißt sind, ähnlich wie eine Würstchenkette. Und es kommt Reihe um Reihe von Tampons heraus. Und noch mehr Tampons. Sullivan erinnerte sich später daran, dass »es wie eine schlechte Bühnenshow war. Es schien, als ob sich Gott weiß wie viele Tampons endlos entfalteten.« Als Ride endlich am Ende angekommen war, fragten die männlichen Ingenieure: »Sind 100 in Ordnung?« Sally Ride, mit den kontrollierten Emotionen einer geborenen Astronautin, antwortete höflich: »Sie können das ohne Probleme halbieren.« Diese Geschichte ist alt, wurde aber in den späten 2010er-Jahren im Internet weit verbreitet und schließlich in einer beliebten Musicalnummer von Marcia Belsky mit dem Titel »Proof That NASA Doesn't Know Anything About Women« aufgeführt. Es ist eine tolle Geschichte, und sie ist auch nicht ganz falsch, aber es fehlt vielleicht ein gewisser Kontext, der ihre Bedeutung ernsthaft verändert.

So stellte sich die Sachlage dar: Dr. Rhea Seddon, die einzige Frau des Jahrgangs 78, die sowohl Ärztin als auch Astronautin und in einem Alter war, in dem sie Regelblutungen hatte, war an der Entscheidung beteiligt, wie viele Tampons mitgenommen werden sollten. Einem Interview aus dem Jahr 2010 zufolge war die große Anzahl von Tampons ein Sicherheitsaspekt.

Sie sagte: »Es gab Bedenken darüber. Es war eine dieser Unbekannten. Viele Leute sagten voraus, dass das Menstruationsblut in den Unterleib fließen würde, dass es zu einer Bauchfellentzündung kommen würde und dass schreckliche Dinge passieren würden.«[86]

Seddon zufolge standen die Frauen den Bedenken skeptisch gegenüber und wollten es nicht als Problem behandeln, solange es nicht zu einem Problem wurde. Aber sie war an der endgültigen Entscheidung beteiligt, die zusammen mit den Flugmedizinern getroffen wurde, und sie berichtete:

> *Wir mussten den schlimmsten Fall annehmen. Tampons oder Binden? Wie viele brauchen wir bei einer starken Menstruation, die fünf oder sieben Tage andauert? Denn wir hatten keine Ahnung, wie anders es dort oben sein würde. Was ist die Höchstmenge, die wir eventuell benötigen?*
>
> *Die meisten Frauen sagten: »So viele würde ich nie und nimmer nehmen.«*
>
> *»Ja, aber eine andere würde vielleicht. Und natürlich möchte ich mir keine Sorgen machen müssen, ob ich genügend dabeihabe.«*

Mit anderen Worten, die Geschichte handelte vielleicht weniger von idiotischen männlichen Technikern als vielmehr von dem Ansatz der NASA, alle Probleme mit mehr Ausrüstung zu lösen. Wie Seddon sich erinnert, beschloss man, die maximale Menge zu nehmen, die eine Frau mit starker Periode ihrer Meinung nach brauchen könnte, multiplizierte diese mit zwei und fügte dann 50 Prozent mehr hinzu.

Das wäre ein typisches NASA-Verhalten[87] – wenn man das 1300 Seiten lange *Human Integration Design Handbook* liest, das uns leider vorliegt, stößt man 257 Mal auf das Wort »Maximum«, wie auf Seite 604, die eine bemerkenswert detaillierte Behandlung der weiblichen Periode enthält, einschließlich etwas, das man als Uringleichung bezeichnen könnte:

$$V_U = 3 + 2t,$$

wobei V_U die maximale Gesamturinausscheidung in Litern pro Besatzungsmitglied und t die Anzahl der Missionstage ist.

Im Falle der Tampons war die übermäßige Besorgnis vielleicht angebracht. Lynn Sherr, langjährige Journalistin, Freundin einer Reihe von Astronautinnen und Biografin von Sally Ride, erläuterte, dass die erste Frau, die jemals im Weltraum menstruierte, Probleme mit »Auslaufen» gehabt hätte. Vergessen Sie nicht, dass der Weltraum schrecklich ist. Es gibt keine Schwerkraft, die Flüssigkeiten generell nach unten zieht. Durch einen Prozess, der Kapillarwirkung genannt wird, neigt das Blut dazu, aus dem Körper zu fließen.* Laut Sherr entschied sich diese anonyme Astronautin dafür, sowohl einen Tampon als auch eine Binde zu tragen.

Astronautinnen bevorzugen heute meist hormonelle Verhütungsmittel. Diese müssen für eine lange Reise in den Weltraum möglicherweise etwas überarbeitet werden, da die meisten Frauen auf der Erde keine Antibabypillen benötigen, die bei Weltraumstrahlung drei Jahre lang haltbar sind. Bei einer ersten Reise zum Mars, bei der es in erster Linie ums Überleben geht, wäre eine Schwangerschaft eine Katastrophe. Bei jedem Versuch einer dauerhaften Besiedlung wird eine Schwangerschaft eines der Ziele sein.

Wir entschuldigen uns dafür, dass wir die Tampongeschichte damit ruiniert haben, aber wenn Sie hören wollen, dass NASA-Ingenieure die weibliche Anatomie nicht verstehen, gibt es bessere Möglichkeiten. Werfen Sie einen Blick auf die Uriniervorrichtungen, die sie ursprünglich für Frauen vorgeschlagen hatten und von denen Seddon einmal sagte: »Mit Sicherheit von einem Design für Keuschheitsgürtel übernommen!«[88]

* Wir sollten anmerken, dass Seddon eine andere Version der Ereignisse gehört hatte. Sie sagte: »Ich bin mir nicht ganz sicher, wer die erste Periode im Weltraum hatte, aber sie kam zurück und sagte: ›Periode im Weltraum, genau wie die Periode auf dem Boden. Machen Sie sich keine Gedanken darüber.‹« Jennifer Ross-Nazzal, »Edited Oral History Transcript: Margaret Rhea Seddon«, NASA Johnson Space Center Oral History Project, Houston, TX, 21. Mai 2010, https://historycollection.jsc.nasa.gov/JSCHistoryPortal/history/oral_histories/SeddonMR/SeddonMR_5-21-10.htm.

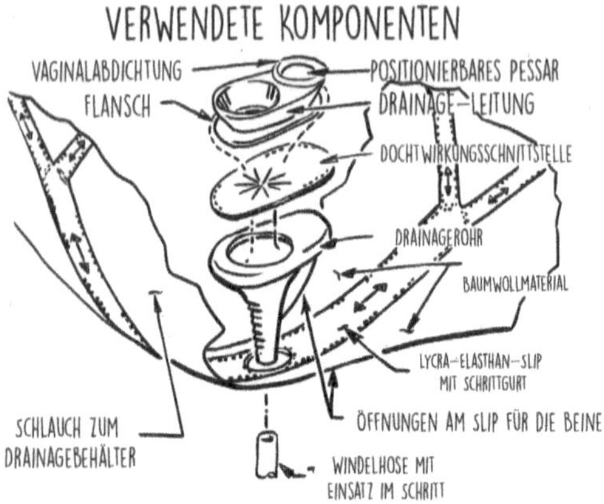

ANMERKUNG DES KÜNSTLERS: DIES IST EINE KOPIE EINES DOKUMENTS VON JPL. ICH HABE MIR HIERBEI KEINE KÜNSTLERISCHEN FREIHEITEN GENOMMEN, DA ICH KEINE VERBESSERUNG FÜR MÖGLICH HIELT.

Ein Beispiel für strukturellen Sexismus im wahrsten Sinne des Wortes ist der Versuch der Ingenieure, das von den männlichen Astronauten verwendete kondomförmige System zu duplizieren. Wie Amy Foster in *Integrating Women into the Astronaut Corps* schrieb, »fühlte sich offenbar keiner der mit diesem Projekt betrauten männlichen Ingenieure wohl genug, um zuerst eine Frau zu konsultieren.«[89] Die Version für die weibliche Anatomie schaffte es niemals ins All, und schließlich trugen die Frauen eine Version dessen, was wir heute MAG nennen: Maximum Absorbency Garment, also maximal saugfähiges Kleidungsstück. Im Grunde handelt es sich um Windeln für Erwachsene. MAGs sind heute die Standardkleidung für Situationen wie Start und Landung, in denen die Astronautinnen nicht einfach aufstehen können, um zur Toilette zu gehen.

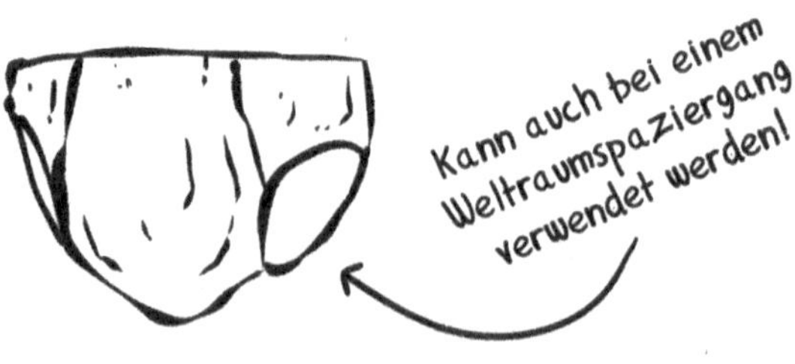

Das gilt auch für Männer, was ein Segen ist. Um das alte System zu nutzen, mussten Männer angeben, ob sie eine kleine, eine mittlere oder eine große Größe benötigen. Die Wahl zwischen Ehrlichkeit gegenüber dem medizinischen Personal und dem möglichen Einnässen, während man für den Start angeschnallt war, war für einige offenbar ein großes Dilemma. Laut Michael Collins wurden die männlichen Egos unter den Astronauten der Apollo-Ära geschont, indem man die Begriffe klein, mittel und groß als »extra groß, riesig und unglaublich« bezeichnete.[90] Dies ist bestimmt nicht die tollste »Gleichheit für alle«-Geschichte, aber vielleicht die seltsamste.

Teil IV
Weltraumrecht für Weltraumsiedlungen: Seltsam, vage und schwer zu ändern

Keine Mondnacht wird für mich je wieder so sein wie früher, wenn ich beim Blick auf diese blasse Scheibe denken muss: »Ja, da oben links ist das russische Gebiet, und da drüben rechts ist der amerikanische Teil. Und ganz oben ist der Ort, der jetzt eine Krise auszulösen droht.« Der uralte Mond – der Mond der Mythen, der Dichter, der Liebenden – wird uns für immer genommen worden sein.[91]

– C. S. Lewis (der Narnia-Typ)

DAS IST DER PUNKT, AN DEM ANDERE BÜCHER ÜBER DIE BESIEDlung des Weltraums normalerweise aufhören. Oder sie liefern Ihnen noch viel mehr Details darüber, wie die Raketenschiffe und die Chemie genau funktionieren, möglicherweise zusammen mit Versprechungen von Reichtümern, die Sie in naher Zukunft erwarten.

Wir halten es für einen kolossalen Fehler, das Gesetz zu übergehen, wenn Sie eine Vorstellung davon erhalten wollen, wie die Besiedlung des Weltraums vonstattengehen könnte. Wir haben die Erfahrung gemacht, dass Enthusiasten häufig davon ausgehen, dass sich das Weltraumrecht aufgrund der unglaublichen Möglichkeiten der Weltraumsiedlung einfach in Luft auflösen wird. Oder dass es überwunden wird, weil niemand das Recht hat, sich vor die Vereinigten Staaten zu stellen, oder vor allem nicht vor Elon Musk. Es gibt keinen Grund, das zu glauben, und außerdem wirkt sich das Gesetz bereits auf das Raumfahrtverhalten aus. Chris Lewicki, der frühere Präsident von Planetary Resources, Inc., sagte uns, dass die Unklarheit des Gesetzes ein ernsthaftes Investitionshindernis darstellte und zum Niedergang seines Asteroidenbergbauunternehmens beitrug. Rechtswissenschaftler, mit denen wir gesprochen haben, hatten sogar noch größere Bedenken – dass das Gesetz nicht auf moderne Entwicklungen vorbereitet ist und dass jede Art von Wettlauf um das Territorium des Mondes zu Konflikten führen könnte. Das ist ein deprimierender Gedanke, vor allem wenn Sie mit unserer Einschätzung übereinstimmen, dass der Mond keinen großen wirtschaftlichen Wert hat.

Wir werden argumentieren, dass das internationale Weltraumrecht derzeit zu weit gefasst ist und den Staaten Spielraum für gefährliche Interpretationen des Erlaubten lässt. Es muss aktualisiert werden. Das Problem liegt darin, dass der Start in den Weltraum zwar einfacher geworden ist, Änderungen des internationalen Rechts sich jedoch als überraschend schwierig erwiesen haben. Unser Ideal wäre eine international verwaltete Regelung, sowohl für Weltraumaktivitäten als auch für Weltraumeigentum. Mehr *Star Trek*, weniger *Star Wars*.

Ob Sie mit unserer Einschätzung übereinstimmen oder nicht, wir denken, Sie sollten zumindest akzeptieren, dass diese Dinge wichtig sind. Der Rahmen, den wir für das menschliche Verhalten im Weltraum haben, wird die Besiedlung ebenso stark beeinflussen wie die verfügbare Technologie. Wenn Sie verstehen, wie internationales Recht funktioniert, und dies mit Ihrem Wissen über den Weltraum kombinieren, haben Sie die Grundlage, um darüber nachzudenken, wie der Weltraum regiert werden sollte. Obwohl sich die Lage schnell ändert, befindet sich die Menschheit noch in den Anfängen der Besiedlung des Weltraums. Wir können immer noch Entscheidungen treffen, und diese Entscheidungen können Konsequenzen haben, die noch jahrhundertelang nachhallen.

Unser Ziel in diesem Abschnitt ist es, Ihnen zu erklären, wie wir zu unserem Weltraumgesetz gekommen sind, was es aussagt, warum es in seiner derzeitigen Form gefährlich ist und wie wir es hoffentlich ändern können.

Kapitel 11
Eine zynische Geschichte des Weltraums

Vielleicht lässt sich die Reife im Raumfahrtzeitalter, wie bei jeder technologischen Revolution, an der wachsenden Erkenntnis messen, dass diese neuesten Schöpfungen des Menschen den Menschen selbst nicht verändern und auch nicht verändern werden.[92]

– Dr. Walter McDougall, mit dem Pulitzerpreis ausgezeichneter Historiker

Das Apollo-Programm ist das, was in der Geschichte am ehesten mit einem Epos für Ingenieure vergleichbar ist. In einem Kampf um ein technisches Ziel, das noch eine Generation zuvor für unmöglich gehalten wurde, bauten einige der klügsten Ingenieure der Welt einige der komplexesten Maschinen, die je entwickelt wurden, und flogen dann Männer, die alle zu Kulturhelden werden sollten, in die Gefahrenzone, mit dem Ziel, die Zivilisation zu retten.

Wenn Sie in einer Buchhandlung stöbern, werden Sie daher feststellen, dass die meisten Bücher über den Weltraum vom Wettlauf zum Mond handeln, insbesondere von Apollo 11. Sofern Sie jedoch bisher nur etwas über die Heldentaten der Astronauten und Raumfahrtbehörden gelesen haben, entgeht Ihnen ein großer Teil des Kontextes, der zum heutigen Weltraumrecht geführt hat.

In diesem Kapitel wollen wir einen Blick über die Behörden hinauswerfen und uns auf das Verhalten von Politikern und Militärs konzentrieren. Auf diese Weise erhalten Sie einen Eindruck von den einzigartigen Bedingungen, die zum heutigen Weltraumvertrag geführt haben, und davon, warum es seither relativ schwierig war, wichtige neue Abkommen zu schließen. Dabei hoffen wir, Ihnen unter anderem zu zeigen, dass die Raumfahrt, so schön sie sein mag, auch ein zynisch eingesetztes Instrument des Militarismus ist.

Die Raketentechnik vom Jahr null bis 1945

Raketen sind seit Jahrtausenden militärische Werkzeuge, die auf die Entdeckung des Schießpulvers in China vor etwa 2000 Jahren zurückgehen und die von Militärs auf der ganzen Welt eingesetzt wurden. Während des größten Teils ihrer Geschichte waren sie jedoch kein herausragendes Merkmal der Kriegsführung. Sie waren klein, schwer zu kontrollieren und nicht sehr effizient darin, Feinde in die Luft zu jagen. Menschen, die auf ihnen über den Himmel reiten, wären ungefähr so sinnvoll gewesen wie der Versuch, auf einem Pfeil zu reiten.

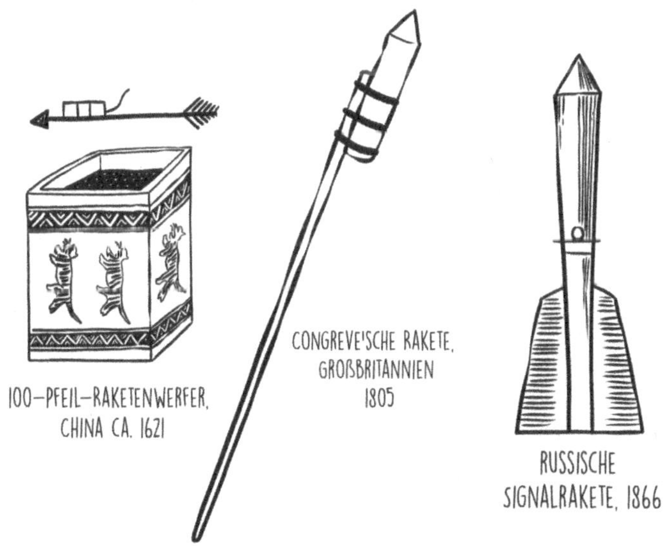

Im späten 19. Jahrhundert begannen sich die Dinge zu ändern. Die Chemie entwickelte sich weiter, leistungsstarke Reaktionsgase wurden erfolgreich verflüssigt, und neue technische Entwicklungen ließen den Schluss zu, dass die Raumfahrt zumindest möglich war. Es war zwar immer noch so, dass man als Spinner abgestempelt wurde, wenn man zu viel darüber sprach, aber die Zahlen sahen langsam besser aus.

Drei ungewöhnliche Männer gelten allgemein als die Gründerväter der modernen Raketentechnik: Der Russe Konstantin Ziolkowski (1857–1935), der Amerikaner Robert Goddard (1882–1945) und der Deutsche Hermann Oberth (1894–1989).

Ziolkowski erarbeitete um 1900 einen Großteil der mathematischen Grundlagen der Raumfahrt und schlug sogar einige noch nicht verwirklichte Ideen vor, zum Beispiel »Villengewächshäuser«. Aber er verbrachte den größten Teil seines Lebens als obskurer, verarmter Schullehrer. Seinen größten Beitrag zur Geschichte leistete er vielleicht dadurch, dass er eine Generation junger Ingenieure inspirierte, darunter auch den späteren Meisterkonstrukteur des sowjetischen Raumfahrtprogramms, Sergei Koroljow. Doch die stalinistische Sowjetunion erwies sich als nicht gerade idealer Ort, um Raketenwissenschaft zu betreiben. Viele der besten Ingenieure wurden in den 1930er-Jahren entlassen. Koroljow selbst wurde in letzter Minute vor der Hinrichtung bewahrt, verbrachte dann aber viele Jahre im berüchtigten Gulag-System, wo er fast die Hälfte seiner Zähne verlor.

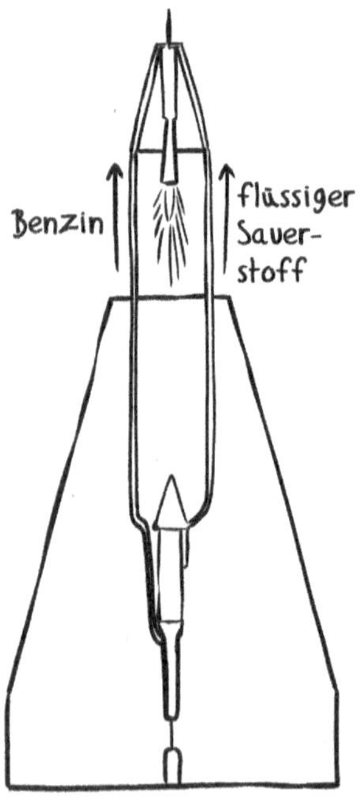

Die Vereinigten Staaten verzeichneten einen etwas besseren Start, und Goddard ist berühmt dafür, dass er 1926 die erste Rakete mit Flüssigbrennstoff entwickelte. Doch nachdem er für seine Ideen über raketenbasierte Mondreisen verspottet wurde, zog er sich in die Isolation zurück. Er führte zwar weiterhin kleine Experimente durch, schottete sich aber weitgehend von der amerikanischen Forschungsgemeinschaft ab. In den Worten des Physikers und Raketeningenieurs Dr. Theodore von Kármán vom California Institute of Technology: »Es gibt keine direkte Linie von Goddard zur heutigen Raketentechnik [...]. Er befindet sich auf einem abgestorbenen Ast.«[93]

Während die Vereinigten Staaten damit beschäftigt waren, ihre Nerds in die Isolation zu treiben, und die Sowjetunion sie ausgrenzte, kam die Erforschung von Großraketen in Deutschland erst richtig in Schwung. Das galt vor allem nachdem Hermann Oberth, der Mann, der sich später für die Filmpromotion in die Luft sprengen sollte, 1923 sein Buch *Die Rakete zu den Planetenräumen* veröffentlicht hatte.

Die fortschrittlichste Raketenforschergruppe der Erde in den 1920er- und frühen 1930er-Jahren war wahrscheinlich ein Club junger Amateure unter dem Vorsitz von Oberth, der VfR (Verein für Raumschifffahrt). Sie arbeiteten viele Stunden ohne Bezahlung und bauten Raketen aus Schrott auf dem Raketenflugplatz, einem Testgelände in einem verlassenen Munitionsdepot in einem Vorort von Berlin. Das war eine gefährliche Arbeit. Die Raketen kamen häufig vom Kurs ab oder explodierten. Aber der VfR ging in die Geschichte ein, als ein scharfsinniger junger Mann namens Wernher von Braun zu ihnen stieß – ein blondhaariger, kantiger 19-jähriger Sohn schlesischer Patrizier mit entsprechendem Akzent und Auftreten.

Mitte der 1930er-Jahre erregte der VfR die Aufmerksamkeit der deutschen Armee. Obwohl die Frage, ob er mit dem Militär zusammenarbeiten sollte, zu einer Spaltung des Clubs führte, entschied sich von Braun dafür, dorthin zu gehen, wo das Geld war. Später wurde er mit Ressourcen überhäuft und baute hochmoderne Raketen für Nazideutschland.

Wir haben die Erfahrung gemacht, dass die Leute manchmal denken, von Brauns Waffen seien ein wichtiger Teil der Kriegsanstrengungen der Nazis gewesen. Tatsächlich waren sie fast während des gesamten Krieges noch immer experimentelle Waffen. Eine der seltsamsten Geschichten aus den frühen 1940er-Jahren handelt von einem Besuch Hitlers in Peenemünde, dem kleinen Dorf, in dem die modernsten Raketen der Welt gebaut wurden.

Von Braun, der für sein gutes Aussehen und seinen Charme bekannt war und später für Disney eine beliebte Serie über die Raumfahrt moderieren sollte, konnte ihn nicht beeindrucken. Hitler war gelangweilt. So gelangweilt, dass er sich ärgerte. Irgendwann fragte er wütend, warum die Raketen zwei Flüssigtreibstoffe brauchten und nicht nur einen – etwas, das von Braun gerade erklärt hatte. Der junge Mann fuhr geduldig mit seinem Vortrag fort. Später, als der größte Schurke der Geschichte die Einrichtung verließ, sagte er scheinbar sarkastisch: »Es war doch gewaltig!«

Erst später, als die Niederlage immer wahrscheinlicher wurde, änderte Hitler seine Meinung. Von Braun erhielt den Auftrag, experimentelle Raketenentwürfe zu verwenden und daraus massentaugliche Waffen zu konstruieren. Daraus entstand die berüchtigte V-2-Rakete, wobei das V für Vergeltungswaffe steht.*

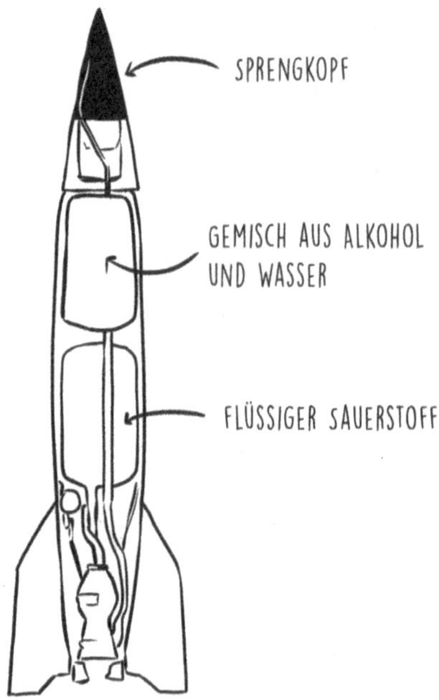

Bildreferenz: https://commons.wikimedia.org/wiki/file:v-2.png

* Und 2, weil die V-1 durch eine Art frühen Marschflugkörper mit Flügeln ersetzt wurde.

Die V-2 wird als furchterregend in Erinnerung behalten, war aber eine relativ primitive, unwirksame Waffe. Tatsächlich waren die meisten Todesfälle, die direkt mit der V-2 in Verbindung gebracht wurden, nicht auf ihren Einsatz zurückzuführen, sondern auf ihren Bau, der etwa 20000 Menschenleben kostete. Die V-2-Fabrik wurde von Zwangsarbeitern, die von der SS gestellt wurden, in einer neuen Anlage in der Nähe der Stadt Nordhausen gebaut. Die meisten dieser Zwangsarbeiter waren politische Gefangene, die in ein Programm gezwungen wurden, in dem sie sich zu Tode arbeiten mussten. Das Grauen war unvorstellbar: Bis auf die Knochen abgemagerte, in Fetzen gekleidete Häftlinge mussten sich den Weg in einen Berg sprengen, um die Montageanlage für die neuen Wunderwaffen zu errichten. Der Franzose Yves Béon überlebte das Lager und schrieb seine Memoiren mit dem Titel *Planet Dora*, in denen er dokumentiert, wie die Männer an Schlägen, Hunger, Krankheiten und Erfrierungen starben, während sie nur in Lumpen gekleidet den deutschen Winter überstehen mussten. An einer Stelle, als er die Ankunft neuer Gefangener beschreibt, erinnert er sich: »Sie wissen, dass sie aus diesem eitrigen Karbunkel am Arschloch der Hölle nicht herauskommen werden. Die Falle ist fest verschlossen. Niemand kann entkommen.«[94] Obwohl von Braun die Zwangsarbeit nicht initiiert hatte, war er sich dessen sehr wohl bewusst. In einem der Einträge von Béon heißt es: »Die Projektleiter sind hier. Da ist zunächst Wernher von Braun, das ist der Kerl, der nach dem Krieg als gutes Beispiel für die jungen Generationen des Westens verehrt und dargestellt werden wird.«[95]

Das Ende des Krieges

Als die Armeen der Vereinigten Staaten und der Sowjetunion Nazideutschland bezwangen, drangen sie aus entgegengesetzten Himmelsrichtungen nach Nordhausen vor, jeder in der Hoffnung, sich die deutsche Raketentechnologie und das deutsche Talent zuerst zu sichern. Doch die USA hatten einen unerwarteten Vorteil: Im Januar 1945, Monate vor dem Fall

Berlins, verließen von Braun, seine Mitarbeiter und deren Familien Peenemünde, um sich den US-Truppen zu ergeben. Ein Mitarbeiter erinnerte sich später an diese Entscheidung: »Wir verachten die Franzosen; wir haben Todesangst vor den Sowjets; wir glauben nicht, dass die Briten sich uns leisten können; also bleiben nur die Amerikaner.«[96] Die Vereinigten Staaten schnappten sich nicht nur die meisten deutschen Raketentalente, sondern auch den Großteil der Raketenteile in einer hektischen Woche vor der Ankunft der Sowjets.

Als die Rote Armee in Nordhausen einmarschierte, fanden sie den Ort von allem gesäubert vor, was leicht entfernt werden konnte. Die Fabrik blieb erhalten, und es gelang ihnen, einige der verbliebenen Deutschen zu zwingen oder zu überreden, auf ihre Seite zu kommen. Aber Stalin war wütend. Die Vereinigten Staaten hatten nicht nur von Braun und seine unzähligen Unterlagen sichergestellt, sie waren auch mit genügend Raketenteilen nach New Mexico geflohen, um in einer geheimen Anlage in White Sands 100 Raketen vom Typ V-2 zu bauen. Berichten zufolge sagte Stalin kurz darauf: »Das ist absolut unerträglich. Wir haben die Naziarmeen besiegt, wir haben Berlin und Peenemünde besetzt, aber die Amerikaner haben die Raketeningenieure. Was könnte abscheulicher und unentschuldbarer sein?«[97]

Nachdem amerikanische Flugzeuge Atomwaffen auf Hiroshima und Nagasaki abgeworfen hatten, herrschten die Vereinigten Staaten als einzige Atommacht der Welt. Aus einer geopolitischen Sicherheitsperspektive war dies ein sowjetischer Albtraum. Während in der Sowjetunion ganze Städte dem Krieg zum Opfer gefallen waren, verfügten die Vereinigten Staaten über die fortschrittlichsten Waffen, eine konkurrenzlose Flotte von Bombern und eine unversehrte nationale Infrastruktur. Die Sowjets, die nach dem Verlust von zig Millionen Menschen im blutigsten Konflikt der Geschichte nun eigentlich eine Phase der Sicherheit genießen sollten, sahen sich stattdessen in dem sich anbahnenden Nachkriegskonflikt stark benachteiligt. Sie steckten ihre Ressourcen in zwei Sofortprogramme: eines zur Entwicklung der Atombombe, gefolgt von einem zur Entwicklung von Methoden, diese Bomben an ihre Ziele zu bringen. Die bemannte Raumfahrt wurde noch nicht ernsthaft in Erwägung gezogen, aber das sollte sich ändern, als der Wert der Propaganda im Kalten Krieg offensichtlich wurde.

Im Zusammenhang mit diesem globalen Konflikt ist es wichtig, sich daran zu erinnern, dass die Erde mehr als zwei Länder hatte. Der heißeste Teil des Weltraumwettlaufs fällt mit der weltweiten Entkolonisierung zusammen, die größtenteils zwischen 1945 und 1975 stattfand. Die Geschwindigkeit, mit der dies geschah, ist in etwa so beeindruckend wie die Geschwindigkeit des Fortschritts in der Raumfahrt im selben Zeitraum.

Als der Völkerbund, der Vorgänger der Vereinten Nationen, im Jahr 1919 gegründet wurde, hatte er 32 Mitgliedsstaaten. Doch selbst diese niedrige Zahl war ein wenig geschönt, da mehrere dieser Nationen unter britischer Kontrolle standen. 1945 waren 51 Staaten Mitglied der UN, also der Vereinten Nationen. Im Jahr 1957, als der erste Satellit, Sputnik, seinen Weg über die Erde antrat, waren es 82. Bis 1975 waren es 144. Heute hat die UN 193 Mitgliedsstaaten.

Als diese verletzlichen jungen Länder entstanden, geschah dies in einer Welt, die von zwei Ideologien beherrscht wurde und in der die Frage offen war, welche Regierungsform die Zukunft bestimmen würde. Eines der wichtigsten psychologischen Mittel, das die Vereinigten Staaten und die Sowjetunion einsetzten, war der bemannte Raketenflug. Und warum? Man könnte sagen, dass die Staats- und Regierungschefs erfolgreich vom Krieg zum wissenschaftlichen Wettstreit übergegangen waren. Diese Behauptung wird häufig aufgestellt, und sie ist zwar nett, aber nicht wirklich wahr – es wurden weiterhin massenhaft Atomwaffen gebaut, und die Welt stand mehr als einmal am Rande der Apokalypse. Eine bessere Art, über die menschliche Raumfahrt nachzudenken, wäre vielleicht als eine Art kostspieliges Säbelrasseln.

Die Idee dahinter ist folgende: Wenn eine Nation der Welt vermitteln will, dass sie die stärkste und beste ist, kann sie das natürlich einfach bei den Vereinten Nationen verkünden. Aber es wird nicht überzeugend sein. Reden ist billig. Raumfahrtprogramme sind es nicht. Nur sehr wenige Nationen sind in der Lage, einen Mann mit 7,8 Kilometern pro Sekunde erfolgreich um die Welt zu schießen, ihn dann landen zu lassen und ihn auf Goodwilltour zu schicken.* Die menschliche Raumfahrt hat wenig Nutzen für ihren hohen Preis, vor allem im Vergleich zu Dingen wie militärischen oder kommerziellen Satelliten, aber sie demonstriert auf spektakuläre Weise Wohlstand, Organisationsvermögen und technische Kompetenz. Wenn man dann noch bedenkt, dass die frühen Weltraumraketen oft buchstäblich den militärischen Raketen entsprachen, hat man eine hervorragende Demonstration roher Macht, die ernst genommen werden muss. Natürlich werden Sie nie einen Politiker sagen hören: »Wir haben uns entschieden, zum Mond zu fliegen, nicht weil es einfach ist, sondern weil es einen kurzfristigen geopolitischen Vorteil bringt«, aber etwas in dieser Art ist eine ziemlich solide Erklärung. Und sie stimmt auch mit dem Verhalten der führenden Politiker zu dieser Zeit überein.

Der Start von Sputnik erfolgte im Rahmen eines Wettlaufs um den ersten Satelliten in der Umlaufbahn. Koroljow, der sowjetische Meisterkonstrukteur, bewahrte amerikanische Zeitungsausschnitte über den Weltraum auf, um die sowjetische Führung zu mehr Ausgaben für die Raumfahrt zu bewegen. Der ursprüngliche Entwurf für den ersten Satelliten der Menschheit sollte ein komplexer wissenschaftlicher Apparat namens Objekt D sein. Aufgrund des Wunsches, der Erste zu sein, wurde dieser Entwurf zugunsten von Sputnik verworfen, der im Grunde eine große Kugel mit einer Stromquelle und einem Funksender war. Der damalige sowjetische Staatschef Nikita Chruschtschow hatte gezögert, überhaupt den ersten Satelliten ins All zu schicken. Er hatte nicht so viele Raketen zur Verfügung und wollte sie nicht für einen Satelliten verschwenden, auch wenn er damit einen gewissen Nutzen für die Öffentlichkeitsarbeit erzielen konnte. Selbst nach dem erfolgreichen Start von Sputnik im Jahr 1957 beglückwünschte er nach eigenen Angaben lediglich das Team und ging dann zu Bett. Erst als

* In Alexander MacDonalds Buch zu diesem Thema, *The Long Space Age*, wird argumentiert, dass die Tradition der Ausgaben für die Weltraumforschung als kostspieliges Säbelrasseln schon vor den Raketen bestand und zuerst mit den Observatorien begann. Die Tatsache, dass es unwahrscheinlich ist, dass die Forschung eine Rendite abwirft, ist einer der Gründe, warum sie ein so wirksames Symbol.ist.

klar wurde, dass die Weltöffentlichkeit wegen des Sputnik-Satelliten völlig durchdrehte, meldete er sich zu Wort. Seine Skepsis wandelte sich fast sofort in die Forderung nach weiteren Weltraumspektakeln, die idealerweise mit besonderen Tagen der sowjetischen Geschichte zusammenfallen sollten. Deshalb flog der Hund Laika bald darauf ins All. War dies eine sinnvolle Verwendung von Geld für die Wissenschaft? Wahrscheinlich nicht, aber es war eine großartige Öffentlichkeitsarbeit. Es war, wie Chruschtschow selbst viele Jahre später zugab, ein Bluff. Und er funktionierte.

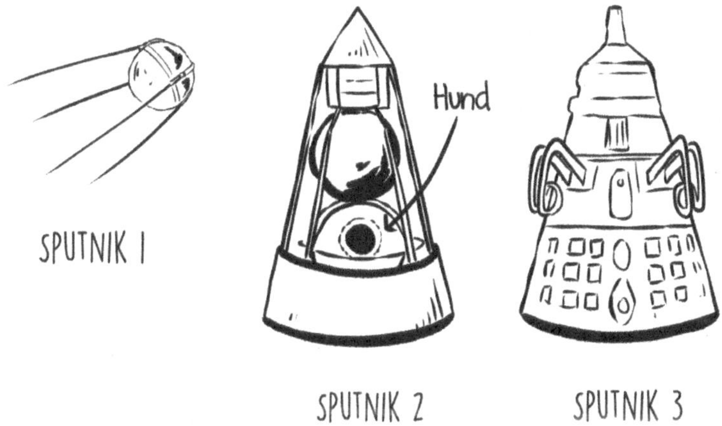

Der amerikanische Präsident Eisenhower wollte keinen Wettlauf im Weltraum, weder um Satelliten noch um irgendetwas anderes. »Hysterisch« nannte er die Leute, die nach Sputnik massive Ausgaben für Raumstationen und Mondbasen forderten. Unabhängig von den geostrategischen Aspekten machte diese Zurückhaltung einen schlechten Eindruck und trug letztlich dazu bei, dass John F. Kennedy 1960 die Wahl gegen Eisenhowers Vizepräsidenten Richard Nixon gewann.

Aber Kennedy war doch sicher ein Weltraumenthusiast, oder? Er hielt all diese Reden über »neue Grenzen« und dieses »neue Meer«, das wir befahren müssen. Na ja, wenn man eine Persönlichkeit des öffentlichen Lebens nur nach öffentlichen Reden beurteilt, macht man einen schrecklichen Fehler. Es gibt gute Gründe für die Annahme, dass Kennedy nicht wirklich an der Raumfahrt interessiert war, zumindest nicht als wissenschaftliches Unterfangen. In den Jahren nach Sputnik 1, aber vor seiner Präsidentschaft hatten Kennedy und sein Bruder Robert den Bostoner Charles Stark Draper in einem schicken Restaurant kennengelernt. Draper war Leiter des Instrumentation Laboratory des Massachusetts Institute of Technology (MIT) und wollte die beiden Brüder davon überzeugen, dass die Raketentechnik eine ernsthafte Angelegenheit war. Es lief nicht sehr gut. Einer Quelle zufolge behandelten sie ihn mit »gutmütigem Hohn«.[98] Viele Jahre später erinnerte sich Draper in einem Interview daran, dass der damalige Senator Kennedy »nicht davon überzeugt werden konnte, dass Raketen keine Geldverschwendung sind, und die Raumfahrt sogar als noch schlimmer betrachtete«.[99]

Was also veränderte sich? Die Politik. Kennedy hatte im Frühjahr 1961, nur drei Monate nach seiner Amtseinführung, eine sehr, sehr schlechte Woche. Am 12. April flog Juri Gagarin als erster Mensch ins All und umkreiste die Erde, bevor er sicher nach Hause zurückkehrte. Fünf Tage später begannen die Vereinigten Staaten mit der katastrophalen Invasion in der Schweinebucht, bei der 1400 von der CIA unterstützte Exilkubaner bei dem Versuch, Fidel Castro zu stürzen, völlig versagten.

Kennedy beauftragte seine Berater, eine Art Gegenmaßnahme zu Gagarins Flug zu finden, die die Situation umkehren würde – etwas wie ein Weltraumlabor oder eine Reise zum Mond, die »dramatische Ergebnisse bringen würde, mit denen wir gewinnen könnten«.[100] Dies wurde schließlich von dem von Braun geleiteten Ex-Naziteam geliefert, das Ende der 1960er-Jahre eine Mondlandung für möglich hielt.

Obwohl Kennedy sich öffentlich für die Raumfahrt aussprach, scheint er bei seinen Mondplänen gezögert zu haben. Auf der Pressekonferenz nach Gagarins Start sprach Kennedy über Entsalzungsmethoden und merkte an, er glaube, dass sie, wenn sie billig zu bewerkstelligen seien, »wirklich alle anderen wissenschaftlichen Errungenschaften in den Schatten stellen würden«.[101] Und dennoch hielt Kennedy am 25. Mai, kaum einen Monat nach der Schweinebuchtinvasion, eine im Fernsehen übertragene Rede über »dringende nationale Bedürfnisse« vor dem Kongress, in der er eine ungeheuer teure bemannte Mondlandung forderte.* Und damit Sie nicht denken, dies sei ein völliger Sinneswandel gewesen, haben wir Beweise dafür, dass Kennedy noch 1962 nicht so sehr an der Raumfahrt interessiert war. Woher wir das wissen? Weil er während eines privaten Treffens mit Beratern sagte: »Ich bin nicht so sehr an der Raumfahrt interessiert«.**

Dieses Desinteresse trat also zu einem ziemlich späten Zeitpunkt auf. 1962 ist das Jahr, in dem Armstrong als Astronaut ausgewählt wurde. Es ist das Jahr, in dem John Glenn sein Rektalthermometer einsetzt und eine volle Erdumlaufbahn zurücklegt. Es ist das Jahr des ersten »Gruppen«-Raumflugs, als die Sowjetunion mehrere bemannte Orbiter gleichzeitig um die Erde starten lässt. Wenn Sie nur auf die Astronauten und Ingenieure schauen, ist alles heldenhaft und spektakulär. Wenn Sie den Blick auf die Weltbühne richten, sehen Sie einen sowjetischen Führer, der Weltraumhunde als Bluff einsetzt, und einen amerikanischen Führer, der mit einigem Widerwillen eine Mondlandung als großen Propagandaakt anstrebt – ein äußerst kostspieliges Signal in einem Krieg der Wahrnehmung.

---

* Manchmal wird diese Rede mit der berühmten Rede »Nicht weil sie leicht sind, sondern weil sie schwer sind« verwechselt, die er 1963 an der Rice University hielt.

** Das vollständige Zitat aus dem Transkript lässt Raum für Interpretationen, aber es ist sicher klar, dass er nicht über neue Grenzen im Privaten spricht. Hier ein längerer Auszug: »Denn, bei Gott, seit fünf Jahren erzählen wir jedem, dass wir im Weltraum führend sind, und niemand glaubt es, weil sie [die Sowjets] die Trägerrakete und den Satelliten haben. Aber ich denke, wir sollten uns darüber im Klaren sein, dass dies das Programm mit der höchsten Priorität für die Agentur ist, und eines der beiden Dinge, abgesehen von der Verteidigung, mit der höchsten Priorität für die Regierung der Vereinigten Staaten. Ich denke, das ist die Position, die wir einnehmen sollten. Nein, das wird vielleicht nichts an diesem Zeitplan ändern, aber zumindest sollten wir uns darüber im Klaren sein, dass wir sonst diese Gelder nicht ausgeben sollten, denn ich bin nicht so sehr an der Raumfahrt interessiert. Ich finde sie gut, ich finde, wir sollten darüber Bescheid wissen, wir sind bereit, angemessene Summen auszugeben. Aber wir reden über diese gigantischen Ausgaben, die unseren Haushalt und all die anderen inländischen Programme ruinieren, und die einzige Rechtfertigung dafür ist meiner Meinung nach, dass wir hoffen, sie zu schlagen und zu zeigen, dass wir sie überholt haben, als wir mit ein paar Jahren Rückstand angefangen haben.« John Logsdon, *John F. Kennedy and the Race to the Moon* (New York: Palgrave Macmillan, 2010), S. 155–156.

Das frühe Weltraumzeitalter und der Ursprung des Weltraumrechts

Wie begeistert die Öffentlichkeit auch immer gewesen sein mag, die diplomatischen Unterhändler hatten guten Grund, die Füße still zu halten. Und guten Grund zur Sorge. Der Wettlauf zum Mond mag ein kostspieliges Säbelrasseln gewesen sein, aber beide Nationen setzten auch auf eine direktere Form der Signalgebung, nämlich auf massive nukleare Explosionen im Weltraum. Ein solches Projekt war die Operation Fishbowl, bei der am 9. Juli 1962 in 400 Kilometern Höhe eine 1,4-Megatonnen-H-Bombe im Rahmen des Kernwaffentests Starfish Prime gezündet wurde. Die Bombe erhellte den Himmel über Tausende von Kilometern, unterbrach die Funkübertragung, schaltete die Straßenbeleuchtung in Hawaii aus, verursachte Stromstöße in Flugzeugen und störte die Telefon- und Funkkommunikation. Auch sechs Satelliten waren betroffen – vier amerikanische, ein russischer und der erste britische Satellit, Ariel 1. Der Wissenschaftler Dr. James Clay Moltz behauptet sogar, dass Starfish Prime der Auslöser für die Ratifizierung von Weltraumgesetzen war, weil der Vorfall allen eine Heidenangst einjagte.

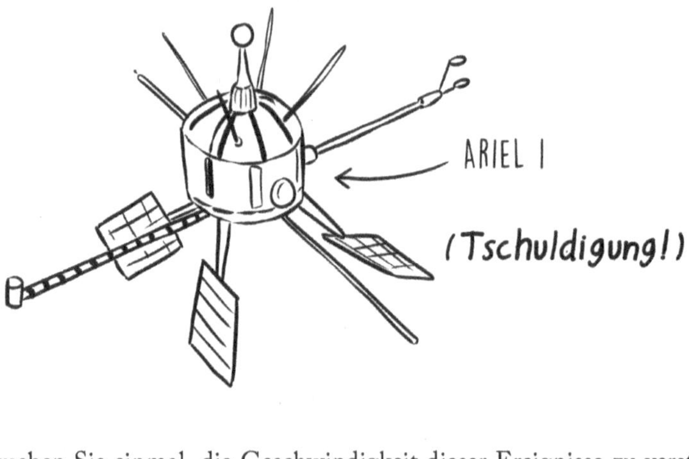

Versuchen Sie einmal, die Geschwindigkeit dieser Ereignisse zu verstehen. Stellen Sie sich vor, Sie sind ein 50-jähriger Diplomat im Jahr 1963. Sie wollen einen weiteren Weltkrieg ebenso vermeiden wie ein Gerangel um Kolonien und Territorien im Stil des 19. Jahrhunderts. Aber die Zukunft kommt rasend schnell auf Sie zu. Als Sie ein Kind in den 1910er-Jahren waren, arbeiteten die Ingenieure noch an der Entwicklung von Doppeldeckerflugzeugen. In den 1920er-Jahren war Ziolkowski ein wenig bekannter alter Mann, Goddard war ein Einsiedler und Oberth sprengte sich für die Filmpromotion in die Luft. In den 1930er-Jahren leisteten ein paar Amateure gelegentlich verhängnisvolle Arbeit, und die Raketentechnik blieb eine Idee, die vor allem für Kinder und die Art von intellektuellen Freaks interessant war, die Bücher über Weltraumreisen kauften.

Mitte der 1940er-Jahre fliegen Raketen hoch in die Atmosphäre, um den Tod auf Großbritannien und Belgien herabregnen zu lassen. Das Jahr 1957 bringt die erste interkontinentale ballistische Rakete und den ersten Satelliten. 1961 rasen die Menschen durch den Weltraum und 1962 auch die Atomwaffen. Nichts in Ihrem bisherigen Leben deutet darauf hin, dass die Raumfahrt das menschliche Verhalten verbessern wird. Nichts deutet darauf hin, dass es bei der Nutzung von Raketen im Wesentlichen um Wissenschaft oder Inspiration oder Einheit geht. Sie sind jemand, der fast 20 Jahre lang ein Wettrüsten und nun eine enorme Steigerung der Ausgaben für eine weltweite PR-Schlacht erlebt hat. Dann, ganz plötzlich, lassen Atomwaffen Miniatursonnen am Himmel entstehen und die Welt schaut gespannt auf die kubanische Raketenkrise.

Dies ist also die Betrachtungsweise über den Weltraum, die für das Weltraumrecht am wichtigsten ist. In diesem Bild sind die Aktivitäten im Weltraum taktischer Natur, insbesondere wenn sie Menschen betreffen. Es geht um Macht und Überleben. Es ist keine Welt der Helden – es ist eine Welt mit gefährlichen Motivationen, die es einzuschränken gilt. Aber im Jahr 1962 ist der Weltraum weitgehend unreguliert. Doch während die hochfliegenden Helden ihr Ding durchzogen, arbeiteten Wissenschaftler und Diplomaten glücklicherweise daran, eine Rechtsordnung für den Weltraum zu schaffen – eine Rechtsordnung, die bis in die heutige Zeit weitgehend intakt geblieben ist.

Wir möchten die beiden wichtigsten Punkte hervorheben, die Sie für den Rest des Buches mitnehmen sollten. Erstens: Sosehr wir als Nerds auch von der Raumfahrt begeistert sind und so fremdartig und faszinierend die Umgebung auch sein mag, es findet dort keine soziale Magie statt. Der Weltraum ist ein weiterer Ort, an dem Menschen einfach Menschen sein werden.

Zweitens stammt das heutige Gesetz größtenteils aus einer ganz bestimmten Ära der Geschichte – einer Zeit, in der es nur zwei Akteure im Weltraum gab, einen kapitalistischen und einen kommunistischen, und als die Raumfahrt völlig neu war und sich sehr schnell in eine unbekannte Zukunft bewegte. Bedenken Sie bitte den Grad der Ungewissheit, der hier herrscht. Sie, der Leser, wissen, wie der Weltraum in den nächsten 60 Jahren aussah. Die Diplomaten und Politiker der 1960er-Jahre wussten es nicht. Für sie war es immer noch möglich, dass die Geschichte anders verlaufen würde. Von Braun selbst hatte eine orbitale Kampfstation vorgeschlagen, die den Frieden auf der Erde und die »Vorherrschaft im Weltraum« sichern sollte. Wie er 1952 in einer Rede in Washington sagte, könnte eine Weltraum-zu-Boden-Rakete »jeden Gegner bei seinem Versuch, unsere Festung im Weltraum herauszufordern, kaltstellen! Die Raumstation kann mit absoluter Sicherheit ein feindliches Raumschiff zerstören, bevor es gestartet wird.«[102]

Beide Konfliktparteien des Kalten Krieges zogen in Erwägung, den Mond zu militarisieren – ein Akt, der vermutlich zu einem Kampf um das Territorium geführt hätte. Die Vereinigten Staaten unternahmen ein ernsthaftes Programm namens Projekt Orion, das darauf abzielte, Raumschiffe in der Größe von Kreuzfahrtschiffen durch eine Reihe von Nuklearexplosionen von der Erde zu befördern.

Also, Herr Diplomat mittleren Alters, wir schreiben die frühen 1960er-Jahre. Die Kinder, die in dem Jahr geboren wurden, als die Atomwaffen über Japan gezündet wurden, sind heute junge Erwachsene. Die Welt hat es geschafft, sich nach einem weltumspannenden Konflikt wieder zusammenzufinden, aber ihre mächtigsten Nationen steuern offensichtlich auf einen gewaltigen Konflikt im Weltraum zu, und in der bevorstehenden Götterdämmerung ist einfach nicht klar, wer die Oberhand hat. Dies ist kein günstiger Moment für die Menschheit, aber die Tatsache, dass es nur zwei Weltraummächte in einer Welt gibt, die plötzlich erschreckend geworden ist, ist ein willkommenes Umfeld für neue internationale Regelungen.

Die Entstehung des Weltraumrechts

1963 war ein gutes Jahr für Weltraumjuristen. Sie erreichen den »Vertrag über das Verbot von Kernwaffenversuchen in der Atmosphäre, im Weltraum und unter Wasser«, in dem sich die Vereinigten Staaten und die Sowjetunion darauf einigen, keine Atomwaffen mehr an verschiedenen Orten, einschließlich des Weltraums, zu testen. Sie erzielen auch eine UN-Resolution, in der sowohl die Vereinigten Staaten als auch die Sowjetunion erklären, dass sie keine Massenvernichtungswaffen im Weltraum kreisen lassen werden. Und schließlich verabschieden die Vereinten Nationen nach jahrelangen Verhandlungen eine Grundsatzerklärung zum Weltraum, die später den Hauptteil des heutigen Weltraumvertrags (Englisch: Outer Space Treaty, kurz: OST) bildete.* Er wurde von 112 Nationen ratifiziert, darunter die beiden

* Der vollständige Name des Vertrages lautet »Vertrag über die Grundsätze zur Regelung der Tätigkeiten von Staaten bei der Erforschung und Nutzung des Weltraums einschließlich des Mondes und anderer Himmelskörper«. Aus offensichtlichen Gründen werden wir ihn von nun an einfach als Weltraumvertrag bezeichnen.

größten Raumfahrtmächte der damaligen Zeit, und trat im Oktober 1967 in Kraft.

Was der Weltraumvertrag für die Menschheit bedeutet, ist nach wie vor Gegenstand von Debatten. Einige sehen den Weltraumvertrag als einen Triumph des Friedens und des Liberalismus.[103] Wie ein Autor schrieb: »Der Beginn der intensivsten Periode des Wettbewerbs [...] erwies sich als genau der richtige Moment für Versöhnung und Fortschritt im Weltraumrecht.«

Andere sehen etwas weniger Erbauliches. Dr. Everett Dolman, ein Militärtheoretiker, der zugegebenermaßen den Schreibstil von Darth Vader hat, schrieb einmal: »Die hoch angepriesene internationale Zusammenarbeit, die zum Weltraumvertrag von 1967 führte, war in Wahrheit kein Beweis für einen neu entstehenden Universalismus; sie war vielmehr eine Bekräftigung des Realismus des Kalten Krieges und der nationalen Rivalität, ein geschicktes diplomatisches Manöver, das den Vereinigten Staaten Zeit verschaffte und die sowjetische Expansion eindämmte.«[104]

Aus heutiger Sicht ist es seltsam, wie sehr sich die Welt verändert hat, während das Gesetz gleich geblieben ist. Die Sowjetunion gibt es nicht mehr. Ihr Nachfolgestaat hat mit seinem ehemaligen Rivalen die größte Raumstation der Geschichte gebaut. Inzwischen sind Europa, China, Japan und Indien zu ernsthaften Konkurrenten im Weltraum geworden, während Russland immer schwächer und isolierter wurde. Das Seltsamste von allem ist, dass die am häufigsten gestartete Rakete des Jahres 2022 nicht von einer Nation, sondern von dem privaten Unternehmen SpaceX gebaut wurde.* Aber während Raumfahrt und Kommunikation zu modernen, marktbasierten Unternehmen geworden sind, bleibt der Weltraumvertrag das Produkt dieses kurzen Moments der Rivalität zwischen nuklear bewaffneten Mächten, die vor einem staunenden Planeten posieren. Das hat merkwürdige Konsequenzen für die Zukunft der Weltraumbesiedlung und jeder Plan für die Weltraumbesiedlung muss diese berücksichtigen. Lassen Sie uns also dieses alte Dokument entstauben und sehen, was darin steht. Und, vielleicht genauso wichtig, lassen Sie uns auch sehen, was es nicht enthält.

---

* Auch wenn diese Firma ziemlich viel Geld von der Regierung erhält.

Ich bin nur aus Prestigegründen hier?!

Kapitel 12
Der Weltraumvertrag: Großartig für die Regulierung des Weltraums vor 60 Jahren

Der Weltraumvertrag ist so etwas wie ein Regelwerk für den Weltraum und doch wird er in Büchern zur Weltraumbesiedlung nur selten im Detail behandelt. Das ist in etwa so, als würde man planen, ein riesiges Bergwerk in der Antarktis zu errichten, und sich mehr Gedanken über den Transport oder die Wasserschmelze machen als über die Tatsache, dass die Existenz dieses Werks eindeutig illegal wäre und Dutzende mächtiger Nationen gleichzeitig verärgern würde.

Unsere besondere Sorge in Bezug auf den Weltraumvertrag besteht darin, dass er zwar die Möglichkeiten der Nationen, Land zu beanspruchen, strikt einschränkt, aber so interpretiert werden kann, dass er alle möglichen Verhaltensweisen zulässt, die bis an den Rand der faktischen Landnahme gehen. In einer Welt, in der Nationen Reisen zum Mond planen und einflussreiche Eigentümer von Raketenunternehmen Siedlungen versprechen, besteht die Gefahr, dass mächtige Nationen das Gesetz in einer für sie günstigen Weise auslegen und uns damit an einen Krisenpunkt bringen, der möglicherweise zu Konflikten auf der Erde führt.

Internationales Recht: Das gibt es tatsächlich

Aber lassen Sie uns zunächst festhalten – und wir möchten dies betonen, weil unserer Erfahrung nach Befürworter von Weltraumsiedlungen nicht dazu neigen, dies zu glauben – dass internationales Recht eine Rolle spielt. Es funktioniert nicht wie das innerstaatliche Recht, es ist nicht perfekt, aber es existiert definitiv.

Das internationale Recht wird manchmal als »anarchisch« bezeichnet, weil es keine höhere Instanz gibt, die die Nationen überwacht oder entscheidet, ob sie ihre eigenen Verträge und Verpflichtungen richtig interpretiert haben. Am ehesten kommen noch die Vereinten Nationen infrage, aber Sie können sich die UN als eine Art Gesetzgeber mit einem Gericht ohne große Durchsetzungsbefugnisse vorstellen, dessen Gesetze nur die Staaten binden, die ihnen zugestimmt haben. Das internationale Recht ist für die Nationen nicht so direkt und funktional wie das nationale Recht für die jeweilige Bevölkerung, aber das bedeutet nicht, dass es imaginär ist. Unserer Erfahrung nach neigen Menschen, die das internationale Recht für eine Farce halten, dazu, auf Fälle hinzuweisen, in denen das Recht verletzt wurde. Aber, wie ein Gelehrter anmerkte, mit dem wir gesprochen haben, ist das ein bisschen so, als würde man glauben, es gäbe keine Gesetze gegen Mord, weil manchmal ein Mord geschieht. Die Erde hat tatsächlich Regeln, die sich im Laufe der Jahre entwickelt haben und die von den Nationen im Allgemeinen befolgt werden.

Eine etwas differenziertere Behauptung, die manchmal aufgestellt wird, ist, dass internationales Recht nur das darstellt, was die mächtigen Nationen wollen. Aber auch wenn die mächtigen Nationen einen unverhältnismäßig großen Einfluss darauf haben, wie das Recht gestaltet und ausgelegt wird, haben sie doch nicht unbegrenzt Einfluss. Auch wenn man glaubt, dass das Gesetz nur der Wille der Mächtigen ist, die zu ihrem eigenen Vorteil handeln, wird das Gesetz dadurch nicht ungültig. Wenn Sie von der Polizei angehalten werden und einen Strafzettel bekommen, können Sie nicht sagen: »Aber Geschwindigkeitsbegrenzungen sind doch nur der Wille der Mächtigen!« Das internationale Recht schränkt das Verhalten der Nationen tatsächlich ein. Um die Besiedlung des Weltraums zu verstehen, müssen wir also verstehen, wie das internationale Recht in der Praxis funktioniert.

Internationales Recht entsteht auf zwei Arten: durch Abkommen und durch das, was man Gewohnheit nennt. Wenn Sie die Begriffe internationales Recht oder Völkerrecht hören, denken Sie wahrscheinlich an Abkommen – schriftliche

Vereinbarungen zwischen Nationen, die verbindlich sind und von den Nationen durchgesetzt werden. Gewohnheiten sind die Normen, die wir durch unser Verhalten entwickeln und die manchmal, aber nicht immer, später kodifiziert werden. Als Sputnik 1 im Jahr 1957 startete, sah die Eisenhower-Regierung darin einen ernsthaften Silberstreif am Horizont: Die Sowjets hatten einen Präzedenzfall für den freien Orbit über anderen Nationen geschaffen. Die Vereinigten Staaten machten sich diesen Standard schnell zunutze, um Spionagesatelliten in Betrieb zu nehmen. Obwohl der Status des Weltraums als »Open Skies«-Domäne (also als freier Luftraum) noch 1963 diskutiert wurde, hat sich der Brauch verfestigt und steht nun außer Frage. Es ist erwähnenswert, dass die Dinge auch anders hätten laufen können. Denken Sie an die Regeln des Luftrechts, die seit dem Abkommen über die Internationale Zivilluftfahrt (Chicagoer Abkommen) von 1944 besagen, dass der Luftraum keine freie Durchgangszone ist.

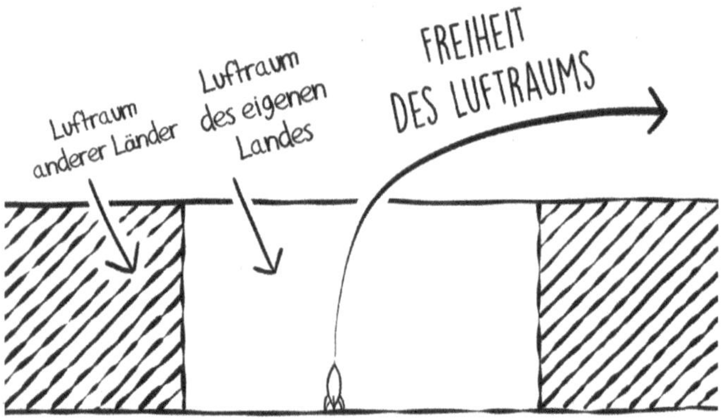

Schriftlich festgehaltene Vereinbarungen sind wichtig, aber sie erhalten ihren Schwung durch weltweite Gewohnheiten – durch Nationen, die etwas tun und andere Nationen, die es tolerieren.

Wie sieht es also mit den Gewohnheiten im Weltraum aus? Kurz gesagt ganz in Ordnung. Für die Luft haben wir etwa ein Jahrhundert an Gewohnheiten. Für die See haben wir viele Jahrhunderte. Für erdnahe Raumschiffe haben wir etwa 65 Jahre, aber für Situationen, die direkt mit der Besiedlung des Weltraums zu tun haben, haben wir fast nichts. Wenn wir also über Fragen wie die, ob man einen Asteroiden besitzen kann, sprechen, müssen wir uns auf formale Vereinbarungen stützen, von denen die wichtigste der Weltraumvertrag ist.

Eine kurze Warnung, bevor wir ins Detail gehen

Hier und in Teil V werden wir uns eingehend mit dem Weltraumrecht befassen, und wir möchten klarstellen, dass es sich dabei ausschließlich um Auslegungen handelt. Auch wenn es im internationalen Recht viele vereinbarte Standards gibt, haben wir bei unseren Gesprächen mit Wissenschaftlern festgestellt, dass diese damit nicht immer konform gehen. Das ist in einem Bereich wie dem Recht, in dem es letztlich um die Meinungen und das Verhalten von sprechenden, Kleidung tragenden Affen geht, durchaus verständlich. Aber um diesen Abschnitt in einem vernünftigen Rahmen zu halten und die wahrscheinlichen Wege für eine Lösung des Problems im Weltraum aufzuzeigen, waren wir manchmal gezwungen, uns entweder auf eine Seite zu schlagen oder eine Frage als ungeklärt zu bezeichnen, obwohl einige Wissenschaftler der Meinung sind, dass sie de facto geregelt ist. Wir glauben, dass wir hier eine vernünftige Interpretation bieten, und haben unser Bestes getan, um die Ansichten wiederzugeben, die am meisten Zustimmung finden. Aber wenn Sie diesen Text lesen, sollten Sie wissen, dass wir unsere eigenen Überzeugungen haben. Insbesondere befinden wir uns in der unangenehmen Lage, dass wir die amerikanische Sichtweise aus Machtgründen für besonders wichtig halten, während wir gleichzeitig selbst US-Bürger sind. Wir haben unser Bestes getan, um die Meinungen von Wissenschaftlern und Denkern mit unterschiedlichem Hintergrund einzuholen, und wir glauben, dass unsere übergreifenden Punkte richtig sind, aber die Feinheiten der Interpretation sind natürlich sehr diskussionswürdig.

Der Weltraumvertrag von 1967

Das Erste, was Sie über den Weltraumvertrag wissen sollten, ist, dass er nicht viel aussagt. Die englischsprachige Version umfasst etwa 2500 Wörter.

Außerdem ist er notorisch schwammig. Internationale Verträge enthalten oft einen Abschnitt, in dem Begriffe definiert werden, um Mehrdeutigkeiten zu vermeiden. Das ist im Weltraumvertrag nicht der Fall. Dadurch kann es zu erheblichen Irritationen kommen, die wir hier anhand von zwei Beispielen erläutern wollen.

Frage 1: Was ist ein »Astronaut«, also ein Raumfahrer? Wir glauben alle zu wissen, dass es sich um jemanden handelt, der im Weltraum war, richtig? Und wie sieht es mit Touristen aus? Sie sind eindeutig im »Raum«, aber sind sie auch Fahrer? Zumindest nach den jüngsten US-Richtlinien sind sie das nicht. Nach Paragraf 5 der FAA Commercial Space Astronaut Wings Program Order 8800.2 reicht es nicht aus, 50 Meilen (also etwa 80 Kilometer) hoch zu fliegen. Man muss sich auch als »Flugbesatzung« qualifizieren, indem man bestimmte Standards erfüllt und dann nachweist, dass man während des Fluges »wesentlich zur öffentlichen Sicherheit oder zur Sicherheit der bemannten Raumfahrt« beigetragen hat. Mit anderen Worten: Man muss Teil der Besatzung sein und etwas für die Besatzung tun, nicht nur eine reiche Person mit einem Fensterplatz.

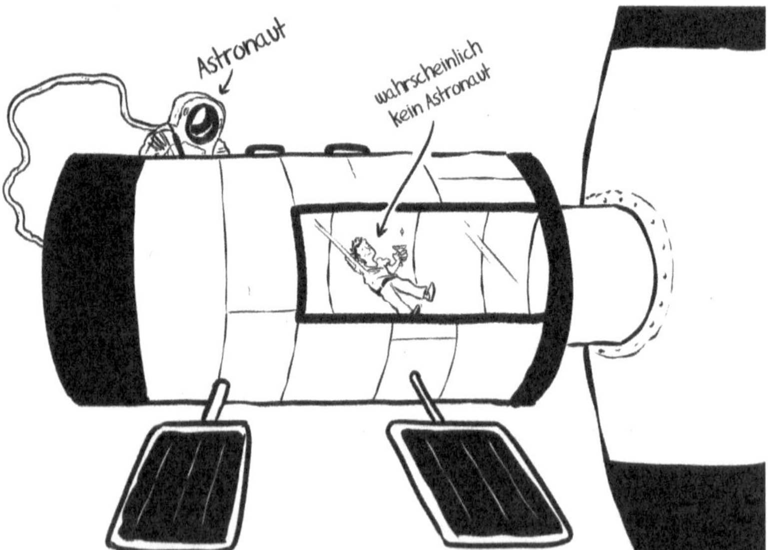

Dabei geht es um mehr als um die Egos von Weltraummilliardären. Gemäß einer Ausarbeitung des Weltraumvertrags, dem sogenannten Weltraumrettungsübereinkommen von 1968, haben die Länder bestimmte Verpflichtungen, Astronauten zu helfen. Wenn ein russischer Kosmonaut durch die Umstände gezwungen wäre, in Alberta, Kanada, zu landen, wäre die kanadische Regierung verpflichtet, das Raumschiff und den Kosmonauten unverzüglich und in funktionstüchtigem Zustand nach Hause zu bringen. Das war in den 1960er-Jahren sinnvoll, als alle Raumfahrer Profis und so etwas wie Botschafter waren. Im Weltraumvertrag werden sie wörtlich als »Boten der Menschheit« bezeichnet, ausführlicher: »Die Vertragsstaaten betrachten Raumfahrer als Boten der Menschheit im Weltraum.«* Wenn Jeff Bezos als Tourist in den Orbit fliegt und versehentlich in Russland landet, ist er wahrscheinlich nur ein Botschafter von Jeff Bezos, ohne die übliche Rücksichtnahme, die Astronauten gewährt wird, in Anspruch nehmen zu können. Wir denken, dass auch dies sehr schwammig ist.

Frage 2: Wo genau endet der Luftraum und wo beginnt der Weltraum? Dies ist eher eine politische als eine wissenschaftliche Frage, denn die Atmosphäre hat keinen abrupten Endpunkt. Gewöhnlich sagt man, dass der Weltraum an der Kármán-Linie beginnt – der Höhe, in der man kein Flugzeug mehr benutzen kann und eine Rakete einsetzen muss. Diese Grenze liegt in der allgemeinen Auffassung in etwa 100 Kilometern Höhe. Andere Vorschläge sehen die Grenze bei 20 Kilometern, was einigen Ballonfahrern den Status eines Astronauten verleihen würde, oder bei mehreren Tausend Kilometern, was den derzeitigen Pool an Astronauten auf den kleinen Kader älterer amerikanischer Männer beschränken würde, die zum Mond und zurück geflogen sind. Die wahrscheinlich schlechteste Idee und gleichzeitig unser persönlicher Favorit stammt von John C. Cooper, dessen Vorschlag wir in einem Buch aus dem Jahr 1952 gefunden haben. Kurz gesagt: Für ein einzelnes Land ist der Weltraum alles, was man nicht mit Raketen verteidigen kann. Dies geht auf das alte Seerecht zurück, das den Nationen eine

* »Boten der Menschheit« ist ebenfalls nicht definiert, bedeutet aber im Allgemeinen nichts. Das heißt, man erhält zum Beispiel keine diplomatische Immunität.

Souveränität von 3 Meilen, (also etwa 5 Kilometern) von ihrer Küste aus zugestand, weil die Artillerie Ziele in dieser Entfernung treffen konnte.

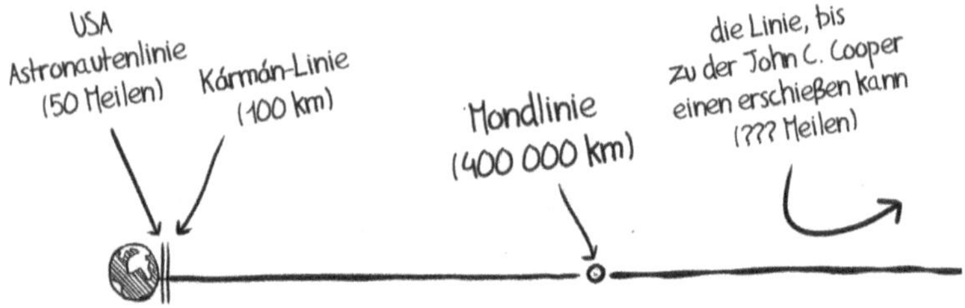

Die Frage, wo der Luftraum endet und der Weltraum beginnt, mag wie eine juristische Spitzfindigkeit erscheinen, aber sie könnte reale Konsequenzen haben. Nehmen wir an, SpaceX realisiert einen Vorschlag für einen Raketenflug zwischen, sagen wir mal, Kiew und Tokio. Die Rakete könnte im Luftraum starten, sich dann aber während ihres Überflugs über Russland im offenen Himmel des Weltraums befinden, um dann in den Luftraum eines befreundeten Gebiets zurückzukehren. Das könnte technisch legal sein, aber wir vermuten, dass Russland das nicht gutheißen würde.

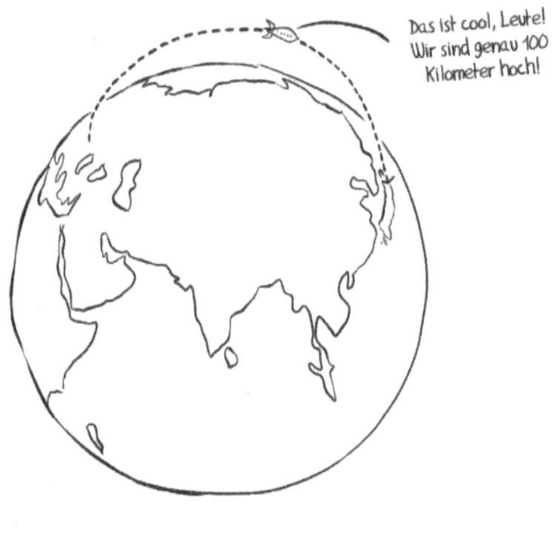

Der Weltraumvertrag ist also ungenau. Als wir mit Wissenschaftlern sprachen, stellten wir fest, dass die Frage, ob diese Ungenauigkeit gut oder schlecht ist, umstritten ist. Klare Gesetze sind gut, weil sie Gewissheit schaffen – sie sind sehr wertvoll, sowohl bei Investitionen als auch wenn es darum geht, nicht versehentlich einen Krieg anzuzetteln. Unklare Gesetze hingegen haben den Vorteil, dass sie Spielraum lassen, wenn sich die

Umstände ändern. Im Fall der Raumfahrt in den 1960er-Jahren war eine gewisse Flexibilität wahrscheinlich wünschenswert, sowohl um mit der unvorhersehbaren Zukunft umgehen zu können, als auch um alle dazu zu bringen, das Dokument zu unterschreiben.

Trotz – oder vielleicht gerade wegen – dieser Unklarheiten wurde der Weltraumvertrag auf breiter Front akzeptiert. Zum Zeitpunkt der Erstellung dieses Buches sind 112 Länder dem Weltraumvertrag beigetreten, darunter alle großen Raumfahrtnationen. Ebenso wichtig ist, dass der Weltraumvertrag seit Langem besteht und im Wesentlichen eingehalten wird, was darauf hindeutet, dass er sich zumindest auf dem Weg zum Gewohnheitsrecht befindet.

Seit der Ratifizierung des Weltraumvertrags sind drei weitere UN-Verträge sowohl in Kraft getreten als auch von den Nationen ratifiziert worden, die über die nötige Technologie verfügen, um ihre eigenen Bürger in den Weltraum zu befördern – das Weltraumrettungsübereinkommen (1968), das Weltraumhaftungsübereinkommen (1972) und das Weltraumregistrierungsübereinkommen (1975).* Diese Verträge sind wichtig, aber sie sind eigentlich nur Ausarbeitungen von Abschnitten des Weltraumvertrags. Wahrscheinlich werden Sie ihre Namen ganz schnell vergessen, aber wir erwähnen ihre Existenz jetzt, weil sie bei der Diskussion über das geltende Recht zur Sprache kommen werden.

* Versuchen Sie mal, diese Verträge in einem Atemzug zu sprechen: Das Übereinkommen über die Rettung und die Rückführung von Raumfahrern sowie die Rückgabe von in den Weltraum gestarteten Gegenständen, das Übereinkommen über die völkerrechtliche Haftung für Schäden durch Weltraumgegenstände und das Übereinkommen über die Registrierung der in den Weltraum gestarteten Gegenstände.

Da dies ein Buch über die Weltraumbesiedlung ist, interessieren wir uns vor allem für die Frage, welches Territorium und welche Ressourcen man im Weltraum nutzen darf. Es gibt also zwei Bereiche des Weltraumrechts, die für uns von Bedeutung sind – Eigentum und, na ja, alles andere.

Alles andere

Zusammenarbeit

Einer der schwammigsten Teile des Weltraumvertrags ist eine Klausel, die besagt, dass die »Erforschung und Nutzung des Weltraums einschließlich des Mondes und anderer Himmelskörper [...] zum Vorteil und im Interesse aller Länder«[105] durchgeführt wird. Die Klausel ist umstritten, aber im Grunde genommen bedeutet sie nicht viel. Die Länder sollen in gutem Glauben handeln, aber es gibt keine Möglichkeit, eine Zusammenarbeit zu erzwingen. Außerdem kann so ziemlich jede Weltraumaktivität als Hilfe für alle angepriesen werden. Die US-Flagge, die von Amerikanern für Amerikaner auf dem Mond aufgestellt wurde? Sie inspiriert doch wirklich *jeden.*

Die Rechtsgelehrten rieten uns allerdings dazu, nicht zu zynisch zu werden. Die Gespräche darüber, was die Nationen zu tun haben, sind noch nicht abgeschlossen, und angesichts der vielen Dinge, die heute ins All fliegen, könnten die genauen Normen der Zusammenarbeit immer wichtiger und durch Gewohnheiten kodifiziert werden.

Der Weltraumvertrag besagt auch, dass sich jeder anständig benehmen soll, was im geopolitischen Umfeld bedeutet, ehrlich zu sein und vielleicht auch hinter sich aufzuräumen, bitte? Oder dass man anderen Ländern die Möglichkeit gibt, seine Starts zu beobachten, dass andere Menschen die eigenen Einrichtungen besichtigen können und dass man bitte den Weltraum nicht kontaminiert.

Vier der größten Weltraummächte haben aus demselben Grund und auf dieselbe Weise gegen die Regeln der Nichtkontamination verstoßen: Sie haben ihre eigenen Satelliten mit Raketen in die Luft gesprengt. Die Sowjetunion und die Vereinigten Staaten waren die Ersten, die ihre alten

Satelliten mit Waffen von der Erde aus gesprengt haben. Heute gilt dies als unklug, weil Explosionen in der Umlaufbahn Metallstücke mit hoher Geschwindigkeit in alle Richtungen schleudern und andere Objekte in der Umlaufbahn gefährden. Das schlimmste Vergehen dieser Art war die Zerstörung eines ausgedienten Wettersatelliten durch China im Jahr 2007, bei der Tausende von Hochgeschwindigkeitssplittern freigesetzt wurden, von denen ein großer Teil weiterhin in der Umlaufbahn schwebt, während wir dies schreiben. Indien, eine aufstrebende Macht und ein aufstrebender Akteur im Weltraum, hat 2019 einen Abschuss durchgeführt.

Wenn Ihnen nicht klar ist, warum Länder Antisatellitenwaffen auf diese Weise testen, dann hat es Indiens Premierminister Narendra Modi nach dem Test 2019 laut ausgesprochen: »Indien hat seinen Namen als Weltraummacht manifestiert«.[106] Mit anderen Worten: eine kostspielige Signalwirkung. Diese Vorfälle führen in der Regel zu internationaler Empörung, aber bisher hat es keine größeren Auswirkungen gegeben. Das kann aber auch einfach daran liegen, dass noch nichts allzu Schlimmes passiert ist.

Haftung

Nehmen wir an, Sie starten ein Weltraumobjekt* und es stößt mit einem anderen Weltraumobjekt, einem Flugzeug oder einer Stadt zusammen. Was passiert dann? Nach dem Weltraumvertrag und dem Haftungsübereinkommen von 1972 ist *irgendein* Land für Schäden haftbar.

Welches Land das genau ist, kann kurios sein. Artikel 7 des Weltraumvertrags besagt, dass derjenige Vertragsstaat haftet, der »einen Gegenstand in den Weltraum einschließlich des Mondes und anderer Himmelskörper startet oder starten lässt«, sowie »jeder Vertragsstaat, von dessen Hoheitsgebiet oder Anlagen aus ein Gegenstand gestartet wird«. Das heißt, wenn Sie der Staat sind, in dem der Start stattgefunden hat, oder das Heimatland der Menschen, die den Start vorbereitet haben, können Sie haftbar gemacht werden, wenn etwas schiefgeht.

* Auch nicht definiert.

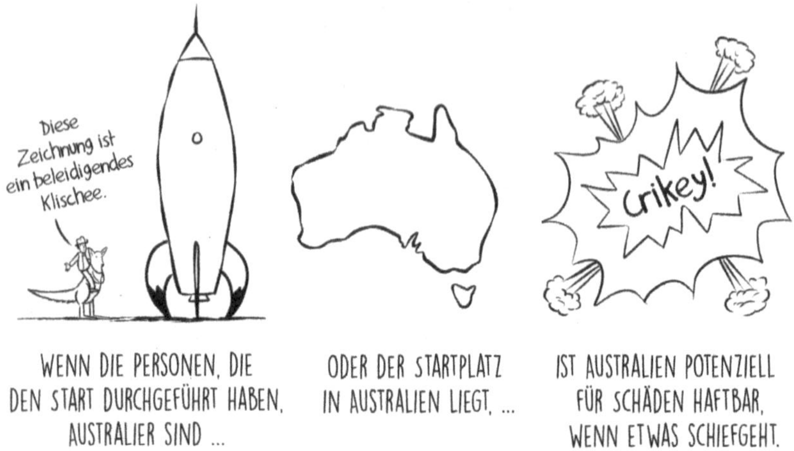

Zahlreiche Nationen haben Gesetze erlassen, um sich an diese Regel zu halten, aber diese unterschiedlichen nationalen Gesetze stimmen nicht immer darin überein, was die Regel tatsächlich besagt. Einige Länder legen den Schwerpunkt auf das physische Territorium, von dem aus das Objekt abgeschossen wurde. Andere glauben, dass es auf die Nationalität der Personen ankommt, die den Abschuss vorgenommen haben.

Dies schafft potenzielle Rechtslücken. Angenommen, eine Gruppe von Kanadiern startet mit kanadischem Geld der kanadischen Regierung von Paraguay aus. Ist nun Paraguay oder Kanada verantwortlich? Nach dem Weltraumvertrag müssen Kanada und Paraguay das unter sich ausmachen. Diese Frage könnte für künftige Weltraumsiedlungen von großer Bedeutung sein. Wir haben zum Beispiel die Erfahrung gemacht, dass die Menschen oft die ungefähre Vorstellung haben, dass, wenn Elon Musk etwas auf dem Mars macht, dies Elon Musks Sache ist. Aber rechtlich gesehen wäre Elon Musk wahrscheinlich in der Verantwortung der USA, sodass die USA für alles, was er außerhalb der Erde tut, haftbar wären.

Die Lage ist auch deshalb so unklar, weil die Bestimmungen des Haftungsübereinkommens erst ein einziges Mal in Anspruch genommen worden sind. Erinnern Sie sich noch an die Zeit, als die Sowjetunion einen ihrer nuklearbetriebenen Satelliten auf Kanada stürzen ließ? Die Operation Morning Light, die gemeinsame Aufräumaktion der USA und Kanadas, kostete Millionen. Kanada forderte die Sowjetunion zur Zahlung auf und berief sich dabei (unter anderem) auf die Statuten des Weltraumhaftungsübereinkommens.

Registrierung

1975 trat das Weltraumregistrierungsübereinkommen in Kraft, das im Grunde nur besagt, dass man zum einen, wenn man etwas in den Weltraum schießt, dies bei dem Staat, von dem aus man startet, registrieren muss, und dass zum zweiten der Startstaat diese Tatsache bei den Vereinten Nationen registrieren muss. Wir haben die Erfahrung gemacht, dass die Leute oft denken, dass Weltraummilliardäre wahllos Satelliten starten und dabei coole Cowboyhüte tragen, aber nur der zweite Teil ist wahr, und das auch nur bei Jeff Bezos. Der Weltraum ist ein bisschen langweiliger, mit ähnlichen Registrierungsregeln wie für Schiffe auf See.

Aber es gibt immer noch Spielraum für Schwindeleien. Eine gängige Taktik zur Kostensenkung im Seeverkehr ist die »Billigflagge«. Schiffe sind verpflichtet, sich in ihrem Heimatland registrieren zu lassen, damit man im Falle eines Rechtsstreits weiß, nach welchen Bestimmungen sie fahren. In der Praxis fahren sie oft unter der Flagge der Länder mit den niedrigsten Steuern und den schwächsten Vorschriften für Dinge wie Sicherheitsinspektionen, Arbeitsrecht und Umweltauswirkungen. Im Weltraum ist so etwas noch nicht weit verbreitet, aber mit der zunehmenden Anzahl von Satelliten könnte sich das ändern. Im Jahr 2021 wollte zum Beispiel ein Unternehmen namens AST & Science 243 gigantische (450 Quadratmeter große) Satelliten in eine 700 Kilometer hohe Umlaufbahn bringen. Die NASA äußerte Bedenken über so viele riesige Satelliten und die Möglichkeit von Trümmerteilen oder Kollisionen. Doch das Verhalten des Unternehmens war möglicherweise besorgniserregender als seine Technologie. AST & Science, ein in den USA ansässiges Unternehmen, erhielt seine Startlizenz in Papua-Neuguinea. Warum sie sich dorthin wandten? Möglicherweise weil dieses Land weder das Haftungs- noch die Registrierungsübereinkommen unterzeichnet hat. Wie James Dunstan in einem Artikel zu diesem Thema feststellte, wäre der Wert der Satelliten in der Umlaufbahn höher als der gesamte Staatshaushalt von Papua-Neuguinea,[107] was Anlass zur Sorge gibt, ob das Land in der Lage wäre, für Schäden aufzukommen, selbst wenn es sich bereit erklären würde, die Haftung zu übernehmen.

Waffen

1963 verbot der Vertrag über das Verbot von Kernwaffenversuchen in der Atmosphäre, im Weltraum und unter Wasser die Durchführung von Atomwaffentests in der Atmosphäre oder im Weltraum. Im selben Jahr stimmten die Sowjetunion und die Vereinigten Staaten in den Vereinten Nationen einer Resolution zu, in der sie sich darauf einigten, ebenfalls keine Atomwaffen in den Weltraum zu schicken. Mit der Verabschiedung des Weltraumvertrags vier Jahre später wurden generell »Massenvernichtungswaffen« aus dem Weltraum verbannt. Aber, raten Sie mal – Massenvernichtungswaffen sind auch nicht definiert. Atomwaffen sind ausdrücklich ausgeschlossen, und das Völkerrecht schließt biologische und chemische Waffen im Allgemeinen aus.

Aber zumindest im Prinzip könnte ein Land genügend normale alte Raketen in die Umlaufbahn bringen, um ein beträchtliches Maß an Zerstörung anzurichten, und das wäre wahrscheinlich legal, solange keine dieser Raketen eine nukleare Ladung hat. Außerdem darf man keine Mondfestung bauen. Keine »militärischen Stützpunkte, Anlagen und Befestigungen« außerhalb der Welt. Auch keine militärischen Manöver im Weltraum, obwohl es ausdrücklich erlaubt ist, Militärangehörige zu friedlichen Zwecken in den Weltraum zu schicken – eine vernünftige Politik aus einer Zeit, als die meisten Raumfahrer noch militärische Testpiloten waren.

Eigentum am Weltraum und an Weltraumgegenständen

Wer wird zum Weltraumsouverän?

Für viele Weltraumsiedlungsenthusiasten besteht die Hoffnung darin, neue Gesellschaften zu gründen. Neue Länder mit völlig neuen Regeln in völlig neuen Regionen. Können sie das schaffen? Die Antwort in Artikel 2 des Weltraumvertrags kann mit Nein zusammengefasst werden:

> *Der Weltraum einschließlich des Mondes und anderer Himmelskörper unterliegt keiner nationalen Aneignung durch Beanspruchung der Hoheitsgewalt, durch Benutzung oder Okkupation oder durch andere Mittel.*[108]

Die Hoheitsgewalt ist ein wichtiges Konzept für eine Weltraumsiedlung, daher lohnt es sich, einen Moment darüber nachzudenken. Obwohl es ein weiteres dieser Wörter ist, die der Weltraumvertrag nicht definiert, ist es zumindest ein Wort mit einer langen Tradition und kommt unserer normalen Vorstellung davon, was ein moderner Staat ist, ziemlich nahe. Kanada hat die Hoheitsgewalt über Kanada. Das bedeutet, dass Kanada die höchste und einzige Autorität über ein bestimmtes Territorium ist, dass es den Verkehr von Menschen und Gütern innerhalb und außerhalb seiner Grenzen regeln kann und dass andere Staaten alldem im Allgemeinen zustimmen. Der Weltraumvertrag besagt eindeutig, dass es keine kanadischen Entitäten auf Himmelskörpern geben kann.

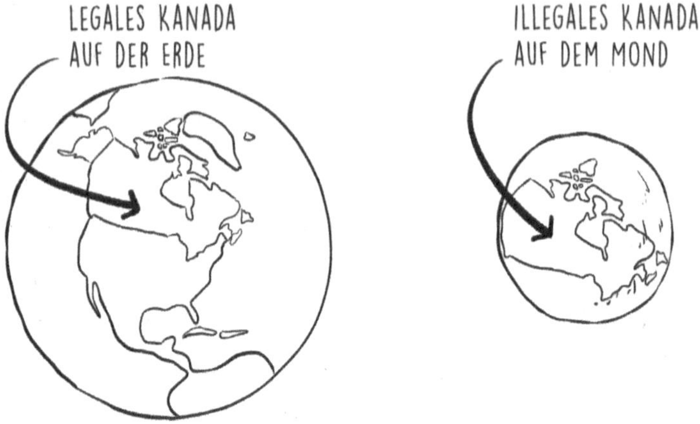

Wenn Sie ein Geek wie wir sind, ist Ihre erste Reaktion, das Schlupfloch zu suchen. Zum Beispiel: Hey, da steht nur, dass *Nationen* keine Hoheitsgewalt beanspruchen können. Kann Kentucky Fried Chicken Anspruch auf den Mond erheben? Entschuldigung, Leute, der Mond wird keinen Colonel Sanders haben. Nach internationalem Recht sind Nationen für ihre Bürger verantwortlich, auch bekannt als ihre Staatsangehörigen. Die KFC-Mitarbeiter, die versuchen, eine Hähnchendemokratie auf dem Mond zu errichten, müssen ja aber irgendwo starten und von irgendwoher kommen. Wenn sie also zum Mond fliegen und die Hoheitsgewalt für sich beanspruchen, dann tun sie das unter der Gerichtsbarkeit irgendeiner Nation. Außerdem ist es nur eine Frage des gesunden Menschenverstandes, dass das Gesetz so etwas nicht zulassen kann, weil es Artikel 2 sinnlos machen würde. Stellen Sie sich mal vor, wie sich die internationale Gemeinschaft fühlen würde, wenn die Vereinigten Staaten Kentucky Fried Chicken 10 Billionen Dollar gäben, um den gesamten Mars zu beanspruchen. Sie wäre verdammt stinkig. Und was noch wichtiger ist: Sie würde sich weigern, den Landanspruch anzuerkennen, den die US-Regierung KFC zuerkannt hat.

Allerdings kann man eine Forschungsstation errichten, auf der das Recht der Hoheitsgewalt gilt, ähnlich wie die Nationen die Hoheitsgewalt über ihre Schiffe auf See haben. Das klingt ziemlich vernünftig, aber bedenken Sie, dass Premiumimmobilien begrenzt sind, insbesondere auf dem Mond.

Dr. Martin Elvis (den Sie vielleicht noch als den Experten für Weltraumressourcen kennen und der wirklich Elvis heißt) und seine Mitautoren stellen fest, dass die Berge des ewigen Lichts etwa »1/100 eines Milliardstels der Mondfläche« ausmachen, was bedeutet, dass »ein einziges Land oder ein einziges Unternehmen sie alle besetzen könnte und damit anderen diese Ressource vorenthalten würde«.[109] Obwohl es also verboten ist, auf dem Mond einen kanadischen Anspruch zu erheben, könnte man Mondbasen mit kanadischen Kräften errichten, die sich die besten Plätze gesichert haben. Die Basen würden von Kanada regiert werden und natürlich andere von diesen Regionen des Mondes ausschließen. Technisch gesehen könnten sie sogar vollgepackt mit kanadischen Soldaten sein, solange die Soldaten zu friedlichen Zwecken dort sind, beispielsweise zu Forschungszwecken.

Ein Grund, warum es sich nicht wirklich um eine Souveränität handeln würde, ist, dass Kanada bestimmte Verpflichtungen hätte. Aber die sind ziemlich schwach. Gemäß Artikel 12 sollte Mondkanada Vertretern anderer Vertragsparteien den Besuch gestatten, solange diese einen geplanten Besuch rechtzeitig anmelden. Das Problem ist, dass die Erfordernisse der Weltraumforschung so gut wie immer einen Vorwand bieten, um zu sagen: »Ist gerade ein schlechter Zeitpunkt.« Wie Dr. Elvis und seine Mitautoren anmerken, sind die Berge des ewigen Lichts ein großartiger Ort für Experimente zur Sonnenbeobachtung, die sehr empfindliche Geräte erfordern.[110] Was sollte die Mondkanadier davon abhalten, einfach ein Schild aufzustellen, auf dem steht: »Experiment läuft. Besuchszeiten erst wieder in 10000 Jahren«?

Wenn Sie wirklich wissen wollen, was die Kanadier im Weltraum treiben, können Sie sich bestenfalls auf Artikel 11 des Weltraumvertrags berufen, der besagt, dass man, wenn man befürchtet, dass jemand anderes im Weltraum schlimme Dinge tut, eine Konsultation über »die Art, die Durchführung, die Orte und die Ergebnisse dieser Tätigkeiten«[111] beantragen kann.

Da habt ihr's, ihr mondkanadischen Mistkerle. Wir fordern euch auf, die Angelegenheit zu besprechen, bitte.

Für den angehenden Weltraumsiedler ist die wichtigste Erkenntnis hier, dass man, obwohl Hoheitsansprüche verboten sind, innerhalb der Regeln des Weltraumvertrags eine ganze Reihe von Vorteilen der Hoheitsrechte erhalten kann. Kein marsianisches Kanada, aber möglicherweise ein Kanada auf einem Hügel des Mars. Genau das meinen wir, wenn wir sagen, dass das derzeitige Gesetz Raum für gefährliche Interpretationen lässt. Niemand darf ein Territorium beanspruchen, aber jeder darf einfach Basen auf den begrenzten Premiumgrundstücken errichten. Wenn das nach Chaos klingt, dann warten Sie nur, bis Sie lesen, was Sie mit dem nicht beanspruchten Gebiet, auf dem Sie sitzen, tun dürfen.

Ausbeutung* von Weltraumressourcen zum Vergnügen, was zu Konflikten führen kann

Man kann nicht souverän über ein Fleckchen Boden auf dem Mond herrschen, aber wie wir gesehen haben, braucht man diesen Boden beziehungsweise den darauf liegenden Dreck wahrscheinlich für den Strahlenschutz. Darf man ihn nutzen? Und was ist mit wertvolleren Ressourcen? Erinnern wir uns: Wenn wir Glück haben, gibt es auf dem Mond etwa so viel Wassereis wie in einem kleinen See. Nehmen wir an, wir, die Autoren, gründen eine Mondbasis auf dem Shackleton-Krater, die wir Shackleweiner Station nennen. Einmal eingerichtet, beginnen wir damit, das Wasser in eine gigantische Eisskulptur umzuwandeln, die dank der geringen Schwerkraft des

* Der Begriff Ausbeutung hat einen negativen Beigeschmack, aber in der Welt der Rohstoffgewinnung bedeutet er nur so viel wie »abbauen und nutzen oder verkaufen«. Bei der Verwendung dieses Begriffs beziehen wir uns auf die letztgenannte Definition.

Mondes ziemlich hoch sein kann. Die Träume der Menschheit von einer Mondstation werden nun von den eisigen Gesichtern der Weinersmiths von Shackleweiner vereitelt.

Ist das legal? Nach heutigem Verständnis ... wahrscheinlich ja. Es handelt sich nicht um einen Hoheitsakt, also ist es zwar nicht toll, aber auch nicht eindeutig gegen die Regeln. Es ist allerdings ein Problem, dass Ausbeutung ohne Hoheitsgewalt zu ziemlich verrückten Ergebnissen führen kann. Angenommen, die Vereinigten Staaten beschließen in ihrem Hass auf öffentliche Verkehrsmittel, den größten Teil der Mondoberfläche für zukünftige Parkplätze zu pflastern. Andere Nationen könnten wütend sein und die Vereinigten Staaten möglicherweise sogar der Kontaminierung beschuldigen, aber alles, was die USA in diesem Fall tun müssen, ist, sie vorher zu konsultieren.

Ist das wahrscheinlich? Nein, es besteht höchstens eine 30-prozentige Chance. Aber ist es legal? Durchaus möglich. Es gibt zumindest einen Präzedenzfall, in dem die Ausbeutung von Weltraumressourcen ohne Einmischung des internationalen Rechts erlaubt wurde. Die Apollo-Missionen brachten etwa 400 Kilogramm Mondgestein zur Erde zurück, das von der NASA verwahrt und als Eigentum der US-Regierung behandelt wurde. Amerikanische Präsidenten haben von Zeit zu Zeit Teile des Mondes als diplomatische Geste verschenkt, und bei zwei Gelegenheiten wurde etwas von diesem Mondstaub versteigert. In all dieser Zeit hat es nie einen Versuch gegeben, Mondgestein als unantastbar oder als besonderes Eigentum zu behandeln, das die Menschen teilen müssen. Das galt auch nicht nur für die Kapitalisten der Vereinigten Staaten. In den 1970er-Jahren sammelten drei der Luna-Missionen der Sowjetunion einige Hundert Gramm Regolith ein und brachten sie zur Erde zurück. Diese wurden als sowjetisches Eigentum betrachtet und einige davon landeten später auf dem Auktionstisch bei Sotheby's. Ähnliche Regeln galten 2010 und 2020, als die Hayabusa-Missionen der japanischen Weltraumforschungsbehörde Proben von Asteroiden sammelten und zur Erde brachten und die chinesische Chang'e-5-Mission Mondregolith zur Erde transportierte. Wenn es um Weltraumstücke geht, scheint rechtlich gesehen der Finder der Besitzer zu sein. Aber wir haben hier auch nicht viele Gewohnheiten. Die Menschheit hat bisher nur eine kleine Anzahl von Weltraumobjekten mitgenommen, und obwohl einige von ihnen in private Hände gelangt sind, wurden sie immer zuerst von staatlichen Wissenschaftsorganisationen eingesammelt, nicht aus Profitgründen. Wenn ein Unternehmen anfängt, Regolith zu gewinnen, um es auf der Erde zu verkaufen, würde die internationale Gemeinschaft das wahrscheinlich nicht so locker sehen.

Nun stellt sich also die Frage, wer entscheiden darf, wie diese Regeln auszulegen sind. Zur Erinnerung: Gesetze können durch Vereinbarungen oder durch Verhalten entstehen. Und das Verhalten der USA zumindest hat eine Art »Alles ist erlaubt«-Ansatz begünstigt. Die NASA hat kürzlich bekannt gegeben, dass vier Unternehmen einen Vertrag über den Verkauf von Mondregolith an die NASA abgeschlossen haben. Der Plan sieht vor, dass die Unternehmen auf den Mond fliegen und dort offiziell Regolith abbauen, das sie aber nicht zur Erde zurückbringen werden. Vielmehr werden sie das Regolith gegen eine symbolische Gebühr, die in einem Fall genau 1 Dollar beträgt, an die NASA übertragen.

Was ist hier eigentlich los? Jim Bridenstine, der zum Zeitpunkt der Ankündigung NASA-Administrator war, sagte geradeheraus, dass es darum gehe, einen Präzedenzfall zu schaffen, damit private Unternehmen Weltraumressourcen abbauen und verkaufen können.

Obwohl die Vereinigten Staaten der dominierende Akteur im Weltraum zu sein scheinen, sind sie bei Weitem nicht der einzige. Unabhängig davon, wie der Weltraumvertrag für die Zwecke der Nutzung ausgelegt wird, haben die Vereinigten Staaten, Japan, die Vereinigten Arabischen Emirate und Luxemburg Gesetze erlassen, die ausdrücklich besagen, dass private Unternehmen nach *ihrer* Auslegung das Recht haben, Weltraumressourcen unbegrenzt zu erforschen, abzubauen und zu verkaufen. Und um das klarzustellen: Sie sagen nicht, dass sie ihren eigenen Weg gehen, sondern dass ihre Interpretation mit dem bereits bestehenden internationalen Recht übereinstimmt. Russland hat sich gegen diese Ansicht ausgesprochen, aber ansonsten gab es keine starke negative Reaktion. Eine kürzlich eingerichtete UN-Arbeitsgruppe könnte Aufschluss darüber geben, welche Ansichten andere Länder vertreten, aber man könnte argumentieren, dass die US-Interpretation in Richtung Gewohnheitsrecht geht. Wenn Länder und Unternehmen in naher Zukunft damit beginnen, auf dem Mond zu landen und seine Ressourcen zu beanspruchen, werden wir das ziemlich schnell herausfinden.

Dinge, die ins Weltall gebracht werden

Was die Sache noch merkwürdiger macht, ist die derzeitige Auslegung, dass Nationen die Souveränität über Dinge behalten, die sie ins All bringen. Neil Armstrongs Fäkalienbeutel? Die gehören Uncle Sam. Aber nicht alles, was Uncle Sam gehört, ist so glamourös – neben dem buchstäblichen Mist gibt es auch, na ja, Müll. Das, was man manchmal Weltraumschrott nennt. Zerbrochene Satellitenteile von Waffentests, der eine tote Atomreaktor und, ach ja, die Millionen winziger Nadeln, die im Rahmen des Projekts West Ford in die Umlaufbahn gebracht wurden.

Unabhängig davon, welche Personen Objekte in den Weltraum schicken, sind die jeweiligen Länder für sie verantwortlich und bleiben Eigentümer. Bedeutet das, dass ein *Individuum* Dinge im Weltraum besitzen kann? Zumindest eine Person glaubt das. Richard Garriott, millionenschwerer Videospielentwickler und Sohn des Astronauten Owen Garriott, kaufte die

Raumsonde Luna 21 und den von ihr entsandten Rover Lunochod 2, die sich beide auf der Oberfläche des Mondes befinden. Sie wurden vom Raumfahrtunternehmen NPO S. A. Lawotschkin (dem Hersteller der Objekte) verkauft und 1993 bei einer Auktion von Sotheby's für 68500 Dollar ersteigert – etwa so viel, wie ein aufgemotzter Ford Bronco kostet. Garriott ist der Ansicht, dass der Weltraumvertrag nicht für Einzelpersonen gilt, und so behauptet er, dass ihm das Land unter dem Rover gehört. Einem Gesprächspartner zufolge meint er das nicht nur ernst, sondern glaubt auch, dass die vom Rover befahrene Strecke ihm gehört. Kein Weltraumanwalt, mit dem wir gesprochen haben, teilte diese Ansicht.

Das Gesetz ist seltsam

Die verschiedenen hier beschriebenen Tricks könnten den Eindruck erwecken, dass der Weltraumvertrag etwas ist, was manchmal als »Pergamentschranke« bezeichnet wird – ein Stück Papier, das keine Macht über das Verhalten hat.

Aber im Allgemeinen werden die zwischen 1967 und 1975 erlassenen Gesetze befolgt. Weltraumobjekte werden registriert, Starts werden angekündigt, und im Moment würde es niemand wagen, eine Atomwaffe in die Umlaufbahn zu bringen. Trotz der seltsamen Schlupflöcher, über die manche Weltraumgeeks nachdenken, ist es dem Weltraumvertrag gelungen, eine allgemeine Norm der Zurückhaltung im Weltraum zu schaffen. Aber das hat vielleicht weniger mit dem Gesetz zu tun, sondern eher damit, dass der Weltraum 40 Jahre lang unerschwinglich teuer blieb. Seit etwa einem Jahrzehnt sind die Preise wieder gesunken, und die größten Weltraummächte von heute – die Vereinigten Staaten und China – sind beide daran interessiert, auf dem Mond zu landen. Rechtswissenschaftler haben die Tendenz festgestellt, dass internationales Recht so lange nicht geschaffen wird, bis sich eine Krise anbahnt. Wir persönlich würden es nicht gerne sehen, wenn es zu einer Krise zwischen Atommächten kommt. Können wir also erreichen, dass der Weltraumvertrag geändert oder außer Kraft gesetzt wird, bevor etwas Beängstigendes passiert? Wir werden später argumentieren, dass die Möglichkeit besteht, aber Sie sollten wissen, dass in den 1970er-Jahren tatsächlich versucht wurde, eine klarere rechtliche Regelung zu schaffen. Sie fand nicht die Unterstützung der meisten Staaten, einschließlich der drei einzigen Staaten, die in der Lage sind, ihre Bürger in den Orbit zu schießen. Die Gründe für das Scheitern werden uns zeigen, was wir in Zukunft zu erreichen hoffen können.

Für den Moment gehen wir davon aus, dass Stella und ihre Familie Amerikaner sind, die der amerikanischen Gerichtsbarkeit unterliegen.

Kapitel 13
Mord im Weltraum: Wer tötete den Mondvertrag?

Es ist natürlich Tradition, dass Entdecker die Flagge hissen, aber als wir mit Ehrfurcht, Bewunderung und Stolz zusahen, fiel uns auf, dass unsere beiden Kameraden Weltbürger und keine Staatsbürger waren und dementsprechend hätten ausgerüstet sein müssen. Wie jeder große Fluss und jedes große Meer gehört der Mond niemandem, sondern er gehört allen […]. Schade, dass wir in unserem Triumphmoment nicht auf die vertraute Iwojima-Szene verzichteten und stattdessen ein für alle akzeptables Symbol aufstellten: ein schlaffes weißes Taschentuch vielleicht, ein Symbol für die Erkältung, die uns alle betrifft und uns alle vereint, wie der Mond.[112]

– E. B. WHITE, AUTOR VON *WILBUR UND CHARLOTTE*

Der Mondvertrag*

1979 wurde ein Abkommen geschlossen, das nicht nur die meisten der zuvor beschriebenen Probleme gelöst, sondern auch ein internationales Regime geschaffen hätte, das den Zugang des Menschen zu Weltraumressourcen streng regelt. Wäre diese Vereinbarung ratifiziert worden, müssten sich die heutigen Möchtegern-Asteroidenschürfer vielleicht erst mit einer Art inter-

* Formell ausgedrückt handelt es sich um das UN-Übereinkommen zur Regelung der Tätigkeiten von Staaten auf dem Mond und anderen Himmelskörpern.

nationaler Weltraumbehörde über die Nutzungsrechte beraten. Ein solches Rahmenwerk klingt nicht nur fantastisch, sondern würde die Menschheit wahrscheinlich auch von allen aktuellen Sorgen über einen konfliktträchtigen zweiten Teil des Mondrennens befreien.

Doch obwohl der Mondvertrag von 18 Ländern ratifiziert wurde und somit formell als in Kraft getreten gilt, ist er technisch gesehen ein großer Blindgänger. Keines der Länder, die in der Lage sind, Menschen an Bord ihrer eigenen Raketen ins All zu befördern, hat ihn unterzeichnet, und das Abkommen ist auch nicht als Gewohnheitsrecht anerkannt worden. Daher bindet es nur das Verhalten dieser 18 Länder, und bald werden es nur noch 17 sein, weil Saudi-Arabien im Jahr 2023 seine Absicht angekündigt hat, sich zurückzuziehen. In der Zwischenzeit steht es den Ländern, die am wahrscheinlichsten kleine Flaggen auf der Mondoberfläche aufstellen werden, frei, dagegen zu verstoßen.

Wenn potenzielle Weltraumsiedler verstehen, woran der Mondvertrag gescheitert ist, können sie auch verstehen, welche Art von Regimen wir im Weltraum wahrscheinlich nicht bekommen werden. Vor allem hätte der Mondvertrag den Weltraum stark vergemeinschaftet, und zwar auf eine Art und Weise, die die größten Weltraummächte nicht mitgetragen haben. Um zu verstehen, was das Abkommen bezweckt hat und warum es gescheitert ist, sollten wir zunächst einmal darüber nachdenken, was eine Eigentumsordnung im Weltraum überhaupt bedeutet.

Sollen wir den Mond sozialisieren? Oder: Wege zur Organisation von Weltraumeigentum

In dem unseligen Groschenroman *Space Lawyer* von 1953, geschrieben von Nat Schachner, der selbst Anwalt war, gelingt es dem gut aussehenden und intelligenten Kerry Dale, den Bösewicht zu überlisten und die Hand der Tochter seines Weltraumchefs, der schönen Sally Kenton, zu gewinnen. Wie schafft er das? Indem er in der Schlussszene die unsterblichen Worte sagt:

> *Die irdischen Juristen haben seit den Anfängen des irdischen Rechts – das die Grundlage für das planetarische Recht bildet – den Status von fremden Objekten wie dem Kometen X anerkannt; Objekte, die niemals rechtmäßig einem Bürger des Staates oder dem Staat selbst gehörten. Die römischen Rechtsgelehrten nannten sie* res nullius – *Dinge, die keinen rechtlichen Eigentümer haben oder nie hatten. Die entsprechenden Klauseln finden Sie in den großen Pandekten von Justinian.*[113]

Das ist nicht gerade ein »Aus dem Herzen der Hölle stech ich nach dir« von Melville, aber wenn Ihnen ein Anwalt über die Schulter schaut, atmet er wahrscheinlich schon schwer. Zu Recht ist *res nullius* eines der wichtigsten Konzepte der Geschichte, von dem die meisten Menschen noch nie etwas gehört haben.

Wie der Jurist Kerry Dale bemerkt, geht der Ausdruck *res nullius* auf das römische Recht zurück. Er ist ein Konzept für Eigentum und bedeutet so viel wie »niemandes Sache«. Ein klassisches Beispiel sind Fische im Meer, die nicht durch ein Fischereigesetz geschützt sind.* Solange diese Fische herumschwimmen, gehören sie niemandem. Sie sind buchstäblich »niemandes Sache«. In dem Moment, in dem sich jemand einen Fisch schnappt, ändert sich dies. Wie ein Zauberspruch aus Harry Potter verwandelt »Res nullius!« den Fisch in eine Form von Eigentum.

* Fische sind heute so gut wie überall reglementiert, aber stellen Sie sich eine Ära vor, in der es mehr Fischliberalismus gab.

Ein Weltraumjurist sagte uns, dass es wichtig ist, einen Unterschied zwischen der tatsächlichen Funktionsweise von *res nullius* und der Funktionsweise von Zaubersprüchen für fiktive Teenagerzauberer zu beachten. Wenn Sie einen Fisch mit *res nullius* belegen, ist es nicht so, dass das Universum selbst eine Eigenschaft des Fisches verändert.* Vielmehr ist *res nullius* ein Rahmen, den Menschen auf bestimmte Arten von Eigentum anwenden können. Heute sprechen wir in der Regel von Gegenständen wie Fischen, aber das war nicht immer der Fall. Denken Sie an den amerikanischen Westen, nachdem das Land den Ureinwohnern gewaltsam entrissen worden war. In vielen Fällen konnten die US-Siedler das Land erwerben, indem sie es einfach bearbeiteten und eine kleine symbolische Gebühr zahlten. Nach geltendem Recht kann Mondregolith *res nullius* sein, während Mondland dies nicht ist.

Noch merkwürdiger wird es, wenn verschiedene Entitäten unterschiedliche Auffassungen darüber haben, was im Rahmen von *res nullius* existiert. Nehmen wir zum Beispiel an, die Weinersmiths landen in einem Mondkrater, graben das gesamte Wasser aus und beanspruchen es dann für alle zukünftigen Weinersmiths.

* Eine kleine Anzahl von Menschen glaubt so etwas, aber dazu kommen wir später.

Vermutlich würde die US-Regierung diese Transaktion anerkennen, während ein Teil der internationalen Gemeinschaft dies nicht tun würde. Situationen wie diese zeigen, warum es gut wäre, einen klaren internationalen Rahmen zu haben, sowohl um internationale Konflikte zu vermeiden als auch um die Regeln für potenzielle Investoren klarzumachen.

Unabhängig davon, um welche Art von Eigentum es sich bei Mondwasser handelt, ist das Mondterritorium nach dem Weltraumvertrag ganz klar keine *res nullius.* Es handelt sich um *res communis* – »Gemeingut« – ein Rahmen, in dem etwas Allgemeingut ist. Zum Beispiel könnte eine Stadt eine gemeinsame Weide betreiben, auf der jeder seine Schafe grasen lassen darf. Oder ein Strand könnte für alle zugänglich sein. Oder denken Sie auf planetarischer Ebene an die Atmosphäre, die jeder nutzen darf und von der niemand ausgeschlossen werden kann. Gemeingüter erfordern in der Regel eine Art von Aufsicht, um Raubbau zu verhindern. So wurden zum Beispiel im amerikanischen Westen Rinderzüchtervereinigungen gegründet, um die übermäßige Nutzung von Weideland zu regulieren. Ähnliche Regelungen wurden für die Atmosphäre getroffen, um die ozonschädigenden Substanzen zu begrenzen. Wir alle können die Atmosphäre nutzen, um dort unseren Müll abzuladen, aber es gibt Regeln, damit die Atmosphäre auch weiterhin für alle von Nutzen ist.

Während *res nullius* auf ziemlich einfache Weise funktioniert, gibt es für die Verwaltung von Gemeingütern eine Vielzahl von Varianten. Hier ist der Mondvertrag in die Sackgasse geraten. Der Mondvertrag hätte das Sonnensystem als eine besonders gemeinschaftliche Form der *res communis* eingerichtet, die im internationalen Recht als »gemeinsames Erbe der Menschheit« bezeichnet wird. Obwohl sich der Begriff im Laufe der Zeit weiterentwickelt hat, ist das moderne Verständnis des gemeinsamen Erbes der Menschheit ein Gemeingut, das sich im kollektiven Besitz der gesamten Menschheit befindet. Wenn der Mond unter dieses Recht fallen würde und Sie das Wasser des Mondes nutzen wollten, müssten Sie die gesamte Menschheit auf irgendeine Weise entschädigen. Das Gesetz über den Meeresboden sollte ursprünglich auf diese Weise funktionieren, und eine Aussage von Moragodage Christopher Walter Pinto, einem Delegierten aus Sri Lanka, gibt einen guten Eindruck davon, was damit gemeint ist: »Wenn Sie die Klümpchen* auf dem Meeresgrund berühren, berühren Sie mein Eigentum. Wenn Sie sie wegnehmen, nehmen Sie mir mein Eigentum weg.«[114] Das ist weitaus restriktiver, als zu sagen, dass jeder auf dem Meeresgrund etwas machen kann.

Wir sind uns bewusst, dass die Terminologie hier sehr umfangreich ist. Stellen wir uns zur Veranschaulichung vor, es gäbe außerirdische Fische unter der Oberfläche von Enceladus. Die neu gegründete Fish-and-Chips-Kette MuskDonald's war zuerst dort und will eine Art Fischsandwich verkaufen, das dem Leben, wie wir es kennen, völlig fremd ist. Hier sehen Sie, wie sich das in unseren drei Szenarien abspielt:

* Pinto bezieht sich auf wertvolle Mineralienvorkommen auf dem Meeresgrund.

Rahmen-vereinbarung	Beschreibung	Amüsante Zeichnung
Res nullius	MuskDonald's schnappt sich einen außerirdischen Fisch, der in das Eigentum von MuskDonald's übergeht. Die Firma kann den Fisch dann an Sie weitergeben, mit Pommes frites und einem MuskWasser™ für nur $ 5,99.	
Res communis	Diese außerirdischen Fische gehören einer Gruppe von Menschen. MuskDonald's muss mit ihnen zusammenarbeiten, wenn es diese köstlichen Enceladus-Forellen bekommen will.	
Gemeinsames Erbe der Menschheit	Diese außerirdischen Fische gehören der gesamten Menschheit, und wenn Sie einen von ihnen nehmen, müssen Sie die gesamte Menschheit für die außerirdischen Fischsandwiches entschädigen, die unser Geburtsrecht sind.	

Das ist der Kern der Sache. *Res nullius* und *res communis* sind sehr alte Konzepte, aber das gemeinsame Erbe der Menschheit war eine neue Idee, selbst als der Mondvertrag ausgehandelt wurde. Dies führte zu Unklarheiten, die bei den potenziellen Vertragsparteien Besorgnis auslösten. Viele befürchteten, das gemeinsame Erbe der Menschheit werde, wie ein Kritiker sagte, »den Mond sozialistisch machen«.[115]

Wohin führt der Mondsozialismus oder: Was steht im Mondvertrag?

Ein großer Teil des Mondvertrags ist lediglich eine Wiederholung dessen, was im Weltraumvertrag steht, wobei hier zusätzlich einige Schlupflöcher geschlossen werden. Er stellt auch klar, dass die Länder definitiv berechtigt sind, Mondmineralien zur Unterstützung von Missionen zu verwenden und »Mondproben« zu entnehmen. Das mag vage klingen, aber laut *Black's Law Dictionary* ist eine Probe »eine kleine Menge einer Ware, die zur Inspektion oder Untersuchung als Beweis für die Qualität des Ganzen vorgelegt wird«.[116] Das ist relativ freizügig, aber viel Glück beim Bau Ihrer gigantischen Orbitalstation aus Proben. Für unsere Zwecke ist der wichtigste Abschnitt der gefürchtete Artikel 11, der besagt:

> *Der Mond und seine Naturschätze sind das gemeinsame Erbe der Menschheit [...] Weder die Mondoberfläche noch der Monduntergrund noch ein Teil davon oder dort befindliche Naturschätze werden Eigentum eines Staates, einer internationalen zwischenstaatlichen oder nichtstaatlichen Organisation, einer nationalen Organisation oder eines nichtstaatlichen Rechtsträgers oder einer natürlichen Person.*[117]

Übersetzung: »Nein, Sie können ihn nicht ausbeuten. NEIN! KEIN SCHINDLUDER, HÄNDE WEG!«

Ist der Mond nach diesem Abkommen also eine Art Wildnispark, in den man nur zu wissenschaftlichen Zwecken vordringen darf? Nicht ganz. Der Mondvertrag sieht ein internationales Regime vor, das die Nutzung überwacht. Es wird nicht viel darüber gesagt, wie das funktionieren soll, aber kurz gesagt würde es eine große Einrichtung geben, die von den Staaten, die dem Mondvertrag beigetreten sind, gegründet wird und alles überwacht, insbesondere um sicherzustellen, dass die Entwicklungsländer einen fairen Anteil erhalten.

Man kann sich hier leicht in den technischen Dingen verlieren, aber das wäre etwas gewesen, das man einen fetten Deal nennen könnte. Der

Mondvertrag bezieht sich zwar auf den Mond, hätte aber alle Himmelskörper geregelt. Wenn er auf breiter Basis ratifiziert worden wäre, gäbe es jetzt vielleicht ein System, das die Ausbeutung von Ressourcen im gesamten Sonnensystem regelt.

Was hat den Mondvertrag zum Scheitern gebracht?

Eine ganze Menge. Die Vereinigten Staaten haben ihn nicht unterzeichnet, obwohl sie maßgeblich an der Aushandlung beteiligt waren. Amerikanischen Diplomaten gefiel das Abkommen, aber als es dem US-Kongress vorgelegt wurde, wurde es weithin als sozialistisches System angesehen, das Investitionen hemmen würde. Ein Teil des Problems besteht darin, dass sich der Begriff »gemeinsames Erbe der Menschheit« im Laufe der Zeit von einer Art vager Wunschvorstellung zu einem bedeutungsvollen und in der Tat ziemlich umverteilenden Standard entwickelt hat.

Aber hier geht es nicht nur um den Kapitalismus. Die Sowjetunion hat den Vertrag auch nicht unterzeichnet. Sie hat sich sogar aktiv und ausdrücklich nicht nur gegen den Mondvertrag, sondern insbesondere gegen den Rahmen des gemeinsamen Erbes der Menschheit ausgesprochen. Kein *communis* für die Kommunisten, wenn man so will. Noch merkwürdiger ist, dass viele nominell kapitalistische Länder wie Italien und Argentinien den Rahmen des gemeinsamen Erbes der Menschheit *befürworteten*, obwohl die Kommunisten es ablehnten.

Was ist also der Grund?

Es gibt einige Gründe dafür, dass es dem Mondvertrag nicht gelungen ist, die Länder, die zur selbstständigen bemannten Raumfahrt fähig sind, mit ins Boot zu holen. Da die Raumfahrtambitionen sowohl in der Sowjetunion als auch in den Vereinigten Staaten in den 1970er-Jahren drastisch zurückgingen, wurde das Abkommen als verfrüht angesehen. Der Weltraumbergbau, der aus der Sicht von 1970 unmittelbar bevorstand und wichtig erschien, wurde 1980 als kostspielig und unnötig angesehen. Der NASA-Administrator Robert Frosch sagte dem Kongress mit einer Formulierung, die normalerweise Teenagern vorbehalten ist, er empfinde »enorme Gleichgültigkeit« gegenüber dem Mondvertrag.[118] Warum jetzt regulieren, wenn wir nicht einmal wissen, was wir regulieren sollen?

Schlimmer noch, in dem Dokument heißt es im Grunde: »Die Regulierung wird später erfolgen«, was als besonders investitionshemmend angesehen wurde. Damit würde man den Unternehmern sagen, dass es Vorschriften geben wird, die möglicherweise ziemlich belastend sind, dass man ihnen aber erst dann sagen wird, welche das sind, wenn sie Zeit und Geld investiert haben, um herauszufinden, wie man den Weltraumbergbau durchführbar macht.

Auf dieser Grundlage startete die L-5 Society*, eine Gruppe von Raumstationsenthusiasten im Stil von Dr. Gerard K. O'Neill, eine groß angelegte politische Kampagne und arbeitete sogar mit einem Lobbyisten in Washington zusammen, um die Ratifizierung zu verhindern. Keith Henson, der Ehemann der damaligen Präsidentin von L-5, Carolyn Henson, sagte damals, vielleicht mit einem Hauch von Melodrama: »Am 4. Juli 1979 zogen die Weltraumkolonisten in den Krieg mit den Vereinten Nationen der Erde.«[119] Er fügte hinzu, dass »der Vertrag ungefähr so viel Sinn macht wie Fische, die die Bedingungen festlegen, unter denen Amphibien das Land besiedeln können«.**

Abgesehen von den Einzelheiten, wie sich das alles abgespielt hat, gibt es noch ein größeres Problem. Im Jahr 1980, als der Vertrag in verschiedenen Ländern debattiert wurde, gab es genau zwei große Weltraummächte, die sich Hoffnungen auf die Nutzung des Mondes machten: die Sowjetunion und die Vereinigten Staaten. Wenn Sie sich fragen, warum das mächtigste kapitalistische Land und das mächtigste kommunistische Land sich beide gegen einen Ressourcenrahmen ausgesprochen haben, dann kann man nur raten: Vermutlich geschah es aus Eigeninteresse. Während der Weltraum-

---

* 1987 fusioniert die L-5 Society mit dem National Space Institute zur National Space Society, die sich bis heute für die Besiedlung des Weltraums (und insbesondere für rotierende Raumstationen) einsetzt.

** Wissenschaftler streiten sich darüber, inwieweit sie tatsächlich etwas bewirkt haben, aber es ist Teil der Überlieferung der Weltraumbefürwortung geworden.

vertrag lediglich besagte, dass niemand Anspruch auf den Mond erheben konnte, hätte der Mondvertrag die Staaten dazu verpflichtet, alle Vorteile, die sich aus dem Mond ergeben, zu teilen. Keine der beiden Nationen wollte ihre eigenen Ressourcen und Anstrengungen aufwenden, um etwas zu bekommen, das einfach an andere Nationen, einschließlich Rivalen und Feinde, weitergereicht werden würde. Also ließen sie das Gesetz so, wie es war.

Bis 2023 ist der Mondvertrag von den meisten großen Weltraumakteuren nicht ratifiziert worden: weder von China noch von den Vereinigten Staaten noch von Russland noch von Indien. Er wird im Allgemeinen nicht als Gewohnheitsrecht betrachtet, obwohl er in der Weltraumrechtsgemeinschaft sicherlich noch einige Verfechter hat. Der Weltraumvertrag und die drei nachfolgenden Verträge, die ihn ergänzen, sind nach wie vor die wichtigsten Dokumente für Raumfahrtunternehmen – mit Lücken, Schlupflöchern und allem, was dazugehört.

Auch weil es in den Jahren nach dem Scheitern des Vertrags keinen billigen Zugang zum Weltraum gab, war dies kein großes Problem. Aber die Dinge ändern sich. In den 1960er-Jahren, als sich eine Krise anbahnte, kam die Welt zusammen, um die Regeln zu ändern. Wir nähern uns nun offenbar einer zweiten Krise, aber im Moment scheint ein übergreifendes Abkommen nicht wahrscheinlich. Wenn überhaupt, dann bewegt sich die Erde in die entgegengesetzte Richtung, und zwar weitgehend unter der Führung einer einzigen Nation.

Erinnern Sie sich daran, dass wir Sie gewarnt haben, dass Teile dieses Buches amerikazentriert sind? Nun, schnappen Sie sich Ihren Cowboyhut und eine Dose Bier. Es ist an der Zeit, mal für eine Minute amerikanisch zu sein.

Auf in den juristischen Spagat! US-Weltraumrecht und das Artemis-Abkommen

Was passiert ohne einen großen internationalen Rahmen, mit dem alle einverstanden sind? Wir wissen nicht, wie es langfristig aussieht, aber wir können sagen, dass der mächtigste Akteur, die Vereinigten Staaten, derzeit eine Rechtsauslegung vorantreibt, die sehr nach nationaler Aneignung im Weltraum klingt. China, der wohl zweitgrößte Akteur im Weltraum, scheint sich auf einen Wettlauf vorzubereiten. Beide Seiten sind vor allem an den »Premiumimmobilien« interessiert, über die wir bereits gesprochen haben, und zwar insbesondere an den Kratern und Gipfeln des Mondes.

VON DER NASA VORGESCHLAGENE KANDIDATENREGIONEN FÜR ARTEMIS 3. JEDE IST ETWA 15×15 KILOMETER GROß, WOBEI DIE LANDEPLÄTZE EINEN RADIUS VON 100 METERN HABEN.

Die Erde steuert möglicherweise auf eine Art Krise zu, und viele der relevanten Akteure scheinen das ziemlich gelassen zu sehen. Kelly nahm am Internationalen Astronautenkongress 2019 teil, und viele Juristen und Politiker aus den Vereinigten Staaten vertraten die Ansicht, dass es ein Fehler wäre, die Dinge über die UN zu regeln. Scott Pace vom National Space Council der USA sagte, dass UN-Verträge zu langsam seien und dass wir stattdessen unverbindliche Richtlinien schaffen und dann einfach versuchen sollten, die Nationen dazu zu bringen, diese über nationales Recht einzuhalten.* Genau das geschieht im Rahmen des sogenannten Artemis-Abkommens.

Keine Grenzen nullius: Erobert das amerikanische Weltraumgesetz den Mond?

Im Jahr 2015 unterzeichnete Präsident Barack Obama den US Commercial Space Launch Competitiveness Act (Gesetz über die Wettbewerbsfähigkeit des kommerziellen Weltraumstarts). Unabhängig davon, was der Weltraum-

* Auf der positiven Seite führt die Verabschiedung nationaler Weltraumgesetze manchmal zu unglaublichen Schlagzeilen wie dem Artikel der *National Post* aus dem Jahr 2022 mit dem Titel »Kanadische Astronauten dürfen im Weltraum oder auf dem Mond nicht mehr ungestraft rauben und morden«. Eine genauere, aber weniger unterhaltsame Schlagzeile wäre gewesen: »Kanadisches Recht gilt auch für Kanadier, wenn Kanadier im Weltraum sind.«

vertrag sagt, was Menschen im Weltraum tun können, ist das Gesetz von 2015 sehr klar darüber, was Amerikaner tun können: »Ein Bürger der Vereinigten Staaten, der an der kommerziellen Gewinnung einer Asteroiden- oder Weltraumressource beteiligt ist, [...] hat das Recht auf jede gewonnene Asteroiden- oder Weltraumressource, einschließlich des Besitzes, des Eigentums, des Transports, der Nutzung und des Verkaufs der gewonnenen Asteroiden- oder Weltraumressource in Übereinstimmung mit dem geltenden Recht.«[120] Mit anderen Worten:

Das ist ein ziemlich offener Standard. Beachten Sie, dass es Asteroiden gibt, die größer sind als die Monde des Mars. Nach dieser Auslegung kann ein Weltraumschürfer zwar keine Souveränität über einen riesigen Asteroiden beanspruchen, aber er könnte ihn in Stücke schlagen und diese bei Walmart verkaufen. Das verstößt doch sicher gegen die Regel des Weltraumvertrags gegen Aneignung, oder? Nun, das ist nicht im Sinne des US-Kongresses. Das wissen wir, weil es im Gesetzentwurf heißt: »Es ist im Sinn des Kongresses, dass die Vereinigten Staaten durch den Erlass dieses Gesetzes keine Souveränität geltend machen.« So sieht es aus.

Im Jahr 2020 unterzeichnete Präsident Donald Trump, der kein Fan des vorherigen Oberbefehlshabers war, eine Durchführungsverordnung, die die Auslegung von 2015 bekräftigte und insbesondere den Mondvertrag ablehnte: »Die Vereinigten Staaten betrachten [den Weltraum] nicht als ein globales Gemeingut. [...] Dementsprechend wird der Außenminister jeden Versuch eines anderen Staates oder einer internationalen Organisation ablehnen, den Mondvertrag als Ausdruck des Völkergewohnheitsrechts zu betrachten.«[121] Mit anderen Worten:

WELTRAUM-TRUMP KANN PER *RES NULLIUS* NUR DAS MONDGESTEIN, NICHT ABER DAS MONDTERRITORIUM IN ANSPRUCH NEHMEN.

So wie es aussieht, erlaubt das US-Recht seinen *eigenen* Bürgern eine extrem lockere Auslegung des Weltraumvertrags, bei der sie die Weltraumressourcen ohne Einschränkung ausbeuten und die Erträge dann persönlich besitzen können. Unabhängig davon, ob die Vereinigten Staaten mit dem, was der Weltraumvertrag erlaubt, »Recht« haben, ist die US-Regierung auf jeden Fall konsequent bei dem, was sie den Amerikanern erlaubt. Die jüngste Ergänzung zu diesem Ansatz ist das Artemis-Abkommen von 2020. Dieses Dokument bezieht sich auf das Artemis-Programm, das nach der Schwester von Apollo benannt ist. Man könnte es als einen Versuch der USA betrachten, neue Normen für den Mond durchzusetzen.

Neues Mondrennen, neue Mondregeln oder: Was steht im Artemis-Abkommen?

Im Artemis-Abkommen geht es nicht nur um die Aufweichung von Normen, sondern auch um Frieden, die Unterstützung von Astronauten und vieles mehr, das dem Weltraumvertrag entspricht. Es gibt jedoch zwei Teile, die für uns von besonderem Interesse sind: Erstens wiederholt das Abkommen, was das innerstaatliche US-Recht über den Abbau von Weltraumressourcen besagt – im Grunde genommen »Wer's findet, dem gehört's«, aber etwas ausführlicher formuliert. Zweitens wird das Konzept der »Sicherheitszonen« eingeführt.

Die Grundidee der Sicherheitszonen ist folgende: Wenn man etwas auf dem Mond macht, kann man einen Radius festlegen, in dem es gefährlich ist, ihn zu betreten. Wie groß ist dieser Radius? Bis jetzt ist das noch nicht entschieden. Wir werden es wahrscheinlich erst wissen, wenn wir etwas Übung haben, aber es gibt ein paar brauchbare Schätzungen. Das Seerecht erlaubt 500-Meter-Sicherheitszonen für den Betrieb auf See. Die Vorschriften der NASA zum Schutz des Kulturerbes sehen eine 2 Kilometer große Sperrzone um die Standorte der Apollo-Landefahrzeuge vor. Das ist wahrscheinlich eine annehmbare Bandbreite an Möglichkeiten, aber wenn künftige Landefahrzeuge Regolith über viel größere Entfernungen aufwirbeln, könnte die Definition einer Sicherheitszone in der Tat ziemlich groß sein.

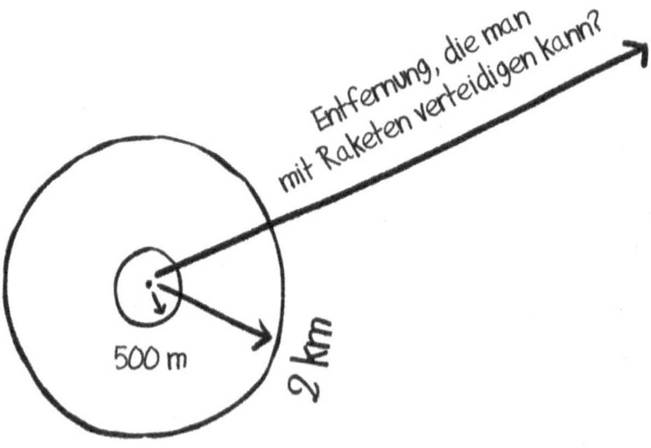

Das Interessante an den Sicherheitszonen ist, dass sie zwar nicht bedeuten, dass eine Nation einen Teil der Mondoberfläche für sich beansprucht, aber sie sind sicherlich ein Schritt in diese Richtung. Wenn Länder eine Sicherheitszone auf dem Mond ausweisen, sagen sie damit im Grunde allen anderen: »Wenn du in dieser Zone landest, könnten dir gefährliche Dinge zustoßen und wir können deine Sicherheit nicht garantieren. Und wenn du hier landest, bringst du auch uns in Gefahr. Sprich also mit uns, bevor du den Kreis betrittst.« Es handelt sich nicht gerade um Landaneignung und schon gar nicht um Souveränität … aber es ist so etwas wie das Markieren eines Reviers.

Das wird besonders interessant, wenn wir über die Nutzung von Premiumimmobilien für eine Siedlung nachdenken. Wir haben bereits erwähnt, dass die Berge des ewigen Lichts nur eine winzige Fläche des Mondes einnehmen.

Um das klarzustellen: Wir glauben nicht, dass Sicherheitszonen eine Art absichtlicher Souveränitätsmechanismus durch die Hintertür sind. Sie haben einen echten Nutzen. Denken Sie daran, dass der Mond eine geringe Schwerkraft hat und seine Oberfläche aus zerklüftetem, elektrisch geladenem Glas und Stein besteht. Bei einer Raketenlandung wird das ganze Zeug in alle Richtungen geschleudert und fliegt aufgrund der geringen Schwerkraft ziemlich weit durch die Gegend. Das Bestehen auf einer Art Protokoll zum Schutz von Mondhabitaten oder Bergbaubetrieben ist durchaus sinnvoll. Außerdem besagt das Artemis-Abkommen, dass die Sicherheitszonen vorübergehend sind. Aber »vorübergehend« bedeutet, dass sie enden, wenn die Operation beendet ist.

Wie gut gemeint es auch sein mag, so bedeutet es im Ergebnis, dass Länder, die dem Artemis-Abkommen zustimmen, nun in der Lage sind, eine Art Anspruch auf größere Regionen als nur einen Lebensraum auf der Oberfläche zu erheben. Um zu verstehen, warum das seltsam werden könnte, nehmen wir an, die Vereinigten Staaten errichten eine Mondbasis in einem wertvollen Krater und beanspruchen einen Kreis mit einem Radius von 2 Kilometern als Sicherheitszone. Diese behalten sie viele Jahre lang, mit Generationen von Forschern, die kommen und gehen. Sie haben die Ausrüstung aufgebaut, Teile der Oberfläche für die Nutzung verbessert und detaillierte Untersuchungen durchgeführt. Sie haben vielleicht Orte, an denen sie traditionell bestimmte Verhaltensweisen ausüben – nicht nur geliebte Labore oder Bars, sondern Orte mit heiliger religiöser oder nationaler Bedeutung. Stellen Sie sich zum Beispiel vor, dass ein Kamerad gestorben ist und in der Sicherheitszone begraben wurde. An diesem Punkt geht es nicht um die amerikanische Souveränität, aber es geht auch nicht um eine Abstraktion – es handelt sich um einen Ort, der aus zutiefst menschlichen Gründen eine Bedeutung für die nationale Identität hat.

Unter Artemis ist das alles technisch gesehen nur vorübergehend. Aber stellen Sie sich vor, dass ein rivalisierendes Land, vor allem ein Land wie China, das bereits eine schwierige Beziehung zu den Vereinigten Staaten hat, ihnen sagt, sie sollen gehen. Noch einmal: Diese amerikanische Sicherheitszone ist kein Anspruch auf ein souveränes Territorium; es ist kein Anspruch darauf, dass eine Mondregion buchstäblich Amerika ist. Aber sie kommt dem schon sehr nahe. Wenn man bedenkt, dass es nur eine begrenzte Anzahl von guten Plätzen auf dem Mond gibt, wenn man zusätzlich bedenkt, dass die Gesamtzahl der Basen, die die Nationen errichten können, nicht begrenzt ist, wenn man bedenkt, dass die Nation, die die neue Interpretation vorantreibt, diejenige mit den meisten Raumfahrtkapazitäten ist, und wenn man bedenkt, dass die beiden Länder, die am stärksten an den besten Plätzen auf dem Mond interessiert sind, Atommächte sind, dann hat man ein Rezept für eine Gefahr. Wenn es den Nationen wichtig ist, wer den Mond besiedelt, dann würde Artemis ein Verhalten zulassen, das bis zur Aneignung von Mondland reicht, und diejenigen, die dieses Land in dieser Sekunde am ehesten beanspruchen können, sind die Vereinigten Staaten.

Ist jemand anderes als die Vereinigten Staaten damit einverstanden? Überraschenderweise ja. Bis Februar 2024 haben, die Vereinigten Staaten nicht mitgezählt, 35 Länder unterzeichnet. Dazu gehören unter anderem Australien, Brasilien, Deutschland, Frankreich, Großbritannien, Israel, Japan und Kanada. Die bemerkenswertesten Abwesenheiten sind die Europäische Weltraumorganisation, China und Russland.

Die Nichtunterzeichnung Chinas ist nicht unbedingt eine Ablehnung – nach US-Recht ist es der NASA untersagt, bilaterale Abkommen mit China zu unterzeichnen. Aber China könnte ähnliche Ziele haben wie die Vereinigten Staaten und Russland könnte sich ihnen anschließen. China hat Pläne für den Zugang zu Titan, Wasser und unserem guten Freund Helium-3 auf dem Mond. Sie haben sicherlich nicht auf einen Rahmen des gemeinsamen Erbes der Menschheit gedrängt und tatsächlich die Absicht geäußert, eine gewinnbringende lunare Wirtschaft zu errichten.

Ein Rennen ums Weltall: Wahrscheinlich eine schlechte Entscheidung

Der Weltraumvertrag regelt den Weltraum, ist aber sehr vage. Der einzige große Versuch, die Dinge durch ein Abkommen der Vereinten Nationen zu klären, scheiterte. 40 Jahre später stürzen sich die Vereinigten Staaten in die Lücke und ziehen möglicherweise die Welt mit sich. Das hat das Potenzial für einen Konflikt, ob man ihn will oder nicht.

Aus Gesprächen mit Weltraumgeeks haben wir den Eindruck gewonnen, dass viele geradezu nach einem neuen Wettlauf ins All lechzen. Der Grund dafür ist, dass in den 1960er-Jahren, als sich die Sowjetunion und die Vereinigten Staaten einen Wettlauf zum Mond lieferten, alle möglichen Ausgaben in die Wissenschaft und Technologie geflossen sind, die sie als wertvoll für die Menschheit ansehen oder zumindest als großartig für die Menschheit. Wir sind uns nicht sicher, ob dies uneingeschränkt gut ist: Selbst wenn wir davon ausgehen, dass der Wettlauf zum Mond in den 1960er-Jahren ein reiner Nettonutzen für die Menschheit war, bedeutet das nicht, dass ein Wettlauf zum Mond in den 2020er-Jahren ebenso gut wäre. Dass Neil Armstrong und Buzz Aldrin auf dem Mond herumspazierten, hat die sowjetischen Kosmonauten nicht daran gehindert, dasselbe zu tun. Nach den im Artemis-Abkommen vorgeschlagenen Leitlinien könnte eine US-Basis auf dem Shackleton-Krater die Möglichkeit anderer Spieler, eine Basis in der Nähe zu errichten, plausibel einschränken. Es könnte weniger ein Wettlauf als vielmehr ein Nullsummenspiel sein. Manche Leute sagen, dass dies bereits begonnen hat.

Ein Bericht aus dem Jahr 2022, dessen Autoren aus der U.S. Space Force, der Defense Innovation Unit und dem Air Force Research Laboratory stammten, sagt:

> *Während sich die Raumfahrtindustrie der Vereinigten Staaten weiterhin im Aufwind befindet, äußerten die Teilnehmer ihre Besorgnis darüber, dass der Aufwärtstrend der Volksrepublik China [...] sogar noch steiler ist und ein deutliches Überholtempo aufweist, das dringende Maßnahmen erfordert. Das wichtigste Mittel ist die Mobilisierung noch größerer Energien mit einer erweiterten Vision und einem breiteren politischen Spektrum, wie es unsere Nation 1962 praktiziert hat. Insbesondere fehlt es den USA an einer klaren und kohärenten langfristigen Vision, einer großen Strategie für den Weltraum, die die wirtschaftliche, technologische, ökologische, soziale und militärische (Verteidigungs-)Führung für das nächste halbe Jahrhundert und darüber hinaus aufrechterhält. Eine Vision für die wirtschaftliche Entwicklung und die menschliche Besiedlung des Weltraums sollte parteiübergreifend, generationenübergreifend und inspirierend für alle sein, die sich zu den amerikanischen Werten bekennen.*[122]

Wenn man möchte, dass eines Tages Weltraumsiedlungen entstehen, ist dies vielleicht keine gute Entwicklung. Warum eigentlich? Wie wir bereits dargelegt haben, kann es ohne große wissenschaftliche und technologische Entwicklungen keine kurzfristige Besiedlung des Weltraums geben. All diese wissenschaftlichen und technologischen Entwicklungen können bereits im Rahmen des Weltraumvertrags durchgeführt werden. Sogar der sehr restriktive Mondvertrag hätte es wahrscheinlich erlaubt, die entsprechenden Kenntnisse und Erfahrungen zu erwerben.

Wenn Sie wie wir der Meinung sind, dass es keinen offensichtlichen wirtschaftlichen Grund für den Mondbergbau gibt und dass jede Art von Siedlungsforschung auch unter den alten Rahmenbedingungen möglich ist, dann ist dieses neue Mondrennen eine sinnlose Eskalation in Richtung einer Krise, möglicherweise sogar eines Konflikts. Und wenn Sie wie wir der Meinung sind, dass eine sichere und nachhaltige Besiedlung des Weltraums ein hohes Maß an menschlicher Harmonie erfordert, dann bringt ein Konflikt um unseren nächsten himmlischen Nachbarn das Ziel der Besiedlung des Weltraums nicht voran.

Wir glauben, dass die Menschheit im Allgemeinen und das langfristige Projekt der Besiedlung des Weltraums im Besonderen mit einem international verwalteten System besser dran wären, das sowohl regelt, wo sich Menschen niederlassen dürfen, als auch, was sie mit den lokalen Ressourcen tun dürfen, sobald sie dort sind. Es wäre nicht dynamisch, es wäre nicht wie in einem Science-Fiction-Roman und offen gesagt wäre es sehr langsam und bürokratisch und langweilig. Aber es würde den Frieden sichern, während die Menschheit sich politisch und technologisch so weit entwickelt, dass eine Besiedlung des Weltraums möglich wird.

Ist ein solches Regime auf unserer geteilten Erde wahrscheinlich? Wir wissen es nicht, und es ist erwähnenswert, dass die Vereinigten Staaten und China, während wir dies schreiben, die Raketen und Landegeräte bauen, die für einen Wettlauf ins All benötigt werden. Aber eine internationale Regulierung ist zumindest möglich. Seit dem Zweiten Weltkrieg gab es zwei weitere Fälle, in denen ein riesiges Gebiet reguliert wurde: die Antarktis und der tiefe Meeresboden. An keinem der beiden Orte kam es zu größeren Konflikten oder einem Kampf um das Territorium, da beide als Gemeingüter reguliert wurden. Heute gelten für beide viel klarere, viel restriktivere Eigentumsregeln als für den Mond unter dem Artemis-Abkommen. Das macht sie zu erwägenswerten Möglichkeiten, den Weltraum zu regeln, die tatsächlich zu vereinbartem internationalem Recht werden könnten.

Es gehört
mir nicht, aber
halte dich fern!

Notabene

WELTRAUMKANNIBALISMUS AUS RECHTLICHER UND KULINARISCHER SICHT

Was tut man, wenn jemand im Weltraum stirbt? Wir würden es Ihnen gerne verraten, aber dazu gibt es nicht wirklich einen Präzedenzfall. Der Tod unter Raumfahrern ist immer schnell eingetreten und hat immer ganze Besatzungen in Mitleidenschaft gezogen. Es gab also noch nie eine Situation, in der sich ein paar Astronauten um einen verlorenen Kameraden versammelten und sich fragten, wie er am besten zu entsorgen sei. Das Ergebnis ist, dass wir sehr wenig dazu beitragen können, außer Ihnen mitzuteilen, dass man den Toten als Satellit registrieren sollte, wenn man ihn aus der Luftschleuse gespült hat (danke, Registrierungsübereinkommen!).*

Während wir also einen geplanten Abschnitt über den Tod im Weltraum auslassen mussten, haben wir uns bei unseren Recherchen zu Weltraumnahrung für eine verwandte Frage interessiert: *die verbotene Weltraummahlzeit*. Die einzige Option auf einer langen Marsreise, die extrem frisch ist und genau die Nährstoffe enthält, die der menschliche Körper braucht.

Seien wir ehrlich: Die astronautische Literatur über das Essen für die Besatzung ist ziemlich begrenzt. Der Leser des *Human Integration Design Handbook* der NASA wird vergeblich nach »Menschenfleisch« suchen. Offenbar wird der Begriff »menschliche Integration« in einem engen Sinne verwendet.

* Auch wenn er wahrscheinlich nicht lange ein Satellit sein würde. In seinen Memoiren schreibt Terry Virts, dass die Astronauten bei einer solchen »Seebestattung« die sterblichen Überreste ihres verstorbenen Crewmitglieds wahrscheinlich in Richtung Erde lenken würden, damit sie in nicht allzu ferner Zukunft in der Atmosphäre verglühen.

Aber wir haben eine in einem Selbstverlag erschienene Abhandlung – ein, wie wir finden, verkannter Klassiker – zu diesem Thema gefunden: *Survival Homicide in Space* (auf Deutsch etwa: Überlebensmord im Weltraum) von Robert A. Freitas aus dem Jahr 1978, der vielleicht den nötigen Einblick bietet. Was ist ein Überlebensmord? Es handelt sich um eine Situation, in der jemand oder eine Gruppe nur durch Töten überleben kann. Das klassische Beispiel ist das »Seerecht«. Nicht das Seerecht, das wir im nächsten Kapitel erklären werden. Das andere Seerecht. Das, das besagt, dass man Strohhalme zieht und derjenige, der den kürzeren zieht, gefressen wird.

Freitas erwähnt den Aspekt des Essens bei Weltraummorden nicht, aber er entwirft ein Szenario, das von dem Thriller *Verschollen im Weltraum* inspiriert ist, in dem drei Astronauten in einer Kapsel ohne genügend Sauerstoff gefangen sind. Aufgrund der genauen Daten, die den Raumfahrern zur Verfügung stehen, wissen sie, dass nur zwei von ihnen ausreichend Sauerstoff haben, um zu überleben, bis die Rettung kommt. Logischerweise müsste einer sterben. Und logischerweise können wir das Szenario auf die verbotene Mahlzeit ausweiten, indem wir uns vorstellen, dass ihre Nahrungsgrillen alle gestorben sind und ihnen die leckeren Speisewürfel ausgehen.

Dürfte man jemanden aus der Mannschaft töten? Laut Freitas gibt der Weltraumvertrag tatsächlich so etwas wie eine Antwort. Nach Artikel 8 ist der Staat zuständig, in dem der »gestartete Gegenstand registriert ist«. Die verschiedenen Nationen haben unterschiedliche Regeln bezüglich des »Gesetzes der Notwendigkeit«* sodass Sie wirklich nur wissen müssen, was das jeweilige Gesetzbuch erlaubt. Wenn Sie sich auf einem kanadischen Schiff befinden, holen Sie einen kanadischen Richter ans Telefon und erklären ihm das mit dem Menschenfleisch.

Aber was, wenn es Alternativen gibt? Als Freitas 1978 seine Abhandlung schrieb, war das noch nicht absehbar. Damals war Skylab schon lange nicht mehr besetzt und das Shuttle noch nicht geflogen. Die einzigen Weltraum-

* Wir haben uns entschieden, nicht zu sehr in die Tiefe zu gehen, was die genauen Standards angeht, aber für die zukünftigen Jurastudenten in der Runde sind die beiden wichtigsten Fälle Regina vs. Dudley und Stevens sowie United States vs. Holmes. Uns wurde gesagt, dass diese beiden Fälle verwendet werden, um Jurastudenten vorzugaukeln, dass das Jurastudium interessant sein wird.

crews befanden sich in sowjetischen Schiffen mit überwiegend sowjetischen Besatzungen, die von sowjetischem Territorium aus starteten. Was Freitas nicht vorhersehen konnte, war die künftige ISS, die souveräne Territorien vieler Nationen miteinander verbindet. Im Prinzip könnte man sich nach der Nation mit den kannibalismusfreundlichsten Gesetzen umsehen, aber am besten ist es wohl, einen Landsmann in einem Modul zu essen, das der Nation gehört, aus der man kommt. Wir brauchen keinen Weltraumkannibalismus *und* einen internationalen Zwischenfall.

Oder man tut einfach nichts. In einer echten Marssiedlung, die mit einer Situation wie in *Verschollen im Weltraum* konfrontiert ist, ist das wahrscheinlichste Ergebnis, dass man einfach stirbt. Freitas zählt eine ganze Reihe von Fällen auf, in denen Menschen ihr Leben hätten verlängern können, indem sie andere getötet hätten – in gesunkenen U-Booten, eingestürzten Kohleminen und in treibenden Booten. In der Regel zogen sie es vor, dem Ende gemeinsam entgegenzusehen. Es stellt sich heraus, dass die meisten von uns lieber sterben, als zu töten.

Eine Ausnahme haben wir allerdings gefunden.

Der Professor, vielseitige Autor und Triathlet Dr. Erik Seedhouse hat in *Survival and Sacrifice in Mars Exploration* eine Analyse des Kannibalismus im Weltraum geschrieben. Wir kennen Mr Seedhouse nicht persönlich, und er hat auch nicht auf unsere E-Mail geantwortet, aber wir stellen fest, dass der Index seines Buches genau einen Eintrag über »Verhaltensherausforderungen« enthält, ein sehr wichtiges Thema, aber fünf Einträge über die gustatorische Art der Vereinnahmung der Crew.

Seedhouse fragt: »Stellen Sie sich vor, Sie sind mit drei Besatzungsmitgliedern auf dem Roten Planeten gestrandet. Sie haben jede Menge lebenserhaltende Verbrauchsmaterialien, aber nur ausreichend Nahrung, um eine Person zu versorgen, bis der Rettungstrupp eintrifft. Was tun Sie dann? [...] Eines Tages, während Sie Kaffee für das Frühstück kochen, stellen Sie fest, dass direkt neben Ihnen drei eiweißhaltige Fleischstücke leben.«[123] Er argumentiert, dass sich die größten Menschen zuerst opfern sollten, da sie sowohl die meiste Nahrung verbrauchen als auch liefern. Wir wissen nicht, wo Seedhouse in der Büfettreihe stehen würde, weil wir seine Größe und sein

Gewicht online nicht finden konnten, und ehrlich gesagt haben wir Angst, ihn zu fragen. Vor allem weil sein Buch einen seltsam detaillierten Blick darauf wirft, wie man den *Homo sapiens* abschlachtet. Außerdem findet der Leser auf Seite 144 ein Foto von zehn Astronauten, die glücklich im Weltraum schweben, mit der Bildunterschrift: »Unter den falschen Umständen ist ein Raumschiff eine Plattform voller hungriger Menschen, die von Verlockungen umgeben sind. Ist es falsch, eine so gut verpackte Mahlzeit zu verschwenden?«

Das ist, wie man so schön sagt, eine Frage für Philosophen. Aber wir haben einen pragmatischen Rat für alle potenziellen Marsbewohner: *Lassen Sie Erik Seedhouse zu Hause.*

Teil V
Die Möglichkeiten der Zukunft: Unser Aufbruch nach Mondsilvanien?

WIR SIND UNS BEWUSST, DASS WIR BISHER SEHR VIELE JURISTISCHE Begriffe verwendet haben. Wenn wir nun also zu den spekulativen Möglichkeiten übergehen, lassen Sie uns ein Fazit ziehen: Die Regeln, die derzeit gelten, sind vage. Nach der Auslegung einiger Nationen erlauben sie endlose Ausbeutung und pseudoterritoriale Ansprüche, aber keine Hoheitsrechte. Die Atommächte versuchen, ihre Ansprüche in einem weitgehend unregulierten Umfeld geltend zu machen, in dem sie sich möglicherweise nicht darüber einig sind, was das Gesetz tatsächlich erlaubt.

Entweder warten wir auf eine Krise und sehen dann, was dabei herauskommt, oder wir drängen jetzt auf einen einvernehmlichen Rahmen für den Weltraum. Aber welchen Rahmen sollten wir wählen? Im Großen und Ganzen gibt es zwei Wege nach vorne. Wir könnten ein internationales Regelwerk für das Verhalten im Weltraum schaffen, um zu verhindern, dass Nationen oder Allianzen versuchen, alle begehrten Plätze für sich zu beanspruchen. Oder wir könnten einen geregelten Weg finden, um eine nationale Aneignung zu ermöglichen, sodass es wirklich Teile des Mondes gibt, die China oder Amerika oder Indien oder sogar ganz neuen Nationen gehören. Die letztgenannte Option würde zumindest Klarheit schaffen, allerdings fällt es uns schwer, uns eine Lösung dafür vorzustellen, die ohne Konflikte auskommt.

Wir werden im Detail darauf eingehen, wie beide Möglichkeiten funktionieren könnten, aber eines müssen Sie verstehen: Der Weg, den wir in diesem Jahrhundert einschlagen, wird wahrscheinlich die Zukunft der Menschheit für eine sehr lange Zeit beeinflussen. Ein wesentlicher Teil des modernen Seerechts geht auf Traditionen zurück, die bereits im 17. Jahrhundert alt waren, als das moderne Völkerrecht noch in den Kinderschuhen steckte. Das Weltraumrecht des Jahres 2020 könnte die Möglichkeit der Besiedlung des Weltraums im Jahr 2200 tiefgreifend prägen.

Kapitel 14

Der Kosmos als Gemeingut

Seit Mitte des 20. Jahrhunderts hat die Technologie Gebiete der Erde erschlossen, die zuvor unzugänglich waren. Für uns sind das vor allem der Mond, der tiefe Meeresboden und die Antarktis. Hätten diese Gebiete vor 300 Jahren wertvolle, zugängliche Ressourcen geboten, wäre es durchaus möglich, dass es einen heftigen Kampf um sie gegeben hätte.

Soweit wir das beurteilen können, ist diese Art von Streit das, was viele Menschen im Weltraum erwarten, sich vielleicht sogar wünschen. Doch in der Zeit nach dem Zweiten Weltkrieg verlief die Entwicklung üblicherweise nicht nach diesem Muster. Wenn wir riesige neue Territorien, einschließlich des Weltraums, reguliert haben, wurden sie zu Gemeingütern erhoben. Es gibt keine Cowboys in der Antarktis oder Anspruchsberechtigte des Marianengrabens. Die existierenden Streitigkeiten werden nicht mit Gewalt ausgetragen, sondern durch Verhandlungen und Bürokratie mit einer Geschwindigkeit, die angemessen eisig ist. Das liegt zum Teil daran, dass es schwierig ist, diese Gebiete zu nutzen. Doch wie wir noch sehen werden, sind sie auch an Vereinbarungen über die Ressourcennutzung gebunden, die im Vergleich zum Weltraumvertrag eindeutig und eng gefasst sind.

Für manche Leute ist das eine Katastrophe. All die potenziellen Ressourcen, all die Orte, an denen Menschen hätten leben, sie entwickeln und kommerzialisieren können, wurden nicht genutzt – zum Nachteil des menschlichen Wohlergehens. Andere sehen darin einen grenzenlosen Erfolg: In der ersten Hälfte des 20. Jahrhunderts gab es Ansprüche und Gegenansprüche in der Antarktis, die zu Kriegen hätten führen können. Doch die Antarktis und der tiefe Meeresboden sind friedlich verwaltete Gemeingüter geblieben, mit einigermaßen klaren, wenn auch recht restriktiven Eigentumsregelungen. Das hat auf der Erde funktioniert, also würde es wahrscheinlich auch im Weltraum funktionieren.

Es ist natürlich nicht die romantischste oder die genialste Option. Es ist wahrscheinlich auch nicht die Option, die die schnellste Entwicklung hervorbringt. Wie wir noch sehen werden, wird sie wahrscheinlich noch nicht einmal besonders gerecht zwischen den einzelnen Nationen sein. Aber es ist eine Option, die weitreichende Weltraumaktivitäten ermöglichen und gleichzeitig einen unnötigen Konflikt zwischen Atommächten vermeiden könnte. Sie erfahren in diesem Kapitel übrigens auch etwas über taktische Babys, über die Zeit, als die Nazis in der Antarktis einem Pinguin salutierten, und wenn Sie sehr geduldig sind, gibt es am Ende dieses Abschnitts ein Notabene über Mord und Alkohol in Polarstützpunkten.

Der Sinn von Gemeingütern

Das Erste, was Sie über Gemeingüter wissen sollten, ist, dass sie tatsächlich funktionieren, wenn sie richtig eingesetzt werden. Wir haben ja bereits argumentiert, dass der Weltraum nur ein weiterer Ort sein wird, an dem Menschen Menschen sind, und Sie haben das vielleicht so interpretiert, dass die Menschen dämonische Oger-Kreaturen sind und wir dem Weltraum unsere Oger-Natur aufzwingen werden. Doch von Zeit zu Zeit teilen wir Menschen durchaus Dinge miteinander. Wir haben Gemeingüter oder auch Allmenden, die ziemlich gut funktionieren. Unserer Erfahrung nach glauben viele Menschen, dass Gemeingüter nicht funktionieren, weil es ein wirtschaftliches Konzept gibt, das als »Die Tragik der Allmende« oder auch als »Tragödie der Gemeingüter« bezeichnet wird. Der Begriff geht zurück auf Garrett Hardins Essay von 1968 über die Ökonomie der Allmende,[124] aber die Logik ist mindestens so alt wie Aristoteles, der schrieb: »Denn das, was der größten Zahl gemeinsam ist, wird am wenigsten beachtet.«

Die Idee dahinter ist folgende: Nehmen wir an, in einem Gewächshaus auf dem Mars gibt es ein schönes Feld, das für Futtergrillen reserviert ist. Jeder darf es benutzen, auch Sie. Wann immer Sie Ihre Grillen auf dem Feld laufen lassen, wird das Feld geschädigt. Es ist Ihnen egal, denn die Vorteile kommen Ihnen zugute, während die Schäden von allen Grillenzüchtern getragen werden. Wenn alle anderen genauso egoistisch sind, ist das Gemeingut schon bald auf tragische Weise ruiniert.

Die Menschen sehen dies manchmal als eine unvermeidliche Folge der Allmende und neigen dazu, die Privatisierung als Lösung vorzuschlagen. Hierbei teilt man den Platz für die Grillen auf, sodass jeder die Kosten für die Beschädigung des Grundstücks trägt.

Doch nicht alle Gemeingüter sind tragisch. Tatsächlich gibt es sie schon seit Langem überall auf der Welt. Die Wirtschaftswissenschaftlerin und Nobelpreisträgerin Dr. Elinor Ostrom wurde berühmt für ihre Arbeit, in der sie dokumentierte, wie gemeinsame Ressourcen effektiv verwaltet werden, obwohl es kein Privateigentum und nicht einmal eine übergeordnete Behörde zur Durchsetzung von Vorschriften gibt.* Grillenzüchter könnten

* Dies gelang ihr nicht ohne den Widerstand von Wirtschaftswissenschaftlern, die darauf bestanden, dass sie nicht recht haben könne, weil die damaligen Modelle das Konzept nicht unterstützten. Ein »Ostrom'sches Gesetz«, das ihr manchmal zugeschrieben wird, lautet: »Ein Ressourcenarrangement, das in der Praxis funktioniert, kann auch in der Theorie funktionieren.«

beispielsweise vereinbaren, dass sie sich bei der Nutzung der Allmende abwechseln oder die Anzahl der Grillen pro Mitglied oder die Mitgliedschaft insgesamt begrenzen. Oder Mitglieder, die zusätzliche Futtergrillen züchten möchten, könnten andere Mitglieder entschädigen – möglicherweise mit selbst hergestelltem Rübenwein oder köstlichen roten Nahrungswürfeln.

Gemeingütern fehlt vielleicht etwas von der Dynamik, die mit der Privatisierung von Land einhergeht. So könnte jemand beispielsweise nicht bereit sein, persönlich Zeit für die Verbesserung der Pflanzen in der Allmende aufzuwenden, weil er die ganze Arbeit selbst macht, während er den Nutzen teilen muss. Oder man müsste einen Konsens zwischen den Grillenzüchtern erzielen, wenn man möchte, dass die Gruppe für die Verbesserungen bezahlt, was schwierig sein könnte.

Aber es gibt noch andere Ziele als die der Effizienz. Wenn wir über die Zukunft des Mondes oder des Mars nachdenken, ist das Ziel vielleicht nicht die schnelle Erschließung maximaler Werte. Es kann auch darum gehen, eine unberührte Umwelt zu erhalten oder die Menschheit davor zu bewahren, sich in einem Territorialstreit in die Luft zu sprengen. Sofern diese Dinge das Ziel sind, ist es eine gute Option, den Weltraum so zu regulieren, wie wir die Antarktis regulieren.

Das Antarktische Vertragssystem

Eine kurze Geschichte, inklusive Pinguinen und Nazis

Die Antarktis wurde erst ab dem 19. Jahrhundert von Menschen erkundet, blieb aber auch dann noch unzugänglich, als die Erforschung der Arktis möglich wurde. Der Südpol wurde erst erreicht, als der Norweger Roald Amundsen und seine Mannschaft 1911 einen erfolgreichen Vorstoß unternahmen. Aber noch in den 1950er-Jahren blieben große unkartierte Regionen übrig. Warum dauerte das so lange? Kurz gesagt weil die Antarktis ätzend ist. Das ist eine Eigenschaft, die sie mit dem Weltraum gemeinsam hat. Im Inneren des Kontinents herrschen im Winter Temperaturen um die −60 °C und manchmal fallen sie sogar unter −80 °C. Es weht ein orkanartiger Wind, aber es gibt so wenig Niederschlag, dass die Antarktis trotz der Eisschichten eigentlich eine Wüste ist. Bis 1957 war sie nicht dauerhaft bewohnt.

Da die Antarktis ein so frostiger Misthaufen von einem Kontinent ist, könnte man erwarten, dass sich die Nationen nicht mit Gebietsansprüchen herumschlagen würden. Was aber nicht der Fall ist. Bis zum Zweiten Weltkrieg hatten sieben Länder* riesige pizzastückförmige Teile des Südkontinents für sich beansprucht.

Als die Jahrhundertmitte näher rückte, war keineswegs klar, dass die Antarktis ein Land des Friedens sein würde. Irgendwann versuchte Nazideutschland, ein Stückchen zu beanspruchen und es Neuschwabenland zu nennen. Nach dem Bericht des Geografen Ernst Hermann wurden die arischen Übermenschen bei ihrer Ankunft von einem »Einheimischen«, einem Pinguin, begrüßt. »Heil Hitler!«, riefen sie.[125] Der Pinguin war jedoch nicht beeindruckt. Trotz dieses Rückschlags besetzten sowohl deutsche als auch südamerikanische Truppen während des Zweiten Weltkriegs Teile der Antarktis.

(KÜNSTLERISCHE DARSTELLUNG)

* Argentinien, Australien, Großbritannien, Chile, Frankreich, Neuseeland und Norwegen.

Schwerwiegender war der Streit um die nach lokalen Maßstäben warme nördliche Halbinsel der Antarktis, die gleichzeitig von Großbritannien, Argentinien und Chile beansprucht wurde. 1952 fielen Schüsse, als britische Schiffe versuchten, eine niedergebrannte Antarktisbasis anzulanden und wiederaufzubauen. Niemand wurde getötet, und Argentinien entschuldigte sich, aber die Bedingungen für einen Frieden waren nicht gerade rosig.

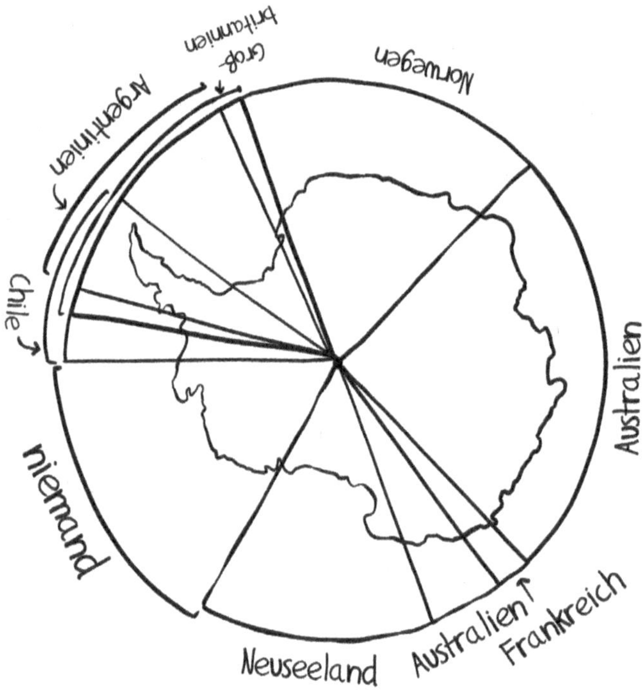

Erschwerend kam hinzu, dass die Titanen der Geopolitik der Jahrhundertmitte – die Vereinigten Staaten und die Sowjetunion – keine Ansprüche erhoben hatten, obwohl ganze 15 Prozent des Kontinents unbeansprucht waren. Warum diese Zurückhaltung? Zum Teil aus Angst, versehentlich einen Dritten Weltkrieg um einen Kontinent auszulösen, der, erinnern wir uns, ein frostiger Misthaufen ist. Kommt Ihnen das bekannt vor?

Während des Internationalen Geophysikalischen Jahres (IGJ) 1957 bis 1958 investierten die Nationen viel Geld in die Erforschung der Antarktis.* Zwölf Teilnehmer** schmiedeten Pläne, um antarktische Stützpunkte zu errichten, mit dem erklärten Ziel der Wissenschaft und des Friedens. Es waren diese zwölf, die den Antarktis-Vertrag aushandelten, der zusammen mit späteren Abkommen als das Antarktis-Vertragssystem (AVS) bekannt wurde.

Der ursprüngliche Vertrag trat 1961 in Kraft. Seitdem sind 17 Länder als Konsultativstaaten hinzugekommen, weil sie für ihre eigenen Forschungseinrichtungen zahlen. 25 weitere Staaten sind »nicht beratende Vertragsstaaten«, was bedeutet, dass sie nicht für eine Antarktisbasis bezahlt haben und daher nur zuhören, aber nicht abstimmen dürfen.

Was besagt das Antarktis-Vertragssystem?

Kurz gesagt: Die Ausbeutung von Mineralien ist nicht erlaubt, zumindest nicht für den Moment. Militärbasen sind nicht erlaubt. Atommüll darf nicht deponiert und Atombomben dürfen nicht gezündet werden. Wissenschaft ist cool und Nationen sollten zusammenarbeiten. Und diese territorialen Ansprüche? Na ja …

Die größte Behelfslösung der Geschichte: Irgendein Territorium auf dem Südkontinent

Das Antarktis-Vertragssystem hat ein territoriales Souveränitätssystem, das einzigartig und bizarr ist. Die grundlegende Vereinbarung besteht darin, dass die Parteien mit der Unterzeichnung des Abkommens weder auf frühere Ansprüche verzichten noch neue Ansprüche zulassen. Die Ansprüche bleiben einfach … bestehen. Der Landanspruch der drei Nationen Chile, Argentinien und Großbritannien? Es bleibt ein Dreinationenanspruch. Die 15 Prozent nicht beanspruchtes Land? Gehören immer noch niemandem. In der Zwischenzeit darf jeder so gut wie überall wissenschaftliche Labore bauen.

* Witzige Anmerkung: Das andere große Forschungsprojekt des IGJ in diesem Jahr war die Erforschung des Weltraums. Daher wurde Sputnik 1 im selben Jahr gestartet.

** Argentinien, Australien, Belgien, Chile, Frankreich, Japan, Neuseeland, Norwegen, Südafrika, die Sowjetunion, Großbritannien und die Vereinigten Staaten.

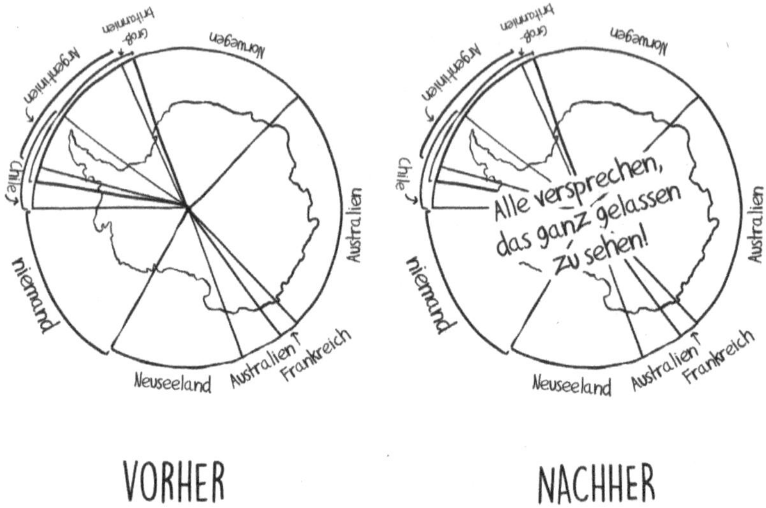

Das wirkt irgendwie so, als sollte es nicht funktionieren. Es ist, als hätte man drei Mitbewohner, die alle glauben, dass ihnen dieselbe Wohnung gehört. Anstatt die Meinungsverschiedenheiten zu lösen, versprechen sie einfach, zusammenzuleben und sich die Hausarbeit zu teilen. Und doch ist die Antarktis seit 1961 völlig friedlich, und das, was einem Krieg am nächsten kommt, ist das gelegentliche Aufbäumen für den Fall künftiger Anspruchsstreitigkeiten. Und dieses Geplänkel ist nicht besonders kriegerisch. Die Haupttaktik ist der Bau weiterer Wissenschaftsbasen, vermutlich, damit bei einem zukünftigen diplomatischen Treffen jemand aus Großbritannien rufen kann: »Unsere Vorfahren hingen in dieser Basis herum und nahmen Eiskernproben oder was auch immer, und wir werden ihr Vermächtnis niemals verraten, indem wir auf unseren Anspruch verzichten!«

Es gibt auch andere Methoden. 1953 baute Argentinien den Stützpunkt Esperanza und wandelte ihn in den 1970er-Jahren in eine zivilfreundliche Einrichtung um. Seitdem werden regelmäßig Familien eingeflogen, darunter in einem Fall eine im siebten Monat schwangere Frau. Auf dem argentinischen Claim brachte sie 1978 Emilio Marcos Palma zur Welt. Und warum? Vermutlich, damit bei einem zukünftigen diplomatischen Treffen jemand aus Argentinien sagen kann: »Ihr Briten sagt, dies sei eure Halbinsel, aber was ist mit dem kleinen Emilio?« Mindestens zehn weitere Geburten sind seitdem erfolgt. Die Idee der Priorität durch die Geburt wird jedoch durch die Tatsache getrübt, dass niemand auf Dauer in der Antarktis bleiben möchte. Das Motto der Esperanza-Basis – »Dauerhaftigkeit, ein Akt der Aufopferung« – macht deutlich, warum.

Der argentinische Vorstoß wurde von mindestens einer Gegenpartei ernst genommen. 1984 errichtete Chile die Villa Las Estrellas, die größer ist als die Esperanza-Basis und eine Turnhalle, einen Radiosender, eine Schule, eine Kirche, ein Postamt und einen Souvenirladen umfasst. Im selben Jahr wurde Juan Pablo Camacho in einem der seltsamsten Akte internationaler Übervorteilung dort gezeugt und geboren, vermutlich, damit er bei einem zukünftigen diplomatischen Treffen, nun ja, Sie verstehen schon. In ihrem Buch *Antarctica: The Battle for the Seventh Continent* bezeichnet Doaa Abdel-Motaal den chilenischen Gegenschlag als »Gegengeburt«.[126] Wir bevorzugen unseren Begriff »Gegenstorch«, wie in dem Satz: »Großbritannien hat noch keinen ähnlichen Schritt unternommen, aber es wird vermutet, dass es über die Fähigkeit zum Gegenstorch verfügt.«

All das ist seltsam, aber es ist auch nett und langweilig. Ja, es gibt Angeberei, aber sie wird über wissenschaftliche Labore und Entbindungsstationen betrieben, was geopolitisch gesehen ziemlich solide ist.

Claims auf dem Eis: Das Ressourcenregime für die Antarktis

Frieden ist etwas Schönes. Wissenschaft ist auch etwas Schönes. Und Babys sind etwas Schönes. Aber wie wäre es mit etwas mehr? Es gibt zumindest einige Beweise dafür, dass die Antarktis wertvolle Mineralien aufweist, und außerdem handelt es sich um eine Fläche in der doppelten Größe Australiens, die noch nie genutzt wurde. Da muss es doch ein paar gute Sachen geben. Nun liegt die Antarktis zwar unter der dicksten Eisschicht der Welt, aber da die Technologie voranschreitet und die Erde immer wärmer wird, sollte man meinen, dass ein ressourcenhungriger Planet sich die Finger leckt und ein gefrorenes Festmahl in Betracht zieht.

Tja, Pech gehabt. Sie können es nicht. Und die Gründe, warum sie es nicht können, geben uns Aufschluss darüber, wie die Erschließung des Weltraums in Zukunft aussehen könnte.

In den späten 1980er-Jahren gab es einen Vorschlag namens CRAMRA (Convention on the Regulation of Antarctic Mineral Resource Activities, auf Deutsch: Übereinkommen zur Regelung der Tätigkeiten im Zusammenhang mit mineralischen Ressourcen der Antarktis), der die Gewinnung von Bodenschätzen in der Antarktis deutlich geöffnet hätte, wenn auch über sorgfältige bürokratische Protokolle. CRAMRA scheiterte, hauptsächlich aus drei Gründen. Erstens bestand die Befürchtung, dass es die Kämpfe um die Souveränität neu entfachen würde. Es ist eine Sache, wenn die Amerikaner eine friedliche wissenschaftliche Basis im französischen Claim einrichten, aber eine ganz andere, wenn sie anfangen, sich ganz amerikanisch zu verhalten und dort nach Öl zu bohren.

Zweitens waren die Vereinten Nationen nicht gerade begeistert von dieser Idee. Entscheidungen über die Regulierung dieses Gemeinguts würden nur von den Staaten getroffen, die Mitglieder des Antarktis-Vertragssystems sind, wodurch ärmere Staaten, die sich keine Forschungsbasis leisten können, effektiv ausgeschlossen würden. Schließlich setzten Umweltschützer unter der Führung von Jacques Cousteau eine massive internationale Gegenreaktion in Gang.

1998 trat ein 50-jähriges Moratorium für den Bergbau in Kraft – keine Ausbeutung, und tatsächlich ist es nicht einmal erlaubt, nach wertvollen Mineralien zu suchen. Das ist vielleicht nicht Ihre bevorzugte Option, aber hey, es ist zumindest eine klare Regelung. Das Flussdiagramm sieht in etwa so aus:

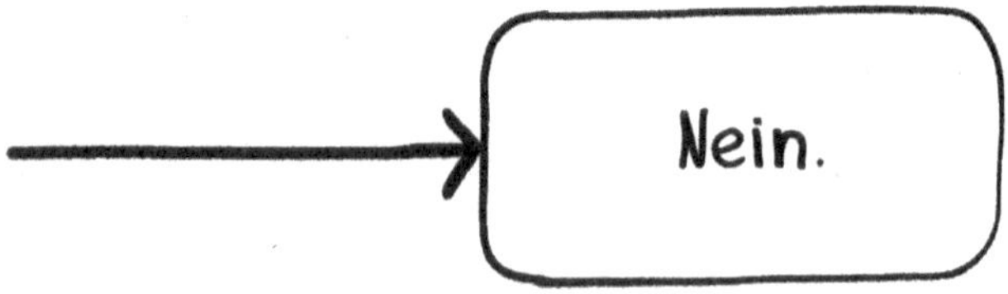

Dieses Abkommen wird bis 2048 nicht revidiert und selbst dann kann es nur durch einstimmigen Beschluss beendet werden.

Für Theorien über die Besiedlung des Weltraums ist dies ein wichtiger Präzedenzfall. Wir können Ihnen gar nicht sagen, wie oft uns Weltraumenthusiasten gesagt haben, dass Weltraumgesetze dumm sind, weil alle Gesetze außer Kraft gesetzt werden, sobald etwas Wertvolles auf dem Mond oder Mars oder wo auch immer auftaucht. Wenn sie das glauben, sollen sie uns gerne mal erklären, warum das nicht in der Antarktis geschehen ist, wo es zumindest einige Hinweise auf wertvolle Metalle gibt, die viel einfacher zu fördern und zu verkaufen wären als irgendetwas auf dem Mond.

Wie würde eine ähnliche Politik für den Weltraum aussehen? Ziemlich restriktiv. Denkbar wäre zum Beispiel, dass die Eisvorkommen auf dem Mond nur in geringem Umfang für die wissenschaftliche Forschung genutzt werden dürfen. Ebenfalls vorstellbar ist, dass Mond- oder Marsbasen nur die lokalen Ressourcen nutzen dürfen, die für den Betrieb der Basis benötigt werden. Das ist nicht die aufregendste Option, aber wir denken, dass sie weniger negativ wäre, als es auf den ersten Blick scheint.

Argumente für eine Weltraumregelung wie in der Antarktis

Wenn man eine Besiedlung des Weltraums anstrebt, sind die beiden wichtigsten Ziele wohl die Vermeidung von Konflikten und die Forschung, die notwendig ist, um zu lernen, wie man den Weltraum überhaupt besiedeln kann. Wenn es auf dem Mond wertvolle Mineralien gäbe, könnte ein uneingeschränkter Bergbau zu einer schnelleren Entwicklung führen. Allerdings gibt es auf dem Mond wahrscheinlich nichts zu holen, was sich auf der Erde verkaufen ließe, sodass der Verzicht auf Ausbeutung zugunsten von mittelfristigem Frieden ein ziemlich gutes Geschäft für die Menschheit ist.

Natürlich ist dies kein aufregender Zukunftsweg für den typischen Weltraumsiedlungsenthusiasten, aber in der Antarktis hat dies nun schon seit zwei Generationen den Frieden bewahrt. In dieser Zeit wurde enorm viel Forschung betrieben, unter anderem um zu lernen, wie man auf dem gefrorenen Boden der Welt leben kann. Die beiden größten Probleme, die wir für den Weltraum angeführt haben, sind Babys und Gewächshäuser – beides wurde, wenn auch in kleinem Maßstab, in der Antarktis verwirklicht.

Eine weitere Lehre, die wir aus dem Antarktis-Vertragssystem ziehen können, ist, dass die Antarktis erfolgreich in ein Gemeingut umgewandelt wurde, *nachdem* Länder ernsthafte, sich manchmal überschneidende Ansprüche erhoben hatten. In Bezug auf den Mond haben wir die Sorge, dass in den nächsten zehn Jahren Ansprüche erhoben werden, die jeden künftigen Vertrag erschweren. Hier ist das Antarktis-Vertragssystem durchaus beruhigend. Selbst wenn es zu einer Art Gerangel kommen sollte und die Nationen sich tatsächlich als Eigentümer von Teilen des Weltraums fühlen, zeigt uns das Antarktis-Vertragssystem, dass der Weg zu einer gemeinsamen Nutzung offen bleibt. Es ist ein seltsamer, umständlicher Weg, aber er hat den Frieden seit über 60 Jahren bewahrt.

Wenn man die Wissenschaft zur Besiedlung des Weltraums fördern will, besteht die große Sorge bei einer Regelung wie dem Antarktis-Vertragssystem darin, dass ein ultrarestriktives Mineralienregime die notwendige Grundlagenforschung zur Nutzung außerirdischer Ressourcen vereiteln würde. Zu wissen, wie man Mondwasser nutzen kann, könnte für eine zukünftige Besiedlung wichtig sein, aber ein CRAMRA-ähnliches System könnte die Nutzung illegal machen. Es ist auch möglich, dass wir Weinersmiths uns irren und dass es wertvolle Ressourcen gibt, die es wert sind, gefördert zu werden. Vielleicht sind diese Platinasteroiden wirklich Billionen wert. Und selbst wenn wir recht haben, scheinen die Entwickler investieren zu wollen, und dieses Geld könnte einige der grundlegenden technischen Schwierigkeiten bei der Besiedlung des Weltraums lösen. Gibt es eine Möglichkeit, eine ähnliche Regelung wie das Antarktis-Vertragssystem zu treffen, die dennoch eine gewisse Nutzung ermöglicht? Natürlich – das ist der Mondvertrag. Aber er ist gescheitert, und so blicken wir auf eine letzte Regelung, die vielleicht die beste Hoffnung für einen Weg nach vorne darstellt.

Die Verwaltung des Tiefseebodens

Seit 1994 wird der Meeresboden durch das UN-Seerechtsübereinkommen, kurz UNCLOS (für United Nations Convention on the Law of the Sea), geregelt. Warum hat die Menschheit so lange gewartet? Schließlich gibt es den Tiefseeboden schon seit ein paar Milliarden Jahren, und er hat zweifellos geduldig darauf gewartet, dass eine Spezies sprechender Affen »MEINS« ruft. Bis zur Mitte des 20. Jahrhunderts klang der Vorschlag, den Meeresboden zu erschließen, so plausibel wie der Vorschlag, Feenstaub zu sammeln. In den 1960er-Jahren wurden sowohl der Mond als auch der Meeresboden als potenzielle neue Rohstoffquellen angesehen. Eine Regulierung war notwendig, um die Erschließung ohne Konflikte zu ermöglichen. Aber während nur etwa 10 Prozent der Staaten in den Vereinten Nationen den Mondvertrag ratifiziert haben, haben fast 90 Prozent das Seerechtsübereinkommen ratifiziert. Dies ist für den Weltraum besonders interessant, denn die Art und Weise, wie das Seerechtsübereinkommen den Meeresboden reguliert, ähnelt weitgehend der Art und Weise, wie der Mondvertrag den Weltraum reguliert hätte. Es bewahrt den Meeresboden als Gemeingut und erlaubt der Menschheit zumindest im Prinzip den Zugriff auf seine Bodenschätze.

Löcher im Meeresboden oder: Wie funktioniert das Seerechtsübereinkommen?

Gemäß dem Seerechtsübereinkommen haben die Staaten die Gerichtsbarkeit über eine »ausschließliche Wirtschaftszone« vor ihrer Küste. Diese Wirtschaftszonen sind groß – in der Regel etwa 200 Seemeilen (370,4 Kilometer) nach draußen, manchmal aber auch wesentlich mehr, je nach den technischen Gegebenheiten am Schnittpunkt von Ozeanografie und Recht. Das mag viel erscheinen, aber nach den neuesten wissenschaftlichen Erkenntnissen sind die Ozeane wirklich groß. Nach dem Seerechtsübereinkommen wird das Gebiet jenseits dieser Küstengewässer als »das Gebiet« bezeichnet. An dieser Stelle sollten wir anmerken, dass das Seerechtsübereinkommen seltsamerweise darauf besteht, eine Reihe von Dingen so zu benennen, als wären sie die Titel von billigen Horrorfilmen. Wie dem auch sei, das Gebiet macht etwa 50 Prozent der Erdoberfläche aus – wesentlich mehr Fläche als der Mond und der Mars zusammen – und ist laut Seerechtsübereinkommen Teil des gemeinsamen Erbes der Menschheit. Aber anders als in der Antarktis darf man tatsächlich versuchen, die Bodenschätze in der Tiefsee zu erschließen. Ähnlich wie beim Mondvertrag wurde mit dem Seerechtsübereinkommen ein internationales Regelwerk zur Verwaltung der Ressourcengewinnung geschaffen.

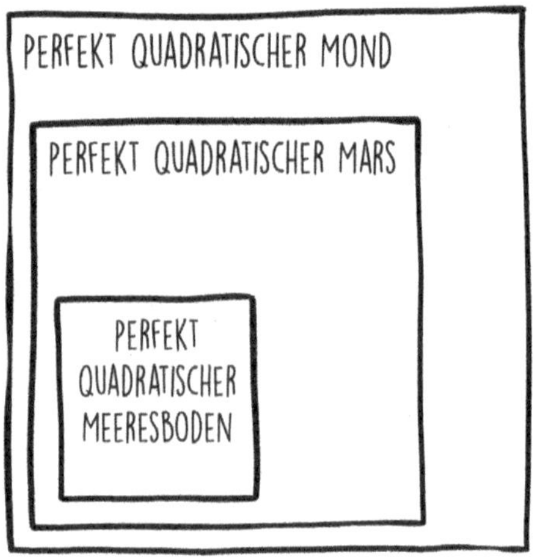

Warum waren die Industrienationen mit dem Sozialismus auf dem Meeresgrund einverstanden, wenn sie doch entschieden gegen den »Kom-mondismus« waren? Zunächst waren sie es gar nicht. Das ursprüngliche Rahmenwerk wurde 1982 veröffentlicht und wurde von ihnen als zu günstig für die Entwicklungsländer angesehen. So verlangte das ursprüngliche Abkommen beispielsweise einen Technologietransfer von demjenigen, der den tiefen Meeresboden erschließt, mit dem Ziel, den Entwicklungsländern zu helfen, die Technologie zu erwerben, die sie benötigen, um selbst auf dem Meeresboden zu schürfen. Die Industrieländer waren der Meinung, dass dies ihren wirtschaftlichen und sicherheitspolitischen Interessen schaden würde, und wehrten sich dagegen. Ähnlich wie bei einigen der Probleme, an denen der

Mondvertrag gescheitert ist, wollen die Länder ihre Vorteile nicht einfach umsonst hergeben.

Aber 1994 waren die Industrieländer dank einer Durchführungsvereinbarung, die die Bedingungen für sie günstiger machte, zur Unterzeichnung bereit. Vor allem wurde der Technologietransfer zu einer Empfehlung und nicht zu einer Bedingung. Wenn wir einen überarbeiteten Mondvertrag wollen, brauchen wir wahrscheinlich etwas Ähnliches – einen Rahmen, der weitgehend egalitär genug ist, um ein Gerangel um Territorien zu verhindern und die Entwicklungsländer zum Mitmachen zu bewegen, den die Industrieländer aber als vorteilhaft ansehen.

Der Wettlauf zum Meeresgrund

Die Art und Weise, wie die Erschließung von Ressourcen auf dem Meeresboden funktioniert, ist komplex, aber im Grunde genommen kann man sich als Firma mit einem Unterzeichnerstaat des Seerechtsübereinkommens zusammentun und Explorations- oder Ausbeutungsrechte beantragen. Wenn man in dem Gebiet Bodenschätze abbauen möchte, muss man »die Behörde« – besser bekannt als die Internationale Meeresbodenbehörde – um Erlaubnis bitten. Unabhängig von der Theorie, ob dies gut für den Weltraum wäre, glauben wir, dass sich Menschen, die guten Willens sind, darauf einigen können, dass eine Internationale Weltraumbehörde objektiv wünschenswert ist.

Und, wie hat das bisher funktioniert? Die Behörde hat über zwei Dutzend Explorationsverträge vergeben. Wenn eine Firma mit der Ausbeutung beginnt, würde das in etwa so ablaufen: Die Firma bewirbt sich um die Ausbeutung eines Stücks des Meeresbodens. Die Behörde sagt Ja. Die Firma bekommt dann die Hälfte dieses Stücks Meeresboden zugesprochen. Die andere Hälfte geht an »das Unternehmen«. Fantastisch. Das Unternehmen wird von der Behörde in einer Weise betrieben, die im Idealfall den Entwicklungsländern zugutekommt.

Auf den Mond übertragen, würde das in etwa so ablaufen: Weinersmith Incorporated, unterstützt von den guten Menschen in Luxemburg, bewirbt sich um Schürfrechte im Shackleton-Krater. Die Internationale Weltraumbehörde sagt Ja und gibt uns die Hälfte. Wir fangen an, Sonnenkollektoren aufzustellen und die Krater der ewigen Finsternis abzubauen, um die Whirlpools auf dem Mond zu füllen. In der Zwischenzeit nimmt die Weltraumbehörde das Weltraumunternehmen in Betrieb. Dieses orientiert sich an den Prinzipien der freien Marktwirtschaft, tut aber sein Bestes, um die weniger entwickelten Nationen in den Prozess der Ausbeutung ihrer Hälfte des Kraters einzubeziehen.

Wenn die Details hier etwas schwammig klingen, liegt das daran, dass sie noch nicht ausgearbeitet sind. Aber die Behörde hat daran gearbeitet, die Regeln festzulegen, und jetzt tickt die Uhr. Im Jahr 2021 teilte der Präsident von Nauru der Behörde mit, dass das Land mit einem Unternehmen zusammenarbeitet, das sich auf die Ausbeutung des Tiefseebodens vorbereitet, sodass die Behörde zwei Jahre Zeit hat, um ihre Beratungen über die Gesetze zur Ausbeutung abzuschließen. Umweltschützer wehren sich jedoch dagegen und sagen, dass zwei Jahre nicht ausreichen, um den Tiefseeboden zu erforschen und sicher zu sein, dass wir ihn abbauen können, ohne die Umwelt zu zerstören. Die nächsten Jahre werden interessant sein, denn die Welt wird abwarten, wie die Regeln für die Ausbeutung des gemeinsamen Erbes der Menschheit aussehen werden.

Die gute Nachricht für alle, die sich für Weltraumressourcen begeistern, ist, dass es letztendlich einen Weg zu einem Rechtsrahmen gibt, der die Ausbeutung noch zulässt. Die Entwicklungsländer haben unterzeichnet, ebenso wie viele Industrieländer, darunter China, Russland, Japan, Indien, die EU, Frankreich, Großbritannien, Deutschland und Italien.

An dieser Stelle sollten wir zugeben, dass es einen großen Verweigerer gibt. Ein Land, das für die Raumfahrt sehr wichtig ist und alles ablehnt, was nach Sozialismus aussieht. Haben Sie es erraten? Jawohl, die Vereinigten Staaten. Die USA haben das Seerechtsübereinkommen zwar unterzeichnet, aber noch nicht ratifiziert, trotz gelegentlicher interner Bestrebungen, uns dazu zu bewegen, dies zu tun. Und warum? Nun, zum einen war es, wie Donald Rumsfeld 2012 bei einem Treffen im US-Senat über das Seerechtsübereinkommen sagte, »denkbar, dass es zu einem Präzedenzfall für die

Ressourcen des Weltraums werden könnte«.[127] Das heißt, wenn wir erst einmal anfangen, alles auf dem Meeresgrund zu teilen, müssen wir als Nächstes das ganze verdammte Sonnensystem teilen. Abgesehen davon, dass die Vereinigten Staaten nicht offiziell mit dem Meeressozialismus einverstanden sind, beansprucht Amerika eine ausschließliche Wirtschaftszone und hält sich weitgehend an das Seerechtsübereinkommen. Wie das? Indem sie sagen, dass das Seerechtsübereinkommen Gewohnheitsrecht ist. Dies kann man sowohl als diplomatische Meisterleistung als auch als eine Möglichkeit bezeichnen, die gesamte Verantwortung des internationalen Rechts zu übernehmen, ohne am Tisch zu sitzen, an dem die Entscheidungen getroffen werden. Die gute Nachricht ist jedoch, dass das Seerechtsübereinkommen pragmatisch gesehen mehr oder weniger funktioniert. Frieden, Zusammenarbeit und kontrollierter Zugang zu den Ressourcen. Das ist genau das, was wir für den Weltraum wollen.

Wohin führt uns der Weg von hier aus?

Wenn das Ziel die Besiedlung des Weltraums ist, halten wir etwas wie das Seerechtsübereinkommen für den richtigen Weg. Es würde das Risiko von Konflikten verringern, die durch ein sinnloses Gerangel im Weltraum entstehen, und gleichzeitig die Durchführung der wichtigsten wissenschaftlichen Arbeiten ermöglichen. Die Länder könnten weiterhin Labore im Weltraum betreiben und lernen, wie man mit den Ressourcen vor Ort arbeitet, und Unternehmen könnten sich an der Erkundung beteiligen, wenn sie glauben, dass es sich für sie lohnt. Die großen Weltraummächte würden nicht dazu gedrängt, ihre Vorteile zu »vergemeinschaften«, während die Entwicklungsländer ein Stück vom Weltraumkuchen abbekommen würden. Das ist ein möglicher Deal, der es der Menschheit ermöglicht, Schritte in Richtung Besiedlung zu machen, ohne eine Krise auszulösen. Außerdem, und das kann man gar nicht genug betonen, würden künftige Bürokraten irgendwann unironisch sagen können: »Wir operationalisieren das Raumfahrtunternehmen.«

Wir vermuten, dass die meisten Leser zumindest einige Teile dieses Konzepts enttäuschend finden. Die Entwicklungsländer würden nicht im Regen stehen gelassen, sondern zu den von den bestehenden Mächten festgelegten Bedingungen agieren. Die Pläne für eine rasche Expansion der Raumfahrt würden in den trägen Händen internationaler Bürokraten liegen. Und müssen wir die Visionen von Marspionieren durch Tausende von langweiligen Juristen ersetzen, die ewig über Wörter wie »gemäß«, »bisher« und »in Bezug auf« stöhnen? Es ist wie ein Albtraum, nur dass die Langeweile die Angst ersetzt.

Aber ist das wirklich so schlimm?

In seinem Essay *Who Owns the Universe?* aus dem Jahr 1952 befürchtete der Rechtswissenschaftler Dr. Oscar Schachter eine Wiederholung des jahrhundertelangen Gerangels um Territorien und der damit verbundenen Kriege und Kolonisierung. Fünf Jahre vor Sputnik 1 schrieb er: »Die ersten Landungen auf dem Mond werden alle möglichen Handlungen beinhalten, die Souveränitätsansprüche unterstützen sollen. Natürlich wird die Flagge gehisst und sehr wahrscheinlich werden den Orten auf dem Mond Namen gegeben werden.« Die Regierungen könnten »Kontrolle ausüben, vielleicht sogar Lizenzen ausstellen und das Recht beanspruchen, diejenigen auszuschließen, die keine Lizenz haben. All dies wäre die alte Geschichte der territorialen Rivalität -– aber dieses Mal auf den Himmel selbst ausgedehnt.«[128] Es ist zum Teil Schachters Arbeit zu verdanken, dass dieses Szenario vereitelt wurde. In den vier Jahrzehnten nach seinem Essay erhielten der Weltraum und weltraumähnliche Umgebungen neue Eigentumsregelungen, die im Wesentlichen friedlich und auf gemeinsame Nutzung ausgerichtet waren. Keine Marspioniere. Aber wenn wir unseren Planeten in einem Gerangel um Territorien nuklear verwüstet hätten, hätte auch das unseren Weltraumplänen einen Dämpfer verpasst.

Diese Regelungen haben zudem einen nicht trivialen Vorteil – sie existieren. Sie wünschen sich vielleicht ein privates Eigentumssystem im Weltraum, aber in der Zeit nach dem Zweiten Weltkrieg haben wir uns immer dann, wenn die Menschen ein riesiges Gebiet regulieren mussten, das früher unzugänglich war, für ein Gemeingut entschieden. In Anbetracht der Vergangenheit und der Tatsache, dass der Weltraum selbst bereits ein Gemeinschaftsgut ist, wäre das »Gemeingut« eine ziemlich gute Wahl, wenn Sie auf die Zukunft des Weltraums wetten würden.

Aber es gibt Alternativen. Es gibt Möglichkeiten, den Weltraum anders als die Antarktis und den Meeresboden zu gestalten. Das ist die Hoffnung vieler Fans der Weltraumsiedlung. Hier stellen wir einige dieser Ideen vor und erläutern, warum wir glauben, dass sie wahrscheinlich nicht funktionieren werden. Stella ist da allerdings anderer Meinung.

Kapitel 15
Die Aufteilung des Himmels

John Lockes Erbe und die Zukunft des Weltraums

Befürworter der Weltraumprivatisierung bevorzugen oft eine sogenannte »Locke'sche« Sichtweise des Eigentums, nach John Locke, einem politischen Philosophen des 17. Jahrhunderts. Wie Locke in seinem berühmten Werk *Zwei Abhandlungen über die Regierung* von 1690 schrieb:

> *Obwohl die Erde und alle niedrigeren Geschöpfe den Menschen gemeinschaftlich gehören, so hat doch jeder Mensch ein Eigentum an seiner eigenen Person; auf diese hat niemand ein Recht als er selbst. Die Arbeit seines Körpers und das Werk seiner Hände, können wir sagen, sind im eigentlichen Sinn sein Eigentum. Alles also, was er dem Zustand, den die Natur vorgesehen, und in dem sie es gelassen hat, entrückt, hat er mit seiner Arbeit gemischt, ihm etwas zugesellt, was sein eigen ist, und macht es dadurch zu seinem Eigentum.*[129]

Mit anderen Worten: *res nullius.* Im Zusammenhang mit Land bedeutet das: Wer es bearbeitet, dem gehört es. Oder, wie der stellvertretende Landkommissar Joel David Wolfsohn einmal einem Journalisten sagte, der sich 1946 nach der Besiedlung von Mondlandschaften erkundigte: »Am besten ist es, wenn Sie Frau und Kinder mitnehmen. Auch ein paar Kühe würden dem Unternehmen einen Hauch von Dauerhaftigkeit verleihen.«[130]

Unter Weltraum-Lockeanern ist der Homestead Act der Vereinigten Staaten von 1862 als Präzedenzfall besonders beliebt. Das von Abraham

Lincoln während des Bürgerkriegs unterzeichnete Gesetz besagte, dass weiße Siedler und freigelassene Sklaven* gegen eine geringe Registrierungsgebühr ein 160 Acre (also etwa 65 Hektar) großes Grundstück im Westen erwerben konnten. Wer das Land fünf Jahre lang bearbeitete, erhielt durch die Magie der *res nullius* den Titel.

In einigen Fällen war die Landnahme ein regelrechtes Wettrennen, so zum Beispiel als Oklahoma 1889 für Siedler geöffnet wurde. Am Mittag des 22. April wurden Kanonen und Signalschüsse abgefeuert. Männer auf Wagen und Pferden hatten, als ob sie die Geschichte des Siedlerkolonialismus parodieren wollten, tatsächlich Fahnen dabei, mit denen sie ihre Ansprüche absteckten.

Wenn man eine große menschliche Präsenz im Weltraum will, wäre ein solches Maß an Enthusiasmus willkommen. Dies bringt uns zu der zweiten tiefen Überzeugung, die den Raumfahrtprivatisierern am Herzen liegt – dass die Öffnung einer privaten Eigentumsregelung im Weltraum eine schnelle Erschließung von Weltraumressourcen und die Entwicklung von Weltraumsiedlungen ermöglichen würde. Der bekannte Raumfahrtbefürworter Rand Simberg sprach für viele, als er sagte: »Übertragbare Eigentumsrechte und freie Märkte sind die Grundlage dafür, dass in den letzten zwei Jahrhunderten Milliarden von Menschen aus der Armut befreit werden konnten, und sie können dies auch im Rest des Sonnensystems bewirken.«[131]

Nach dieser Ansicht hat der Weltraumvertrag, ungeachtet seiner Vorzüge während des Kalten Krieges, den menschlichen Fortschritt gebremst, indem er die Entwicklung außerhalb der Erde behinderte. Es ist schwer zu sagen, ob diese Einschätzung richtig ist oder nicht – der Weltraum ist ein schwieriger Entwicklungsraum, und es ist möglich, dass das physikalische Recht ein größeres Hindernis war als, Sie wissen schon, das juristische Recht. Aber in dem Maße, in dem das physikalische Recht zu etwas wird, mit dem die Menschheit zunehmend besser umgehen kann, wird das juristische Recht zu einem größeren Problem.

* Den von den Vereinigten Staaten enteigneten indigenen Völkern war es nicht gestattet, dieses Programm zu nutzen.

Um den Weltraum zu privatisieren, muss man eine Haltung gegenüber dem Weltraumvertrag einnehmen. Die Befürworter der Privatisierung lassen sich im Wesentlichen in drei Lager einteilen: 1) diejenigen, die nach Schlupflöchern im Weltraumvertrag suchen; 2) diejenigen, die hoffen, einen Weg zu finden, den Weltraumvertrag zu ändern, um Privateigentum zu ermöglichen; und 3) diejenigen, die vorschlagen, den Weltraumvertrag ganz abzuschaffen. Im Folgenden sehen wir uns ein paar Beispiele für jedes dieser Lager an.

Ansatz 1: Nur gegen den Geist des Gesetzes verstoßen

Wenn man den Weltraum privatisieren will, muss man nicht endlos über Gesetzesänderungen debattieren oder darauf warten, dass die schwerfälligen Regierungen der Welt endlich 50 Jahre juristischer Präzedenzfälle in das System der Müllentsorgung spülen. Mit der richtigen Einstellung können wir schon jetzt Teile des Weltraums für uns beanspruchen!

Es gibt viele Vorschläge dieser Art, aber im Grunde genommen funktionieren sie nicht, es sei denn, man will einen Rechtsgelehrten zum Weinen bringen. Wir halten diese Vorschläge in der Sache nicht für sehr ernsthaft, aber sie veranschaulichen eine Denkrichtung, die unter Weltraumsiedlungsenthusiasten weit verbreitet ist, möglicherweise auch unter einigen sehr mächtigen.

Schlupfloch 1: Befreiung des Mars

Was wäre, wenn wir uns einfach auf die Ehrfurcht verlassen würden? Was wäre, wenn eine marsianische Siedlung so umwerfend wäre, dass wir Erdlinge diesen neuen Zweig der Menschheit nicht mit unserer allgemeinen irdischen Beschissenheit in Verbindung bringen würden? Ein Vorschlag von Dr. Jacob Haqq-Misra besagt, dass wir den Weltraumvertrag umgehen könnten, indem wir zustimmen, dass der Weltraumvertrag für die Marsianer nicht bindend ist.[132]

Warum sollten wir das tun? Laut Haqq-Misra würden wir aus einer Art aufgeklärtem Eigeninteresse heraus handeln. Der Mars wird eine Quelle von »transformativem Wert« für die gesamte Menschheit sein, von der wir auf lange Sicht profitieren werden. Aber um in den vollen Genuss der Vorteile zu kommen, müssen wir die Nabelschnur durchtrennen und dem Mars erlauben, seinen eigenen Weg zu gehen.

Das ist von vornherein nicht möglich, weil es schlichtweg illegal ist. Das internationale Recht gilt für Menschen und würde daher auch für menschliche Marsbewohner gelten. Selbst wenn dies nicht der Fall wäre, gibt es mehrere große Probleme mit einer solchen Idee:

Erstens hat die Abschaffung des internationalen Rechts einige unerwünschte Nebeneffekte. Bedeutet dieser saubere Bruch zum Beispiel, dass die Genfer Konventionen außer Kraft gesetzt werden? Oder die Regeln und Normen gegen Angriffskriege? Auf welche Menschenrechte plant der Mars zu verzichten? Natürlich könnten sich die Marsianer dafür entscheiden, hart erkämpfte internationale Verhaltensnormen neu zu gestalten, aber wenn sie keine wilden neuen Erkenntnisse über die menschliche Moral hervorbringen, warum setzen wir dann gerade für sie das Völkerrecht aus?

Zweitens ist es auf lange Sicht wahrscheinlich eine schlechte Wette, sich auf die Ehrfurcht zu verlassen. Etwa sechs Monate nach der ersten Apollo-Landung wollte das Fernsehen keine Mondlandungen mehr live übertragen. Warum? Weil die Tatsache der Landung im Weltraum zwar objektiv interessant ist, die Arbeit auf dem Mond aber nicht. Man sieht Menschen dabei zu, wie sie Laborgeräte aufbauen, während sie sich in Fachsprache unterhalten, nur in Zeitlupe aufgrund der geringen Schwerkraft und der sperrigen Anzüge. Zweifellos würde eine Marssiedlung einige Leute vom Hocker hauen, aber reicht das aus, um Staatsoberhäupter auf der ganzen Welt dazu zu bringen, sich für immer zu binden und eine Marssiedlung von internationalem Recht zu befreien? Wenn wir uns in einer so glänzend altruistischen Welt befinden, ist es nicht wirklich klar, dass wir eine visionäre Marssiedlung brauchen, um Verbesserungen zu erreichen. Und vergessen wir nicht, dass diese neue Nation nicht aus dem Nichts entstanden ist. Sie wird von Menschen geschaffen, die ihre eigenen kulturellen Normen und Loyalitäten haben. Es mag ein Zusammenschluss von Nationen sein, aber nehmen wir einmal an, es sind nur Amerikaner oder nur Chinesen: Wie lange würde die weltweite Ehrfurcht dann anhalten?

Drittens, und das ist vielleicht das Wichtigste: Wenn die Marsianer nach ihrer Unabhängigkeit nicht in der Lage sind, ohne die Unterstützung der Erde auszukommen, werden sie wahrscheinlich sterben. Ein Spezialist für Lebenserhaltung, mit dem wir gesprochen haben, sagte uns, dass auf der ISS alle vier oder fünf Monate etwas kaputtgeht, sodass neue Geräte zur Reparatur hochgeschickt werden müssen. Beispiele dafür sind die Toilette und die Kohlendioxid-Entfernungseinheit – beides Dinge, die man wirklich gerne in einem Topzustand halten würde. Wie viele Marsianer und marsianische Industrien nötig sind, um nicht zu sterben, werden wir später erörtern, aber es genügt zu sagen, dass eine Unabhängigkeitserklärung weit von einer tatsächlichen, funktionierenden Unabhängigkeit entfernt ist. Selbst wenn wir glauben würden, dass eine Abkopplung von der Erde wünschenswert oder rechtlich zulässig wäre, ist sie technologisch nicht möglich und wird es auch in naher Zukunft nicht sein.

Schlupfloch 2: Der umgekehrte Präzedenzfall des Mondvertrags

Alan Wasser, der Anfang der 1990er-Jahre Vorsitzender des Exekutivkomitees der National Space Society war, schlug den Space Settlement Prize Act vor, in der Hoffnung, der US-Kongress würde ihn aufgreifen. Das tat er nicht.

Das Gesetz ist zutiefst lockeianisch und besagt, dass ein privates Unternehmen, das in der Lage ist, eine Weltraumsiedlung mit ständigen Bewohnern und Hin- und Rücktransport für jeden zahlenden Passagier zu errichten, Land besitzen darf. Er legt sogar die Größe des Grundstücks fest – auf dem Mars kann man 3 600 000 Quadratmeilen (etwa 9 300 000 Quadratkilometer) beanspruchen, also etwas weniger als die Größe von China. Auf dem vergleichsweise leicht zu besiedelnden Mond ist man auf etwa 1 500 000 Quadratkilometer beschränkt – das ist gerade einmal die 3-fache Fläche von Spanien.

Laut Alan Wasser kann der zweite Anwärter auf einen Himmelskörper nur bis zu 15 Prozent davon beanspruchen, der dritte Anwärter bis zu 15 Prozent davon, und so weiter. Schon bald kann man kaum noch eine Ranch von der Größe von Trinidad und Tobago für sich beanspruchen, sodass es hier einen ziemlich starken Anreiz für den Ersten gibt.

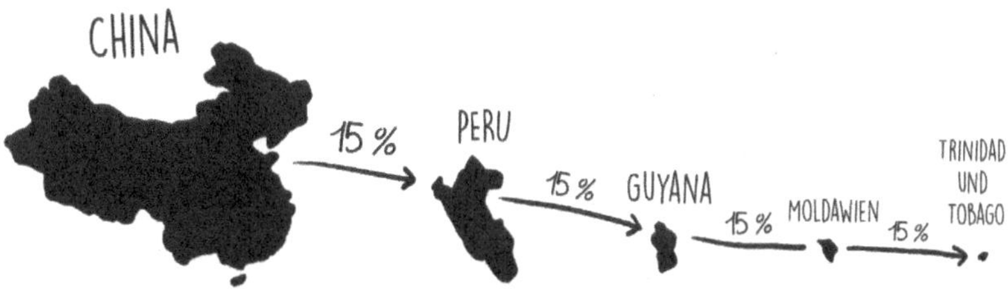

Was ist die Grundlage für diese Behauptungen? Das Naturrecht, was laut Alan Wasser bedeutet, dass »Individuen ihre Arbeit mit dem Boden vermischen und unabhängig von der Regierung Eigentumsrechte schaffen. Die Regierung erkennt diese Rechte lediglich an.«[133] Mit anderen Worten: Die Realität ist im Grunde genommen lockeianisch.

Wir wollen in diesem Buch nicht dazu Stellung nehmen, woher die Eigentumsrechte stammen, aber wir sind der festen Überzeugung, dass das Eigentumsrecht existiert. Unabhängig davon, ob die Eigentumsrechte von der Natur, vom Staat oder von Alan Wassers persönlichem Segen herrühren, verstößt die obige Interpretation ganz einfach gegen Artikel 2 des Weltraumvertrags.

Nicht so schnell, sagt Wasser. Er weist darauf hin, dass der gescheiterte Mondvertrag eine Formulierung enthält, die den privaten Besitz von Mondland eindeutig verbietet. Dies impliziert, dass der Weltraumvertrag privates Eigentum doch erlaubt haben muss.

Um diese Logik zu veranschaulichen, hier eine Analogie. Stellen Sie sich vor, ein Mann und eine Frau unterzeichnen einen Ehevertrag, der eine Klausel enthält, die besagt »Fremdgehen untersagt«. Später bittet der Mann die Frau in einem Anfall von Paranoia, einen Zusatz zu unterschreiben, in dem es heißt, dass sie »insbesondere nicht mit sexy Dave, der nebenan wohnt, fremdgehen darf«. Aus verschiedenen Gründen wird die zweite Vereinbarung nicht sofort unterschrieben. Ein paar Jahre später kommt die Frau zu dem Schluss, dass der ursprüngliche Ehevertrag ein Stelldichein mit dem Nachbarn nicht verboten haben muss, denn sonst wäre das ja in der zweiten Vereinbarung nicht erwähnt worden.

Abgesehen davon, dass es auf den ersten Blick lächerlich ist, gibt es weitere technische Probleme mit diesem Schlupfloch. Zunächst einmal geht es bei einem Großteil des Mondvertrags nicht um etwas Neues, sondern lediglich um die Klärung einiger vager Begriffe. So wird zum Beispiel festgelegt, dass die Nationen Proben vom Mond nehmen dürfen. Vermutlich würden Alan Wasser und seine Mitstreiter daher nicht argumentieren, dass der Weltraumvertrag keine Proben erlaubt.

Zweitens: Beachten Sie, dass Alan Wasser nicht die eindeutig falsche Behauptung aufstellt, dass sich *Nationen* Land aneignen können. Er sagt nur, dass *Menschen* das können. Nach Wassers Verständnis können die Vereinigten Staaten kein Land beanspruchen, aber der Amerikaner Bob, der an US-Gesetze gebunden ist, durch US-Gewalt geschützt wird und von amerikanischem Käse begeistert ist, kann es. Das ist einfach nicht wahr. Bob ist ein US-Bürger und die Vereinigten Staaten sind für ihn haftbar. Bob kann den ganzen Tag lang behaupten, dass sein Recht auf ein Mondgrundstück eine Frage des Naturrechts ist, aber solange die Vereinigten Staaten nicht bereit sind, den Weltraumvertrag zu verbrennen, hat Bob keinen Anspruch auf Mondland. Er ist nur ein Typ, der irgendetwas behauptet.

Selbst wenn Alan Wasser eine plausible Interpretation des Weltraumvertrags vorlegen würde, wäre das ein geopolitisches Fiasko. Glauben wir wirklich, dass alle anderen Nationen tatenlos zusehen werden, wenn eine Million Amerikaner den Mond für sich beanspruchen, solange sie darauf bestehen, dass der Anspruch technisch gesehen nicht dem US-Staat gehört? Das ist ungefähr so wahrscheinlich wie die Vorstellung, dass der Mann in unserer vorgenannten Analogie seiner Frau zu ihrem cleveren Schlupfloch gratuliert.

Alan Wasser hat das Problem vorweggenommen, indem er feststellte, dass es keine Rolle spiele. Denn solange die mächtigste Nation der Welt – die Vereinigten Staaten – den Landbesitz anerkenne, sei alles in Ordnung. Das ist, sagen wir mal, eine bescheidene Anmaßung, was den anhaltenden Machtstatus der Vereinigten Staaten angeht. Aber selbst wenn wir den Amerikanern eine dauerhafte Hegemonie zugestehen würden, wäre das, um auf unsere Eheanalogie zurückzukommen, so, als würde die Ehefrau sagen: »Es ist mir egal, ob du mein Schlupfloch nicht magst, sexy Dave und ich sind verliebt.« Das würde gewissermaßen funktionieren. Aber an diesem Punkt ist die Ehe in einer Krise. Ersetzen Sie Mann und Frau durch Nuklearmächte und Sie erkennen, warum uns das Sorgen bereiten würde.

Schlupfloch 3: Die multilaterale Menage

Auf der Internationalen Astronautenkonferenz 2019 hielt Rand Simberg einen Vortrag, in dem er feststellte, dass der Weltraumvertrag lediglich den *Nationen* verbietet, den Weltraum zu beanspruchen.[134] Es sagt nichts über ein *multilaterales Abkommen* zwischen mehreren Nationen aus, die bereit sind, Eigentumsansprüche im Weltraum anzuerkennen. Es handelt sich schließlich nicht um eine »nationale« Aneignung, wenn die Aneigner *multinational* sind, oder?

Das ist auf den ersten Blick ein wenig bizarr. Das wäre so, als würde ein Priester darauf hinweisen, dass in den Zehn Geboten steht: »Du sollst nicht töten«, dass die Zehn Gebote aber zu der Frage »Ihr sollt nicht töten« schweigen und damit das Töten für völlig in Ordnung erklären, solange zwei Menschen den Abzug drücken.

Es ist auch aus einem anderen, inzwischen bekannten Grund nicht machbar – schließlich müssen die Menschen von irgendwoher zu der tatsächlichen Mondsiedlung gelangen. Selbst wenn die Vereinigten Staaten und Luxemburg beschließen, sich den Mond zu schnappen, indem sie die Luxamerikanische Allianz gründen, müssen die Amerikaner oder Luxemburger irgendwann physisch in der Siedlung ankommen, und ab diesem Zeitpunkt sind die Vereinigten Staaten und Luxemburg für sie verantwortlich. Auch dies verstößt sowohl gegen den Sinn als auch gegen den Geist des Weltraumvertrags.*

Schlupflöcher in unterschiedlichen Codierungen

Es ist leicht, sich über diese juristischen Theorien lustig zu machen, weshalb wir das auch getan haben, aber wir beeilen uns, darauf hinzuweisen,

* Dieser Versuch, den Geist des Gesetzes zu verletzen, geschieht auch bei anderen Commons. Nehmen Sie zum Beispiel Travis McHenry, auch bekannt als der Großherzog von Westarctica, der einen Teil der Antarktis für sich beanspruchte, nachdem er geschickt darauf hingewiesen hatte, dass das Antarktis-Vertragssystem Nationen verbietet, neue Ansprüche zu erheben, aber nichts über Einzelpersonen aussagt. Wie Sie vielleicht schon erraten haben, hat die internationale Gemeinschaft diesen Anspruch nicht anerkannt.

dass wir nicht glauben, dass diese Befürworter dumm sind. Vielmehr sind diese und ähnliche Theorien taktischer Natur – sie sind ein Versuch, den Diskurs zu verschieben. 1967 war es noch eine offene Frage, ob eine Nation Mondgestein in Besitz nehmen und behalten konnte. Fünf Jahre später hatten es zwei Nationen getan und keine Politik des Teilens verfolgt. So werden Präzedenzfälle geschaffen. Ein vermeintliches Schlupfloch, das oft genug wiederholt wird, damit die Mächtigen daran glauben, kann die Zukunft entscheidend beeinflussen, vor allem wenn es dem richtigen Politiker oder Geschäftsmann in die Hände fällt.

So hat beispielsweise Newt Gingrich im Rahmen seiner US-Präsidentschaftskampagne 2012 eine Mondkolonie innerhalb von acht Jahren versprochen.* Das war keine unbedachte Bemerkung – Gingrich ist ein Weltraumfan. Bereits 1981 hatte er als neuer Kongressabgeordneter eine »Nordwest-Verordnung für den Weltraum« vorgeschlagen, in der es hieß, dass für die Besiedlung des Mondes Folgendes gilt: »Wann immer eine solche Gemeinschaft so viele Einwohner hat, wie es zu diesem Zeitpunkt in einem der bevölkerungsärmsten Staaten der Vereinigten Staaten gibt, wird diese Gemeinschaft als Staat in den Kongress der Vereinigten Staaten aufgenommen, gleichberechtigt mit den ursprünglichen Staaten.«[135]

Das war wahrscheinlich weder 1981 noch 2012 technologisch möglich, selbst mit enormen Ausgaben. Der bevölkerungsärmste US-Bundesstaat ist Wyoming mit 600000 Einwohnern. Es ist auch schwer zu sagen, ob Gingrich als Präsident das Risiko einer weltweiten Gegenreaktion eingegangen wäre, selbst wenn die Mondstaatlichkeit eine realistische Option gewesen wäre. Aber es ist nicht unvorstellbar, dass so etwas wie die zuvor genannten Schlupflöcher zur Rechtfertigung einer Landnahme angeführt worden wären, während die Verantwortlichen darauf bestanden hätten, dass dies völlig legal sei. Die seit Langem bestehende Behauptung, dass es sich

* Darauf antwortete Mitt Romney bei einer Debatte: »Ich war 25 Jahre lang in der Wirtschaft tätig. Wenn ein Geschäftsführer zu mir käme und sagte, er wolle ein paar Hundert Milliarden Dollar ausgeben, um eine Kolonie auf dem Mond zu errichten, würde ich sagen: ›Sie sind gefeuert.‹« Stephanie Condon, »Romney Tells Gingrich: I'd Fire You for Your Moon Proposal«, *CBS News*, 27. Januar 2012, https://www.cbsnews.com/news/romney-tells-gingrich-id-fire-you-for-your-moon-proposal.

um eine Sicherheitszone handelt, könnte vielen Amerikanern sogar als vernünftig erscheinen. Geopolitisch gesehen wissen wir nicht, was uns darüber hinaus noch bevorsteht.

Ansatz 2: Änderungen am Weltraumvertrag

Andere Befürworter sind ein wenig vorsichtiger. Sie teilen die Ansicht, dass der Weltraumvertrag die Besiedlung des Weltraums wahrscheinlich verlangsamt hat, aber sie sind im Allgemeinen nicht für eine völlige Locke'sche Freizügigkeit. Allerdings wollen sie auch nicht die große internationale Bürokratie, die wir befürworten. Was ist die Alternative? Eine Änderung von Artikel 2 des Weltraumvertrags, um den Besitz zu erlauben, aber gleichzeitig Regeln und Institutionen zu schaffen, die andere Werte wie Gerechtigkeit oder Umweltschutz schützen. Hier einige Beispiele.

Änderung 1: Erstbesitz plus Steuer

Wie wäre es, wenn wir anstelle des Locke'schen freien Besitzes eine Locke'sche Gebühr für die Nutzung einführen würden? Dies ist eine Art Mischform zwischen dem gemeinsamen Erbe der Menschheit und der Locke'schen Eigentumstheorie: Man kann sich Land aneignen, indem man es bearbeitet, aber wenn man von diesem Land profitiert, muss man den Rest der Menschheit dafür entschädigen.

Ein Vorteil dieses Marssteueransatzes ist, dass er die Ansprüche der Siedler auf das Land beschränkt, das sie konstruktiv nutzen können – ein Ziel, das John Locke selbst befürwortet hätte. Wenn die Siedler mehr Land beanspruchen, entschädigen sie die Menschheit, indem sie höhere Steuern an die Erde abführen. Ein Nachteil dabei ist, dass die Marsianer eine Art Existenzsteuer an die Heimatwelt zahlen, wenn es wirklich zu einer dauerhaften Besiedlung kommt. Wir sind skeptisch, ob eine Marssiedlung in absehbarer Zeit in der Lage sein wird, eine Revolution gegen die Erde anzuzetteln, aber wenn wir versuchen würden, eine solche anzustoßen, wäre dies eine solide Strategie.

Änderung 2: Begrenzter Besitz

Ein anderer Vorschlag würde die Locke'sche Freiheit für alle zulassen, aber festlegen, dass ein Teil des guten Landes als Reserve für künftige Anspruchsberechtigte beiseitegelassen werden muss. Dies scheint eine vernünftige Methode zu sein, auch wenn die genaue Aufteilung der Flächen eine große politische Herausforderung sein wird.

Die Geschichte lehrt uns, dass jede Einigung wahrscheinlich die Mächtigen begünstigen wird. Die Gelehrten, die diese Vorschläge machen, sind recht großzügig mit der Größe des Gebiets, das sie für Nachzügler reservieren würden, aber das ist vielleicht nicht unbedingt so, wie es in der Realität aussieht. Bedenken Sie, dass so etwas wie ein begrenzter Besitz bereits für den wertvollen geosynchronen Orbit gilt.

In der geosynchronen Umlaufbahn stehen etwa 1800 Slots für Satelliten zur Verfügung. Nach geltendem Völkerrecht ist für jedes Land genau ein Slot reserviert. Wenn jedes Land ein gleich großes Stück eines Ortes wie des Mondes bekommt, ist das ungefähr ein Quadrat von 144 Kilometern auf jeder Seite. Ob das für alle Beteiligten ein gutes Geschäft ist, hängt davon ab, welche Bereiche des Mondes genau für diese Länder reserviert werden.

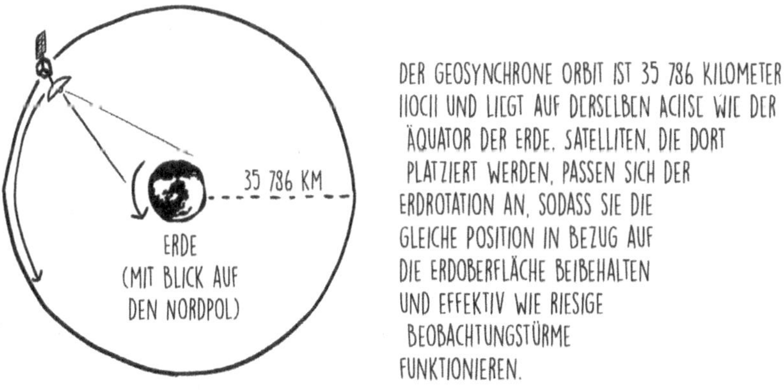

Änderung 3: Begrenzter Besitz

Eine verwandte Idee ist es, den Menschen zu erlauben, Land einfach zu beanspruchen, dies aber innerhalb bestimmter Grenzen, ähnlich wie beim Homestead Act von 1862. In einigen Vorschlägen würde dies bedeuten, dass ein bestimmter Siedler oder eine Gruppe einen Kreis mit einem Radius von 100 Kilometern beanspruchen kann – das sind ziemlich geräumige 3,2 Millionen Hektar. Wenn die Bevölkerung dieser Gruppe irgendwann über den festgelegten Kreis hinauswächst, kann sie mehr Land beanspruchen. Auf diese Weise wird ein Anreiz zum Besitz geschaffen, ohne dass kleine Gruppen ganze Planeten auf einmal beanspruchen können.

Ein großes Problem dabei ist, dass nicht alle Teile des Mondes oder des Mars gleichermaßen begehrenswert sind, sodass man einen ziemlich großen Wer-zuerst-kommt-mahlt-zuerst-Vorteil hat, was bedeutet, dass dieser Rahmen die reichen Raumfahrtnationen stark privilegieren würde. Der Shackleton-Krater mit seinen Bergen des ewigen Lichts und den in der Kälte eingeschlossenen Wasservorkommen ist nur etwa 20 Kilometer groß. Wir haben bereits erlebt, dass Weltraumgeeks vorgeschlagen haben, dass man taktisch viele kleine Gemeinden im Abstand von jeweils 100 Kilometern errichten und so riesige Territorien beanspruchen kann, obwohl man nur eine bescheidene Bevölkerungszahl hat.

Änderung 4: Besitz plus Parks

Für diejenigen, denen die eben genannten Rahmenwerke immer noch zu ausbeuterisch sind, gibt es eine weitere Option: die teilweise Beibehaltung des Weltraumvertrags, aber nur zur Regelung bestimmter Regionen. In einem Rahmenwerk mit Parks wird ein Teil des Landes ähnlich wie ein Naturschutzgebiet beibehalten, während der Rest ausbeutbar sein wird. Wie viel Land genau zu Parkland wird, variiert je nach Verfasser. In einem Papier wird argumentiert, dass bis zu sieben Achtel der Fläche reserviert werden sollten.[136] Befürworter dieser Variante des Weltraumeigentums plädieren dafür, nicht nur große Teile des Weltraums zu reservieren, sondern auch dafür zu sorgen, dass diese Parks besonders schöne oder wissenschaftlich interessante Regionen umfassen, zum Beispiel den Olympus Mons, den höchsten Berg des Sonnensystems.

Bei einem solchen Rahmenwerk stellt sich die Frage, wie groß die Parks sind, wer entscheidet, wo sie liegen, und wie nutzbar der erschließbare Teil ist. Wenn zum Beispiel nur ein Achtel des Weltraums lockeianisch ist, ist das ziemlich restriktiv, aber immer noch wesentlich weniger restriktiv als der Weltraumvertrag.

Doch keine Änderungen?

Die größte Hürde für Änderungen wie diese ist, dass man eine breite internationale Zustimmung für einen neuen Rahmen braucht, der wahrscheinlich nur einigen wenigen Nationen direkt zugutekommt. Die Befürworter können den ganzen Tag lang argumentieren, dass die Vorteile langfristig der gesamten Menschheit zugutekommen würden, aber wenn man eine Änderung durchsetzen will, braucht man jetzt sofort Unterzeichner.

In den modernen Vereinten Nationen gibt es viele Akteure, und nur sehr wenige von ihnen sind reiche Nationen, die in der Lage sind, interplanetare Fahrzeuge ins All zu bringen. Sie werden wahrscheinlich nicht unterschreiben, damit die wenigen Weltraummächte sich Land aneignen können, es sei denn, diese sind sehr großzügig gegenüber den Nationen, die nicht mitmachen. Angesichts dieser Tatsache gibt es noch eine weitere Option.

Ansatz 3: Ansprüche anmelden

Der andere Rahmen besteht darin, dass es keinen Rahmen gibt. Hier nimmt man einfach den Weltraumvertrag, wirft ihn aus der Luftschleuse und sieht zu, wie das unvollkommene Werk Tausender hoffnungsvoller Diplomaten in der Atmosphäre unter einem zu Asche verbrennt. Man privatisiert die Raumfahrt, sofort und ohne Umschweife.

Die vollständige Abschaffung des Weltraumvertrags ist nicht die populärste Ansicht, hat aber durchaus ihre Anhänger. Aber selbst wenn das möglich wäre, wäre das nur der erste Schritt in einem Prozess. Wenn wir nicht an eine naturgesetzliche Version des Locke'schen Weltraumlandes glauben, in dem staatenlose Siedler einfach Land an sich reißen, bearbeiten und verteidigen, muss es einen formellen Prozess geben. Es muss eine Instanz geben, von der viele Menschen glauben, dass sie die Macht hat, das Eigentumsrecht zu vergeben. Das könnte eine Art irdisches Amt für Landmanagement sein, das die Landtitel registriert und den Leuten sagt, sie sollen sich ein paar Kühe besorgen, um den Schein zu wahren. Aber die Art von Menschen, die einen Ansatz befürworten, bei dem man nur »Meins! Meins!« schreien muss, wollen nicht unbedingt eine riesige Bürokratie, die den Weltraumvertrag ersetzt. Die wahrscheinliche Alternative ist, dass die Nationen Teile des Weltraums für sich beanspruchen und dann die Rechte für Einzelpersonen verwalten. Aber welche Nation bekommt welches Stückchen und wie?

Ein Vorschlag sieht vor, dass jeder Nation Land im Verhältnis zu ihrer Bevölkerung oder Landmasse zugeteilt werden könnte. So wird der Mars zu einer Art Mini-Erde. So ähnlich wie das Epcot Center von Disney, nur dass die Welt aus Gift besteht. Und wenn man eine riesige sprechende Maus sieht, liegt das wahrscheinlich daran, dass ein biomedizinisches Experiment furchtbar schiefgelaufen ist. Es ist schwer vorstellbar, dass so etwas auf einer diplomatischen Konferenz gut ankommen würde. Wir vermuten, dass Russland und Kanada zufällig der Meinung wären, dass die Landmasse der entscheidende Faktor ist, während China und Indien die Bevölkerungszahl viel überzeugender fänden und die Vereinigten Staaten auf die Bedeutung des nationalen Reichtums pochen würden.

Selbst in dem unwahrscheinlichen Fall, dass ein solcher Rahmen geschaffen würde, ginge es nicht nur um die Menge. Die Vereinigten Staaten haben etwa 4,25 Prozent der Erdbewohner und etwa 6 Prozent der Landfläche der Erde. In beiden Fällen ist das mehr als genug, um den größten Teil der hochwertigen Immobilien auf dem Mond für sich zu beanspruchen.

Selbst wenn die Nationen diese Dinge nicht tun wollen, könnten wir dennoch von Einzelpersonen dazu gezwungen werden? Eines der häufigsten Argumente, die wir hören, ist, dass alle Gesetze sinnlos sind, denn wenn Elon Musk eine Marssiedlung hat, *wer wird ihn dann aufhalten?* Einer von uns beiden Autoren hat einen Bruder, der dieses Argument vorbringt. Sein Name ist Marty und er hat unrecht. Wir nennen so etwas die »Baumhaustheorie des Weltraumrechts«. Stellen Sie sich Folgendes vor: Eine Gruppe von Kindern baut ein Baumhaus auf einem hohen Baum. Die Leiter ist für einen Erwachsenen zu dünn, um hinaufzuklettern, und wenn die Kinder erst einmal oben sind, kann man sie nicht mehr erreichen. Der Vater kommt heraus und sagt: »Kinder! Ich habe Abendessen gemacht! Kommt rein!« Die Kinder lächeln selbstbewusst und antworten: »Niemals! Wir halten uns im Baumhaus nicht an dein Papa-Gesetz! Deine Versuche, uns zu unterdrücken, sind vergebens!« Was erwarten Sie, was der Vater in diesem Szenario tun wird? Richtig – er stellt die Versorgung der Kinder mit Essen und Wasser ein, beschlagnahmt alle ihre Sachen und wartet geduldig, bis sie ihre Meinung ändern.

Wie einer unserer Leser anmerkte, setzt dies voraus, dass die Kinder nicht heimlich von der Mutter gefüttert werden. Das heißt, selbst wenn die internationale Gemeinschaft versucht, Elon Musk den Geldhahn zuzudrehen, kann er in diesem Szenario gut zurechtkommen, wenn er weiterhin mit den Vereinigten Staaten Handel treibt. Das ist natürlich richtig, aber nach dem geltenden Weltraumrecht würden die Vereinigten Staaten im Grunde genommen damit eine Vielzahl illegaler Ansprüche geltend machen, wodurch wir in eine echte Krise geraten würden.

Der Weg von hier nach dort

Wenn Sie ein System des Privateigentums befürworten, könnte eine Strategie darin bestehen, sich jeder Gesetzesänderung zu widersetzen und auf eine Krise zu warten. Wie Dr. Ram Jakhu, einer der weltweit bekanntesten Weltraumrechtswissenschaftler, und seine Mitautoren in dem 2016 erschienenen Buch *Space Mining and Its Regulation* schrieben: »Die Tendenz in fast jeder Institution, die neue Gesetze, Konventionen und vor allem internationale Verträge schafft, ist diese: ›Warten wir, bis es ein klares Problem gibt, das wir angehen müssen, und dann werden wir es angehen.‹«[137] Das war als Warnung gemeint, nicht als Ratschlag, aber wir könnten es ja mal versuchen. Wir könnten darauf warten, dass SpaceX die Freiheit des Mars ausruft oder dass Präsident Gingrich den Staat Mondsilvanien* in den USA willkommen heißt, und plötzlich könnten viele der eben genannten verrückten Ideen äußerst sinnvoll erscheinen.

Wir sind unter anderem deshalb für ein verwaltetes Gemeingut, weil wir glauben, dass es zumindest eine gewisse Chance gibt, dies zu erreichen. Es ist mit dem Seerecht geschehen, und es ist plausibel, dass es wieder geschehen kann. Selbst wenn wir keine perfekte Regelung hinbekommen, wäre es wünschenswert, die Regeln so weit zu klären, dass ein neuer Wettlauf um den Mond vermieden wird.

Wir sehen zwei gute Argumente gegen unsere Ansicht. Erstens: Wenn es wirklich wertvolle Dinge im Weltraum gibt, würde ein sehr restriktives System von Mineralienrechten die Zukunft der Menschheit berauben. Das wäre vielleicht noch zu rechtfertigen, wenn es einen Krieg verhindern würde, aber es wäre zumindest diskutabel. Zweitens gibt es philosophische Gründe. Einige davon haben wir in der Einleitung angesprochen, aber viele Menschen mit unterschiedlichem politischen Hintergrund sehen im Weltraum die Chance für einen Neuanfang. Auch wenn das Völkerrecht viele Verhaltensweisen zulässt, ist das für sie keine Antwort auf ihr tiefes Bedürfnis, neue Länder und neue Lebensweisen zu gründen.

* Das war der cleverste Staatsname, der uns einfiel. Zu den Alternativen gehörten North Dacrater, South Caroluna und bedauerlicherweise Regolithithippi.

Wir halten es für unwahrscheinlich, dass dies in absehbarer Zeit geschieht, weil es gegen die rechtlichen Gepflogenheiten verstößt. Allerdings werden auf der Erde auch immer wieder Staaten gegründet. Das kommt zwar selten vor und oft ist es mit Gewalt verbunden. Aber es kommt vor. Das ist die letzte Frage, die wir über das Weltraumrecht klären wollen: Gibt es Umstände, unter denen eine Gruppe von Menschen das Völkerrecht verletzen, einen souveränen Staat im Weltraum gründen und damit davonkommen könnte?

Kapitel 16

Die Geburt von Weltraumstaaten: Wie die Geburt von Weltraumbabys, nur chaotischer

Im Jahr 2016 wurde der Weltraumstaat Asgardia geboren. Zumindest sagen das die Asgardianer. Benannt nach Asgard, dem Land der Götter in der nordischen Mythologie, ist Asgardia ein bemerkenswert gut organisiertes internetbasiertes Gebilde, das sich zumindest wie ein Staat verhält. Es gibt eine Verfassung, ein Parlament, einen Gerichtshof von Asgardia und es werden Dekrete erlassen, die so langweilig sind, wie sie normalerweise nur von echten Staatsbeamten erlassen werden. Zum Beispiel »Dekret 60 über die Annahme des Regierungsgesetzes von Asgardia«, das über einen Parlamentsbeschluss informiert, der am 8. bis 10. Capricornus im Jahr 0005, für Sie und uns besser bekannt als 10. bis 12. Dezember 2021, erlassen wurde.*

Sind die echt? Jedenfalls haben sie echtes Geld. Asgardia wurde von dem wohlhabenden russisch-aserbaidschanischen Raketenwissenschaftler Dr. Igor Aschurbejli gegründet. Im Jahr 2017 starteten sie einen Satelliten, den sie als souveränes Territorium namens Asgardia-1 bezeichneten. Raumstationen sind in der Regel gemütlich, aber Asgardia setzt einen neuen Standard, denn es ist ein ganzes Land, das in einer Festplatte von der Größe eines menschlichen Kopfes eingeschlossen ist. Laut Aschurbejli ist Asgardia im Gegensatz zu anderen Weltraumsiedlungsplänen eine ernsthafte An-

* Die Asgardianer haben ihren eigenen Kalender, denn wie sie auf ihrer Website anmerken, gibt es auf der Welt bereits 40 verschiedene Arten, die Zeit zu messen – ein Problem, von dem sie glauben, dass es durch die Einführung einer 41. Art gelöst wird.

gelegenheit: »[Es ist] keine Fantasie. Die Reise zum Mars, die Galaktiker und so weiter – das ist nur ein Fake. Ich habe etwas Reales vor.«[138]

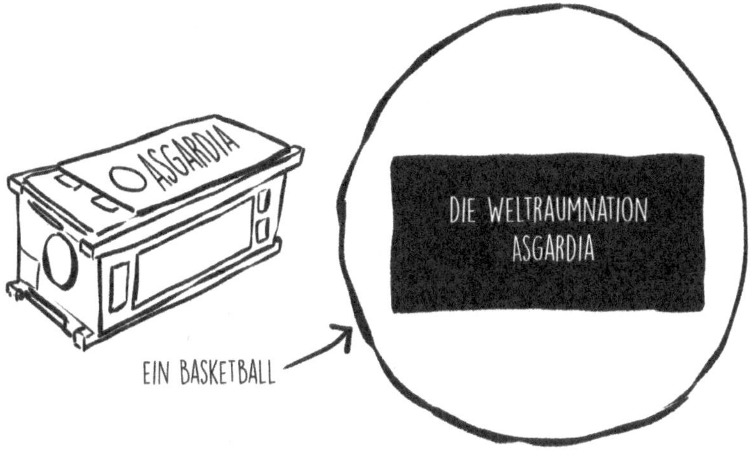

Hier drängt sich eine Frage auf. Na ja, eigentlich sind es viele Fragen, aber die eine, auf die wir uns konzentrieren wollen, ist, warum diese Leute so viel Mühe und Kosten auf sich nehmen, um behaupten zu können, sie seien ein Staat und nicht nur ein Internetclub mit einem Mikrosatelliten.

Das hat zum Teil philosophische Gründe. Für viele ist die Unabhängigkeit von der Erde das primäre Ziel der Weltraumsiedlung. Wie der Präsident der Mars Society, Dr. Robert Zubrin, kürzlich in einem Reddit-Frage-und-Antwort-Interview sagte, »ist der Zweck der Reise ins All die Schaffung neuer Nationen«.[139] Diese Philosophie erklärt den Wunsch nach Weltraumstaaten, aber warum findet sich dieser Wunsch in einem 3 Kilogramm schweren Stück Hardware in einer niedrigen Erdumlaufbahn wieder? Es stellt sich heraus, dass das Wort »Staat« im internationalen Recht eine Bedeutung hat, und die Asgardianer versuchen, auf zugegebenermaßen seltsame Weise, die entsprechenden Standards zu erfüllen. Mit diesen Standards beginnt unsere Reise zur Schaffung eines Weltraumstaates.

Was ist ein Staat und zählen auch 3-Kilogramm-Satelliten?

Wie futuristisch die Asgardianer sich auch immer sehen mögen, sie sind an etwas gebunden, das sich Konvention von Montevideo nennt – unter normalen Menschen weitgehend unbekannt, aber eifrig studiert von Rechtsgelehrten und jedem Spinner, der jemals ein eigenes Land gründen wollte. Im Grunde geht es darum, dass 1933 in Montevideo ein Treffen zwischen den amerikanischen Staaten stattfand, bei dem Kriterien definiert wurden, die heute weitgehend als Gewohnheitskriterien dafür gelten, was ein Staat ist. Der für unsere Zwecke wichtige Teil ist Artikel 1:

> *Der Staat als Subjekt des internationalen Rechts sollte folgende Eigenschaften besitzen: (a) eine ständige Bevölkerung; (b) ein definiertes Staatsgebiet; (c) eine Regierung; und (d) die Fähigkeit, in Beziehung mit anderen Staaten zu treten.*

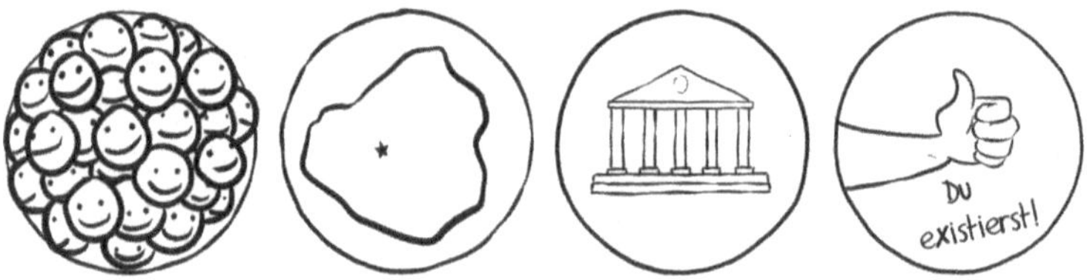

Trifft das auf Asgardia zu? Zu Kriterium (a): Sie haben in gewissem Sinne eine ständige »Bevölkerung«, denn sie geben an, im Jahr 2022 etwa 300000 Mitglieder und über eine Million Anhänger zu haben. Allerdings leben diese Menschen nicht in dem schuhkartongroßen Gebiet, das derzeit die Erde umkreist. Nach internationalem Recht zählt eine Bevölkerung nur dann als solche, wenn sie sich in einem Land befindet, das die Kriterien von Montevideo erfüllt. Andernfalls könnte es wirklich seltsam werden. Wenn die Mitgliedschaft allein der Maßstab für eine ständige Bevölkerung wäre, dann ist der Taylor-Swift-Fanclub das chinesische Gegenstück zu Asgardias Liechtenstein.

Kriterium (b) – die Notwendigkeit eines definierten Staatsgebiets – erklärt die Orbitalfestplatte. Zugegeben, 3 Kilogramm sind etwas zu wenig für ein Weltraumimperium, aber nach internationalem Recht scheint es keine untere Grenze für die territoriale Größe legitimer Staaten zu geben. Die Vatikanstadt, der winzigste Staat, ist mit gerade einmal 0,4 Quadratkilometern kleiner als der Parkplatz von Disney Worlds Magic Kingdom. Der Begriff Staatsgebiet bezieht sich jedoch klassischerweise auf ein bestimmtes Stück Erde, nicht auf eine Festplatte.*

Was das Kriterium (c) – Regierung – angeht, so haben die Asgardianer organisierte Gremien, die Entscheidungen treffen, aber in gewisser Weise gilt das auch für Disney World. Ein Grund, warum wir Disney World nicht als Staat betrachten (abgesehen davon, dass sie kein souveränes Territorium haben), ist, dass sie nicht wirklich verbindliche Regeln durchsetzen. Wenn Sie Micky Maus ins Gesicht schlagen, ist es die lokale Regierung, mit der Sie in Konflikt geraten, nicht die Happiest Police on Earth™. Wir haben mit Dr. Frans von der Dunk, einem der führenden Weltraumrechtsexperten, darüber gesprochen, und er hat darauf hingewiesen, dass Disney World wahrscheinlich mehr Möglichkeiten hat, seine »Bevölkerung« zu sanktionieren, als Asgardia dies für Asgardianer kann.

* Fairerweise muss man sagen, dass die Asgardianer planen, irgendwann zu expandieren.

Obwohl das Übereinkommen von Montevideo nur sagt, dass man eine Regierung haben muss, ist das Standardkriterium eine sogenannte »effektive Regierung«. Wenn ein Gebiet aktiv chaotisch ist und eine nominelle Regierung ihre Regeln nicht durchsetzen kann, ist das keine effektive Regierung. Es gibt Ausnahmen, wenn die Geopolitik ins Spiel kommt, zum Beispiel Taiwan, das eindeutig über eine effektive Regierung verfügt, aber nicht allgemein als Staat anerkannt ist. Zu anderen Zeiten wurden Staaten anerkannt, bevor eine effektive Regierung gebildet wurde. Aber weder die traditionellen Kriterien noch irgendwelche irdischen Streitigkeiten deuten darauf hin, dass Asgardia in absehbarer Zeit als Staat anerkannt wird.

Das führt uns zu dem schwerwiegenden Mangel Asgardias bei Kriterium (d) – der Fähigkeit, Beziehungen mit anderen Staaten einzugehen. Disney World kann keine diplomatischen Beziehungen zu Deutschland aufnehmen, weil Disney World nicht als Staat anerkannt ist. Asgardia befindet sich in der gleichen unglücklichen Lage und wird, wie wir sehen werden, wahrscheinlich noch lange Zeit in dieser Situation bleiben.

Wenn es Ihnen nur darum geht, den Weltraum zu besiedeln und die Existenz eines Staates zu verkünden, könnten Sie argumentieren, dass dieses ganze technische Zeug über den Weltraum irrelevant ist. Sie könnten sagen, dass Asgardia einfach behaupten kann, ein Staat zu sein, während die ordentlichen montevideanischen Länder der Erde mit den Augen rollen. Und Sie hätten nicht ganz unrecht. In der völkerrechtlichen Literatur gibt es seit Langem eine

Debatte darüber, ob ein Staat etwas ist, das anerkannt werden muss, um zu existieren, oder ob der Begriff »Staat« nur eine Beschreibung der Realität ist.

Mit anderen Worten: Wenn der verlorene Kontinent Atlantis wiederentdeckt würde und der Taylor-Swift-Fanclub ihn für sich beanspruchen würde, bevor ein internationales Abkommen geschlossen werden könnte, würde er vielleicht nicht allgemein als rechtmäßiger Staat anerkannt werden, aber er könnte sich dennoch wie ein Staat verhalten, wie man ihn sich normalerweise vorstellt. Er hätte eine Bevölkerung, ein Territorium, eine Regierung und einen sehr populären Instagram-Account. Das Einzige, was ihm fehlen würde, ist »die Fähigkeit, in Beziehung mit anderen Staaten zu treten«, außer vielleicht zu Asgardia, das er, wie Frau Swift sagt, »bis zum Mond und zum Saturn lieben«[140] könnte.

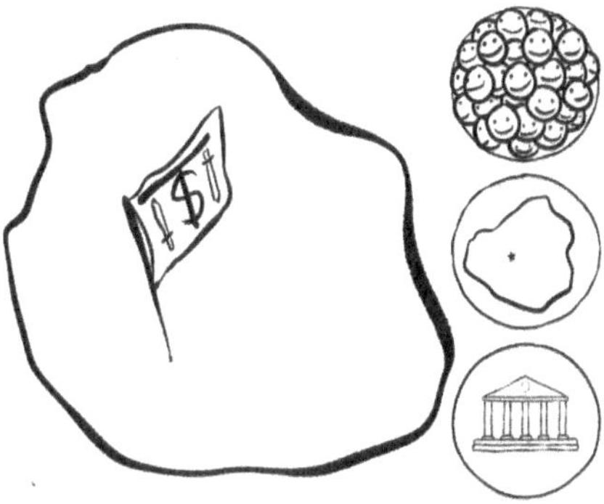

Diese Verwendung des Begriffs »Staat« als weitgehend beschreibende Bezeichnung mag in der Vergangenheit nützlicher gewesen sein, aber heute ist die Anerkennung durch andere Staaten ziemlich wertvoll. Die Anerkennung ist mit erheblichen Vorteilen verbunden – wie einem Sitz in der UN-Vollversammlung und dem Recht, auf Augenhöhe mit anderen Nationen diplomatisch zu interagieren. Ein solcher Staat genießt auch den Schutz internationaler Normen für Staaten, die einige ziemlich protzige Dinge beinhalten, beispielsweise das Recht, sich sein Territorium nicht mit Gewalt abnehmen zu lassen.

Wenn man bedenkt, wie schwer es sein wird, außerhalb der Erde zu überleben, könnte der Zugang zu all diesen Dingen für das Überleben entscheidend sein. Vielleicht haben die Asgardianer deshalb einen langfristigen Plan, um anerkannt zu werden und einen Sitz in den Vereinten Nationen zu bekommen. Es gibt hier einige offensichtliche Probleme, darunter die Unwahrscheinlichkeit, dass die Welt einen neuen Standard setzt, bei dem eine orbitale Festplatte, die an einen Geek-Club angeschlossen ist, eine UN-Stimme erhält. Aber das tiefere Problem, mit dem die Asgardianer konfrontiert werden, wenn sie einen Weltraumstaat gründen und internationale Legitimität erlangen wollen, ist, dass, um es ganz offen zu sagen, der Weltraumvertrag nein sagt. Montevideo sagt, man braucht ein Staatsgebiet. Der Weltraumvertrag sagt, dass man im Weltraum kein Staatsgebiet haben kann. Damit lautet die Gleichung: Montevideo + Weltraumvertrag = keine Weltraumstaaten.

Wahrscheinlich zumindest. Tatsächlich gibt es Wege zu einem legitimen Weltraumstaat, von denen einige jedoch besser sind als andere.

Zunächst einmal könnte sich das Recht in der Zukunft ändern. Im Laufe des nächsten Jahrhunderts könnten sich die Nationen der Erde zusammentun, um Kriterien festzulegen, die es den im Weltraum lebenden Menschen erlauben, einen eigenen, rechtlich unabhängigen Staat zu gründen. Aus den bereits erwähnten Gründen glauben wir, dass dies schwierig sein wird, aber es ist zumindest möglich, insbesondere wenn der weitverbreitete Zugang zum Weltraum eine Art internationale Krise auslöst.

Weniger plausibel sind die üblichen Vorschläge zur Nutzung von Schlupflöchern. Asgardia zum Beispiel plant, eine anerkannte Nation zu werden, den Vereinten Nationen beizutreten, den Weltraumvertrag nicht zu unterzeichnen und dann seine Siedlung von einem Land auf der Erde aus zu starten, das den Weltraumvertrag ebenfalls nicht unterzeichnet hat.* Allerdings sind Raumstationen rechtlich nicht mit dem Territorium der Erde gleichzusetzen. Auch hier würde Asgardia nach klassischem Völkerrecht die entsprechenden Kriterien nicht erfüllen.

Selbst wenn Asgardia dieses formale Hindernis irgendwie überwinden könnte, gibt es ein praktisches Problem. Wir bezweifeln ernsthaft, dass die UN einer 0,1 Quadratmeter großen Festplatte im Besitz eines internetbasierten Parlaments, dessen erklärtes Ziel es ist, weithin anerkannte internationale Verträge zu umgehen, einen Platz am Tisch anbieten wird.

* Oder zumindest ist das unser Verständnis von ihrem Plan. Kelly hat eine E-Mail an den Verwaltungschef von Asgardia geschrieben, um dies zu bestätigen, aber leider kam keine Antwort.

Andere Pläne sehen vor, dass ein Staat, der bereits UN-Status hat, einfach aus dem Weltraumvertrag aussteigt, um die Gründung unabhängiger Staaten zu ermöglichen. Warum genau ein Staat mit Startkapazitäten aus langjährigen Abkommen aussteigen sollte, nur damit jemand anderes einen rivalisierenden Staat gründen kann, ist uns, gelinde gesagt, unklar. Selbst wenn nur ein Land aussteigen würde, könnten alle anderen argumentieren, dass der Weltraumvertrag Gewohnheitsrecht ist, das man nicht brechen darf. Wenn ein schwacher Staat das versucht, wird er abgeschmettert werden. Wenn ein mächtiger Staat oder ein Konsortium von Staaten es versucht, nun, dann könnte es funktionieren, aber in Wirklichkeit schreddern sie nur den Weltraumvertrag und befinden sich nun in einer echten Krise.

Es gibt noch mehr Ideen wie diese, aber wie wir schon früher argumentiert haben, funktionieren Schlupflöcher in der Praxis nicht so gut und Änderungen sind schwer durchzusetzen. In der Zwischenzeit scheint das Gesetz, das wir haben, die Gründung von Staaten im Weltraum zu verbieten, und die Schwierigkeit der Besiedlung des Weltraums legt nahe, dass die Akteure, die am ehesten Siedlungen gründen werden, bereits existierende große Staaten sind.

Woher sollen wir also neue Weltraumnationen nehmen? Nach all dem, was wir bisher geschrieben haben, könnten Sie erwarten, dass wir einfach sagen, dass es keinen Weg nach vorne gibt. Das ist nicht ganz richtig. Auf der Erde werden wie gesagt von Zeit zu Zeit Staaten gegründet, und die Art und Weise, wie das im letzten Jahrhundert geschehen ist, bietet uns die beste Möglichkeit zu verstehen, wie ein legitimer neuer Staat im Weltraum entstehen könnte.

Lassen Sie uns darüber reden, woher Babystaaten kommen

Im modernen Völkerrecht ist eine der wichtigsten Normen die »territoriale Integrität«. Einfach ausgedrückt: Staaten darf ihr Territorium nicht mit Gewalt genommen werden. Das ist einer der Gründe, warum bei dem Angriff Russlands auf die Ukraine mit dem Ziel, zusätzliches Territorium zu erobern, weltweit ein Aufschrei zu hören war. Die territoriale Integrität ist eine der zentralen Normen des Völkerrechts. Um dies zu verdeutlichen, haben wir sie hier als riesige Säule gezeichnet.

Dennoch sind im letzten Jahrhundert mehr als 100 neue Staaten entstanden. Woher stammen sie rechtlich gesehen? Die Antwort, die eines Tages für den Weltraum von großer Bedeutung sein könnte, lautet, dass die territoriale Integrität nicht die einzige wichtige Norm ist.

Wenn Sie 100 Jahre zurückgehen, gab es nicht so viele Staaten. Es gab, wie heute, viele »Volksgruppen«, also Identitätsgruppen wie die Juden, die Zulu, die Japaner, die Roma, die Cherokee, die Perser und so weiter, aber auf der obersten Regierungsebene wurde ein Großteil der Welt von einer Vielzahl von Imperien mit riesigen Kolonialbesitzungen regiert. Das ist heute nicht mehr der Fall.

Im 20. Jahrhundert gab es drei große Phasen der Staatsgründung: erstens der Zusammenbruch der »Zentralreiche« im Gefolge des Ersten Weltkriegs; zweitens die rasche Entkolonisierung der Reiche, die hauptsächlich zwischen 1945 und 1975 stattfand; drittens die Befreiung der von der Sowjetunion kontrollierten Staaten, die sich zwischen 1988 und 1991 auflöste. Die moderne Norm, die sich in diesen Jahren herausgebildet hat, besagt, dass bestimmte Gruppen von Menschen ein Recht auf »Selbstbestimmung« haben. Grob gesagt bedeutet dies, dass bestimmte Völker das Recht haben, über ihre Regierung mitzubestimmen. Das ist die zweite große Säule, mit der Sie sich in dieser Diskussion beschäftigen sollten.

Staaten haben ein Recht darauf, eigenständig zu bleiben, aber verschiedene Völker haben ein Recht darauf, nicht unterdrückt zu werden. Wenn diese Rechte in Spannung zueinander stehen, werden manchmal Staaten geboren und in einigen Fällen haben sie volle internationale Anerkennung erlangt. Aus heutiger Sicht ist es schwer vorstellbar, dass im Weltraum ein größerer Staat entstehen könnte, denn es gibt keine Imperien, die aufgelöst werden könnten. In einer sehr fernen Zukunft mit seit Langem bestehenden Weltraumgemeinschaften könnte so etwas wie eine Entkolonisierung denkbar sein. Für den Moment wollen wir uns die besonderen Umstände ansehen, unter denen Staaten ohne den Zusammenbruch von Imperien entstanden sind. Unser erster Schritt auf dem Weg zu einem Marsstaat ist also … Kanada?

Québecer Selbstbestimmung und Ihre Marsbasis

Die deutlichste Erklärung der modernen Norm der Selbstbestimmung stammt aus der *Reference Re Secession of Quebec*, einem Urteil des kanadischen Obersten Gerichtshofs aus dem Jahr 1998.* Das Gericht befasste sich mit dem Wesen des kanadischen Föderalismus, und für unsere Zwecke war die

* Wenn Sie sich fragen, warum ein Fall des kanadischen Obersten Gerichtshofs für das Völkerrecht von Bedeutung ist, so lautet die Kurzfassung, dass die Richter wirklich gute Arbeit geleistet haben. Sie haben zahlreiche einschlägige Experten befragt und, was besonders wichtig ist, sie waren bereit, sich mit einer Reihe von Fragen zur allgemeinen Rechtmäßigkeit der Sezession zu befassen, während die großen Gerichte normalerweise versuchen, eine direkte Auseinandersetzung mit dieser Frage zu vermeiden. Das Urteil wurde später von verschiedenen internationalen Gruppen angeführt, wodurch es von einer nationalen Entscheidung zu einem internationalen Standard wurde.

wichtigste Frage, ob sich Québec gemäß der kanadischen Verfassung oder dem Völkerrecht einseitig abspalten kann oder nicht.

Die Richter hörten sich schließlich die Argumente der besten Anwälte der Welt an. Ihre Entscheidung ist sehr nuanciert, aber in Bezug auf die Frage, ob Québec sich einseitig abspalten kann, lautete das grundlegende Ergebnis: Nein, das kann es nicht. Und warum? Obwohl die Québecer nach allgemeiner Auffassung ein eigenständiges Volk mit einem Land, einer Sprache, eigenen Bräuchen und einer wirklich sehr guten Erbsensuppe sind, werden sie von der kanadischen Regierung nicht verfolgt. Sie dürfen für Ämter kandidieren, sie dürfen wählen, und sie werden nicht inhaftiert oder ermordet und ihre Kultur wird nicht aktiv unterdrückt. Zweifellos gibt es Menschen in Québec, die sich verfolgt fühlen, aber ihre Situation ist nicht vergleichbar etwa mit der der europäischen Juden in den 1930er- und 1940er-Jahren. Das Recht der Québecer auf Selbstbestimmung besteht darin, dass sie gleichberechtigt mitbestimmen können, wie sie regiert werden.* Wenn die Québecer von ihrer Regierung mit einem Völkermord konfrontiert würden, könnte man sich auf das Selbstbestimmungsrecht berufen, um das zu erreichen, was manchmal als »mediale Sezession« bezeichnet wird – das nationale Äquivalent zum Verlassen einer missbräuchlichen Ehe.

Wenn sich also Ihre Weltraumsiedlung von einer irdischen Nation abspalten will, nur weil sie glaubt, eine eigene Identität zu haben, wird das nicht funktionieren. Betrachten wir im Gegensatz dazu einen Fall, in dem die Sezession zwar weitgehend akzeptiert wurde, aber hauptsächlich aufgrund von Bedingungen, die Sie auf keinen Fall wiederholen wollen.

Bangladesch und die Macht der Selbstbestimmung

Der ursprüngliche pakistanische Staat hatte einen Ost- und einen Westteil, die durch Tausende von Kilometern indischen Territoriums getrennt waren.

Diese Teile waren nicht nur physisch voneinander getrennt. Sie waren auch durch langjährige Unterschiede in Sprache und Kultur getrennt. Auch was die Macht betrifft. Die Regierung und das Militär waren in Westpakistan konzentriert und die Beziehungen zwischen Ost- und Westpakistan waren von Anfang an schwierig.

* Wir wollen hier ein großes Bild zeichnen, aber es gibt wirklich einige wichtige Nuancen. So stellte das Gericht zum Beispiel fest, dass Québec ein Staat werden könnte, indem es sich zunächst illegal abspaltet und dann irgendwie eine breite internationale Anerkennung erlangt. Die Richter sagten auch, dass die kanadische Regierung verpflichtet wäre, über eine Änderung der kanadischen Verfassung zu verhandeln, um einen Weg für die Abspaltung zu schaffen, wenn ein klar formuliertes Referendum zeigen würde, dass eine deutliche Mehrheit der Québecer die Abspaltung wünscht. Dies wäre ein äußerst chaotischer Prozess. Stellen Sie sich zum Beispiel vor, die indigene Bevölkerung in Québec würde als Teil von Kanada verbleiben wollen. Oder denken Sie an Haushaltsfragen – wie viel von den Staatsschulden geht auf Québec über? Und eine Verpflichtung zu Verhandlungen bedeutet nicht zwangsläufig, dass der Sezessionsantrag in der Verfassung landen wird. Es bedeutet nur, dass alle Seiten in gutem Glauben an Gesprächen teilnehmen müssen, die von bestimmten Prinzipien wie Demokratie und Respekt für Minderheiten geleitet werden.

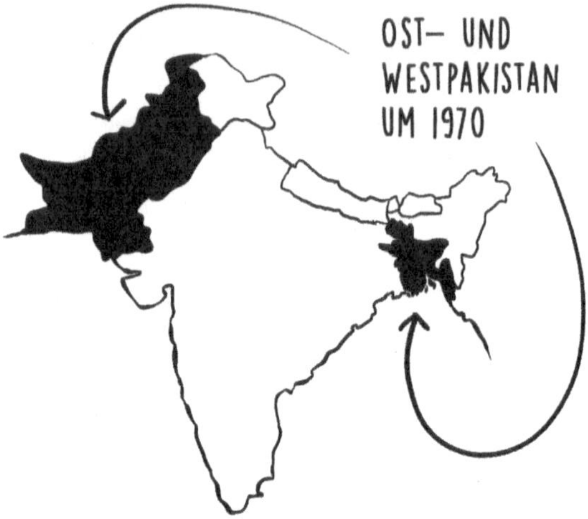

In den folgenden Jahrzehnten verschlechterten sich die Bedingungen und erreichten einen Tiefpunkt, als der Bhola-Zyklon 1970 mehr als 200000 Ostpakistaner in den Tod riss. Die westpakistanische Regierung wurde weithin als unfähig angesehen, die Krise zu bewältigen. Im selben Jahr wählte Ostpakistan die Awami-Liga, eine politische Partei, die eine größere lokale Autonomie befürwortete. Westpakistan reagierte, indem es die Versammlung auf unbestimmte Zeit aussetzte und dann zu dem überging, was einige Wissenschaftler als Völkermord bezeichnen. Vergegenwärtigen Sie sich bitte, wie aus schrecklichen Gründen der Tisch für die Gründung eines Staates gedeckt wurde. Es gibt eine klare Identitätsgruppe. Deren Zugang zur Regierung wird vereitelt. Diese Gruppe wird aktiv verfolgt. Zu diesem Zeitpunkt hatte Ostpakistan wohl das Recht auf Abspaltung, auch wenn dies die territoriale Integrität Pakistans verletzt hätte. Die einzige Frage, die blieb, war, ob es die Macht hatte, seine Unabhängigkeit zu ergreifen.

Dies wurde durch die Hilfe Indiens möglich, das die Norm der territorialen Integrität verletzte, indem es seine eigene Armee nach Ostpakistan schickte. Dies ist die Geburtsstunde der Nation, die heute als Bangladesch bekannt ist.

Im Jahr 1974 war Bangladesch ein weithin anerkannter Staat mit einem Sitz in den Vereinten Nationen. Dies war vor allem aus zwei Gründen möglich: Erstens verlieh die moderne Norm des Selbstbestimmungsrechts der Unabhängigkeit Bangladeschs Legitimität. Zweitens war Pakistan ein schwacher Staat, sodass es das Ergebnis akzeptieren musste.

Der Weg Bangladeschs ist zugegebenermaßen kein schöner Weg zur Staatlichkeit im Weltraum, aber es ist ein Weg, für den der rechtliche Pfad relativ klar ist. Die Norm der Selbstbestimmung wurde so sehr verletzt, dass es allgemein als akzeptabel angesehen wurde, die Norm der territorialen Integrität zu verletzen, um Abhilfe zu schaffen.

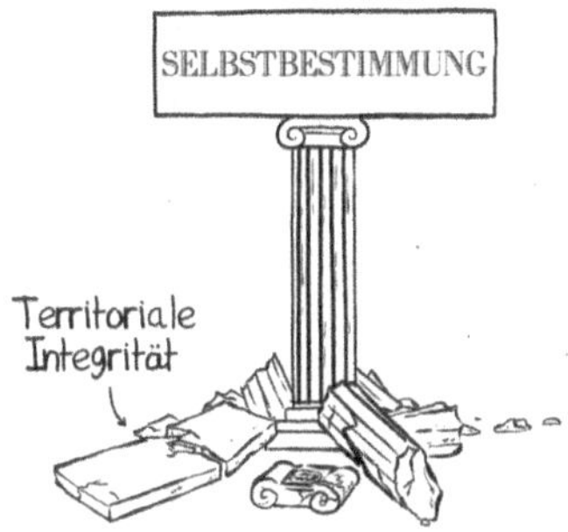

Aus der Perspektive einer Weltraumsiedlung ist dies faszinierend: Eine wichtige Norm wurde verletzt, aber die Norm bleibt bestehen. Eine Nation ist geboren, kein neues internationales Gesetz erforderlich.

Aber es war auch nicht einfach, und Sie sollten nicht auf die Idee kommen, dass jede Marssiedlung einfach beschließen kann, dass sie sich unterdrückt fühlt und sich abspalten darf. Einer der wichtigsten Fälle, in denen es nicht gelungen ist, einen anerkannten Staat zu gründen, ist Nordzypern.* Obwohl sich Nordzypern von Zypern abgespalten hat und seit 1983 eine eigene Regierung hat, hat es keinen UN-Sitz, fast keine Anerkennung und fast keine Möglichkeit, Beziehungen zu anderen Staaten zu unterhalten. Das Land befindet sich in einer Position, die für jede Art von Weltraumsiedlung, die wir in absehbarer Zeit schaffen können, extrem schlecht wäre.

* Auch bekannt als die Türkische Republik Nordzypern.

Nordzypern und die Grenzen des Selbstbestimmungsrechts

Zypern, eine große Insel im Süden der Türkei, wurde 1960 die Unabhängigkeit von Großbritannien gewährt. Wie andere ehemalige Kolonien in der Zeit der weitverbreiteten Entkolonisierung erhielt es schnell einen UN-Sitz und wurde weithin als Staat anerkannt. Aber im Inneren war die Lage kompliziert.

Zu dieser Zeit waren etwa 80 Prozent der Inselbevölkerung Griechen, die der griechisch-orthodoxen Kirche angehörten, während fast 20 Prozent Türken waren, die tendenziell sunnitische Muslime waren. Keine der beiden Gruppen war besonders scharf auf eine direkte Unabhängigkeit als Zyprioten. Im Allgemeinen hätten es die Griechen vorgezogen, wenn die Insel zu Griechenland gegangen wäre; die Türken hätten es vorgezogen, wenn sie zur Türkei gegangen wäre. Auf die chaotische Art und Weise, wie die Entkolonisierung oft ablief, schufen Großbritannien, Griechenland und die Türkei Zypern als eigenen Staat mit einer Verfassung, die die Rechte der Minderheiten schützte und Regeln enthielt, die es den drei Parteien ermöglichten, bei Bedarf einzugreifen.

Die Verfassung war von Anfang an problematisch. Zu verschiedenen Zeiten waren weder die Griechen noch die türkischen Einwohner Zyperns mit der ihnen gegebenen Verfassung zufrieden, und die Bedingungen verschlechterten sich mit der Zeit. 1974 wurde der ethnisch griechische Präsident Zyperns von den Kommandanten der griechisch-zypriotischen Nationalgarde abgesetzt, die einen »Enosisten« einsetzten – eine Person, die der Meinung ist, dass die überwiegend griechischen Teile der Welt Teil des griechischen Staates sein sollten.

Die Türkei reagierte mit der Entsendung von Truppen. Um es kurz zu machen: 1983 erklärte sich der nördliche Teil der Insel zu einem unabhängigen Staat.

Aber die Türkische Republik Nordzypern wird nicht allgemein als rechtmäßig angesehen, sondern ausschließlich von der Türkei anerkannt. Inzwischen erkennen viele Staaten ein einziges Land namens Zypern an, das den nördlichen Teil mit einschließt. Nordzypern mag zwar Montevideo-ähnliche Eigenschaften haben – Territorium, Regierungsform, Bevölkerung und Beziehungen zu mindestens einem anderen Staat –, aber es hat keinen Sitz in den Vereinten Nationen. Es kann nur in sehr begrenztem Umfang internationale Diplomatie betreiben und ist zumindest im Prinzip auch nicht durch internationale Normen geschützt – alles Dinge, die man will, wenn man einen verwundbaren Staat außerhalb der Welt schafft.

Warum wurde dies anders betrachtet als Bangladesch? Wahrscheinlich, weil die Situation dort nicht als so extrem angesehen wurde. Es wurde eher als Québec denn als Ostpakistan angesehen. Das Selbstbestimmungsrecht ist eine echte zwischenstaatliche Norm, aber die Erfahrung mit Nordzypern lehrt uns, dass die Messlatte für die Berufung auf das Selbstbestimmungsrecht zur Eroberung eines Gebiets recht hoch liegt. Bei einer Weltraumsiedlung ist es vielleicht noch schwieriger, sich darauf zu berufen.

Die ungewöhnlichen Probleme der Staatsgründung im Weltraum

Um sich für die Selbstbestimmung zu qualifizieren und damit vielleicht einen Weg zur Staatlichkeit zu finden, muss man zunächst ein Volk sein. Ein »Volk« zu sein, mag wie ein schwammiges Konzept klingen, aber in der Praxis ist es das meist nicht. Und es kann ziemlich schnell gehen. Die meisten Menschen erkennen heute, unabhängig davon, wie sie über den Staat Israel denken, an, dass es ein israelisches Volk gibt, auch wenn Israel erst 1948 gegründet wurde. Zumindest in Dokumenten aus den frühen 1950er-Jahren wird das israelische Volk als ein Volk mit ausgeprägten kulturellen Merkmalen bezeichnet. Es ist wahrscheinlich, dass die tatsächlichen Siedler vom Mars ziemlich schnell als kulturell andersartig betrachtet werden könnten. Sie verwenden Taco-Sauce als Währung und feiern neugeborene Kinder mit den Worten »Nun lasst die Evolution ihren Lauf nehmen«.

Können sie ein Selbstbestimmungsrecht bekommen? Die Geschichte zeigt, dass nur sehr verfolgte Menschen dieses Recht haben, aber frühe Weltraumsiedlungen werden wahrscheinlich von sehr wohlhabenden Menschen unterstützt und vielleicht auch von ihnen bewohnt. Der Vorrat an Verfolgung könnte begrenzt sein.

Aber vergessen Sie nicht, dass der Weltraum furchtbar ist. Wenn Sie in einer winzigen Überlebensblase leben, umgeben vom Tod, weit weg von Ihrem Heimatplaneten, könnte jede Art von Einschränkung oder Entbehrung als

Feindseligkeit aufgefasst werden. Wenn der Weltraumvertrag, wie wir ihn kennen, Bestand hat, könnten unsere Marssiedler tatsächlich einige Rechte nicht haben, die den Erdbewohnern normalerweise zustehen. Nehmen wir zum Beispiel einen Marsianer der vierten Generation in einer Welt, in der der Weltraumvertrag noch gilt. Er ist in einem Weltraumzuhause aufgewachsen, das von seinem Urgroßvater liebevoll von flüchtigen Chemikalien gesäubert und im Laufe der Jahre vom Vater an den Sohn weitergegeben wurde. Für ihn ist dieser Ort sein Zuhause. Doch nach dem Weltraumvertrag hat er, obwohl der Lebensraum ihm gehört, weder das Recht, seinen Lebensraum dauerhaft zu behalten, noch kann er das Land darunter besitzen. Er hätte im Prinzip auch eine Reihe seltsamer Verpflichtungen, zum Beispiel die, Vertretern anderer Staaten zu erlauben, von Zeit zu Zeit in sein Haus zu kommen, vor allem wenn sie in Gefahr sind. Er könnte auch argumentieren, dass es ihm an einer gleichberechtigten Vertretung mangelt. Nehmen wir an, die Siedlung steht nominell unter US-Regierung, aber keiner der Siedler hat eine ernsthafte Chance, ein politisches Amt auf dem entfernten Heimatplaneten zu bekleiden.

Es ist natürlich auch möglich, dass es in größeren, länger bestehenden zukünftigen Siedlungen viel eindeutigere Formen der Verfolgung geben wird. Würde das zu einem heiligen Gral für die Privatisierung des Weltraums führen: ein akzeptabler einmaliger territorialer Anspruch im Weltraum, bei dem der Weltraumvertrag weitgehend intakt bleibt?

Theoretisch schon, aber nicht ohne Weiteres. Der Weg zu einer heilenden Sezession ist geopolitisch und rechtlich heikel. Auf der Erde erfolgt die Gründung eines modernen Staates in der Regel, indem man ein Stück eines alten Landes herausschneidet und ein neues Land daraus macht. Aber der Weltraum ist kein Land. Nach dem Weltraumvertrag ist der Weltraum ein riesiges internationales Gemeingut. Wenn eine Weltraumsiedlung Staatlichkeit beansprucht, nimmt sie nicht nur einem Land etwas weg, sondern *jedem* Land. Möglicherweise sogar jedem *Menschen*.

Das ist ein ganz neuer Präzedenzfall für das internationale Recht. Wenn man einfach einen Staat in der Weltraumgemeinschaft ausrufen kann, folgt daraus dann, dass man auch einen Staat in der Meeresgemeinschaft gründen kann? Erinnern wir uns daran, dass Donald Rumsfeld dagegen war, dass die Vereinigten Staaten dem modernen Seerecht beitreten, und zwar mit der Begründung, dass dies einen Präzedenzfall für den Weltraum schaffen würde.

Wenn Ihnen das abstrus oder umständlich vorkommt oder als etwas erscheint, worüber nur Diplomaten nachdenken, sollten Sie wissen, dass sich die Länder wirklich für diese Dinge interessieren. Das beste Beispiel dafür ist der Status des Kosovo, der daher unsere letzte Station auf dieser magischen Tour durch die geopolitischen Irrungen und Wirrungen sein wird.

Kosovo und warum das Selbstbestimmungsrecht vielleicht einfach keine Rolle spielt, wenn die Geopolitik nicht funktioniert

Ab 1991 begann die ehemalige Sozialistische Föderative Republik Jugoslawien zu zerbrechen. Ein meist gewaltsamer Prozess führte zu einer Reihe kleiner unabhängiger Staaten, die größtenteils entlang ethnischer Linien entstanden und bekannte Namen wie Kroatien und Slowenien tragen. Dazu gehörte auch Serbien, das eine interne halbautonome Region namens Kosovo hatte.

Der Kosovo war eine Mischung aus zwei ethnischen Gruppen, die Ihnen bekannt vorkommen werden: Serben und Albaner. Doch der erste Präsident Serbiens war ein ethnonationalistischer Serbe namens Slobodan Milošević, der dem Kosovo nach seiner Wahl im Jahr 1990 umgehend seine Autonomie entzog. Bis 1996 gab es eine starke albanische Separatistenbewegung, die Befreiungsarmee des Kosovo, die sich in einem aktiven Konflikt mit den lokalen Behörden befand. Unter Milošević leitete Serbien einen Prozess der ethnischen Säuberung gegen die albanischen Kosovaren ein, der erst 1999 von den Streitkräften der Nordatlantikvertragsorganisation gestoppt wurde. Die ungeschickte Friedenslösung bestand darin, dass die Vereinten Nationen den Kosovo eine Zeit lang selbst verwalteten.

Im Jahr 2008 erklärte der Kosovo seine Unabhängigkeit und wurde sofort von den Vereinigten Staaten und einer Reihe von europäischen Ländern anerkannt. Doch das Land hat nie einen UN-Sitz erhalten, weil viele wichtige internationale Akteure sich weigern, es anzuerkennen.

Von besonderer Bedeutung für uns sind die Aktionen von drei Staaten: Griechenland, China und Spanien. Griechenland lehnt die Anerkennung des Kosovo unter anderem wegen seiner Haltung zu Nordzypern ab. Wenn der Kosovo anerkannt wird, könnte Nordzypern als Nächstes an der Reihe sein? China hat ähnliche Vorbehalte in Bezug auf den Status von Taiwan. Spaniens Sorge gilt der katalanischen Unabhängigkeitsbewegung. Beachten Sie bitte, dass es bei den Beweggründen für das Verhalten der Staaten gar nicht direkt um den Kosovo geht.

Es ist unwahrscheinlich, dass der politische Status einer kleinen Gruppe von Albanern direkte Auswirkungen auf die chinesische Wirtschaft oder seine militärische Stärke hat, und wir vermuten, dass es für den durchschnittlichen chinesischen Bürger kein wichtiges Thema ist. Vielmehr geht es darum, was der durch die Anerkennung des Kosovo geschaffene Präzedenzfall für die lokalen Angelegenheiten bedeuten würde.

Der Fall der Unabhängigkeit des Kosovo hängt also nicht nur davon ab, ob die albanischen Kosovaren verfolgt wurden; das wurden sie eindeutig. Aber ihr Recht auf Abspaltung und auf allgemeine Anerkennung steht in einem Spannungsverhältnis zu dem Wunsch der mächtigeren Staaten, Abspaltungsbewegungen in ihrem eigenen Umfeld nicht anerkennen zu müssen.

Dasselbe wird wahrscheinlich auch für die Beziehung zwischen Erde und Weltraum gelten. Selbst in einer Situation, in der die Marsianer nach den üblichen internationalen Normen gute Argumente für eine Abspaltung haben, wird es Fragen zu Präzedenzfällen geben. Das Problem wird dadurch verschärft, dass jede Weltraumsiedlung in der Praxis besondere geopolitische Merkmale aufweisen wird. Enthusiasten, die sich für die Besiedlung des Weltraums einsetzen, sprechen oft davon, dass neue Weltraumstaaten als unbeschriebenes Blatt beginnen. Es gibt aber keinen Grund, dies zu erwarten, und die Besonderheiten werden durchaus eine Rolle spielen. Wenn das neue Land eine Regierung und eine Kultur hat, die mit Russland übereinstimmen, ist das geopolitisch etwas anderes als eine Kultur, die mit den Vereinigten Staaten übereinstimmt. Selbst wenn alle Nationen der Erde bereit wären, einem Weltraumstaat im Allgemeinen zuzustimmen, würden viele ihn wahrscheinlich im Besonderen ablehnen. Genau wie bei Spanien, dem Kosovo und Katalonien kann es realpolitische Gründe geben, warum einzelne mächtige Nationen die Schaffung einer neuen Entität ablehnen, auch wenn diese nach internationalen Normen akzeptabel ist.

Der einfach schreckliche Weg zu Weltraumnationen

Was bedeutet das für unsere Asgardianer? Sie sind in keiner guten Position. Wenn die Umgehung des Weltraumvertrags scheitert, haben sie einen Weg zur Staatlichkeit, der aber mit Hindernissen verbunden ist, von denen eines sozusagen die Notwendigkeit ist, verfolgt zu werden. Selbst das könnte nicht ausreichen, denn der wahrscheinlichste Fall ist, dass zumindest einige Nationen der Erde keinen neuen Präzedenzfall für das Gemeingut schaffen wollen. Es gibt einen Weg zu Weltraumstaaten, wie sie Dr. Robert Zubrin und Elon Musk in Erwägung ziehen, aber um dorthin zu gelangen, bedarf es eines meisterhaften Politikers, einer Reihe von unwahrscheinlichen Ereignissen oder höchstwahrscheinlich beidem.

Wir wollen hier unter anderem deshalb über die Schaffung von Staaten sprechen, weil die Leute oft einfach davon ausgehen, dass es einen klaren Weg nach vorne gibt. Den gibt es aber nicht. Sie müssen entweder den Weltraumvertrag auflösen, unwahrscheinliche Änderungen des Weltraumvertrags erwirken oder den eben beschriebenen juristischen und geopolitischen Hindernisparcours überwinden.

Wir wagen es zu sagen, dass dies ein weiterer Punkt ist, an dem Abwarten der beste Lösungsansatz sein könnte. Es gibt keinen Grund, sich in die Weltraumstaatlichkeit zu stürzen, denn man kann bereits so viel Wissenschaft und Forschung betreiben, wie man will. Mit einem ausgefeilteren internationalen Rechtssystem könnte dies in aller Ruhe geschehen und gleichzeitig ein gewisses Maß an Ressourcenausbeutung ermöglicht werden.

Wir denken, dass das ideale Szenario, wenn man Weltraumnationen haben will, darin besteht, die Zustimmung der gesamten Erde zu einem neuen Staat im Weltraum zu erreichen. Dies birgt zwar immer noch Gefahren, die wir am Ende des Buches erkunden werden, aber zumindest gäbe es dann kein Gerangel zwischen den bestehenden Nationen. Wie wir gesehen haben, hat die Frage, ob ein funktionaler Staat ein anerkannter Staat wird, viel mit den möglichen Auswirkungen auf alle bereits existierenden Staaten zu tun. Wenn man also eine unabhängige Weltraumnation anstrebt, muss man so etwas wie eine harmonische Erde haben. Angesichts der Tatsache, dass es wahrscheinlich noch lange dauern wird, bis große Marssiedlungen möglich sind, ist es vermutlich besser, eine Regelung anzustreben, die Konflikte vermeidet, als zu versuchen, so schnell wie möglich Weltraumnationen zu schaffen.

Wir werden von der
Erde unterdrückt und
müssen frei werden, aber schickt
uns bitte weiterhin Geld und
lebensnotwendige Dinge!
STELLANTIS

Notabene

GEWALT IN DER ANTARKTIS ODER: HAPPY ENDS FÜR MIESE ANFÄNGE

Eine frühere Version dieses Buches enthielt einen ausführlichen Abschnitt über seltsame Vorfälle auf den Polarstützpunkten. Wir haben diesen Abschnitt gestrichen, vor allem weil solche Vorfälle selten sind und wir es für überflüssig hielten, die manchmal buchstäblich blutigen Details zu schildern. Außerdem gibt es, wie im Weltraum, eine Menge veröffentlichter Arbeiten, die nicht die Wahrheit zu vermitteln scheinen. Eine weitverbreitete Geschichte, auch in der wissenschaftlichen Literatur, lautet in etwa so: Im Jahr 1959 stritten sich zwei Russen in der Wostok-Station bei einer Schachpartie. Der eine griff den anderen mit einem Eispickel an, was zu einem dauerhaften Schachverbot in der Station führte.

Es gibt einige Gründe, warum Sie skeptisch sein sollten. Erstens werden die Personen nicht namentlich genannt. Zweitens führt der Eispickel in einigen Erzählungen zum Tod und in anderen lediglich zu einer Verletzung. Drittens ist die Geschichte ein klassisches Stereotyp von Russen, die sowohl intellektuell als auch brutal sind. Viertens, obwohl wir zugegebenermaßen noch nie eine Antarktisbasis leiten mussten … würde unsere politische Reaktion auf einen Eispickelangriff nicht die Frage beinhalten: »Welches Brettspiel haben sie gespielt?«

Wir geben zu, dass wir diese Geschichte geglaubt haben, als wir sie zum ersten Mal gelesen haben. Als wir jedoch nach primären Quellen suchten, fanden wir eine geschlossene Schleife von Gerüchten, die nie mit tatsächlichen, namentlich genannten, eispickelschwingenden Russen zu tun zu haben schienen. Wir fragten einen russischen Freund, ob er irgendeinen

Hinweis auf diese Geschichte in seiner Muttersprache finden könnte, und in seiner Antwort-E-Mail konnte man praktisch den klagenden Seufzer darüber hören, welcher Quatsch in den englischsprachigen Medien landet.

Aber hey, man weiß ja nie. Also schrieb Kelly an Dr. Wladimer Papitaschwili von der National Science Foundation. Er antwortete freundlicherweise, anstatt einfach seinen Computer auszuschalten und den Kopf zu schütteln. Hier ist ein Auszug aus der E-Mail:

> *Meines Wissens ist die Geschichte, auf die Sie sich bezogen haben, nicht wahr. Ich habe seit den 1970er-Jahren mit der sowjetischen Antarktisexpedition zusammengearbeitet [...] und ich habe die Wostok-Station zum ersten Mal im Jahr 1983 besucht. In der gesamten Geschichte der Wostok-Station seit 1957 wurde nur ein einziger Todesfall registriert: Ein Mechaniker starb bei einem Brand im Kraftwerk im April 1982.*[141]

Das beweist zwar nicht endgültig, dass die Geschichte falsch ist, aber man sollte meinen, dass jemand, der jahrzehntelang mit sowjetischen Polarforschern zu tun hatte und in der betreffenden Station abhing, zumindest einmal Wind von den eispickelschwingenden Schachspielern und den strengen Beschränkungen für Brettspiele bekommen hätte.

Um es klar zu sagen: Wenn man genug über das Leben an den Polen liest, kann man Geschichten finden, die wirklich gut dokumentiert sind. Zum Beispiel den Rosinenweinmord oder den Fall, in dem zwei Russen wirklich eine gewalttätige Auseinandersetzung hatten.

In Vino Violenz

Mario Escamilla hatte die Nase voll von Porky. Escamilla saß seit über einem Monat mit Donald Leavitt (alias Porky) in der Arktis fest, und Porky war ein totales Arschloch. Vor allem war Porky die Art von Arschloch, die den Leuten den Alkohol klaute, während er ein Fleischerbeil schwang. Am 16. Juli 1970 rief Escamillas Mitbewohner ihn an, um ihm zu sagen, dass ein betrunkener Porky ihren Wein gestohlen hatte. Escamilla schnappte sich ein Gewehr und stellte Porky zur Rede, den er dabei ertappte, wie er zusammen mit dem Stationsleiter (einem Mann namens Bennie Lightsey) einen Cocktail aus Ethylalkohol, Traubensaft und Rosinenwein trank. Lightsey und Escamilla hatten schließlich eine hitzige Diskussion über Porkys Verhalten in Bezug auf den Rosinenwein anderer Bewohner der arktischen Basis, in deren Verlauf Escamilla mit einem Gewehr herumfuchtelte. Irgendwann ging das Gewehr los und tötete versehentlich Lightsey.

Diese Ereignisse erlangten in der Welt des Rechts eine gewisse Berühmtheit, denn es gab eine heftige Debatte darüber, wer die Gerichtsbarkeit über ein bewegliches Stück Eis im Arktischen Ozean innehatte. Der Fall wurde schließlich in den Vereinigten Staaten verhandelt, wo beide Männer Staatsbürger waren, und Escamilla wurde freigesprochen.

Messerstecherei mit Happy End

Im Jahr 2018 stach ein russischer Überwinterer in der Bellingshausen-Station einem anderen Überwinterer mehrfach in die Brust. Russische Männer sind anscheinend übermenschlich, denn der niedergestochene Mann (der schnell zur medizinischen Versorgung nach Chile geflogen wurde) überlebte.

Vielleicht haben Sie von dieser Geschichte in den Nachrichten gehört. Die ursprünglichen Berichte konzentrierten sich auf ein merkwürdiges Detail und behaupteten, Sergei Sawitzki habe Oleg Belogusow erstochen, weil Belogusow ständig das Ende von Büchern verraten habe, die Sawitzki las. Hier zeigt sich wieder einmal das russische Klischee von gewalttätigen Burschenschaftlern in Kombination mit Intellektualismus.

Spätere Versionen dieser Geschichte rückten von der Spoiler-Erklärung ab und wiesen darauf hin, dass Belogusow Sawitzki während ihrer gemeinsamen Zeit auf dem Eis immer wieder beleidigt hatte. Dies gipfelte in dem Tag, an dem Belogusow zu Sawitzki sagte, er solle auf den Tisch steigen und für Geld tanzen. Und da kommt die Stichwunde in der Brust ins Spiel.

Hat die Station daraufhin Witze über Tabledance verboten? Nein. Noch merkwürdiger ist, dass Sawitzki anscheinend ziemlich schnell eingesehen hat, dass dies eine Überreaktion war, und sich von da an angemessen verhielt. Er gab seine Tat zu, flog ohne Eskorte nach Hause und wurde unter Hausarrest gestellt. Dort wurde er wegen versuchten Mordes im Affekt angeklagt und kooperierte vollständig. Belogusow vergab ihm, und da Sawitzki keine Vorstrafen hatte und reumütig schien, wurde die Anklage fallen gelassen.

Wir wollen nicht darüber spekulieren, was Sie in einer vergleichbaren Situation im Weltraum tun würden, sollten oder könnten, aber wir sagen Folgendes: Wenn es um langfristige Siedlungen geht, sollten wir uns große Ziele setzen. Bedenken Sie, wie viel von der Erde benötigt wurde, um diese Messerstecherei zu bewältigen – nicht nur ein Transportsystem, sondern auch ein Rechtssystem, ein Gefängnissystem und eine Traumamedizin. Es ist schwer vorstellbar, dass eine kleine Weltraumsiedlung ein solches Happy End erleben könnte.

Teil VI

Plan B oder nicht Plan B: Weltraumgesellschaft, Expansion und existenzielles Risiko

BISLANG HABEN WIR UNS IN DIESEM BUCH MIT FRAGEN DER MACHbarkeit beschäftigt. Sind Weltraumsiedlungen biologisch machbar? Technisch machbar? Rechtlich machbar? In diesem letzten Abschnitt gehen wir davon aus, dass auf irgendeine Weise Siedlungen, vielleicht sogar Weltraumnationen, existieren können, sodass wir Fragen auf der Bevölkerungsebene stellen können.

Zunächst werden wir uns die am häufigsten vorgeschlagene und vielleicht wahrscheinlichste Form der frühen sozialen Organisation im Weltraum ansehen: Firmenstädte. Es gibt viele Möglichkeiten, wie dies aussehen könnte, aber wir werden uns auf die Literatur über historische Firmenstädte auf der Erde konzentrieren, um einen Einblick in die mögliche Zukunft von Firmenstädten im Weltraum zu erhalten. Unternehmenssiedlungen auf dem Mars sind unserer Erfahrung nach das am häufigsten vorgeschlagene Modell, wenn man sich mit Weltraumsiedlungsenthusiasten unterhält. Das mag diejenigen von Ihnen beunruhigen, für die das Wort Firmenstadt ein Synonym für schnurrbartzwirbelnde kapitalistische Bösewichte ist. Wir sind zwar der Meinung, dass das Bild differenzierter ist, aber es ist nicht unbedingt ein gutes Bild. Wenn Sie sorgfältig darüber nachdenken, können Sie sich auch ein Bild von den unterschätzten Gefahren machen, die mit dem Versuch verbunden sind, 225 Millionen Kilometer von zu Hause entfernt eine Wirtschaft aufzubauen.

Anschließend werden wir uns mit der Bevölkerungsproblematik befassen, wenn das Ziel die Unabhängigkeit von der Erde ist. Wir haben die ganze Zeit gesagt, dass man Weltraumsiedlungen groß angehen muss, und dies ist unsere Chance, darüber zu sprechen, was das bedeuten würde. Wie wir sehen werden, können wir im Bereich der Biologie gute Zahlen nennen. Wenn es um die Ökonomie geht, sind die Details etwas schwammig, und bei den ungeheuren Zahlen wird das noch deutlicher.

Schließlich kommen wir zu einer Frage, die wir bereits in der Einleitung angesprochen haben: Krieg. Ist ein Krieg im Weltraum weniger wahrscheinlich? Wenn nicht, ist er dann besonders gefährlich? Wenn wir die Standardanalyse von Kriegstheoretikern anwenden und nicht versuchen, aus Poptheorien zu schließen, warum Kriege entstehen, stellen wir fest, dass wir, wie in so vielen Bereichen des menschlichen Verhaltens im Weltraum, erwarten sollten, dass sich die Menschen wie auf der Erde verhalten. Wenn Kriege im Weltraum besonders gefährlich sind, dann ist das ein Problem.

Kapitel 17
Auf dem Mars gibt es keinen Pool an Arbeitskräften: Der Weltraum als Firmenstadt

Als Elon Musk ankündigte, eine neue Stadt in Südtexas zu gründen, die er Starbase nannte, wurde in einer Reihe von Artikeln das Risiko einer »Firmenstadt« beklagt. Eine beängstigende Vorstellung, denn für viele Menschen sind Firmenstädte ein Synonym für Arbeitsmissbrauch. Aber gerade im Fall von Starbase erschien uns das Potenzial für eine massive Ausbeutung durch das Unternehmen als ziemlich gering. Die klassische ausbeuterische Firmenstadt wird von einem einzigen Unternehmen fernab der Zivilisation betrieben, während Starbase etwa 20 Minuten von Brownsville entfernt ist, einer Stadt mit 180000 Einwohnern, in der es mindestens drei Starbucks gibt. Die Arbeiter in Starbase müssten nicht in Firmenwohnungen leben oder bei Musk-Mart einkaufen. Sie hätten andere Arbeitsmöglichkeiten vor Ort und könnten die Gegend relativ leicht verlassen, um bessere Arbeitsbedingungen zu finden. Auch wenn Starbase formell eine Firmenstadt sein mag, also eine Stadt, in der fast jeder bei einem einzigen Unternehmen beschäftigt ist, erschien uns das Risiko eines unternehmerischen Albtraumszenarios als gering.

Wenn man über Firmenstädte im Weltraum nachdenkt, sind Details wie diese wirklich wichtig. Die Wahrheit sieht nämlich so aus, dass Firmenstädte nicht von Natur aus böse sind. Oft sind es nur langweilige Kleinstädte, die sich auf den Bergbau oder die Holzindustrie konzentrieren. Gelegentlich ist die Unternehmensführung recht beliebt. Manchmal wird der Versuch, den paternalistischen Einfluss der Unternehmen zurückzudrängen, von den lokalen Familien aktiv bekämpft. In anderen Fällen, wie der berüchtigten Schlacht am Blair Mountain, haben Arbeitskämpfe dazu geführt, dass Bomben aus Flugzeugen auf Zivilisten abgeworfen wurden.

Die größte Gefahr für den Weltraum besteht darin, dass abgelegene Firmenstädte in der Regel viel Macht in die Hände des Unternehmens legen, sodass die Mitarbeiter schutzlos sind. Wenn ein Unternehmen einen Bergbaubetrieb fernab der Zivilisation eröffnet, muss es alle möglichen Dienstleistungen bereitstellen: Wohnungen, sanitäre Einrichtungen, Einkaufsmöglichkeiten und in einigen Fällen sogar Kirchen oder Krankenhäuser. Das ist kein Akt der Nächstenliebe – es sind die grundlegenden Dinge, die Unternehmen anbieten müssen, um Menschen dazu zu bringen, in die Mitte von Nirgendwo umzuziehen. Das Ergebnis ist jedoch, dass die Arbeitnehmer, wenn sie streiken oder auch nur verhandeln wollen, mit einem Chef sprechen müssen, der gleichzeitig ihr Vermieter, Stadtrat, Gesundheitsdienstleister und so weiter ist.

Die grundlegende Struktur einer Firmenstadt schafft ein massives Machtungleichgewicht zwischen Eigentümern und Angestellten, das selbst dann auftritt, wenn wir davon ausgehen, dass die Betreiber keine schnurrbartzwirbelnden Schurken sind. Und wenn sie es sind, kann das in der Tat beängstigend werden. Egal, wie schlimm es in einer Kohlestadt in den Appalachen war, es gab immer einen Zug, der die Stadt verließ. In einer Marssiedlung wird dies weitaus schwieriger sein, und die Unternehmen werden mehr kontrollieren, als es je ein Unternehmen auf der Erde getan hat – nicht nur Wohnraum und Lebensmittel, sondern die Biosphäre selbst.

Wenn wir irgendwo im Weltraum Firmenstädte haben wollen, stellt sich die Frage, wie wir die schlimmsten Szenarien vermeiden und eine langweilige Stadt schaffen können, die gedeiht, sich entwickelt und schließlich von der Firmen- zur Volksherrschaft übergeht, idealerweise ohne ihre Bürger während dieses Prozesses zu bombardieren. Wie sich herausstellt, gibt es zumindest einige Entscheidungen, die eine korporative Siedlung treffen könnte und die wahrscheinlich zu besseren Ergebnissen führen. Es gibt auch einige Situationen, die unvermeidlich und möglicherweise ziemlich schlimm sind und für die man Vorkehrungen treffen sollte.

Was ist eine Firmenstadt?

Für unsere Zwecke ist eine Firmenstadt eine Siedlung, in der der Hauptarbeitgeber ein einziges Unternehmen ist. Die klassischen Beispiele, die für uns am relevantesten sind, sind Städte wie Corner Brook in den Wäldern von Neufundland, die im frühen 20. Jahrhundert gegründet wurden. Warum sollte man eine Stadt mehr oder weniger aus dem Nichts in den eiskalten Regionen der Erde errichten? Weil es dort reichlich Holz und einen ausgezeichneten Zugang zu billiger Wasserkraft gab, aber kein großes Arbeitskräftepotenzial zur Verfügung stand. Es musste eine Stadt mit allen üblichen städtischen Annehmlichkeiten gebaut werden, damit die Menschen hier Arbeit annahmen. Ähnliche Einrichtungen wurden auf der ganzen Welt für Aktivitäten wie den Bergbau oder die Ölförderung errichtet. Weltraumsiedlungen könnten ebenfalls auf diese Weise funktionieren, wenn sich ein Rohstoff tatsächlich als wertvoll erweist. Andernfalls müssen sie auf Dinge wie Tourismus, Medien und Forschung ausgerichtet sein.

Nicht alle Firmenstädte befinden sich in Privatbesitz. Denken Sie nur an die »Monostädte«, die von der Sowjetunion gebaut wurden. Wie Corner Brook waren auch sie auf Ressourcen ausgerichtet. Ein Unterschied, der von Bedeutung sein könnte, wenn es bei der Besiedlung des Weltraums vor allem um die Haltung der Regierung geht, ist, dass die Monostädte auch politischen Zwecken dienten. Stalin rief sie unter anderem deshalb ins Leben, weil er der Meinung war, dass die Städte überfüllt und verwahrlost waren, und er wollte, dass die Stadtbewohner Kultur aufs Land brachten. Außerdem wollte er die sowjetische Industrie für den Fall eines deutschen Angriffs in den Osten verlagern, was zugegebenermaßen eine ziemlich gute Entscheidung war. Obwohl die Monostädte während der stalinistischen Ära oft mit Gulag-Häftlingen bevölkert waren, mussten diese Städte nach den Reformen in den 1960er-Jahren dasselbe tun, was die Städte der Unternehmen taten: Wohnungen und Annehmlichkeiten bereitstellen, um Arbeiter anzuziehen. Eine typische Stadt in dieser Art war Krasnokamensk. Wie Corner Brook wurde die Stadt in einem rauen Gebiet gegründet – die örtlichen Hirten nannten es wörtlich das »Tal des Todes«. Warum sollte man eine ganze Stadt im Tal des Todes gründen? Wegen der wertvollen Uranvorkommen.

Eine andere Art von Firmenstädten ist das, was man als utopische Städte bezeichnen könnte. Orte mit Namen wie Hershey, Pullman und Fordlandia, benannt nach Mr Hershey, Mr Pullman beziehungsweise Mr Ford, wurden alle gegründet, um profitable Geschäfte zu machen und gleichzeitig die sozialen Beziehungen zu perfektionieren. Aber Perfektion war schwer zu erreichen. Pullman und Fordlandia erlebten heftige Streiks und scheiterten schließlich. Hershey hatte seine eigenen Probleme, darunter die wohl einzige Schlägerei in der Geschichte zwischen einem Milchmann und einem Schokoladenfabrikanten, aber heute ist es eine konventionelle Kleinstadt, wenn auch mit einer Menge Süßigkeiten und einem schicken Themenpark.

Diese utopischen Städte neigten dazu, den Angestellten die besonderen Eigenheiten ihrer Gründer aufzuerlegen. Henry Ford zum Beispiel schuf seltsam paternalistische Institutionen. In seinen Fabriken gab es soziologische Abteilungen, die die Angestellten auf Verhaltensweisen hin überwachten, die er missbilligte, wie Alkoholkonsum und Ehebruch. Sie veranstalteten auch Zeremonien, bei denen eingewanderte Arbeiter in der

Kleidung ihres Heimatlandes auf eine Bühne traten, dann in einen Bühnenschmelztiegel traten und in amerikanischer Kleidung wieder herauskamen. In der Gesamtgeschichte der Firmenstädte sind utopische Städte wie diese meist nur eine interessante Fußnote, aber für die Besiedlung des Weltraums, deren prominenteste Befürworter eine gehörige Portion Idiosynkrasie und utopische Bestrebungen mitbringen, könnten sie von besonderer Bedeutung sein.

Ein interessantes Element für jeden, der einen Siedlungsentwurf plant, ist die Tatsache, dass es eine starke Versuchung für Social Engineering geben kann. Erinnern Sie sich an Kapitel 4 über die Psychologie der Raumfahrer und die verschiedenen Vorschläge zur maschinellen Steuerung der menschlichen Harmonie. Wir glauben nicht, dass dies ein guter Weg ist, um Menschen zu versorgen, aber es liegt eine gewisse Logik darin. Ein Weltraumhabitat wird eine zerbrechliche Blase des Lebens in einer feindlichen Welt sein. Je mehr Menschen dort leben, desto größer ist die Chance, dass jemand etwas Gefährliches tut. Vielleicht halten Sie die Idee einer Abteilung für Soziologie für eine seltsame Bevormundung aus dem frühen 20. Jahrhundert, aber der gleiche Drang nach sozialer Perfektion als Mittel zur Steigerung der Unternehmenseffizienz könnte in anderer Form wiederkehren.

Die »klassischen« Probleme von Firmenstädten sind jedoch etwas langweiliger und haben damit zu tun, wem was gehört und warum.

Die Pflege und Ernährung von Raumfahrtmitarbeitern

Eines der ersten Dinge, die man über Firmenstädte wissen sollte, ist, dass die Unternehmen anscheinend nicht für die Unterbringung zuständig sein wollen. Unserer Erfahrung nach denken die Leute oft, dass die Unterbringung eine aktiv verfolgte Kontrolltaktik war, aber wenn man sich die verfügbaren Daten und die mündlichen Erzählungen ansieht, scheinen die Unternehmen oft geradezu abgeneigt zu sein, überhaupt Wohnraum bereitzustellen. In seiner wirtschaftlichen Analyse der Kohlestädte in den Appalachen des frühen 20. Jahrhunderts, *Soft Coal, Hard Choices*, stellte Dr. Price Fishback fest, dass Unternehmen, die in der Lage waren, eine dritte Partei mit der Bereitstellung von Wohnraum zu beauftragen, dies in der Regel auch taten. Das ist schwer mit der Vorstellung in Einklang zu bringen, dass der Bau von Wohnungen in böser Absicht erfolgte.

Es gibt auch gute theoretische Gründe, die erklären, warum Unternehmen Wohnungen bauen und sie an Arbeiter vermieten. Nehmen wir an, Elon Musk baut die Weltraumstadt Muskau. Nachdem er in weiser Voraussicht den nächstgelegenen Weinersmith konsultiert hat, beschließt er, dass er keine eigenen Wohnungen für seine Angestellten bauen sollte, weil er das Risiko eines Machtungleichgewichts sieht. Er will Bauunternehmer anheuern, stößt aber sofort auf ein Problem: Es gibt nur sehr wenige Unternehmen, die auf dem Mars bauen. Betrachten wir den einfachen Fall, dass nur ein einziges Unternehmen bereit ist, den Bau zu übernehmen.

Und jetzt raten Sie mal. Dieses Unternehmen hat nun eine Monopolstellung. Es kann die Wohnungspreise erhöhen oder die Qualität der Wohnungen senken, wodurch Muskau für potenzielle Arbeiter weniger attraktiv wird. Musk kann die Situation jetzt nur noch verbessern, indem er den Arbeitern mehr zahlt. Das kostet ihn Geld und füllt die Taschen des Wohnungsanbieters.

Wenn er das vermeiden will, ist es für Musk ideal, mehr Bauunternehmen anzuziehen, damit diese miteinander konkurrieren können. Sollte das nicht möglich sein, wie es in abgelegenen Firmenstädten oft der Fall war, dann ist die einzige Alternative, dass er die Wohnungen selbst baut. Das funktioniert, aber der Nachteil ist, dass er sich neben seinem Kerngeschäft nun auch noch um den Wohnungsbau kümmern muss. Außerdem hat er jetzt viel Kontrolle über seine Mitarbeiter. Für diese Vorgehensweise muss Musk kein machthungriger Bastard sein – er muss lediglich Arbeiter an einen Ort locken, an dem es keine Konkurrenz im Wohnungsbau gibt.

Historisch gesehen ist der Punkt, an dem die Dinge besorgniserregender werden, der Mietvertrag, der die Unterbringung oft an die Beschäftigung bindet. Selbst das lässt sich bis zu einem gewissen Grad mit rationalen Entscheidungen erklären, die ein Unternehmer, der kein mieser Kerl ist, nicht bösartig treffen würde. Die Arbeiter in den Minen waren oft nur vorübergehend beschäftigt. Auch Minen waren zeitlich begrenzt und existierten nur so lange, bis die Ressourcen nicht mehr wirtschaftlich waren. Daher war die Aussicht auf Wohneigentum für einen Arbeiter weniger attraktiv. Und warum? Aus zwei Gründen. Erstens: Wenn eine Stadt in 15 Jahren plötzlich untergehen kann, weil eine Kupfermine nicht mehr rentabel ist, ist der Kauf eines Hauses eine schlechte Investition. Zweitens: Wenn man ein Haus besitzt, ist es schwer, es zu verlassen. Das ist ein Problem, denn die Drohung, die Stadt zu verlassen, ist ein klassisches Mittel, um die Verhandlungsposition von Arbeitnehmern zu verbessern. Sobald die Wohnung an den Arbeitsplatz gebunden ist, ist das Missbrauchspotenzial enorm – vor allem bei Streiks. Mietverträge waren oft an die Beschäftigung gebunden, sodass ein Streik oder sogar eine Erkrankung den Verlust der Wohnung bedeuten konnte. Wenn Ihr Chef gleichzeitig Ihr Vermieter ist, hat er die Möglichkeit, Sie und Ihre Familie zu bedrohen, und in der Tat wird in vielen Berichten von der gewaltsamen Räumung von Familien mit Kindern berichtet. Wenn die Arbeitnehmer entweder Eigentümer ihrer Häuser gewesen wären oder sicherere Mietverträge gehabt hätten, hätte sich das Blatt gewendet. Sie hätten für bessere Löhne oder Arbeitsbedingungen streiken und diese Häuser besetzen können, um es ihrem Arbeitgeber zu erschweren, Ersatz zu finden.

Es mag verlockend sein, dies als ein rein kapitalistisches Problem zu betrachten, aber in den sowjetischen Monostädten kam es zu ganz ähnlichen Ergebnissen. Die Angestellten bekamen in der Regel eine recht schöne Wohnung in der Stadt; wenn sie ihren Arbeitsplatz verloren, mussten sie in die örtliche Sowjetstadt ziehen, die weitaus schlechtere Unterkünfte bot. Ein Autor drückte es so aus: »So wurde die Unterbringung zur Methode der Arbeiterkontrolle schlechthin.«[142] Das deutet darauf hin, dass es hier eine tiefgreifende strukturelle Dynamik gibt – wenn Ihr Arbeitgeber Ihre Wohnung besitzt, ist er geneigt, sie irgendwann gegen Sie zu verwenden.

Im Weltraum kann man Menschen nicht aus ihren Häusern werfen, es sei denn, man ist bereit, sie zu töten oder für eine teure Heimreise zu bezahlen. Auf dem Mars kann die Orbitalmechanik die Reise ausschließen, selbst wenn man sie sich leisten könnte. In Diskussionen mit Weltraumsiedlungsexperten wird die Frage der Unterbringung oft als binär dargestellt: »Sehen Sie, sie werden die Angestellten nicht umbringen, also müssen sie sie gut behandeln.« In Wirklichkeit gibt es ein ganzes Spektrum von Bösartigkeiten. Ein Firmenchef auf dem Mars könnte Ihnen minderwertiges Essen anbieten, den Platzbedarf reduzieren, den Fluss des Rübenweins einschränken oder Ihnen den Zugang zum Pregnodrom verwehren. Er könnte auch Ihre Atmosphäre verändern. Wir haben einen Bericht eines britischen U-Boot-Fahrers gefunden, in dem er behauptet, er könne das Verhältnis von Sauerstoff zu Kohlendioxid anpassen, je nachdem, ob er möchte, dass die Menschen eher lethargisch oder aktiv sind.[143] Ob es das Risiko wert ist, Angestellte zu verärgern, deren Lieferung an die Siedlung mindestens Millionen kostet, ist schwieriger zu beurteilen.

Diese allgemeine Logik – die Unternehmen müssen Annehmlichkeiten bereitstellen, damit sie Macht erlangen – wiederholt sich in allen Kontexten der Firmenstädte. Um qualifizierte Mitarbeiter, die möglicherweise Familien haben, anzulocken, muss das Unternehmen Wohnraum zur Verfügung stellen. Aber es muss auch für andere Dinge in der Stadt sorgen – Einkaufsmöglichkeiten, Unterhaltung, Feste, sanitäre Einrichtungen, Straßen, Brücken, Stadtplanung, Schulen, Tempel, Kirchen. Wenn ein Unternehmen die Einkäufe kontrolliert, legt es die Preise fest und weiß, was Sie kaufen. Wenn es die Unterhaltung und den Gottesdienst kontrolliert, hat es Macht über die Sprache und das Verhalten der Mitarbeiter. Wenn es die Schulen kontrolliert, hat es Macht darüber, was gelehrt wird. Wenn es die Krankenhäuser kontrolliert, bestimmt es, wer eine medizinische Versorgung erhält und in welchem Umfang.

Selbst wenn das Unternehmen an all diesen Fronten gute Arbeit leistet, kann es immer noch Widerstand geben, vor allem weil die Menschen es nicht mögen, wenn ein so großer Teil ihres Lebens von einem einzigen Unternehmen kontrolliert wird. Dr. Price Fishback argumentierte, dass Firmenstädte trotz aller Probleme nicht so schlecht sind wie ihr Ruf. Er stellte eine Theorie auf, warum das so ist, und nannte ein Problem, das man als Omni-Antagonisten-Effekt bezeichnen könnte. Überlegen Sie einmal, auf welche Gruppen Sie als Erwachsener am ehesten wütend sind. Vermieter? Handwerker? Lokale Geschäfte? Versorgungsunternehmen? Ihre Wohnungseigentümergemeinschaft? Lokale Behörden? Gesundheitsdienstleister? Die Chancen stehen gut, dass Sie auf *irgendjemanden* auf dieser Liste wütend sind, selbst während Sie dieses Buch lesen. Stellen Sie sich nun vor, dass alle zu einer einzigen Einheit verschmolzen sind, die gleichzeitig auch noch Ihr Chef ist.

Im Weltraum ist es wie üblich noch schlimmer: Die Infrastruktur- und Versorgungsunternehmen halten nicht nur die Toilette und den Strom am Laufen, sie entscheiden auch, wie viel CO_2 in Ihrer Luft ist, und kontrollieren den Transport in und aus der Stadt. Selbst wenn das Unternehmen nicht böse ist, wird es schwer sein, gute Beziehungen zu pflegen, sogar in den besten Zeiten. Und es werden nicht immer die besten Zeiten sein.

Wenn Firmenstädte Probleme bereiten

Versuche der Gewerkschaftsbildung

Am 3. September 1921 berichtete die *Associated Press* über den damals laufenden Bergarbeiterstreik in West Virginia und veröffentlichte die folgende Meldung:

> *Subdistriktpräsident Blizzard von den United Mine Workers [...] sagt, dass fünf Flugzeuge aus dem Bezirk Logan Bomben aus Gasrohren und Sprengstoff über dem Land der Bergarbeiter abgeworfen haben, aber dass niemand verletzt wurde. Eine der Bomben, so berichtet er, fiel zwischen zwei Frauen, die in einem Hof standen, aber sie explodierte nicht.*[144]

»Sie explodierte nicht« ist besser als die Alternative – aber hey, es ist der Gedanke, der zählt. Die meisten Streiks wurden nicht von versuchten Kriegsverbrechen begleitet, aber dieser spezielle Streik, der Teil der treffend benannten Kohlekriege im Amerika des frühen 20. Jahrhunderts war, fand in einer Situation statt, die mit erhöhter Gefahr verbunden war – den Versuchen einer Gewerkschaftsgründung.

Aus rein wirtschaftlicher Sicht ist dies nicht sonderlich überraschend. Aus der Sicht des Unternehmens liegt hinter der gewerkschaftlichen Organisierung eine große Unbekannte. Ehemals direkte Entscheidungen werden von einem neuen und möglicherweise antagonistischen Gremium getroffen werden müssen. Das Unternehmen wird im Falle eines wirtschaftlichen Abschwungs weniger Flexibilität bei Löhnen und Entlassungen haben. Es könnte gegenüber einem nicht gewerkschaftlich organisierten Unternehmen weniger wettbewerbsfähig werden. Und es muss möglicherweise jeden einzelnen Mitarbeitervertrag neu verhandeln.

Unabhängig davon, ob eine Gewerkschaft in einer Weltraumsiedlung per se gut wäre oder nicht, sollte man angesichts der hohen Kosten und Gefahren, die jede Art von Streit mit sich bringen würde, seine Weltraumsiedlung mit einer Art Tarifgemeinschaft beginnen, um einen gefährlichen Übergang zu vermeiden. Eine Gewerkschaft würde auch einen Teil des Machtungleichgewichts verringern, indem sie den Arbeitern die Möglichkeit gibt, kollektiv in ihrem eigenen Interesse zu handeln. In der Realität wird dies jedoch möglicherweise nicht der Fall sein, wenn die großen Raumfahrtkapitalisten von heute die Chefs der Raumfahrtunternehmen der Zukunft sind – sowohl Elon Musk als auch Jeff Bezos haben als CEOs ihre Unternehmen gewerkschaftsfrei gehalten.

Wirtschaftliches Chaos

Ein weiteres grundlegendes Problem besteht darin, dass Firmenstädte, die im Allgemeinen auf ein einziges Gut ausgerichtet sind, extrem anfällig für wirtschaftliche Unwägbarkeiten sind. Mehrere Wissenschaftler haben festgestellt, dass Firmenstädte tendenziell weniger anfällig für Konflikte sind, wenn sie größere Gewinnspannen haben. Es ist kein Zufall, dass der eben erwähnte Vorfall mit der Rohrbombe während eines starken Preisverfalls bei der Kohle zu Beginn des 20. Jahrhunderts stattfand. Preisverfall und allgemein schlechte wirtschaftliche Bedingungen können dazu führen, dass Verträge in einem Umfeld neu verhandelt werden, in dem das Unternehmen um sein Überleben fürchtet. Und dann kann es brenzlig werden.

Wenn Muskau sein Geld mit dem Tourismus verdient, könnte es den Kürzeren ziehen, wenn Apple zwei Lavaröhren weiter ein etwas kühleres Marsresort eröffnet. Oder es könnte eine weitere Weltwirtschaftskrise auf der Erde geben, die den Wunsch nach teuren Weltraumurlauben einschränkt. Was soll ein Weltraum-CEO also tun? Wenn in irdischen Firmenstädten eine Große Depression auftritt, besteht eine Möglichkeit darin, dass die Stadt einfach aufgibt. Das ist keine angenehme Option, aber zumindest gibt es einen Zug, der die Stadt verlässt, oder man hat die Möglichkeit zu trampen. Der Mars hat ein Startfenster, das nur alle zwei Jahre zur Verfügung steht.* Selbst eine Reise vom Mond zur Erde erfordert

* Für den scharfsinnigen Nerd sollten wir anmerken, dass die Möglichkeit ein wenig komplexer ist. Die Startzeitfenster könnten verkürzt werden, indem eine große Menge Treibstoff verschwendet und viel Geld ausgegeben wird. Gleichzeitig könnten Startfenster auch verpasst werden – zum Beispiel aufgrund anhaltender technischer Probleme oder eines schweren Sturms am falschen Ort und zur falschen Zeit.

eine Strecke von 380000 Kilometern, die wahrscheinlich niemals billig sein wird.

Die größten Raketen, die heute auf dem Reißbrett entworfen werden, können vielleicht 100 Menschen auf einmal transportieren. Selbst für eine Siedlung mit nur 10000 Einwohnern ist das eine Menge an Transportinfrastruktur, falls die Stadt evakuiert werden muss. Hinzu kommt, dass wir zumindest im Moment noch nicht einmal wissen, ob Menschen, die auf dem Mond oder dem Mars geboren und aufgewachsen sind, physiologisch in der Lage sind, auf die Erde zurückzukehren, und dann werden die Dinge erst richtig interessant.

Daraus ergibt sich eine enorme ethische Verpflichtung für denjenigen, der diese Entwicklung in die Wege leitet. Nicht nur, dass er eine riesige Reserve an Finanzmitteln, Vorräten und Transportmitteln bereitstellen muss, damit die Menschen gerettet oder notfalls evakuiert werden können, sondern er muss auch im Voraus wissenschaftlich untersuchen, ob es überhaupt möglich ist, Menschen, die in partieller Erdanziehung geboren wurden, nach Hause zu bringen.

Es gibt einen Präzedenzfall dafür, dass Regierungen bereit sind, Firmenstädte zu unterstützen. Viele alte sowjetische Monostädte erhalten heute Wirtschaftshilfe von der russischen Regierung. Wir sollten jedoch bedenken, dass es viel billiger ist, ein kleines russisches Dorf am Leben zu erhalten, als eine Armada von Megaraketen für Nachschub und Transport zu unterhalten.

Wenn Firmenstädte nicht ganz so problematisch sind

Wenn der Ruf eine Rolle spielt

Als wir mit Wirtschaftswissenschaftlern über Firmenstädte im Weltraum sprachen, war das Thema, das sie durchweg ansprachen, der Ruf. Vielleicht kann man in einer ersten Marssiedlung Mitarbeiter anlocken, indem man einfach sagt: »Der Mars! Verlassen Sie Ihre Familien und kommen Sie zum Mars!« Aber wenn man letztendlich Mitarbeiter haben will, die die Option haben, auf Planeten mit Luft zu bleiben, müssen sie glauben, dass sie gut behandelt werden. Wir denken, dass der ideale Ansatz, um diesen Ruf zu erzeugen, darin besteht, die Mitarbeiter tatsächlich gut zu behandeln. Aber es gibt auch andere Möglichkeiten.

Eine der berühmtesten Firmenstädte Amerikas, Oak Ridge, Tennessee, war ursprünglich ein geheimes Regierungsprojekt zur Veredelung von Uran für Atomwaffen. In der Stadt hing eine Plakatwand mit der folgenden Aufforderung:

Im Idealfall wird dies nicht der Ansatz sein, der im Weltraum verfolgt wird, aber die Unternehmen haben vielleicht die Möglichkeit dazu. Die Anzahl der Satellitenverbindungen zu einer Marssiedlung könnte ziemlich begrenzt sein, sodass Nationen oder Unternehmen den Informationsfluss begrenzen können. In Fällen, in denen der Erfolg einer Weltraumsiedlung mit nationalem Prestige verbunden ist, könnte der Wunsch der Siedlungsgründer, die Wahrheit zu kontrollieren, besonders stark sein.

Wenn das Gesetz die Arbeitnehmer begünstigt

Wenn die Regierung den Arbeitnehmern mehr Sympathie entgegenbringt und sie besser schützt, sind zumindest einige Analysten der Meinung, dass die Arbeitnehmer besser behandelt werden. Eine interessante Frage, wenn Sie über Firmenstädte im Weltraum nachdenken wollen, ist die Frage, unter welchem rechtlichen Rahmen sie Ihrer Meinung nach stehen werden. Wenn wir unter dem aktuellen Weltraumrecht stehen, wird das Arbeitsrecht in der Siedlung letztendlich von einem Erdstaat übernommen. Wenn wir uns für Stabilität entscheiden, wollen wir vielleicht starke Arbeitsgesetze haben. Wie wir jedoch gesehen haben, erlauben die bestehenden Gesetze einen Billigflaggenansatz für Aktivitäten im Weltraum. Unternehmen, die ihre Gewinne maximieren wollen, könnten ihre Aktivitäten in Ländern mit schwächeren Vorschriften ansiedeln.

Wenn man einen unabhängigen Staat außerhalb der Erde gründet, wird die Art der Arbeitsgesetze davon abhängen, was die Einwohner vor Ort entscheiden. Die Art und Weise, wie dies geschieht, könnte nachhaltige Auswirkungen auf die Entwicklung der Mond- oder Marskultur haben. Ein unabhängiger Staat, der als internationales Konsortium gegründet wird, kann sich von einem Staat, der als Bergbauunternehmen gegründet wird, deutlich unterscheiden.

Über die Ökonomie von Überlebensblasen, die durch die tödliche Leere von der Heimat getrennt sind

Wir haben uns für die Untersuchung von Firmenstädten entschieden, weil sie im Weltraum ein wahrscheinliches Phänomen darstellen und, offen gesagt, weil Weltraumfreaks viel darüber reden. Sie sind auch gut genug erforscht, dass wir konkrete Vorschläge für angehende Firmenchefs im Weltraum machen können. Aber der springende Punkt, den wir hier hervorheben möchten, ist, dass Probleme entstehen, wenn man eine vertraute Wirtschaftsstruktur nimmt und sie in eine giftige Höllenlandschaft versetzt. Ein wichtiger Faktor dafür, wie schlimm die vorgenannten Probleme werden, ist die »Mobilität der Arbeitskräfte«, also die Möglichkeit der Arbeitnehmer, einen anderen Arbeitgeber zu wählen. Wenn Sie sich entscheiden können, woanders zu arbeiten, profitieren Sie nicht nur davon, dass Sie von Zeit zu Zeit einen neuen Job bekommen, sondern Sie verbessern auch Ihre Verhandlungsposition gegenüber Ihrem derzeitigen Arbeitgeber. Obwohl die Arbeitskräftemobilität je nach Wohnort variieren kann, ist sie selten gar nicht vorhanden.

Auf dem Mars befindet sich der nächste verfügbare Arbeitgeber möglicherweise auf der anderen Seite der Sonne. Selbst wenn es andere Arbeitgeber auf dem Mars gäbe, könnte die Situation ziemlich schlecht bleiben.

Nehmen wir an, Elon Musk beschließt, nachdem er wieder einmal die Weinersmiths konsultiert hat, vier andere Unternehmen einzuladen, Städte auf dem Mars zu bauen, in der Annahme, dass eine größere Arbeitskräftemobilität zu glücklicheren Arbeitnehmern führen wird oder dass er ohnehin schlechte Mitarbeiter zu Bezos' Marsunternehmen schicken kann. Das wäre wahrscheinlich besser als gar keine Arbeitsmobilität, aber nicht viel besser.

Wenn Sie auf der Erde bei Taco Bell arbeiten und zu einem Job in einem Amazon-Lagerhaus wechseln, machen Sie sich wahrscheinlich keine Sorgen darüber, ob Amazon über ausreichende Vorräte an Atmosphäre und essbaren Grillen verfügt. Im Weltraum kann ein Unternehmen Sie nur dann einstellen, wenn es vor Ort Nahrung und Luft zur Verfügung stellen kann und gleichzeitig alle Ihre körperlichen Emissionen recycelt oder reinigt. Tatsächliche Siedlungen werden nur für eine bestimmte Bevölkerungszahl ausgelegt sein.

Aus diesem Grund macht uns Starbase auf der Erde keine Angst – sie liegt in der Nähe einer großen Stadt mit einer großen Bevölkerung. Die Menschen haben die Möglichkeit, die Stadt zu verlassen, und viele der Arbeiter werden hoch qualifiziert sein und die Möglichkeit haben, anderswo Arbeit zu finden. Selbst in einer Kohleminenstadt des frühen 20. Jahrhunderts gab es notwendigerweise Züge, die regelmäßig abfuhren. Nichts von alledem wird im Weltraum der Fall sein, es sei denn, der Transport und die lokalen Lebensräume sind extrem entwickelt. Das Ergebnis wird sein, dass die Arbeitnehmer nur begrenzte Möglichkeiten haben werden, den Arbeitsplatz zu wechseln, und die Arbeitgeber werden das wissen.

Die einzige gute Nachricht ist, dass die Unternehmen angesichts der Kosten, die mit der Entsendung ihrer Mitarbeiter verbunden sind, nur ungern ihre Mitarbeiter verärgern wollen. Arbeitsverweigerung kann ziemlich effektiv sein, wenn Ihre Zeit Millionen von Dollar pro Tag wert ist. Außerdem werden hoch qualifizierte Mitarbeiter in den Städten in der Regel besser behandelt als einfache Arbeiter. Das ist nicht gerade eine schöne Tatsache, aber sie lässt Gutes für die elitären Bewohner der frühen Siedlungen vermuten. Der Nachteil ist, dass es nicht gerade harmonisch zugeht, sondern eine Einigung dadurch erzielt wird, dass sich beide Parteien gegenseitig die Pistole an den Kopf halten.

Wir verstehen, dass es seltsam ist, in einer Diskussion über Weltraumsiedlungen die Frage zu stellen, wie hoch die Mietkosten sein werden oder ob der örtliche Laden zu viel für Konserven verlangt, aber das ist der Stoff, aus dem das normale Leben gemacht ist. Bei Vorschlägen zur Besiedlung des Weltraums wird dies in der Regel übergangen, da man davon ausgeht, dass unsere großartigen Weltraumbewohner sich auf die anstehende Aufgabe konzentrieren und sich ständig an der Herrlichkeit der Besiedlung selbst orientieren werden. Wir sollten uns immer vor Augen halten, dass diese Siedler ganz normale Menschen sein werden, die sich im Alltag weniger um große Themen kümmern als um ihr Zuhause, ihre Arbeit und ihre Einkäufe.

Letztendlich wissen wir nicht, wie die Stadt eines Raumfahrtunternehmens oder eine andere wirtschaftliche Struktur aussehen wird. Es ist einfach genug für Autoren, eine unternehmerische Führung vorzuschlagen oder zu sagen, dass eine unternehmerische Führung schrecklich wäre, aber die Wahrheit sieht so aus, dass die Details eine große Rolle spielen. Eine große Marssiedlung mit mehreren Arbeitgebern, die jeweils über genügend lebenserhaltende Ressourcen verfügen, um neue Mitarbeiter einzustellen, und mit einer gut entwickelten Transportinfrastruktur, um die Menschen vom Planeten zu bringen, ist nicht einfach eine größere Version einer kleinen Siedlung. Eine solche Siedlung würde über die wirtschaftliche Vielfalt verfügen, um Rückschläge zu überstehen. Sie würde zumindest ein gewisses Maß an wirtschaftlicher Mobilität bieten. Das bedeutet auch, dass die Arbeiter mehr Verhandlungsmacht gegenüber den Chefs und den lokalen Geschäften hätten.

Das Fehlen dieser Dinge ist eindeutig schlecht für die Arbeiter und für das Überleben der Siedlung, aber es ist möglicherweise auch schlecht für diejenigen von uns, die zu Hause geblieben sind. Vorhin haben wir uns Sorgen gemacht, dass eine Gesellschaft, die darauf beruht, der Evolution ihren Lauf zu lassen, sich nicht wunderbar mit einer Zukunft vertragen könnte, in der Gesellschaften immer leichter große Objekte durch den Weltraum schleudern können. Jede Gesellschaft mit dieser Fähigkeit ist mit einer atomar bewaffneten Gesellschaft auf der Erde vergleichbar. Das gibt Anlass zu großer Besorgnis über die Regierungssysteme, die in frühen Siedlungen eingesetzt werden. Wenn ein einzelnes Unternehmen eine Weltraumsiedlung leitet, ist die Wahrscheinlichkeit größer, dass dies zu einer missbräuchlichen oder autokratischen Siedlung führt, und dann stellt dies eine langfristige Gefahr für alle dar. Wenn wir uns für die Besiedlung des Weltraums entscheiden und uns die wirtschaftlichen Strukturen am Herzen liegen, sollten wir wieder einmal den Ansatz des Abwartens und des Großangehens wählen. Wir sollten abwarten, bis wir eine Gesellschaft aufbauen können, die von Anfang an in der Lage ist, die grundlegenden wirtschaftlichen Dinge zu liefern, die für entwickelte Erdstaaten selbstverständlich sind.

Kapitel 18
Wie groß ist groß? Plan B: Besiedlung ohne genetische oder wirtschaftliche Katastrophen

In der Einleitung haben wir argumentiert, dass die Besiedlung des Weltraums keine Lösung für ein kurzfristiges Problem ist. Wenn wir jedoch bereit sind, langfristig zu denken, könnte der Weltraum eine echte Chance auf ein zweites Standbein für die menschliche Spezies bieten – eines, das den Verlust des Kontakts zur Erde überleben könnte. Aber kann eine Weltraumgesellschaft ohne Handel und Einwanderung vom Heimatplaneten auf Dauer bestehen?

Wenn es darum geht, Ihre Siedlung auf die Möglichkeit der Unabhängigkeit hin zu skalieren, gibt es zwei grundlegende Fragen: Wie viele Menschen werden benötigt, um Inzuchtprobleme zu vermeiden, und wie viele Menschen werden benötigt, um das hoch technisierte Leben in der Weltraumsiedlung ohne Hilfe von der Erde aufrechtzuerhalten? An dieser Stelle gehen wir auf die seltsamen Details ein, aber die Kurzversion ist, dass man dazu eine sehr große Anzahl von Menschen benötigt.

Wie man Weltraumbabys bekommt, ohne seine Weltraumcousine zu heiraten

Es hat sich herausgestellt, dass ein Adam und eine Eva nicht ganz ausreichen, um die Menschheit neu zu starten. Dann sieht der Stammbaum nämlich ziemlich schnell wie ein keltischer Knoten aus. Das ist zwar künstlerisch ansprechend, macht aber Familientreffen unangenehm. Oder vielleicht nicht unangenehm genug. Wie viele Menschen brauchen wir also, damit die Biologie nicht durcheinandergerät?

Diese Frage ist nicht leicht zu beantworten. Für den Anfang: Googeln Sie nicht in einem Café nach »menschlicher Fortpflanzungspopulation«. Sie werden dann komische Blicke ernten. Auf jeden Fall stellt sich heraus, dass es keine einfache Zahl wie »4268 Menschen« gibt. Woher wir das wissen? Aus zwei Studienbereichen. Der erste ist die Naturschutzbiologie, die Wissenschaft, die sich mit Dingen wie der Rettung bedrohter Arten beschäftigt. Der zweite ist das, was wir Arche-ologie nennen werden – die Wissenschaft, die sich damit beschäftigt, wie man ein interstellares Raumschiff bauen kann, das viele Generationen der Menschheit transportieren könnte.

Das Szenario des nachhaltigen Wachstums: Lektionen aus der Naturschutzbiologie

Unter der Annahme, dass das Geschäft mit der Erzeugung von Weltraumbabys gut funktioniert, gibt es aus Sicht der Bevölkerung drei Dinge, die notwendig sind: Vielfalt, Quantität und Einwanderung.

Was die Vielfalt und die Quantität betrifft, so ist die übliche Messgröße die »effektive Bevölkerung«. Diese unterscheidet sich von der regulären alten Bevölkerung, bei der nur die Anzahl der Einwohner gezählt wird. Ein paar einfache Beispiele sollen dies verdeutlichen:

Nehmen Sie zum Beispiel an, Sie gründen eine Mondsiedlung. Bei der Anwerbung von Siedlern sprechen Sie versehentlich nur Burschenschaften an. Bald haben Sie 100 000 Freiwillige, die alle im fortpflanzungsfähigen Alter sind. Nachdem Sie alle in den Shackleton-Krater gebracht haben, informiert Sie ein Biologe darüber, dass Ihre *effektive* Bevölkerung genau null ist. Die Freiwilligen trinken Rübenwein und jagen wilde Hühner durch die Biosphäre 3 als Teil eines seltsamen Rituals, aber sie machen sich nicht an die wichtige Aufgabe, vor Ort Menschen zu produzieren. Weil sie es nicht können. Tatsächliche Bevölkerung: 100 000. Effektive Bevölkerung: 0.

Selbst wenn die Menschen das richtige Alter und das richtige Geschlechterverhältnis haben, kann es Probleme geben. Das ist der Punkt, an dem die Vielfalt ins Spiel kommt. Nehmen wir an, dass Sie nach dem Zwischenfall auf dem Mond versuchen, auf dem Mars neu anzufangen. Da der Versuch, Menschen auf die übliche Weise zu zeugen, gescheitert ist, beschließen Sie, einfach mit einem guten Adam und einer guten Eva zu beginnen und von jedem 50 000 Klone zu machen. Die effektive Bevölkerungszahl hängt davon ab, wie Sie sie berechnen, aber wir können zumindest sagen, dass Sie besser dastehen als beim Szenario mit den Burschenschaftlern in der Nullzone. Sie können jetzt zwar erfolgreich Gene mischen, aber Ihr Genpool hat etwa die Größe eines Fußbades. Jedes Mitglied der nächsten Generation wird genetisch gesehen ein Vollgeschwister sein. Dieser Mangel an genetischer Vielfalt kann für die Gesundheit der Nachkommen sehr gefährlich sein, insbesondere wenn unsere Klone vererbbare genetische Krankheiten tragen. Auch hier ist Ihre effektive Population viel kleiner als die Anzahl der Menschen.

Diese Beispiele sind alberne Extreme, aber das Wichtigste ist, dass eine nachhaltige Marsbevölkerung wahrscheinlich eine anfänglich große und vielfältige Anzahl von Individuen erfordert. Langfristig gesehen ist es am besten, wenn Sie durch die Einwanderung von der Heimatwelt regelmäßig neue Gene einfließen lassen. Solange Sie die Verbindung zur Erde aufrechterhalten und eine Vielzahl von Menschen einwandern lassen, wird das Risiko von Inzuchtproblemen mehr oder weniger erdähnlich bleiben.

Für viele Raumfahrtenthusiasten ist das Ziel jedoch die Fähigkeit, den Tod der Erde für immer zu überleben. Das ist zwar möglich, aber nicht einfach.

Eine Plan-B-Bevölkerung

Wenn das Ziel ein sicheres Vorkommen der Menschheit ist, sollten Sie etwas kennen, das Biologen als »kleinste überlebensfähige Population« bezeichnen. Wenn eine Population nur noch aus Adam und Eva besteht, ist sie im Allgemeinen in Schwierigkeiten. Die Menschen können sich vielleicht noch ein paar Generationen lang fortpflanzen, aber die Inzucht wird sie einholen und sich negativ auf die Gesundheit und die Fruchtbarkeit auswirken.

Was ist also die menschliche kleinste überlebensfähige Population? Wir wissen es nicht. »Zu wenige« ist ein Problem, das die Menschen schon lange nicht mehr hatten. Eine Zahl, die man manchmal in Büchern über die Besiedlung des Weltraums liest, ist 500, denn das ist eine Faustformel in der Naturschutzbiologie. Aber in einem realistischen Szenario für Menschen im Weltraum ist diese Zahl wahrscheinlich nicht zutreffend. Woher wissen wir das? Dank einer winzigen Gruppe von Arche-ologen, die sich seit einigen Jahrzehnten damit befasst.

Einige frühe Arbeiten aus den 1990er-Jahren schienen zu zeigen, dass man wirklich nur etwa 80 bis 150 Menschen braucht, um eine nachhaltige Bevölkerung zu erreichen. Diese Einschätzung beruhte auf anthropologischen Beobachtungen darüber, dass Stammesverbände oft klein und homogen sind. Wenn sie Tausende von Jahren mit winzigen Populationen überleben können, liegt es nahe, dass dies auch für Weltraumvölker gilt.

Leider hat sich die Analyse zum Leidwesen aller Weltraumgeeks, die sich über die niedrigen Zahlen gefreut haben, als falsch erwiesen. Obwohl es tatsächlich überall auf der Welt kleine Stämme von Menschen gibt, kommt es dennoch zur sogenannten Auszucht. Vorindustrielle Kulturen hatten vielleicht kleine Stämme, aber sie haben sich mit Mitgliedern benachbarter Gruppen gepaart und so eine Gesamtbevölkerung in der Größenordnung von Tausenden geschaffen.

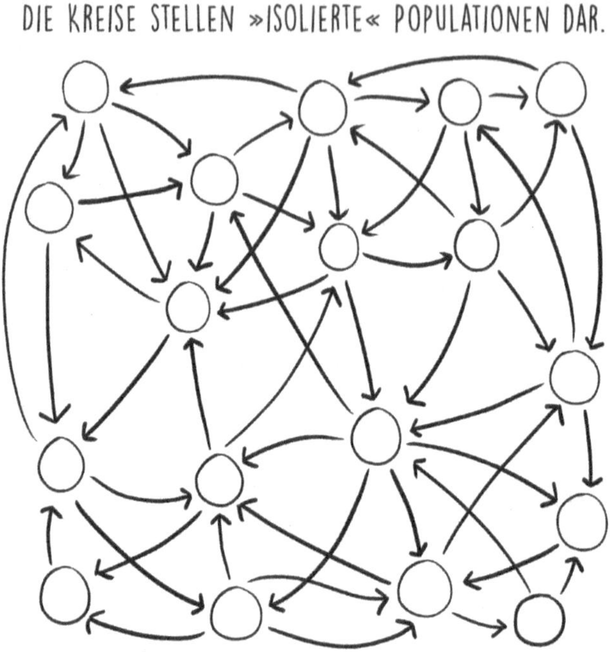

Außerdem haben fortschrittlichere Computermodelle, auch wenn sie nicht immer übereinstimmen, tendenziell viel größere Schätzungen für die benötigte kleinste überlebensfähige Population ergeben. Dies gilt insbesondere, wenn man die Gefahren des Weltraums mit einbezieht. Dr. Cameron Smith, der vielleicht bedeutendste Wissenschaftler auf dem Gebiet der Anthropologie des Weltraums, geht zum Beispiel davon aus, dass es mindestens eine Katastrophe geben wird. In Anlehnung an den Schwarzen Tod, der in den 1300er-Jahren etwa 30 Prozent der Europäer auslöschte, nimmt Smith in sein Modell die Möglichkeit auf, dass mindestens einmal zufällig 30 Prozent der Weltraumbevölkerung durch eine Krankheit, eine Kollision oder einen Krieg innerhalb des Raumschiffs eliminiert werden. Auf der Grundlage seines Modells schlägt er vor, dass man, wenn man nur fünf isolierte Generationen plant, eine effektive Bevölkerung von 10000 Menschen braucht, was seiner Meinung nach eine tatsächliche Bevölkerung von etwa 30000 Menschen erfordert. Andere Modelle kommen zu bescheideneren Zahlen, wobei viele lediglich im vierstelligen Bereich liegen. Das ist eine ziemlich große Spanne, aber es ist wichtig zu wissen, dass die Modelle vor allem deshalb nicht übereinstimmen, weil sie unterschiedliche Annahmen darüber treffen, was man braucht. Das grundsätzliche Ergebnis ist jedoch, dass man für eine vollständige Unabhängigkeit mindestens eine Bevölkerung im Bereich von Tausenden oder Zehntausenden Menschen benötigt.

Technische Lösungen

Anstatt es groß anzugehen, könnten wir vielleicht auch einfach etwas Verrücktes tun. Eine Idee ist die Gefriertrocknung von Gameten oder sogar Zygoten. Warum sollte man komplette Männer mitnehmen, wenn man auch nur ihr evolutionär relevantestes Gramm mitnehmen kann? Gefriergetrocknete Gameten sind klein, leicht und ermöglichen es uns, eine riesige effektive Population in unserem Lebensraum anzulegen. Und raten Sie mal! In einer aktuellen Studie[145] wurden gefriergetrocknete Mäusespermien zur ISS geschickt und dann fast drei Jahre später zur Befruchtung von Eizellen auf der Erde verwendet. Es ist gelungen, damit erfolgreich Mäusebabys zu zeugen. Allerdings lebten die Babys aus dem gefriergetrockneten Weltraumsperma nicht so lange, wie Mäuse dieses Stammes normalerweise leben. Dennoch konnten diese Mäuse auf der Erde weiterhin Babys bekommen, und ihre Babys bekamen ebenfalls Babys, ohne dass es zu offensichtlichen Problemen kam. Gefriergetrocknete männliche Geschlechtszellen wären so etwas wie eine Reserve von Einwanderern, die allerdings auf untypische Weise ankommen. Wenn man diese Spermabibliothek mit einer strahlungssicheren künstlichen Gebärmutter kombiniert, braucht man kaum noch Erwachsene.

Am besten ist es jedoch, wenn wir die gesamte körperliche Autonomie an eine sehr intelligente Software abgeben. Dies wurde in einem Modell namens HERITAGE erforscht, das die ideale Bevölkerungsgröße auf einem Schiff auf dem Weg in den interstellaren Raum untersuchte. Nur um das klarzustellen: Diese Wissenschaftler machten keinen ernsthaften Vorschlag, sondern fragten nach dem absoluten Minimum der Bevölkerung. Sie kamen zu dem Ergebnis, dass eine menschliche Bevölkerung mit nur 98 Einwohnern Tausende von Jahren überleben könnte. Dies ähnelt der frühen optimistischen Bevölkerungsprognose aus den 1990er-Jahren, hat aber einen kleinen Haken: Die Paarungsentscheidungen werden von einem Computer getroffen, der über ein komplexes System von Regeln verfügt, um die genetische Vielfalt zu erhalten. Das Programm bestimmt auch Dinge wie die Anzahl der Babys, die Frauen bekommen. Es erhöht die Anzahl, wenn die Population zu niedrig wird, und verringert sie, wenn die Anzahl höher wird. Zugegeben, einem Roboter zu gehorchen, führt wahrscheinlich zu besseren Lebensentscheidungen, als die meisten von uns normalerweise treffen, aber es wird wahrscheinlich auch nicht gerade beliebt sein.

Unsere größte Sorge bei technologiebasierten biologischen Lösungen, die regelmäßig in der Weltraumdiskussion auftauchen, ist, dass sie, selbst wenn sie funktionieren, wahrscheinlich auf viel Widerstand stoßen würden, wenn sie im Weltraum vorgeschrieben würden. Dinge wie Samenbanken und Gentests sind hier auf der Erde hilfreiche Instrumente der Familienplanung, und wenn diese Ressourcen unsere Möglichkeiten erweitern, ist das großartig. Aber sie für alle zur Pflicht machen? Selbst wenn die erste Generation der Siedler damit einverstanden ist, die Verzichtserklärung zu unterschreiben, wie stehen die Chancen, dass alle oder sogar die meisten ihrer Kinder genauso denken? Eine ethische Weltraumsiedlung sollte keine von der Gruppe vorgeschriebenen reproduktiven Entscheidungen erfordern.

Wieder einmal sind wir dabei, eine abwartende Haltung einzunehmen. Wir sollten keine seltsamen Apparate installieren, um einen schnellen Anfang zu erzielen. Stattdessen sollten wir lieber warten, bis wir eine große, vielfältige Bevölkerung haben, die über die nötigen Ressourcen verfügt, um persönliche Entscheidungen auch selbst treffen zu können.

Das Studium der Arche-ologie ist interessant, weil es uns helfen kann, die kleinste benötigte Anzahl von Menschen zu verstehen, die für das biologische Überleben notwendig ist. Es ist jedoch unwahrscheinlich, dass die kleinste überlebensfähige Population ausreicht, um den Tod der Erde ohne eine unglaublich exotische Technologie zu überleben. Um zu verstehen, warum, betrachten wir die Frage der Autarkie.

Lassen Sie uns über autarke Archen sprechen

In der Einleitung zu diesem Buch haben wir die Aussage von Elon Musk erwähnt, dass eine autarke Siedlung bis Mitte des Jahrhunderts erreicht werden könnte. Unsere Quelle hierfür ist eine Twitter-Interaktion, in der ein Nutzer namens Pranay Pathole fragte: »Elon, was, denken Sie, ist der geschätzte Zeitrahmen für die Schaffung einer sich selbst versorgenden Zivilisation auf dem Mars? 20 Jahre? Selbstversorgend bedeutet, nicht von der Erde abhängig zu sein, was die Versorgung angeht.« Musk antwortete: »20 bis 30 Jahre ab der ersten menschlichen Landung, wenn die Startrate exponentiell ansteigt. Wobei wir davon ausgehen, dass bei jedem Rendezvous ungefähr 100 000 Menschen transferiert werden und insgesamt ungefähr 1 Million Menschen benötigt werden.«[146] Selbst für Elon Musks Verhältnisse ist das ziemlich ehrgeizig. In einer früheren Aussage schätzte Musk, dass der erste Mensch im Jahr 2029 auf dem Mars ankommen würde. Während wir dies schreiben, befindet sich das entsprechende Fahrzeug noch in der Testphase, ganz zu schweigen von dem Teil, bei dem die Menschen in der dünnen Marsatmosphäre landen und ein paar Jahre lang nicht tot sind. Noch wichtiger für diesen Abschnitt ist, dass das »ungefähr« in »ungefähr 1 Million« eine Menge Arbeit macht.

Der Fachausdruck für vollständige wirtschaftliche Unabhängigkeit lautet »Autarkie« und setzt sich aus den griechischen Wörtern für »selbst« und »Herrschaft« zusammen. Der Physiker Dr. Casey Handmer hat eine zugegebenermaßen sehr grobe und, wie wir sagen würden, sehr großzügige Einschätzung dessen vorgenommen, was erforderlich wäre, um den Mars in die Autarkie zu führen. Er stellte fest, dass Kuba (mit rund elf Millionen Einwohnern), das immer noch fortschrittliche Industrieprodukte importieren muss, und Nordkorea (mit rund 26 Millionen Einwohnern), das regelmäßig unter Erdöl- und Nahrungsmittelknappheit leidet, die Staaten auf der Erde sind, die dem am nächsten kommen. Das bedeutet, dass die autarksten Länder der Erde viel mehr als eine Million Einwohner haben, nicht die wirtschaftlich wünschenswertesten Orte der Erde sind und im Übrigen beide gerne weniger autark sein würden. Autarkie ist an diesen Orten schon schwierig genug, aber außerhalb der Erde, wo man völlig von der Technologie abhängig ist, wird es noch viel schwieriger sein.

Ein wichtiges Beispiel ist die Herstellung von Computerchips. Auf der Erde ist dies ein sehr teures Geschäft, für das große Mengen an Wasser benötigt werden. Außerdem werden viele Spezialisten benötigt. Wie Dr. Martin Elvis feststellt, beziehen die etwa acht Milliarden Menschen auf der Erde ihre Hightech-Chips von nur drei Herstellern. Selbst wenn man die Menschen und das technologische Niveau hätte, um diese Chips auf dem Mars herzustellen, wäre das wirtschaftlich nicht vertretbar. Chips wiegen sehr wenig. Man kann sehr viele davon in eine Rakete packen. Sie sind wahrscheinlich das Letzte, was man im Weltraum bauen möchte, es sei denn, man ist sich absolut sicher, dass man bald den Kontakt zur Erde verlieren wird.

Auf welche Zahl kommt Handmer also? Ihm zufolge braucht man etwa eine Million Menschen, genau wie Elon Musk sagte, nur mit dem Vorbehalt, dass er um eine ganze Größenordnung danebenliegen könnte, je nachdem, wie superfortschrittlich wir uns die Roboter in der Zukunft vorstellen. Wir halten dies für eine ziemlich niedrige Schätzung. Eine andere Schätzung des Science-Fiction-Autors Charles Stross geht eher von 100 Millionen aus, möglicherweise sogar von einer Milliarde. Das erscheint uns plausibler. Nordkorea ist mit 26 Millionen Menschen nicht autark, und was auch immer man sonst über dieses Land sagen mag, es hat Zugang zu Luft, einem Meer und einem Boden, der nicht aus giftigen Chemikalien besteht.

Noch schwieriger wird es, wenn man eine Siedlung irgendwo anders als auf dem Mars errichtet hat. Elvis weist darauf hin, dass große Raumstationen nie einen vollständigen Kreislauf erreichen werden. Selbst wenn man das Wasser zu 99 Prozent wiederverwenden kann, summiert sich der Verlust von 1 Prozent der Masse über 50 Jahre auf 40 Prozent der Masse. Man wird also handeln wollen und müssen.

Wir sind uns bewusst, dass die Angabe von Zahlen, die von 100 000 bis zu einer Milliarde reichen, uns nicht als Genies erscheinen lässt. Der Punkt, den wir klarstellen wollen, ist einfach, dass es eine *Menge* Menschen braucht. Angesichts der vielen ungelösten Probleme bei der Besiedlung und der Tatsache, dass die benötigten riesigen Raumschiffe noch nicht einmal in der Umlaufbahn sind und dass es keinen guten wirtschaftlichen Grund gibt, unabhängig zu werden, können wir nicht erwarten, dass wir in absehbarer Zeit eine Marsbasis haben werden, die den Tod der Erde überleben kann.

Außerdem sollten Sie bedenken, dass Sie, je niedriger Sie die Zahl ansetzen, von einer extrem hoch entwickelten Robotik ausgehen müssen. Das ist zwar schön und gut, aber für uns selbst scheint das ein ziemlicher Kompromiss zu sein. Wenn es möglich ist, dass jeder Mensch von 40 Androiden unterstützt wird, hätten wir sie lieber auf der Erde, um uns auf einen Thron zu setzen, uns befächeln zu lassen und uns Gläser mit Wein einschenken zu lassen, der nicht aus Rüben gemacht ist.

Wohin mit Plan B?

Wir haben zu Beginn dieses Buches gesagt, dass es keinen kurzfristigen Plan B im Weltraum gibt. Es gibt sicherlich viele wissenschaftliche, technologische und ethische Hindernisse, aber die Schwierigkeit der Autarkie könnte der letzte und größte Nagel im Sarg sein. Wenn Sie glauben, dass die Erde im Sterben liegt, und Sie die Menschheit retten wollen, müssen

Sie entweder eine riesengroße Bevölkerung in kurzer Zeit auf den Mars bringen – möglicherweise in der Größenordnung von Hunderten von Millionen – oder Sie müssen über eine unvorstellbar weit entwickelte Robotertechnologie verfügen. Obwohl es schwer ist, die Zukunft vorherzusagen, scheint es uns, dass wir, wenn wir so gut in Robotik und Ökologie sind, dass wir eine permanente Blasenwelt für eine Million Menschen auf einem fernen, ozeanlosen Planeten bauen können, sicherlich auch die Luft auf der Erde von Kohlendioxid reinigen können.

Das andere Problem ist, dass der Versuch eines Planes B die Ursache für ein irdisches Unglück sein könnte. Es mag gute Gründe geben, niemals eine Sicherungskopie zu bauen – nicht weil wir es nicht können, sondern weil eine multiplanetare Spezies die Existenz der Menschheit vielleicht nicht wirklich sicherer macht.

Es ist eng, aber meine Kinder werden die Arbeits- und Paarungsmöglichkeiten zu schätzen wissen.

Kapitel 19

Weltraumpolitik mit anderen Mitteln: Über die Möglichkeit eines Weltraumkriegs

Wer den erdnahen Orbit kontrolliert, kontrolliert den erdnahen Weltraum. Wer den erdnahen Weltraum kontrolliert, beherrscht Terra. Wer Terra beherrscht, bestimmt das Schicksal der Menschheit.[147]

– Dr. Everett C. Dolman, Professor für Militärstrategie

Im Jahr 1999 verhandelte der US-Kongressabgeordnete Roscoe Bartlett (Wahlbezirk Maryland) über ein Abkommen zur Beendigung des Kosovokrieges. Mit am Tisch saß der Russe Wladimir Lukin, ehemaliger Botschafter in den Vereinigten Staaten und stellvertretender Vorsitzender der Duma. Er war nicht glücklich. Russland, das den Zusammenbruch der Sowjetunion und den Verlust seines Supermachtstatus noch nicht einmal ein Jahrzehnt hinter sich hatte, war erst spät in die Verhandlungen einbezogen worden. In einem besonders angespannten Moment wandte sich Lukin an Bartlett und sagte laut Bartlett: »Wenn wir Ihnen wirklich schaden wollten, ohne Angst vor Vergeltung, würden wir eine SLBM abschießen. Das ist eine Submarine-launched ballistic missile [U-Boot-gestützte ballistische Rakete]. [...] Wir würden eine Atomwaffe hoch über Ihrem Land zur Explosion bringen und Ihr Stromnetz für etwa sechs Monate lahmlegen.«[148] Ein anderer anwesender Russe fügte hinzu, dass sie Ersatzraketen hätten, falls die erste nicht ausreichen sollte. Laut Bartlett wären es etwa 7000 Stück.

Bartlett zeigte eine merkwürdige Reaktion auf diese Information, auf die wir später noch zu sprechen kommen werden. Unabhängig davon, ob Russland jemals vorhatte, solche Waffen einzusetzen oder nicht, hätte es das durchaus tun können. Sowohl die Vereinigten Staaten als auch die Sowjetunion haben Atomwaffen im Weltraum getestet, und beide haben auf die harte Tour gelernt, dass diese Waffen wichtige Infrastrukturen stören können. Die Sowjets legten vorübergehend einen Teil des Stromnetzes in Kasachstan lahm, während die Vereinigten Staaten, wie wir gesehen haben, den Ausfall von Straßenlaternen auf Hawaii verursachten und Satelliten in der Erdumlaufbahn beschädigten.

Satelliten leisten heute wichtige Dienste in den Bereichen Navigation und Kommunikation, aber sie sind in der Regel nicht gegen physische Angriffe geschützt. Unabhängig davon, ob der Weltraum ein wahrscheinlicher Kriegsschauplatz ist oder nicht, sind elektronische Objekte im Weltraum extrem verwundbar. Und nur für den Fall, dass Sie es vergessen haben, jeder Mensch im Weltraum ist auf funktionierende Elektronik angewiesen.

Zu Beginn dieses Buches haben wir gesagt, dass die besten Argumente für die Besiedlung des Weltraums erstens die langfristige Arterhaltung und zweitens die Tatsache ist, dass es einfach fantastisch wäre und es vielleicht keinen Grund gibt, es nicht zu tun. Beide Argumente versagen in etwa so schnell wie ein Stromnetz in der Nähe einer Atomexplosion, wenn die Weltraumaktivität die Wahrscheinlichkeit eines Krieges erhöht.

Krieg im Weltraum in naher Zukunft

Der bisherige Frieden

Zum Glück für die Menschheit und zum Unglück für jeden, der von Weltraumschlachtschiffen und Todesstrahlen träumt, ist der Weltraum weitgehend friedlich geblieben. Ein Weltraumexperte, der in den 1960er-Jahren lebte, wäre vielleicht überrascht gewesen, wenn er die rasante Entwicklung von der V-2 mit kleiner Nutzlast bis hin zu weltraumgestützten Atomwaffen gesehen hätte. Es wurde jedoch schnell klar, dass riesige Weltraumexplosionen für alle schlecht sind. Mit Hochgeschwindigkeit fliegendes Metall und Strahlung im Orbit gefährden zivile und militärische Satelliten und sind auch für Menschen in Raumschiffen äußerst unangenehm. Dies ist einer der Hauptgründe, warum in den 1960er-Jahren Verträge geschlossen wurden, um die Bewaffnung des Weltraums einzuschränken.

Diese Verträge haben im Wesentlichen funktioniert. Sicher, die Amerikaner schickten Weltraummacheten und die Sowjets Weltraumpistolen ins All, aber die waren eigentlich für die Überlebensausrüstung gedacht, für den Fall, dass man auf der Erde mitten im Nirgendwo landet, und nicht für fantastische Weltraumschlachten mit Schwertern und Pistolen. Und natürlich haben die Sowjets 1974 eine Kanone auf der Saljut 3 getestet, aber sie haben sie nur einmal abgefeuert, und das auch nur, während die Station unbemannt war, für den Fall, dass mal etwas schiefgeht.

Da der Orbit hauptsächlich militärisch und kommerziell genutzt wird, Satelliten nicht für Angriffe ausgelegt sind und fast niemand im Weltraum lebt, ist ein Krieg im Weltraum im Sinne von Raumschiffen, die sich heftige Luftkämpfe liefern, in absehbarer Zeit unwahrscheinlich. Das größere Risiko besteht darin, dass eine Eskalation der Aktivitäten im Weltraum zu einem normalen Krieg auf der Erde führt. Auch wenn Satelliten mit kinetischen Waffen noch nie gegen die Erde eingesetzt wurden, befinden sich seit den späten 1950er-Jahren militärische Satelliten im All. Und obwohl es im Zeitraum danach einen stetigen Vormarsch militärischer Weltraumressourcen gab, ging es mit dem Ersten Weltraumkrieg erst richtig los.

Der Erste Weltraumkrieg? Da klingelt bei Ihnen keine Weltraumglocke? Das liegt daran, dass Sie ihn als den Ersten Golfkrieg (1990–1991) kennen. Aber für Menschen, die sich mit der militärischen Raumfahrt beschäftigen, war er ein Dreh- und Angelpunkt in der Geschichte, als Raumfahrtmittel absolut entscheidend für die schnelle Zerschlagung der irakischen Armee waren. Seitdem ist die Zahl der Militärsatelliten ständig gestiegen, und obwohl die Vereinigten Staaten immer noch die meisten haben, verfügt Russland über ziemlich viele und China ist auf dem Vormarsch.

Es ist jedoch schwierig, genau zu messen, wie militarisiert der Weltraum geworden ist, denn Satelliten haben einen doppelten Verwendungszweck. Fast jedes Objekt, das die Erde umkreist, kann aus taktischen Gründen umfunktioniert werden. Das zeigte sich schon in den Anfängen der Raumfahrttheorie, als Hermann Oberth einen riesigen Spiegel im Weltraum vorschlug, der sowohl für landwirtschaftliche Zwecke als auch als Todesstrahl dienen sollte. Das jüngste Beispiel sind die Tausende von Starlink-Satelliten von SpaceX. Ursprünglich für die Übertragung von Internetdaten gestartet, wurden sie zum integralen Bestandteil des ukrainischen Widerstands gegen die russische Invasion, nachdem Elon Musk mehrere Tausend Terminals dorthin hatte bringen lassen. Kurz darauf sah sich die Russische Föderation gezwungen, zu verkünden, dass »quasi zivile Infrastrukturen ein legitimes Ziel für Vergeltungsmaßnahmen werden können«.[149]

Obwohl noch niemand ein feindliches Raumschiff in die Luft gesprengt hat, haben mehrere Nationen bewiesen, dass sie Satelliten von der Erde aus abschießen können. Wenn Sie die Fähigkeit mitzählen, Satelliten durch Cyberangriffe zu stören, ist die Zahl der Kombattanten ziemlich groß und wächst wahrscheinlich noch. Die Verwaltung und der Schutz von Satelliten wurden früher von der US-Luftwaffe übernommen, sind aber jetzt eine der Hauptaufgaben der kürzlich geschaffenen Space Force. Länder wie Russland, China und Frankreich verfügen über ähnliche Organisationen zum Schutz ihrer Weltraumressourcen. Je weiter die Welt entwickelt ist und je mehr Nationen und Unternehmen Satelliten einsetzen, desto häufiger wird diese besondere Art der Kriegsführung auftreten.

Es gibt zwar Gründe für die Annahme, dass der Weltraum selbst kurzfristig friedlich bleiben wird, aber Sie sollten sich darüber im Klaren sein, dass die Menschen keinen Sinneswandel erleben, wenn wir im Weltraum Geschäfte machen. Ein Grund, warum Explosionen im Weltraum so selten sind, ist, dass die Militärs der Erde den Weltraum friedlich halten müssen, um auf der Erde Krieg führen zu können. Das ist zwar nicht der beste Grund für Frieden, aber im Großen und Ganzen sind wir froh, dass die Erde nicht von raketenbestückten Kampfstationen umzingelt ist. Wird diese Situation anhalten, wenn der Zugang zum Weltraum billiger wird? Wir wissen es nicht und die Wissenschaftler sind sich nicht einig.

Die gute Nachricht ist, dass ein Großteil unserer Zurückhaltung bei der Stationierung von Waffen im Weltraum auf eine sehr beständige menschliche Eigenschaft zurückzuführen ist: Eigeninteresse. Der Weltraum ist wichtig für den Handel, für die Spionage, für das Sammeln von Umweltdaten, für die Überwachung zur Überprüfung der Einhaltung von Verträgen und für viele andere Dinge, die Menschen und Nationen wichtig sind. Die schlechte Nachricht ist, dass ein weiterer Grund, warum der Weltraum bisher noch nicht zum Kriegsschauplatz geworden ist, darin besteht, dass die Weltraumwaffen in der Vergangenheit nicht gut waren.

Über die generelle Scheußlichkeit von Weltraumwaffen

Abgesehen davon, wie die Menschen darüber empfinden, scheint es ein starker militärischer Schritt zu sein, eine Waffe über der Erde baumeln zu lassen. Analysten sind sich da nicht so sicher. Wir veranschaulichen das Problem, indem wir uns vorstellen, dass Sie sich im Krieg mit der Antarktis befinden. Sie sind die Vereinigten Staaten, denn wer sonst würde Raketen auf eine fast leere Eiswüste schießen?

Nach der Abspaltung des Mars im Jahr 2063 beschließt eine Armee südpolarer Doktoranden, dass es an der Zeit ist, das globale Gemeingut an sich zu reißen und die nördliche Halbinsel für sich zu beanspruchen, trotz all der süßen Babys, die dort von chilenischen und argentinischen Frauen taktisch geboren wurden. Zum Glück sind Sie zufällig im Besitz einer Flotte von Bodenraketen. So sieht es aus, wenn Sie einen Erstschlag starten:

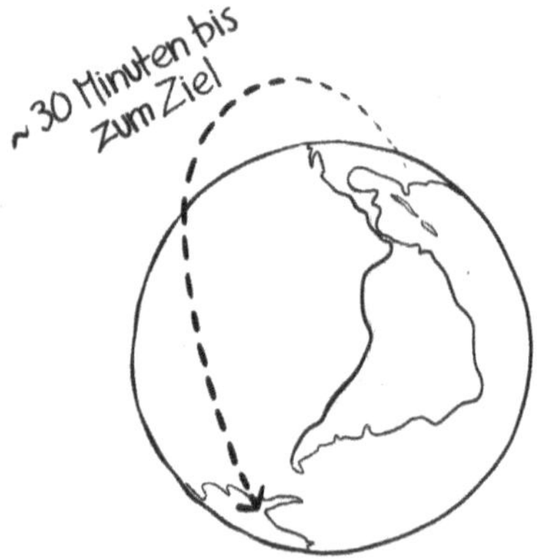

Nicht schlecht. Die Raketen kommen schnell und zielgenau an und minimieren den kollateralen Pinguintod. Aber nehmen wir an, Sie wollen die Rakete von einem fantastischen Weltraumsatelliten aus starten. Nun, das sieht dann so aus:

Es ist ziemlich klar, dass dies keine billigere Option ist. Denken Sie daran, dass Sie bereits die Kosten für den Flug einer Rakete über die Atmosphäre auf sich genommen haben. Jetzt kommt noch hinzu, dass Sie die Rakete auf Orbitalgeschwindigkeit bringen und sie gegen die enormen Temperaturschwankungen und Strahlungsdosen im Weltraum aufrechterhalten müssen, damit sie hoffentlich funktioniert, wenn Sie sich schließlich entscheiden, die antarktische Bedrohung zu beseitigen.

Und die meiste Zeit können Sie nicht einmal das tun. Satelliten sind nicht wie Bomber, die einfach auf das Ziel zusteuern können. Sicher, Sie können sie in einer geostationären Umlaufbahn über einem äquatorialen Feind parken, aber jetzt müssen Ihre Raketen eine lange Strecke zur Arbeit zurücklegen – 35 000 Kilometer bergauf und dann den ganzen Weg zurück, bevor auch nur ein einziger Doktorand atomisiert wird.

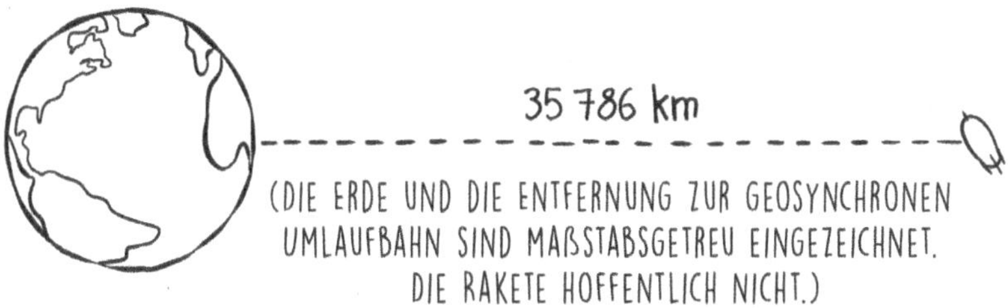

Sie haben also Ihre Rakete in eine niedrige Erdumlaufbahn gebracht, aber jetzt ist sie fast nie über der antarktischen Bedrohung. Die meiste Zeit können Sie nur den offenen Ozean mit tödlichem Regen überziehen. Was ist die Lösung? Sie verwenden einfach ganz viele Weltraumkanonen.

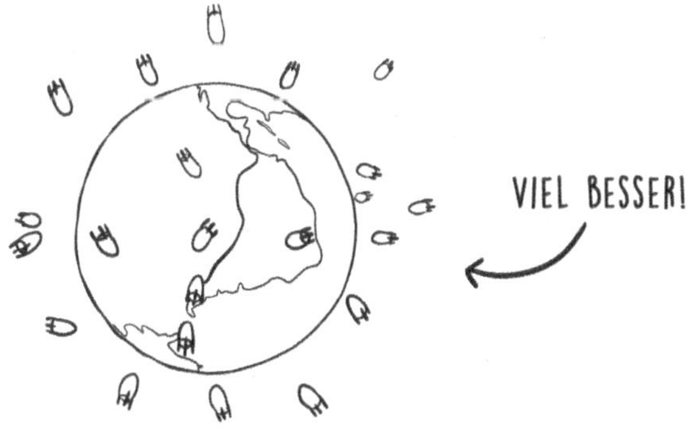

Das ist wie die GPS-Abdeckung, allerdings für den Tod. Aber um sicherzustellen, dass die Antwort auf die Frage »Können wir sie jetzt töten?« immer »Ja« lautet, braucht man natürlich eine ganze Flotte teurer Waffensatelliten. Haben Sie diesbezüglich einen klugen Zug gemacht?

Sie haben jetzt vermutlich einen beträchtlichen Teil des Planeten verärgert. Solange Sie Ihre Rakete im Orbit nicht tatsächlich abgeschossen haben, ist hier nichts offensichtlich illegal: Der Weltraumvertrag verbietet eindeutig Militärbasen auf Himmelskörpern sowie Weltraumatombomben, aber das Parken einer normalen alten Rakete oder eines Todesstrahls im Orbit verstößt nicht ausdrücklich gegen die Regeln. Außerdem erlaubt die Allgemeine Charta der Vereinten Nationen die Selbstverteidigung. Sie könnten also argumentieren, dass diese Waffen nur für den Fall da sind, dass Sie sie brauchen.

Abgesehen von der weltweiten Entrüstung, wie sieht es mit dem Kosten-Nutzen-Verhältnis aus? Nach dem, was wir von Militärstrategen gelesen haben, ist es nicht klar, warum Sie kinetische Waffen aus dem Orbit auf die Erde richten sollten, selbst wenn sie funktionieren. Sie duplizieren weitgehend Ihre bereits vorhandene Fähigkeit, Raketen auf den Feind zu schießen, sind aber viel teurer – nicht nur in der Anschaffung, sondern auch in der Instandhaltung. Außerdem sind sie für Ihre Feinde leicht zu verfolgen und anzuvisieren, da sie einer Newton'schen Flugbahn folgen. Wenn Ihr Feind über die richtige Technologie verfügt, können Ihre Waffen leicht explodieren oder einfach vom Himmel fallen, während sie sich in der Umlaufbahn befinden. »Teuer und leicht anzugreifen« ist keine vielversprechende Kombination an Eigenschaften für ein Angriffssystem.

Das ist die *Theorie* kontra Weltraumwaffen, aber wir haben auch so etwas wie Erfahrung. Während der Reagan-Ära untersuchten die Vereinigten Staaten im Rahmen eines Programms namens Strategic Defense Initiative, SDI (Strategische Verteidigungsinitiative), manchmal auch »Star Wars« genannt, eine Vielzahl von Entwürfen für Weltraumwaffen, von denen viele, um es großzügig auszudrücken, zum Heulen komisch waren. Am verrücktesten war vielleicht das Projekt Excalibur, bei dem eine nukleare Explosion im Weltraum genutzt werden sollte, um Röntgenlaser zu betreiben, die dazu dienen sollten, auf der Erde stationierte Atomraketen auf dem Weg in die Vereinigten Staaten zu sprengen. Warum sollte das alles im Weltraum geschehen? Wegen der Schnelligkeit. Der ideale Zeitpunkt, um feindliche Raketen zu stoppen, ist in der »Boost-Phase« – der Zeitraum direkt nach dem Start, wenn sie noch an Fahrt gewinnen. Wenn Sie sich Sorgen um einen massiven Nuklearschlag des Feindes machen, ist eine Flotte von Orbitalwaffen, die das Ziel mit Lichtgeschwindigkeit erreichen, ein ziemlich starker Zug.

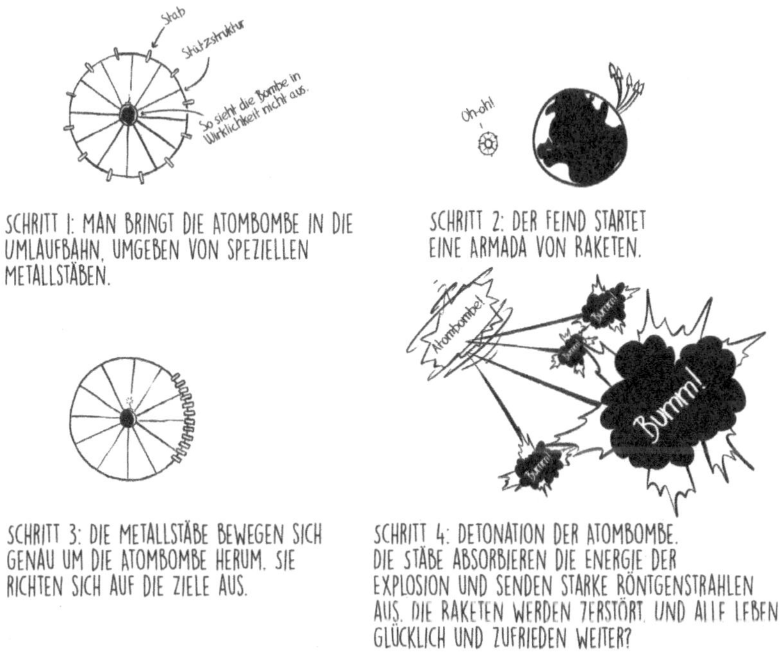

Ein Makel von Excalibur und ähnlichen Science-Fiction-Ideen aus dieser Zeit ist, dass sie nicht funktionierten. Sie waren zu schwer zu bauen und einzusetzen. Die Steuerung einer nuklearen Explosion im Weltraum, um einen Laserstrahl zu erzeugen, ist technologisch enorm kompliziert, ganz zu schweigen von den potenziellen Unannehmlichkeiten bei den Vereinten Nationen, wenn klar wird, dass Sie sowohl den Weltraumvertrag als auch den

Vertrag über das Verbot von Kernwaffenversuchen in der Atmosphäre, im Weltraum und unter Wasser verletzt haben, und ganz zu schweigen von den destabilisierenden Auswirkungen, die es hätte, wenn es nur ein Land gäbe, das Atomwaffen sowohl einsetzen als auch abschirmen könnte.

Kurz gesagt: Die Menschen hatten gute politische, wirtschaftliche, militärische und technologische Gründe, den Weltraum nicht zu bewaffnen. Die einzige Frage, die sich zu diesem Zeitpunkt stellt, ist, ob sich das alles in diesem neuen Zeitalter des billigen Zugangs zum Weltraum ändern wird. Wir wissen es nicht, aber wir wissen, dass einige Theoretiker besorgt sind.

In der modernen Militärliteratur, die wir gelesen haben, gab es viele US-Amerikaner, die argumentierten, dass die Beschränkung auf lange Sicht für die Vereinigten Staaten gefährlich sein wird. Ihre Argumente sind vielfältig, aber im Allgemeinen glauben sie, dass der Weltraum militarisiert wird und Waffen im Orbit platziert werden, wenn genug Zeit vergeht. Daraus folgt, dass die Vereinigten Staaten jetzt versuchen sollten, die Führung zu übernehmen, um eine Situation zu vermeiden, in der ein Land wie China die Oberhand gewinnt. Wir wissen nicht, ob dies wahr ist oder ob es eine gute Strategie ist, aber wir hoffen, dass inzwischen klar ist, dass es sich um eine Prophezeiung handelt, die ganz leicht zu ihrer eigenen explosiven Erfüllung führen könnte. Die Zukunft ist multipolarer, hat mehr Weltraumaktivitäten im Allgemeinen und hey, vielleicht gibt es ein Nullsummenrennen zum Mond am Horizont. Was wir sagen können, während wir weiter in die Zukunft blicken, ist, dass nichts an der Weltraumumgebung bisher den Anschein erweckt, das menschliche Herz mit dem Wunsch nach Frieden zu erfüllen. Dies ist ein Grund mehr für die baldige Schaffung einer Regulierungsbehörde für den Weltraum.

Krieg im Weltraum auf mittelfristige Sicht

Nehmen wir also an, dass es keine Fortschritte an der völkerrechtlichen Front gibt und die Dinge so weiterlaufen, wie sie zu sein scheinen: Eine kleine Anzahl mächtiger Nationen macht sich auf den Weg ins All, um Außenposten zu errichten, vielleicht sogar mit Bergbaubetrieben und Mondtankstellen und Familien, die dort dauerhaft leben. Eine Reihe von Nationen oder multinationalen Gruppen ist in irgendeiner Form auf dem Mond oder dem Mars vertreten, und vielleicht, ganz vielleicht fangen einige von ihnen an, einen Unabhängigkeitskrieg anzuzetteln.

Was, glauben wir, wird passieren? Wahrscheinlich nicht viel. Ein Konflikt zwischen Weltraummächten wäre sicherlich möglich, aber ein Konflikt zwischen der Erde und dem Weltraum wird extrem unwahrscheinlich bleiben. Wenn wir von einem Krieg im Weltraum in dem Sinne sprechen, dass eine Siedlung auf dem Mond, dem Mars oder einer rotierenden Raumstation Krieg gegen eine Nation (oder alle Nationen) auf der Erde führt, dann glauben wir, dass es in diesem Jahrhundert so gut wie keine Chance darauf gibt. Und warum? Weil eine Weltraumsiedlung vernichtet werden würde. Wie wir bereits gesagt haben, wird Autarkie im Weltraum in absehbarer Zeit extrem schwierig sein. Die Rebellen auf dem Mond werden eine Art von Handel mit der Erde betreiben müssen, um zu überleben. Erinnern Sie sich auch an die Atomwaffenangriffe, über die sich Bartlett Sorgen gemacht hat? Nun, der Verlust des Stromnetzes auf der Erde ist kein Vergnügen, aber auf dem Mond wäre es geradezu blamabel, es zu verlieren. Waffen können speziell so konstruiert werden, dass sie die Stromnetze durch einen massiven elektromagnetischen Impuls ausschalten. Stromnetze können auch mit Cybermethoden angegriffen werden. Versuchen Sie sich einmal vorzustellen, dass Ihr Stromnetz auf dem Mond ausfällt, wenn die zweiwöchige Nacht beginnt. Irgendwann in naher Zukunft von einer Weltraumsiedlung zu erwarten, dass sie der Erde den Krieg erklärt, wäre so, als würde man erwarten, dass Malta Europa den Krieg erklärt.

Das einzige ernsthafte zusätzliche Risiko in der Ära der frühen Weltraumsiedlungen wäre der Terrorismus. Wenn man wirklich einen Mondmassenantrieb baut, kann diese Masse in die Schwerkraft der Erde gelenkt werden. Wenn man bedenkt, wie einfach es wäre, eine riesige elektrische Struktur auf dem Mond auszuschalten, wären alle Terroristen, die in diese Richtung denken, gut beraten, Frieden mit ihrem Schöpfer zu schließen, bevor sie den großen roten Knopf drücken.

Kurz gesagt, selbst in einer Ära der erweiterten Möglichkeiten im Weltraum – mit besetzten Mondhöhlen, mit riesigen Orbitalzylindern, mit Touristenattraktionen auf dem Olympus Mons ... wird ein Krieg zwischen Himmelskörpern unwahrscheinlich bleiben.

Krieg im Weltraum auf langfristige Sicht

In diesem Buch haben wir uns mit Spekulationen über die ferne Zukunft zurückgehalten. Das liegt zum Teil daran, dass man, wenn man den spekulativen Weltraumbüchern der Vergangenheit Glauben schenkt, mit seinem Chevy-Van im Weltraum nirgendwo mehr hinkommt. Dennoch ist es wichtig, über die langfristige Zukunft des Krieges im Weltraum nachzudenken, denn die Befürworter der Weltraumbesiedlung behaupten oft, dass eine ausgedehnte menschliche Präsenz im Weltraum zum Frieden für die Menschheit führen wird. Dies ist zwar eine Behauptung, die sich auf die lange Sicht bezieht, aber sie wird oft als Rechtfertigung für umfangreiche Ausgaben zum jetzigen Zeitpunkt herangezogen und generell dafür, sich nicht zu viele Gedanken darüber zu machen, was ein massiver Zugang zum Weltraum für das Überleben unserer Spezies bedeutet.

Es gibt zahlreiche Versionen dieses Arguments. Am häufigsten behaupten Theoretiker, dass es im Krieg grundsätzlich um Knappheit geht. Wenn also der Zugang zum Weltraum die Knappheit löst, löst er auch die Gefahr eines Krieges. So argumentieren Dr. Avis Lang und Dr. Neil deGrasse Tyson in ihrem Buch *Accessory to War*, dass »das, was auf der Erde aufgrund von Knappheit umkämpft ist, typischerweise auch im Weltraum gang und gäbe ist. [...] Selbst wenn die Kontrolle [über den Zugang zu Weltraumressourcen] in den Händen von Leuten liegt, denen man die Kontrolle über irgendetwas nicht gönnen würde, werden die Ressourcen selbst nicht knapp sein – und es ist die Knappheit, die Konflikte hervorbringt.«[150] Ähnliche Behauptungen anderer Denker besagen, dass es im Krieg um Land geht, sodass das neue Land im Weltraum den Krieg beenden wird. Eine noch umständlichere Behauptung besagt, dass es im Krieg nicht um Ressourcen geht, sondern darum, dass die Menschen denken, dass es im Krieg um Ressourcen gehe – ein Problem, das durch den Reichtum des Weltraums gelöst wird. Wieder andere Theorien besagen, dass die Möglichkeit, im Weltraum abseits der Zivilisation sein eigenes Ding zu machen, Frieden schaffen wird.

Ein ziemlich klares Argument gegen all diese Ideen ist, dass ähnliche Vorstellungen einst in Bezug auf weiße Siedler, die in den amerikanischen Westen kamen, vertreten wurden. Wir sind skeptisch, ob der Weltraum für irgendjemanden Überfluss bietet, aber die völkermörderische Aneignung des Westens von den Ureinwohnern hat den Siedlern ziemlich eindeutig viel eingebracht. Und doch führte die Eroberung dieses Landes und die Frage, ob die daraus entstehenden Staaten Sklaven- oder Freistaaten sein würden, zum Amerikanischen Bürgerkrieg, in dem etwa 2 Prozent der Bevölkerung des Landes starben.

Das sollte uns einen Hinweis darauf geben, dass es im Krieg nicht nur um Knappheit geht. Worum geht es also? Wir können Ihnen sagen, was Dr. Chris Blattman, ein Gelehrter auf dem Gebiet der Kriegsursachen, in seinem Buch *Why We Fight* (auf Deutsch erschienen unter dem Titel *Warum wir Kriege führen*) als »falsche Ursachen« des Krieges bezeichnet: »Armut, Knappheit, natürliche Ressourcen, Klimawandel, ethnische Zersplitterung, Polarisierung, Ungerechtigkeit und Waffen«. Diese Dinge, so stellt er fest, sind »aus anderen Gründen schrecklich. Und sie gießen Öl in ein wütendes Feuer. Aber sie haben die Kämpfe wahrscheinlich nicht in erster Linie entfacht.«[151]

Die Wahrheit ist, dass Krieg ein ziemlich komplexes menschliches Verhalten ist. Und die Menschen, die sich damit beschäftigen, sind sich nicht einmal über die grundlegendsten Ursachen einig – darüber, ob Krieg dem Menschen angeboren ist oder kulturell bedingt oder ökologisch im Sinne einer Abhängigkeit von der Umwelt. Wir werden nicht versuchen, Sie von einer bestimmten Theorie zu überzeugen. Vielmehr wollen wir Sie davon überzeugen, dass Krieg aus Gründen entstehen kann, die nichts mit Raum oder Überfluss oder irgendeiner Art von objektiver Beurteilung des Wohlergehens von Nationen zu tun haben. Dazu werden wir uns zwei Möglichkeiten ansehen, wie ein Krieg entstehen kann.

Szenario 1: Bindungsprobleme und die Thukydides-Falle

Die »Thukydides-Falle« ist ein Begriff, der vom Politikwissenschaftler Dr. Graham Allison geprägt wurde und sich auf die Einschätzung des frühen griechischen Historikers Thukydides zum Peloponnesischen Krieg bezieht. Vereinfacht gesagt hatten die Stadtstaaten Sparta und Athen nach den Perserkriegen, in denen sie Verbündete gewesen waren, ein zunehmend schlechtes Verhältnis zueinander, vor allem weil Athen plötzlich in einer Weise aufblühte, die Sparta in Angst und Schrecken versetzte.

Warum ist ein Krieg unter diesen Umständen wahrscheinlicher? Kriegstheoretiker sprechen oft von Krieg im Sinne von Verhandlungen. Nationen verhandeln über alle möglichen Dinge – Ressourcen, Waffenentwicklung, Handel, die Behandlung von Minderheitengruppen und so weiter. Welche Art von Abkommen die Nationen genau aushandeln können, hängt von verschiedenen Faktoren ab. Zum Beispiel: Wer ist wirtschaftlich und militärisch mächtiger? Wie sicher ist man sich über die relative Macht des eigenen Landes? Wie bereit wäre der Gegner, zu kämpfen, wenn es hart auf hart kommt?

Der Zusammenbruch des Friedens ist sozusagen eine weitere Verhandlungsphase, nur eine, in der man sehr klare Informationen über die Fähigkeiten des Gegners erhält. Die meisten von uns würden lieber in den Verhandlungsphasen bleiben, in denen keine Kugeln im Spiel sind. Wie können wir das tun? Im Idealfall kommen wir beide ehrlich zu einer Verhandlung, die den Frieden garantiert. Aber wenn sich das Machtgleichgewicht schnell verschiebt, kann es schwierig sein, Verpflichtungen einzugehen. Um zu verstehen, warum, stellen Sie sich zwei Länder auf dem Mond vor – Bezostralien und Muskau.

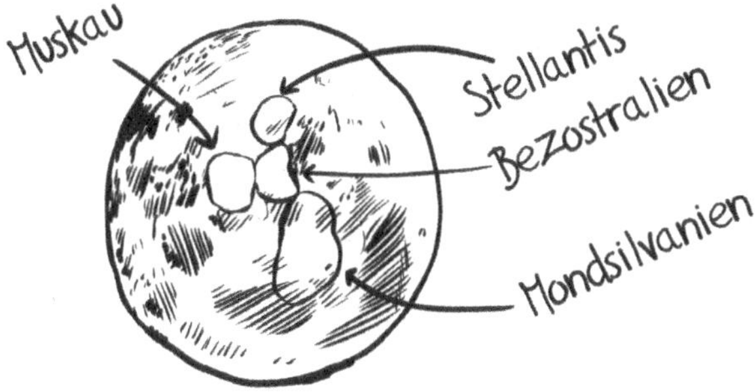

Seit der Mondrebellion von 2144 leben sie in relativer Harmonie, trotz eines kleinen Territorialstreits um den Shackleton-Krater. Sie haben ungefähr die gleiche Wirtschaft und das gleiche Militär. Sosehr sie sich auch gegenseitig misstrauen, sind sie doch beide entschlossen, ihre Differenzen friedlich zu lösen. Doch dann ändert sich etwas. Seit Generationen hat sich niemand mehr um Helium-3 gekümmert, weil die Weinersmiths es für eine schlechte Idee hielten. Plötzlich stellt sich heraus, dass es sehr wertvoll ist und Bezostralien auf den reichsten Ressourcen sitzt. Die Wirtschaft des Landes wächst rasant. Die Menschen ziehen von Muskau dorthin. Das Land hat nun mehr Geld, das es in Einrichtungen und möglicherweise in sein Militär investieren kann. Bezostralische Politiker sprechen offen darüber, ihre neue Macht zu nutzen, um das lange umstrittene Stück Krater zu erobern. Wenn Muskau logisch reagieren möchte, was sollte es dann tun?

Kriegsgelehrte würden sagen, dass Muskau jetzt ein »Fenster der Gelegenheit« hat. In dieser Sekunde könnte es einen erfolgreichen Krieg gegen Bezostralien führen. Wenn es wartet, wird Bezostralien so mächtig werden, dass Muskau alles tun muss, was Bezostralien will.

Können sie einen Deal machen? Genau hier liegt die Falle. Nehmen wir an, sie einigen sich darauf, für immer friedlich zu sein. Diese Vereinbarung ist natürlich für Bezostralien von Vorteil, denn es muss sie nur unterschreiben und dann abwarten, bis es mächtig genug ist, sie zu brechen. Das Beängstigende daran ist, dass, selbst wenn beide Seiten Frieden wollen, die Unfähigkeit, eine Verpflichtung zu garantieren, darauf hindeutet, dass es für Muskau ein kluger Schachzug ist, den Aufstieg von Bezostralien zu verhindern und seinen Vorteil zu sichern, bevor es zu spät ist. Das *muss* nicht zwangsläufig zum Krieg führen. Es könnte ganz einfach zu Unterdrückung oder sogar zu einem aufgeklärten Frieden führen. Kriegsforscher sind oft bemüht, darauf hinzuweisen, dass ungeachtet der Berichterstattung in den Nachrichten der Standardzustand an den meisten Orten und zu den meisten Zeiten Frieden ist. Wir möchten jedoch darauf hinweisen, dass das erhöhte Kriegsrisiko in diesem Szenario nicht auf eine objektive Einschätzung des Wohlergehens von Nationen oder Einzelpersonen zurückzuführen ist, sondern auf die Tatsache, dass eine Macht einen großen, schnellen, relativen Machtwechsel erlebte, den ein potenzieller Rivale kommen sah. Dies geschieht auf der Erde, und es gibt keinen Grund, warum dies nicht auch im Weltraum geschehen sollte.

Szenario 2: Ausrichtung der Anführernation oder Space Bastards an der Spitze

Wenn Sie sich Nationen als rationale Akteure vorstellen, die auf Überleben und Vorteil bedacht sind, liegen Sie nicht völlig daneben. Aber wir sollten uns daran erinnern, dass Nationen von Menschen geführt werden, und die meisten von uns glauben nicht, dass unsere Anführer 100 Prozent der Zeit vollkommen vernünftig sind. Und wenn sie vernünftig sind, dann vielleicht in ihrem eigenen Interesse und nicht in dem ihres Landes. James Madison, einer der Schöpfer der US-Verfassung, schrieb 1793 über die Natur dieses Problems:

> *Im Krieg muss eine physische Kraft geschaffen werden, und es ist der Wille der Exekutive, der sie lenken muss. Im Krieg müssen die öffentlichen Schätze gehoben werden, und es ist die Hand der Exekutive, die sie ausgibt. Im Krieg werden die Ehren und Bezüge der Ämter vervielfacht, und es ist die Gunst der Exekutive, unter der sie genossen werden können. Im Krieg schließlich werden die Lorbeeren gesammelt, und es ist die Stirn der Exekutive, um die sie sich ranken. Die stärksten Leidenschaften und die gefährlichsten Schwächen der menschlichen Brust, Ehr-*

geiz, Geiz, Eitelkeit, die ehrenhafte oder lässliche Liebe zum Ruhm, sie alle verschwören sich gegen den Wunsch und die Pflicht zum Frieden.[152]

Madison vergaß aus irgendeinem Grund hinzuzufügen: »Das gilt wahrscheinlich auch für den Mond«, aber wir denken, dass die Logik hier anwendbar ist. Sofern die Ära von Bezos und Musk, die den Weltraum erschließen, nicht als Beseitigung von Ehrgeiz oder Eitelkeit betrachtet wird, werden die Ängste von 1793 wahrscheinlich auch im Jahr 2093 und darüber hinaus gelten.

Schlechtes Verhalten von Staatsoberhäuptern ist vor allem dann wahrscheinlich, wenn sie sich der Kosten eines Krieges nicht bewusst sind, zum Beispiel in nicht demokratischen Staaten. Die jüngste Invasion der Ukraine durch eine der großen historischen Weltraummächte der Erde ist ein besonders anschauliches Beispiel.

Es ist wichtig zu wissen, dass Kriege nicht einfach die Folge davon sind, dass Menschen oder Nationen beschließen, dass sie mehr Dinge brauchen. Kriege können einfach deshalb entstehen, weil die Machthaber von dem Konflikt profitieren wollen. Es gibt keinen Grund anzunehmen, dass die Raumfahrt daran etwas ändern wird, selbst wenn sie eine Reihe von unwahrscheinlichen wirtschaftlichen Vorteilen bringt.

Das erschreckende Ergebnis? Die Reise in den Weltraum wird den Krieg nicht beenden, denn Kriege werden durch nichts verursacht, was die Raumfahrt ändern könnte, selbst in den optimistischsten Szenarien. Das bringt uns zum letzten Punkt: Wenn die Menschheit massenhaft ins All fliegt, wird dies die Wahrscheinlichkeit eines Krieges wahrscheinlich nicht verringern, aber wir sollten bedenken, dass dies die Wahrscheinlichkeit eines schrecklichen Krieges erhöhen könnte.

Interplanetarer Krieg: Wahrscheinlich nicht supertoll

Wenn es in der sehr langfristigen Zukunft zu einem interplanetaren Krieg kommt, könnte dies ein einmalig schreckliches Ereignis in der Geschichte der Menschheit sein. Das liegt nicht nur an der menschlichen Fähigkeit, in diesem Szenario Asteroiden herumzuschleudern. Ein unterschätztes Problem ist die Tatsache, dass es noch nie einen Krieg zwischen zwei Mächten in unterschiedlichen Gravitationszonen gegeben hat.

Ein Grund, warum wir auf der Erde keine regelmäßigen Atomwaffentests mehr durchführen, ist, dass Wissenschaftler in den 1950er-Jahren Babyzähne untersuchten und feststellten, dass sie gefährliche Produkte von Nuklearexplosionen enthielten, insbesondere Strontium-90, das der Körper wie Kalzium behandelt. Das heißt, dass ein Teil der menschlichen Nachsicht mit dem Einsatz von Atomwaffen im Krieg darin besteht, dass sie dieses Fischglas namens Erde kontaminieren. Der Mars befindet sich in einem separaten Fischglas. Es gibt keine gemeinsame Atmosphäre, die mit gefährlichen Isotopen gefüllt werden könnte. Es gibt auch keinen Wind, der uns chemische Waffen ins Gesicht bläst, und keine globalisierten Interaktionen, die als Quelle dienen könnten.

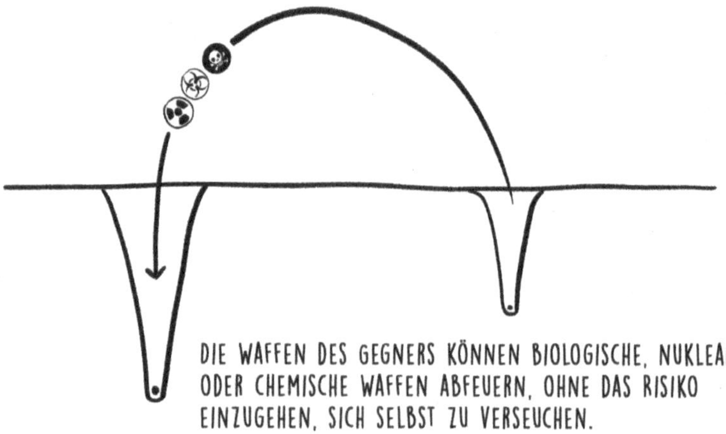

DIE WAFFEN DES GEGNERS KÖNNEN BIOLOGISCHE, NUKLEARE ODER CHEMISCHE WAFFEN ABFEUERN, OHNE DAS RISIKO EINZUGEHEN, SICH SELBST ZU VERSEUCHEN.

Es gibt natürlich Gründe jenseits der Taktik, diese Waffen nicht einzusetzen – Angst vor Repressalien oder einfach ein grundlegendes Mitgefühl für die Menschheit. Wir wissen zwar nicht, ob sie jemals in einem weit entfernten zukünftigen Weltraumkrieg eingesetzt werden, aber wir können sagen, dass zumindest einer der Gründe für den Verzicht auf den Einsatz der schrecklichsten Waffen der Menschheit vom Tisch ist. Dies ist eine einfache physikalische Tatsache in unserem Universum.

Die Besiedlung des Weltraums wird den Krieg nicht beenden, aber ein Krieg in einer Welt der Weltraumsiedlungen könnte besonders tödlich sein.

Make Star Peace, Not Star Wars!

Obwohl sie oft als Kriegstheoretiker bezeichnet werden, sind Menschen, die sich mit menschlichen Konflikten beschäftigen, auch sehr an der Erhaltung des Friedens interessiert. Es ist noch offen, ob Krieg ein ständiges Merkmal unserer Spezies ist oder etwas, aus dem wir uns mit Vernunft herausarbeiten können. Die Probleme des Weltraumkriegs, die in jedem Zeitrahmen bestehen, liegen an der Schnittstelle zwischen den Newton'schen Gesetzen und der menschlichen Natur. Die physikalischen Gesetze werden sich in absehbarer Zeit nicht ändern. Wenn wir also eine Chance haben wollen, Konflikte im Weltraum oder aufgrund des Weltraums zu vermeiden, müssen wir handeln, um die menschliche Natur zu zügeln und die Zukunft in Richtung Frieden zu gestalten.

Apropos, Sie werden sich vielleicht fragen, wie der Kongressabgeordnete Bartlett seine eigene Zukunft gestaltet hat, nachdem er eine beiläufige Drohung mit einem Angriff aus dem Weltraum durch Russland gehört hatte. Er wurde zum Fürsprecher und kämpfte jahrelang für den Schutz des Netzes vor nuklearen Angriffen. Nach einer langen Karriere in der Politik hat er sich aus der Zivilisation zurückgezogen. Heute lebt er auf einer stromunabhängigen Farm. Das hört sich gut an. Es gibt dort einen See mit zwei Schwänen, und laut Bartlett sind die Kondensstreifen der vorbeiziehenden Flugzeuge die einzige Bestätigung dafür, dass sich die Welt da draußen weiter dreht. Das mag für Bartlett die richtige Lösung sein, aber sie wird der Menschheit nicht zur Verfügung stehen, weder auf noch außerhalb der Erde.

Jetzt sagen Sie es mir!
Chateau de Beets

Kapitel 20

Ein kurzer Nachsatz zu einer selten in Betracht gezogenen Alternative: Abwarten und nirgendwohin gehen

Vorhin haben wir Dr. Daniel Deudney erwähnt, den Wissenschaftler für internationale Beziehungen, der bei vielen Weltraumenthusiasten berühmt-berüchtigt ist für seinen Vorschlag, dass es für die Menschheit existenziell am sichersten ist, niemals eine größere menschliche Präsenz im Weltraum aufzubauen.

Deudney ist nicht gegen Weltraumaktivitäten an und für sich – er ist nur der Meinung, dass sie für ungefährliche Dinge wie Wissenschaft, Umweltüberwachung und Kommunikation genutzt werden sollten. Das ist nicht das ausufernde Regime der Weltraumausbeutung, von dem so mancher Geek träumt, aber ein toter Planet hat auch eine ausgesprochen dürftige Wirtschaft.

Dies ist eine einsame Ansicht in der Weltraumgemeinschaft. Deudney hat vor Kurzem an einer von der National Space Society veranstalteten virtuellen Sitzung über seine eigenen Konzepte teilgenommen, bei der er im Wesentlichen gegen alle anderen Teilnehmer antrat. Nach einer Debatte zwischen Deudney und Mark Hopkins von der National Space Society gab es zwei Diskussionsrunden, in denen ein Redner nach dem anderen seine Ideen angriff. Er wurde nicht eingeladen, an diesen Diskussionsrunden teilzunehmen, um Stellung zu beziehen. An einer Stelle bezeichnete ihn ein Diskussionsteilnehmer sogar als dumm.

Deudney gehört zu den extremeren »Können wir das einfach lassen«-Anhängern, aber es gibt auch andere Stimmen, die ein hohes Maß an Besonnenheit empfehlen. Dr. Linda Billings, eine auf Astrobiologie und Planetenverteidigung spezialisierte Beraterin, wünscht sich beispielsweise eine »kollektive friedliche Existenz auf dem Raumschiff Erde«, bevor wir die Expansion des Weltraums ernsthaft in Angriff nehmen. Dr. Carl Sagan und Dr. Steven J. Ostro veröffentlichten 1994 eine Abhandlung mit dem Titel »Dangers of Asteroid Deflection« (auf Deutsch etwa: Gefahren der Umlenkung von Asteroiden), in der sie feststellten, dass eine Menschheit, die fortschrittlich genug ist, um sich vor einem Asteroideneinschlag zu retten, auch fortschrittlich genug ist, um einen Asteroiden in sich selbst hineinzulenken.

Zu all diesen Bedenken möchten wir noch die Besorgnis hinzufügen, die wir über die Schaffung einer unmoralischen Gesellschaft geäußert haben, insbesondere im Zusammenhang mit der menschlichen Reproduktion und der Wirtschaft. Deudney selbst weist darauf hin, dass in einer Welt mit leichtem Zugang zu Weltuntergangswaffen nur eine einzige autokratisch böse gewordene Gesellschaft nötig ist, um ein Albtraumszenario zu schaffen. Wenn einige Aspekte der Weltraumsiedlung die Wahrscheinlichkeit eines solchen Ergebnisses aktiv erhöhen, wird dieses Argument noch beunruhigender.

Weltraumgeeks zitieren oft ein Zitat des Science-Fiction-Autors Larry Niven: »Die Dinosaurier sind ausgestorben, weil sie kein Raumfahrtprogramm hatten. Und wenn wir aussterben, weil wir kein Raumfahrtprogramm haben, dann geschieht uns das recht!« Aber wie Deudney anmerkt, kommen riesige Asteroiden nur selten vor. Den Menschen gibt es noch nicht so lange, während die Dinosaurier eine lange Lebensdauer hatten. »In Anbetracht dieser Möglichkeiten liegt der Grund, warum die Dinosaurier fast 200 Millionen Jahre überlebt haben, vielleicht darin, dass sie *kein* Raumfahrtprogramm hatten.«[153]

Wir sind zu der Überzeugung gelangt, dass eine Expansion, gefolgt von einer Krise, der wahrscheinlichste Kurs ist, wenn keine größeren Gesetzesreformen durchgeführt werden. Wenn diese Expansion von falschen Vorstellungen über die menschliche Fortpflanzung oder die Soziologie oder die Wirtschaft geleitet wird, werden Gefahren, wie sie Deudney befürchtet, immer wahrscheinlicher.

Die Entwicklungen schreiten derzeit sehr schnell voran, und wir wissen nicht, wohin sie führen werden. Aber wir sind der Meinung, dass die Neinsager ein wenig mehr Raum bekommen sollten, um Nein zu sagen.

Notabene

AMÜSANTE ASTRONAUTENNAMEN UND DIE SOWJETISCHE NEIGUNG, SICH ÜBER SELTSAME DETAILS AUFZUREGEN

Wow, das war deprimierend. Die gute Nachricht ist, dass wir uns die lustigste Bonusgeschichte für den Schluss aufgehoben haben.

In einem früheren Entwurf dieses Buches haben wir für das Kapitel über Weltraumpsychologie viel Zeit auf interkulturelle Probleme in isolierten und beengten Umgebungen verwendet. Am Ende haben wir den Abschnitt aber gestrichen, weil das Gesamtbild nicht besonders aussagekräftig ist: Interkulturelle Interaktionen sind in der Regel in Ordnung, wenn man über kulturell geschulte Elitespezialisten verfügt, die sich von ihrer besten Seite zeigen. Es ist eher ein Problem der Personalressourcen als ein Problem der Menschen, die den Raum erobern. Dazu gibt es ein paar Geschichten, aber die sind ungefähr so interessant wie die von dem Mann, der dachte, er hätte Zahnschmerzen, die er aber nicht hatte.

Allerdings finden sich ein paar oft vergessene Geschichten über interkulturelle Verrücktheiten, die sich während des Interkosmos-Programms der Sowjetunion ereigneten, bei dem ab den 1970er-Jahren versucht wurde, nichtrussische Mitglieder des Sowjetblocks zu Kosmonauten zu machen. Die beste von allen ist die Geschichte von Kakalow.

Sie haben wahrscheinlich noch nie etwas von Georgi Kakalow aus Bulgarien gehört. Möglicherweise liegt das daran, dass Sie kein Fan der bulgarischen Kosmonautik sind. Aber vielleicht auch, weil er nicht unter seinem Geburtsnamen geflogen ist. Russen denken bei Kakalow nämlich an dasselbe wie Deutsche. Im Englischen könnte man seinen Namen als »George Poopson« wiedergeben oder, mit einem keltischen Einschlag, »George McCrap«.

Und auf Deutsch wäre die beste Übersetzung »Georg Kackasohn«. Wie auch immer, vor dem Flug wurde er auf Drängen der sowjetischen Raumfahrtbehörde in Georgi Iwanow umgetauft, nach seinem Vater, Iwan.

Eine sehr ähnliche Situation ereignete sich mit einem mongolischen Kosmonautenkandidaten. Diese Geschichte ist jedoch wenig bekannt, da der Mann, dessen Name geändert wurde, am Ende nicht geflogen ist. Uns Weinersmiths liegt sie jedoch sehr am Herzen, daher möchten wir sie hier mit Ihnen teilen: Laut einer Quelle des Interkosmos-Programms »gab es ein Problem eher ungewöhnlicher Natur. Maidardschawyn Alexander Ganchuyag wurde gesagt, dass er seinen Nachnamen ändern müsse, um russische Sprecher nicht zu beleidigen oder zu belustigen. Der Nachname Ganchuyag ist ein mongolisches Wort und bedeutet ›Rüstung‹, aber die letzten beiden Silben ähneln einem russischen Slangwort für das männliche Geschlechtsorgan. Auf Drängen der Sowjets änderte er seinen Namen in Gandsorig.«[154] Da die Autoren der Geschichte dies nicht genauer erläuterten, haben wir unseren Freund Wikipedia konsultiert, und es stellte sich heraus, dass das Wort *chui* (хуй) im Russischen ein vulgäres Wort für Penis ist.

Wir möchten Sie wissen lassen, dass wir aus einem tiefen Gefühl der Fairness heraus versucht haben, einen amerikanischen Astronauten mit einem lustigen Namen zu finden, dass wir dabei aber keinen Erfolg hatten. Das Beste war der mehr beeindruckend als lustig klingende Bill McCool. Als Trostpflaster bieten wir Ihnen den Namen des ersten niederländischen Astronauten an. Er ist nicht auf unzüchtige Weise amüsant, hat aber den Vorteil, dass er klingt wie ein Deckname, der von einem sechsjährigen Jungen erfunden wurde: Wubbo J. Ockels.

Fazit
Von Whirlpools und dem menschlichen Schicksal

Sollen wir das wirklich tun? Diese Frage haben wir uns nicht gestellt, als wir mit diesem Projekt begannen. Ursprünglich sind wir davon ausgegangen, dass die Besiedlung des Weltraums bald bevorsteht und dass sich damit die Frage der Regulierung stellt. Heute sind wir der Meinung, dass der Zeitplan wesentlich langfristiger und das Projekt viel schwieriger ist und dass es bei der Regulierungsarbeit eher darum geht, das Verhalten der Erdbewohner zu regeln, als eine marsianische Demokratie zu entwerfen.

Aber warten Sie einen Moment. Sie, tapferer Leser, sind bis hierher gekommen: Sie haben sich Sorgen um Marsbabys gemacht, das Leben in einer Mondhöhle in Betracht gezogen, die Arbeit von Weltraumanwälten studiert, sich vorgestellt, wie man eine Gesellschaft außerhalb der Erde aufbauen könnte, und über eine dunkle Zukunft nachgedacht. Lassen Sie uns nun die beiden plausiblen Argumente für die Besiedlung des Weltraums, die wir zu Beginn dieses Buches dargelegt haben, noch einmal durchgehen. Wie haben sie sich geschlagen?

Argument 1: Die Kathedrale des Überlebens

Sollte die Menschheit mit der Besiedlung des Weltraums beginnen, nur weil wir dadurch weniger anfällig für das Aussterben sind? Dr. Stephen Hawking mochte dieses Argument. Elon Musk mag dieses Argument. Wir sind uns nicht mehr sicher, ob es ein gutes Argument ist. Wenn die Menschheit so gut regiert würde, dass es seit Ewigkeiten keinen Krieg und keinen Terrorismus mehr gäbe, dann sollten wir die Kathedrale bauen. Wenn die Menschheit über eine Art *Star-Wars*-artige Kraftfeldtechnologie verfügen würde, die es uns ermöglicht, perfekt zu kontrollieren, welche Objekte durch unsere Atmosphäre fallen, dann sollten wir die Kathedrale bauen. Wenn wir eine Siedlung auf einem weit entfernten Stern errichten könnten, die einen interplanetaren Konflikt nahezu unmöglich macht, dann sollten wir die Kathedrale bauen. Aber wir haben die Konflikte noch nicht hinter uns gelassen. Unsere Fähigkeit, uns selbst zu schaden, übersteigt bei Weitem unsere Fähigkeit, uns zu schützen. Die Besiedlung des Sonnensystems wird die Gefahr wahrscheinlich noch vergrößern und wir werden nicht so bald zu fernen Sonnen aufbrechen. Im Laufe des letzten Jahrhunderts hat die Menschheit ein gutes halbes Dutzend brandneuer Methoden der Selbstvernichtung angehäuft. Wollen wir wirklich eine weitere hinzufügen?

Der einzige Grund für die Kathedrale des Überlebens wäre, wenn wir beweisen könnten, dass die Besiedlung des Weltraums zwar neue Risiken mit sich bringt, die Vorteile diese aber überwiegen. Aber zumindest im Moment scheinen die Vorteile gering und die Risiken erheblich zu sein. Ohne die Gewissheit, dass die Expansion in den Weltraum über kurz oder lang einen positiven Nutzen für die Menschheit bringt, wird die Errichtung der Kathedrale des Überlebens zu einem Akt des Glaubens.

Argument 2: Das Whirlpool-Argument

Haben die Menschen ein Recht darauf, ihre Mitmenschen an die Erde zu binden? Wir haben zu Beginn dieses Buches gesagt, dass es hier um die Frage geht, ob die Entscheidung, den Weltraum zu besiedeln, eher mit der persönlichen Entscheidung für einen Whirlpool oder eher mit der stark regulierten Entscheidung für eine Atomrakete vergleichbar ist. In Anbetracht der Tatsache, dass die Besiedlung des Weltraums in absehbarer Zeit keine großen Vorteile bringen wird, in Anbetracht der Tatsache, dass der Weg dorthin zu rechtlichem Chaos führen könnte, und in Anbetracht der Tatsache, dass die Aktivitäten im Weltraum die Wahrscheinlichkeit eines Krieges nicht verringern, sondern in manchen Szenarien sogar erhöhen könnten, lässt sich schwerlich behaupten, dass dies nur eine Frage der persönlichen Vorlieben ist. Ist dies lediglich eine persönliche Entscheidung? Wir denken, dass die kurze Antwort hier Nein lautet.

Viele der hartnäckigsten Befürworter der Marskolonisierung sind philosophisch libertär – sie halten die Erde für zu bürokratisch, zu reglementiert, zu erdrückend. Aber selbst überzeugte Liberalisten befürworten keine Ausweitung des privaten Besitzes von Atomwaffen. Wenn Sie mit uns darin übereinstimmen, dass eine groß angelegte menschliche Präsenz im Weltraum eine atomwaffenähnliche Bedrohung für die Menschheit darstellt, sollte fast jede politische oder philosophische Haltung ein kollektives Recht auf Mitsprache darüber befürworten, was oberhalb unserer Schwerkraft passiert.

Wissen Sie, wir sind Nerds. Was wir hier in diesem Buch eigentlich hätten schreiben sollen, ist, dass Sie in einem riesigen Weltraumrad oder einem marsianischen Biodom oder einer Mondhöhle mit einer netten Weltraumfamilie leben werden und dass jeder, der etwas anderes behauptet, in dieselbe Kategorie fällt wie die Leute, die gesagt haben, dass Flugzeuge nicht funktionieren oder dass man kein Feuer machen kann, indem man Stöcke aneinanderreibt.

Das würden wir hier gerne sagen. Wirklich. Kelly nahm einmal an einem Workshop zur Besiedlung des Weltraums teil, und als sie ankündigte, dass ihr nächstes Buch von der Besiedlung des Weltraums handelt, brach der Raum in Applaus aus. Es war ein komischer Moment, denn als sie sich ursprünglich für den Workshop angemeldet hatte, hatte sie die kurzfristigen Möglichkeiten noch eher optimistisch eingeschätzt. Als sie dann als Teil der Bewegung gelobt wurde, war sie sich nicht mehr so sicher.

Wir mögen all diese Menschen. Wir mögen Beifall. Wir mögen die Solidarität unter gleichgesinnten Spinnern. Wir sind Wissenschaftsgeeks. Wir sind Technikgeeks. Wir bleiben lange auf, um mit unseren Kindern Raketenstarts zu beobachten, und in klaren Winternächten holen wir das Teleskop heraus. Wir glauben, dass der technologische Fortschritt eine wichtige Rolle bei der Gestaltung einer wunderbaren Zukunft für die Menschheit spielt.

Aber wir können uns einfach nicht selbst davon überzeugen, dass die üblichen Argumente für eine Besiedlung des Weltraums gut sind. Die Besiedlung des Weltraums wird viel schwieriger sein, als sie üblicherweise dargestellt wird, ohne offensichtliche wirtschaftliche Vorteile. Der Versuch, den Weltraum jetzt zu besiedeln, könnte kurzfristig die Wahrscheinlichkeit von Konflikten auf der Erde erhöhen und letztlich das existenzielle Risiko für die Menschheit vergrößern. Selbst die fantastische Aussicht aus einem marsianischen Habitat ist all dies nicht wert.

Die russischen Kosmonauten haben eine Hymne mit dem Titel »Das Gras in unserer Heimat«. Es ist eine tiefgründige Ballade aus den 1980er-Jahren, die typischerweise mit einer Keytar und mindestens drei Vokuhilas vorgetragen wird. Aber sie enthält einen überraschend bewegenden Text, der aus der Perspektive eines Mannes im Weltraum erzählt wird, der über die Erde nachdenkt. Der Refrain geht etwa so:

Wir träumen nicht von dem Dröhnen des Kosmodroms,
nicht von diesem eisblauen Raum.
Wir träumen vom Gras, Gras vor unserem Haus,
*von grünem, grünem Gras.**

Nachdem wir die ganze Zeit versucht haben, eine realistischere Vision der Weltraumsiedlung zu erkennen, ist eines der wenigen Dinge, die wir mit Gewissheit sagen können, dass wir dieses Gras vor *unserem* Haus mehr zu schätzen gelernt haben. Und zwar nicht nur das Gras, sondern auch das Haus selbst und die Menschen darin.

Bei Fantasien über den Weltraum geht es meist um die Flucht. Manchmal ist es die persönliche Flucht einer einzelnen Figur in einer Geschichte, aber genauso oft geht es darum, dass die Menschheit Institutionen und Tra-

* Das Lied stammt aus der Feder von Semljane (zu Deutsch: Erdlinge). Die deutsche Übersetzung basiert auf der englischen Version von Artem Kaljanow und Kelly Weinersmith.

ditionen entflieht, die als repressiv oder hässlich oder sterbend oder langweilig angesehen werden. Aber der Knackpunkt ist folgender: Wir können nicht weg. Nicht wirklich. Nicht rechtzeitig, um eine drohende Katastrophe oder einen drohenden sozialen Verfall aufzuhalten. Und wenn wir gehen und eine neue Zivilisation aufbauen könnten, wissen Sie, was wir als Erstes tun würden? Wir würden damit beginnen, die Erde, wie wir sie kennen, neu zu erschaffen. Nicht nur unsere Biosphäre, sondern auch die sozialen Institutionen, die wir der dunklen Seite unserer Natur abtrotzen mussten – Dinge wie Rechtsstaatlichkeit, Menschenrechte und Verhaltensnormen zwischen Gesellschaften.

Unsere größte Befürchtung beim Schreiben dieses Buches ist, dass die Menschen, die uns geholfen haben, die Besiedlung des Weltraums zu verstehen, enttäuscht oder verärgert über unsere Behandlung dieses Themas sein werden. Nun, verdammt, das sollten sie nicht sein. Wir lieben diese Gemeinschaft, und wir haben unser Bestes gegeben, um ihren Diskurs zu fördern. Wir glauben, dass Weltraumsiedlungen möglich sind und vielleicht eines Tages sicher durchgeführt werden können. Aber um etwas Großes zu tun, müssen wir das Ausmaß der Herausforderung abschätzen. In gesunden Denkgemeinschaften sind die Leute, die in der Ecke stehen und den Kopf schütteln und mit dem Finger wedeln, keine Hindernisse auf dem Weg zum Fortschritt, sondern vielmehr schützende Leitplanken.

Die Erde ist nicht perfekt, aber im Vergleich zu anderen Planeten ist sie ziemlich gut. Wir sagen nicht, dass Sie die Hoffnung auf ein Leben außerhalb der Erde aufgeben sollten – das ist ein zu schöner Traum, um sich davon zu trennen. Wir wollen damit nur sagen, dass Sie, wenn Sie diesen Traum verwirklichen wollen, die Herausforderungen so sehen müssen, wie sie sind – real, tiefgreifend und auf jeder Ebene, von den Molekülen bis zur Soziologie, vorhanden. Wir hoffen, dass Sie zumindest, wenn Sie einen Artikel lesen oder ein Gespräch über die Idee der Besiedlung des Weltraums hören, in der Lage sind, diese als ein sehr komplexes Problem zu sehen, das nicht einfach durch ehrgeizige Fantasien oder riesige Raketen gelöst werden kann.

Okay, okay, aber … oder: Eine mäßig hoffnungsvolle Schlussbemerkung

Wenn Sie unsere Schlussfolgerungen hassen, haben wir gute Nachrichten: Wir sind keine mächtigen Menschen. Zach ist ein Typ, der lustige Bilder für das Internet zeichnet. Kelly ist die Präsidentin einer regionalen Gesellschaft für das Studium parasitärer Würmer. Die Welt erzittert nicht vor uns.

Wir sind zwar nicht der Meinung, dass die Menschheit jetzt schon den sprichwörtlichen Whirlpool kaufen sollte, aber Weltraumagenturen und sehr, sehr reiche Leute überlegen bereits, wie viele sprichwörtliche Wasserdüsen den sprichwörtlichen Hintern der Menschheit massieren sollen. Zum Abschluss dieses Buches wollen wir also nicht darüber nachdenken, was die Menschheit insgesamt tun sollte, sondern darüber, was die Menschheit tun sollte, wenn die Expansion in den Weltraum eine ausgemachte Sache ist. Stellen Sie sich also vor, dass durch eine unglückliche Abfolge von Ereignissen zwei Weinersmiths mit der Leitung einer 20 Milliarden Dollar teuren Agentur für die Besiedlung des Weltraums beauftragt werden. Wir würden die Mittel wie folgt verteilen:

Schwerpunkt 1: Biologie, Fortpflanzung und Ökologie

Die Biowissenschaften stellen uns vor schwierige Probleme, wenn es um das langfristige Überleben im Weltraum geht, und es handelt sich dabei um Probleme, über die wir nur sehr wenig wissen. Die wichtigsten Antworten, die wir brauchen, betreffen die sehr langfristigen Auswirkungen des Lebens im Weltraum – nicht nur in Raumstationen, sondern auch in der Schwerelosigkeit. Wir brauchen auch Antworten auf die Frage, wie wir uns außerhalb der Erde sicher fortpflanzen können. Vielleicht funktioniert es im Großen und Ganzen ähnlich wie auf der Erde, vielleicht brauchen wir aber auch ein riesiges rotierendes Babydrom über dem Mars. In dieser Richtung wurden bisher nur wenige Fortschritte erzielt. Als wir diese Schlussfolgerung schrieben, kam jedoch die Nachricht, dass China plant, Affen für ein paar intime Stunden in seine Raumstation zu schicken. Wir wünschen ihnen viel Glück dabei, Primaten in einer Raumstation von der Größe einer Wohnung und mit einer Besatzung von drei Taikonauten Geschlechtsverkehr zu ermöglichen.

So albern das auch klingen mag, es ist im Wesentlichen die richtige Richtung. Die Erforschung der langfristigen Biologie und Fortpflanzung von Tieren im Weltraum ist wichtig, nicht nur um mehr Menschen auf dem Mars zu produzieren, sondern auch um dies auf ethische Weise zu tun. Wir würden gerne sehen, wie Satelliten jenseits der Magnetosphäre bei teilweiser Schwerkraft rotieren und mehrere Generationen von Nagetieren beherbergen, die so glücklich und gesund sind, wie es nur geht. Oder wenn wir eine Forschungsstation auf dem Mond bekommen, würden wir diese Arbeit stattdessen gerne dort erledigen. Das klingt nach einem guten Anfang. Ein Grund, warum diese Art von Wissenschaft nicht vorankommt, ist, dass die Raumfahrtbehörden im Allgemeinen vor allem zurückschrecken, bei dem das Wort »Sex« fällt. Dies ist eine Chance für die Privatwirtschaft zu glänzen! Jeff Bezos' Amazon besitzt eine riesige Flotte von Lieferwagen – es sind keine Chevys, aber sie sehen ziemlich geräumig aus. Elon Musk ist verantwortlich für einen hohen Prozentsatz aller Kinder, die auf der Erde geboren werden. Wir können zusammenarbeiten. Wir können das schaffen.

Das andere Teil des Puzzles ist die Ökologie. Biosphäre 2 hat beinahe gezeigt, dass man acht Menschen zwei Jahre lang auf etwa 1,27 Hektar ernähren kann. Für den Preis der heutigen Internationalen Raumstation hätten etwa 500 solcher Einrichtungen gebaut werden können. Besser noch, 5000 davon, mit einer großen Varianz in der Größe, um neue Kombinationen auszuprobieren und das absolut minimale Konzept zu finden, bei dem sich die Besatzung nicht jahrelang nur von Algen ernähren muss. Übrigens, auf diesem sich erwärmenden Planeten könnte ein tiefgreifendes Systemwissen über Ökosysteme und wie man funktionierende Ökosysteme in seltsamen Umgebungen erzeugt, sehr nützlich sein.

Zu gegebener Zeit sollte man versuchen, irgendwo außerhalb der Erde ein richtiges Ökosystem aufzubauen – vielleicht in einer Lavaröhre auf dem Mond oder in der Nähe der ständig beleuchteten Pole. Wenn wir erst einmal ein sich selbst erhaltendes Lebenserhaltungssystem haben, das über

Jahre hinweg nicht zusammenbricht, wenn uns die KRUSTYs, also die Kilopower-Reaktoren, in den langen Mondnächten warm halten, wenn erwachsene Menschen jahrelang auf dem Mond leben können, ohne ihr Augenlicht oder ihren Verstand zu verlieren, und wenn Babys sicher geboren werden und auf dem nächsten Nachbarn der Erde aufwachsen – dann wird es Zeit, zum Mars weiterzuziehen. In der Zwischenzeit können und sollten wir den Mars besuchen, um herauszufinden, wie wir die Perchlorate aus dem Boden entfernen und uns der lokalen Ressourcen versichern können. Aber solange wir nicht wissen, wie wir das langfristige Überleben der Menschen sicherstellen können, sollten diese Projekte nicht über das Stadium eines Forschungsaußenpostens hinausgehen. Letztendlich, wenn die richtige Technologie bereit ist, sollten all diese Fäden zusammengeführt werden, um eine riesengroße Marssiedlung innerhalb eines sehr kurzen Zeitraums zu errichten. Das setzt natürlich voraus, dass sich alle Beteiligten auf eine friedliche und legale Art und Weise einigen können, eine Siedlung zu gründen.

Schwerpunkt 2: Internationales Recht

Menschliche Rechtsnormen sind wesentlich verwirrender als verliebte Weltraumäffchen. Wir glauben, dass das richtige Gesetz mehr oder weniger bereits existiert – es sollte so etwas wie das UN-Seerechtsübereinkommen oder der Mondvertrag sein, aber so kalibriert, dass es von den großen Weltraummächten unterzeichnet werden kann. Zweifelsohne gibt es hier Forschungsarbeit zu leisten, aber ein großer Teil der Arbeit besteht in der Überzeugungsarbeit, damit die Menschen verstehen, worum es bei der Besiedlung des Weltraums eigentlich geht. Warum sie wichtig ist, wie sie durchgeführt werden sollte, welche Zeiträume vernünftig sind und wohin wir von hier aus gehen können. Das ist ein Teil dessen, was wir in diesem Buch zu tun versucht haben. Die meisten Nerds, die sich für die Besiedlung des Weltraums interessieren, wollen Raketen und Raumschiffe studieren. Aber dies ist ein ebenso wichtiger Forschungszweig, der offen gesagt für jeden jungen Menschen von Interesse sein sollte, der die Welt verändern will. Das internationale Recht ist eines der wenigen Gebiete, auf denen man durch das Verstehen von Geschichte und Recht und das Schreiben darüber langfristig einen großen Einfluss auf die Zukunft der Menschheit haben kann. Wenn wir die Art von Weltraumsiedlungen wollen, von denen Science-Fiction-Geeks träumen, brauchen wir ein Rechtssystem, das kurzfristig die Möglichkeit territorialer Auseinandersetzungen ausschließt, mittelfristig eine friedliche wissenschaftliche Zusammenarbeit ermöglicht und vielleicht eines fernen Tages die friedliche Schaffung unabhängiger Nationen außerhalb der Erde erlaubt. So wie Dr. Oscar Schachter in den 1950er-Jahren das Gesetz mitgestaltet hat, das unser heutiges Sonnensystem regiert, können Wissenschaftler, die in den 2020er-Jahren schreiben, das Gesetz mitgestalten, das die 2050er-Jahre und darüber hinaus regiert.

Schwerpunkt 3: Geopolitik, Soziologie und Wirtschaft

Da dieses Buch für ein breites Publikum gedacht ist, das keine Texte lesen möchte, die mehr wiegen als es selbst, waren wir gezwungen, einige Themen auszulassen, über die mehr zu wissen eines Tages nützlich sein könnte: die Gestaltung von Verfassungen, die Auswirkungen von Religion, die Beeinflussung der Kultur durch die Geografie und detaillierte Abhandlungen über wirtschaftliche Faktoren, wie die Auswirkungen von sechsmonatigen Transitzeiten auf den Wert von Rohstoffen. Unsere Freunde, die Ökonomen, hätten anscheinend erschöpfende Analysen aller möglichen Szenarien bevorzugt, was vermutlich die Geduld selbst der nerdigsten Konsumenten von populärwissenschaftlichen Themen strapaziert hätte. Wenn die Menschheit jedoch den Weltraum besiedeln muss, sind diese Details nicht nur wichtig, sondern sie können auch juristisch entschieden werden, anstatt dass lediglich darüber spekuliert wird. Es gibt tatsächlich Wissenschaftler, die sich mit den Merkmalen von Verfassungen befassen, die in der Regel lange Zeit überleben, aber sie werden selten, wenn überhaupt, von Weltraumgeeks konsultiert, die die Gründung von Weltraumnationen planen. Einer der Gründe, warum wir nicht viel über dieses Thema diskutiert haben, ist einfach der, dass wir es als extrem abhängig von schwer vorhersehbaren Besonderheiten betrachten. Aber wenn wir eine gut finanzierte Agentur für die Besiedlung des Weltraums leiten würden, würden wir gerne einen Teil unseres Budgets den Leuten zur Verfügung stellen, die bereit sind, sowohl die technischen Details der Besiedlung des Weltraums zu ergründen als auch die Art und Weise, wie die Menschen darin erfolgreich zusammenleben könnten. Wissenschaftler wie Dr. Charles Cockell versuchen, solche Diskussionen in Gang zu bringen, und wir würden uns freuen, wenn sich noch mehr Menschen an dieser Diskussion beteiligen würden. Langfristig könnte dieses Wissen auch mit Experimenten zur Mondökologie kombiniert werden, um die besten Wege für kleine, weit entfernte Gesellschaften zu finden, deren Wirtschaft teilweise vom Heimatplaneten abgekoppelt ist.

Die gute Nachricht für Nerds

Können wir einfach sagen, dass das alles Spaß macht? Unser Pessimismus in Bezug auf die Möglichkeit einer kurzfristigen Besiedlung des Weltraums hat unsere Faszination für dieses Thema in keiner Weise beeinträchtigt. Bei welchem anderen Unterfangen muss man schon alles verstehen, von der Orbitalmechanik über die Ökologie bis hin zu Geschichte, Recht und Krieg? Studien über die Besiedlung des Weltraums sind oft einseitig ausgerichtet, wobei die Techniker nur flüchtige Kenntnisse über das Recht haben und die Juristen nur begrenzte Kenntnisse über die technische Machbarkeit. Es gäbe so viel wunderbare Arbeit, die von jungen Wissenschaftlern geleistet werden könnte, die bereit wären, einen Stapel von Büchern über die Größe von Asgardia-1 zu lesen, ihre Ergebnisse aufzuschreiben und sie bei einer der einschlägigen Zeitschriften einzureichen. Einige der besten Arbeiten, auf die wir bei der Durchsicht dieses Buches gestoßen sind, wurden von Mitarbeitern aus weit entfernten Fachgebieten verfasst – wie die Arbeiten des Astrophysikers Dr. Martin Elvis, des Weltraumphilosophen Dr. Tony Milligan und der Politikwissenschaftlerin Dr. Alanna Krolikowski.

Warum gibt es nicht mehr Leute wie diese? Wir sprechen hier von einem Bereich, in dem man durch die Lektüre eines Stapels faszinierender obskurer Literatur einen Beitrag zur Zukunft der Menschheit leisten, das Interesse der Öffentlichkeit wecken, das wissenschaftliche Wissen in Dutzenden von Bereichen erweitern und einige der erstaunlichsten Sonderlinge treffen kann, die der Planet zu bieten hat. Wenn Dr. Daniel Deudney recht damit hat, dass wir vor einem dunklen Himmel stehen, haben Sie die Chance, uns ein wenig Licht in den Wolken zu zeigen – und dabei verdammt viel Spaß zu haben. Das gilt insbesondere dann, *wenn Sie glauben, dass wir uns irren.* Wenn Sie der Meinung sind, dass unsere Spezies andere Welten bewohnen muss und nicht, wie der Anthropologe und Philosoph Dr. Joseph Campbell schrieb, »eine Art neu entwickelter Schorf auf der Epidermis eines der kleineren Trabanten eines Nebensterns im äußeren Arm einer durchschnittlichen Galaxie« bleibt,[155] dann sollten Sie dieses Buch nicht als Grund betrachten, zu Hause zu bleiben, sondern als Herausforderung auf dem Weg nach draußen.

Wir wissen noch nicht, wie wir es anstellen sollen, aber wir glauben immer noch, dass wir eines Tages, mit genügend Wissen, den Mars erobern können. Und eines sehr fernen Tages auch andere Sonnensysteme. Aber wir müssen es uns verdienen, indem wir mehr Wissen erlangen und eine verantwortungsvollere, friedlichere Spezies werden. Wir müssen weise werden, wenn wir zu den Sternen reisen wollen.

Danksagung

In Danksagungen ist es üblich zu sagen, dass keiner derjenigen, die mitgewirkt haben, für Fehler im Text verantwortlich ist. Wir würden gerne noch ein bisschen weiter gehen. Da dieses Buch etwas umstritten ist, zumindest unter Leuten, die nerdig genug sind, um sich über internationales Recht in Bezug auf den Mond aufzuregen, möchten wir mit Nachdruck erklären, dass keine der unten genannten Personen für unsere Ansichten verantwortlich ist.

Wir sind der Meinung, dass eine funktionierende wissenschaftliche Gemeinschaft abweichende Meinungen, die mit Zitaten belegt sind, begrüßen sollte. In der Gemeinschaft der Weltraumsiedler werden Menschen mit negativen Ansichten über Aspekte der Weltraumsiedlung jedoch manchmal als Idioten oder »menschenfeindlich« oder Schlimmeres bezeichnet. Daher möchten wir vor allem jenen Lesern danken, die sich an die Regeln der akademischen Forschung gehalten und uns bei der Arbeit an diesem Buch unterstützt haben, auch wenn unsere Schlussfolgerungen im Widerspruch zu ihren Ansichten standen. In anderen Bereichen würde man dies als »normal« bezeichnen. Wir denken, dass es hier die Bezeichnung »mutig« rechtfertigt.

Da die Weltraumforschung in ihrer Tiefe und Technizität unerschöpflich ist, möchten wir uns zunächst bei denjenigen bedanken, die Fragen beantwortet haben, uns geholfen haben, schwierige Details aufzuspüren oder zu klären oder genauere Informationen zu erhalten: Bryan Caplan, Winchell Chung, Francis Cucinotta, Jason Derleth, Daniel Deudney, Dmitri Komarow, David Livingston, Alan Manning, Beyond NERVA, Wladimer Papitaschwili, Rod Pyle, Joshua M. Rice, Asif Siddiqi, Doug Plata, Larissa Staruchina, Mark Takata, John Vasquez, Lena Jakowlewa, Matt Zefferman und Linyi Zhang. Und natürlich die unzähligen Helfer auf Twitter. Vielen

Dank, dass Sie bewiesen haben, dass soziale Medien gelegentlich ein Gewinn sein können.

Wir möchten den Menschen danken, die Kapitel, Abschnitte und in einigen Fällen das gesamte Buch gelesen haben. Besonders dankbar sind wir denjenigen von ihnen, die den frühen Entwurf gelesen haben, der irgendwie 10000 Wörter über die Geschichte der Weltraumsimulationen und -analogien enthielt. Die Geschichte wird ihr Leiden nicht anerkennen, aber wir tun es: Ran Abramitzky, Timiebi Aganaba, Ruth Nic Aibhne, Grant Anderson, Joe Batwinis, Samuel Bazzi, Chris Blattman, Haym Benaroya, Callan Bentley, Michael W. Busch, Dan Cassino, Yuk Chi Chan, Charles Cockell, Simon Commander, Giacomo Delledonne, Scott P. Egan, Manfred Ehresmann, Martin Elvis, Annie Handmer, Casey Handmer, Robin Hanson, James Hendricks, Robert Gooding-Townsend, Matt Fantastic, Chad Jones, Malik K., Ram Jakhu, Charles Kenny, J. R. H. Lawless, John Lehr, Chris Lewicki, David Luebke, Jonathan McDowell, Timothy Miller, Clay Moltz, Michael Munger, Ryan North, Paul Novitski, Oscar Ojeda, Sinéad O'Sullivan, Frédéric Padilla, Phil Plait, Kevin Ringelman, Alexander Roederer, James Schwartz, Daniel Shaw, Scott Solomon, Louie Terrill, Andrew Thaler, Ben Tolkin, Gary Tyrrell, Tomer Ullman, Frans von der Dunk, Robert Wagner, Dan Warren, Martin und Phyllis Weiner, Chris White, Daniel Whiteson und die Mitglieder des britischen Defence Science and Technology Laboratory.

Wir möchten unseren Redakteurinnen Virginia Smith-Younce und Caroline Sydney dafür danken, dass sie ein gigantisches Dossier über buchstäblich alles, was mit der Besiedlung des Weltraums zu tun hat, behutsam und doch beharrlich in ein lesbares, populärwissenschaftliches Buch verwandelt haben. Wir danken unserer Lektorin Jane Cavolina dafür, dass sie dafür gesorgt hat, dass wir gebildet wirken.

Wir danken unserem literarischen Agenten Seth Fishman und unseren Managern Mark Saffian und Josh Morris für ihre ständigen Bemühungen, unsere verrückten Karrieren zum Laufen zu bringen und die Realität fernzuhalten, damit wir über Toiletten auf dem Mars nachdenken können.

Und wir danken unseren Kindern Ada und Ben dafür, dass sie unzählige Gespräche (und manchmal auch Monologe) über obskure Raumfahrtthemen ertragen haben, obwohl sie eigentlich über Cartoons und Kuchen sprechen wollten. Es tut uns leid, dass ihr uns an der Backe habt, aber wir sind sehr froh darüber.

Viele Menschen haben an der Entwicklung dieses Buches mitgewirkt, aber letztendlich sind alle Fehler, die im Text verbleiben, ausschließlich Phil Plait zuzuschreiben.

Anmerkungen

Diese Endnoten enthalten ausschließlich Quellenangaben, die Zitate aus den Texten und Manuskripten belegen, auf die wir uns direkt beziehen.

Einleitung: Ein Siedlungsleitfaden für den Roten Planeten?

1 Tim Peake, *Ask an Astronaut* (London: Arrow Books, 2018), S. 240.

2 Antonino Salmeri, »No, Mars Is Not a Free Planet, No Matter What SpaceX Says«, *SpaceNews*, 5. Dezember 2020, https://spacenews.com/op-ed-no-mars-is-not-a-free-planet-no-matter-what-spacex-says.

3 Kevin Maney, »›Star Wars‹ Class Wars: Is Mars the Escape Hatch for the 1 Percent?«, *Newsweek*, 14. Dezember 2015, https://www.newsweek.com/2015/12/25/mars-colonies-rich-people-404681.html.

4 Sean O'Kane, »Startup's plan to deliver baby in space halted over ›serious ethical, safety and medical concerns‹«, *The Verge*, 3. Juli 2019, https://www.theverge.com/2019/7/3/20680006/space-birth-startup-project-ceo-serious-ethical-safety-medical-concerns-halt.

5 German Lopez, »To the Moon«, *New York Times*, 1. September 2022, https://www.nytimes.com/2022/09/01/briefing/nasa-moon-mars-space-travel.html.

6 John M. Olson, Steven J. Butow, Eric Felt und Thomas Cooley, »State of the Space Industrial Base 2022: Winning the New Space Race for Sustainability, Prosperity and the Planet«, Defense Innovation Unit, 24. August 2022, https://assets.ctfassets.net/3nanhbfkr0pc/6L5409bpVlnVyu2H5FOFnc/7595c4909616df92372a1d31be609625/State_of_the_Space_Industrial_Base_2022_Report.pdf.

7 Elon Musk, Twitter-Post, 19. Mai 2022, https://twitter.com/elonmusk/status/1527356085090545664.

Kapitel 1: Eine Einführung in die Weltraummythen

8 Andy Weir, Vorwort zu Chris Carberry, *Alcohol in Space: Past, Present, and Future* (Jefferson, NC: McFarland and Co., 2019), S. 2.

9 Noah Kulwin, »Jeff Bezos Thinks We Need to Build Industrial Zones in Space in Order to Save the Earth«, CNBC, 1. Juni 2016, https://www.cnbc.com/2016/06/01/jeff-bezos-thinks-we-need-to-build-industrial-zones-in-space-in-order-to-save-earth.html.

10 World Bank, *The Changing Wealth of Nations 2021: Managing Assets for the Future* (Washington, D. C.: World Bank, 2021), S. 194, https://openknowledge.worldbank.org/handle/10986/36400.

11 De Witt Douglas Kilgore, *Astrofuturism: Science, Race, and Visions of Utopia in Space* (Philadelphia: University of Pennsylvania Press, 2003), S. 172.

12 Carl Sagan, *Pale Blue Dot: A Vision of the Human Future in Space* (New York: Random House, 1994), S. xii (auf Deutsch erschienen unter dem Titel *Blauer Punkt im All*, Bechtermünz Verlag, 1999).

13 Morgan McFall-Johnsen, »The Russian Space Chief and Scott Kelly, a Former NASA Astronaut, Attack Each Other on Twitter – Calling Each Other ›Moron‹ and ›Child‹«, *Business Insider*, 8. März 2022, https://www.businessinsider.com/astronaut-scott-kelly-and-russia-space-chief-trade-twitter-insults-2022-3.

14 Frank White, *The Overview Effect: Space Exploration and Human Evolution*, 3. Aufl. (Reston, VA: American Institute of Aeronautics and Astronautics, 2014), S. 2 (auf Deutsch erschienen unter dem Titel *Der Overview Effekt*, Goldmann, 1993).

Teil I: Rundumversorgung für Weltraumbewohner

15 Lynn Sherr, Sally Ride: *America's First Woman in Space* (New York: Simon & Schuster, 2014), S. 103.

Kapitel 2: Erstickung, Knochenschwund und fliegende Schweine

16 Lina Tran, »How NASA Will Protect Astronauts from Space Radiation at the Moon«, NASA, 7. August 2019, https://svs.gsfc.nasa.gov/13275/.

17 Stuart Clark, *The Sun Kings: The Unexpected Tragedy of Richard Carrington and the Tale of How Modern Astronomy Began* (Princeton, NJ: Princeton University Press, 2007), S. 83–88.

18 Rod Pyle, *Destination Mars: New Explorations of the Red Planet* (Amherst, NY: Prometheus, 2012), S. 168.

19 Jeffrey Chancellor et al., »Limitations in Predicting the Space Radiation Health Risk for Exploration Astronauts«, *NPJ Micrograrity* 4 (2018): S. 7, https://doi.org/10.1038/s41526-018-0043-2.

20 Mike Mullane, »Backaches«, in *Space Shuttle: The First 20 Years – The Astronauts' Experiences in Their Own Words*, hg. von Tony Reichhardt (London: DK Publishing, 2002), S. 161 (auf Deutsch erschienen unter dem Titel *Erlebnis Space Shuttle: Astronauten berichten*, Motorbuch Verlag, 2005).

21 Scott Trappe et al., »Exercise in Space: Human Skeletal Muscle After 6 months Aboard the International Space Station«, *Journal of Applied Physiology* 106 (2009): S. 1159–1168, https://doi.org/10.1152/japplphysiol.91578.2008.

22 Thomas Mader et al., »Optic Disc Edema, Globe Flattening, Choroidal Folds, and Hyperopic Shifts Observed in Astronauts after Long-Duration Space Flight«, *Ophthalmology* 118 (2011): S. 2058–2069, https://doi.org/10.1016/j.ophtha.2011.06.021.

23 Scott Kelly, *Endurance: A Year in Space, a Lifetime of Discovery* (New York: Alfred A. Knopf, 2017), S. 141 (auf Deutsch erschienen unter dem Titel *Endurance: Mein Jahr im Weltall*, C. Bertelsmann, 2018).

24 S. S. Panesar und K. Ashkan, »Surgery in Space«, *British Journal of Surgery* 105 (2018): S. 1237, https://doi.org/10.1002/bjs.10908.

25 Laura Drudi et al., »Surgery in Space: Where Are We at Now?«, *Acta Astronautica* 79 (2012): S. 63, https://doi.org/10.1016/j.actaastro.2012.04.014.

26 Panesar und Ashkan, »Surgery in Space«.

Kapitel 3: Weltraumsex und die Folgen

27 James E. Oberg und Alcestis R. Oberg, *Pioneering Space: Living on the Next Frontier* (New York: McGraw-Hill, 1985), S. 188–189.

28 T. A. Heppenheimer, *Colonies in Space* (New York: Warner Books, 1980), S. 209.

29 Mike Mullane, *Riding Rockets: The Outrageous Tales of a Space Shuttle Astronaut* (New York: Scribner, 2007), S. 176.

30 Mary Roach, *Packing for Mars: The Curious Science of Life in the Void* (New York: W. W. Norton & Co., 2010), S. 59; G. Harry Stine, *Halfway to Anywhere: Achieving America's Destiny in Space* (M. Evans & Company, 1996), S. 246–247.

31 Rebecca Wright, »Edited Oral History Transcript: Norman E. Thagar«, NASA Shuttle-Mir Oral History Project, 16. September 1998, https://historycollection.jsc.nasa.gov/JSCHistoryPortal/history/oral_histories/Shuttle-Mir/ThagardNE/ThagardNE_9-16-98.htm.

32 Peter Pesavento, »From Aelita to the International Space Station: The Psychological and Social Effects of Isolation on Earth and in Space«, *Quest* 8:2 (2000): S. 21.

33 David Plotz, »Exit Interview: Scott Kelly, an Astronaut Who Spent a Year in Space«, *Atlas Obscura*, 9. November 2017, http://www.atlasobscura.com/articles/scott-kelly-astronaut-exit-interview-space-station-nasa.

34 April Ronca et al., »Effects of Sex and Gender on Adaptations to Space: Reproductive Health«, *Journal of Women's Health* 23 (2014): S. 969, https://doi.org/10.1089/jwh.2014.4915.
35 G. Harry Stine, *Halfway to Anywhere: Achieving America's Destiny in Space* (M. Evans & Company, 1996), S. 246–247.
36 Meytar Sorek-Hamer und Marit Meyer, »Developing an Air Quality Index for Space Vehicles and Habitats«, Meeting of the American Association for Aerosol Research, Portland, OR, 2019, https://ntrs.nasa.gov/citations/20190032069.
37 Cameron Smith, *Principles of Space Anthropology: Establishing a Science of Human Space Settlement* (Cham: Springer, 2019), S. 68–69.
38 Alexander Layendecker, »Sex in Outer Space and the Advent of Astrosexology: A Philosophical Inquiry into the Implication of Human Sexuality and Reproductive Development Factors in Seeding Humanity's Future Throughout the Cosmos and the Argument for an Astrosexology Research Institute« (PhD diss., Institute for Advanced Study of Human Sexuality, 2016), S. 98.
39 Konrad Szocik et al., »Biological and Social Challenges of Human Reproduction in a Long-Term Mars Base«, *Futures* 100 (2018): S. 58, https://doi.org/10.1016/j.futures.2018.04.006.

Kapitel 4: Psychologie der Raumfahrer

40 Deke Slayton und Michael Cassutt, *Deke! U.S. Manned Space from Mercury to the Shuttle* (New York: Forge, 1994), S. 62–63.
41 Mike Massimino, *Spaceman: An Astronaut's Unlikely Journey to Unlock the Secrets of the Universe* (New York: Crown Archetype, 2016), S. 23.
42 Terry Virts, *How to Astronaut: An Insider's Guide to Leaving Planet Earth* (New York: Workman Publishing Co., 2020), S. 176.
43 James E. Oberg und Alcestis R. Oberg, *Pioneering Space: Living on the Next Frontier* (New York: McGraw-Hill, 1985), S. 10.
44 AeroDork, »All the conditions necessary for murder are met if you shut two men in a cabin measuring 18 feet by 20 and leave them together for two months. – Diary of Cosmonaut Valery Ryumin, Salyut 6.« Twitter, 27. Mai 2019. https://twitter.com/AeroDork/status/1133173589505695744.
45 Andrew Chaikin, »The Loneliness of the Long-Distance Astronaut«, *Discover* 6 (1985): S. 20.
46 Taylor Wang, »I'm Not Going Back«, in *Space Shuttle: The First 20 Years – The Astronauts' Experiences in Their Own Words*, hg. von Tony Reichhardt (London: DK Publishing, 2002), S. 232–233 (auf Deutsch erschienen unter dem Titel *Erlebnis Space Shuttle: Astronauten berichten*, Motorbuch Verlag, 2005).
47 Asif Siddiqi, »The Almaz Space Station Complex. A History, 1964–1992. Part 2: 1976–1992«, *Journal of the British Interplanetary Society* 55 (2002): S. 35–67.
48 Robert Zimmerman, *Leaving Earth: Space Stations, Rival Superpowers, and the Quest for Interplanetary Travel* (Washington, D. C.: Joseph Henry Press, 2004), S. 244.
49 Mary Roach, *Packing for Mars: The Curious Science of Life in the Void* (New York: W. W. Norton & Co., 2010), S. 56.
50 NASA Human Research Program, »Evidence Report: Risk of Adverse Cognitive or Behavioral Conditions and Psychiatric Disorders«, NASA, Lyndon B. Johnson Space Center, Houston, TX, 11. April 2016, S. 18, https://humanresearchroadmap.nasa.gov/evidence/reports/bmed.pdf.
51 Eileen Collins und Jonathan Ward, *Through the Glass Ceiling to the Stars: The Story of the First American Woman to Command a Space Mission* (New York: Arcade, 2021), S. 122.
52 Slava Gerovitch, *Voices of the Soviet Space Program: Cosmonauts, Soldiers, and Engineers Who Took the USSR into Space* (New York: Palgrave Macmillan, 2014), S. 220–221.
53 Bryan Burrough, *Dragonfly: An Epic Adventure of Survival in Outer Space* (New York: HarperCollins, 2000), S. 182.
54 Mike Mullane, *Riding Rockets: The Outrageous Tales of a Space Shuttle Astronaut* (New York: Scribner, 2007), S. 23.
55 International Space Station Integrated Medical Group (IMG) Medical Checklist, NASA, Missions Operations Directorate Operations Division, 2001, S. 492–501.

Notabene: Die Raketentechnik kommt ins Kino

56 Boris Rauschenbach, *Hermann Oberth: The Father of Space Flight* (New York: West Art Publishing, 1994), S. 63–76 (auf Deutsch erschienen unter dem Titel *Hermann Oberth: 1894–1989. Über die Erde hinaus. Eine Biographie*, Dr. Böttiger Verlag, 1995).

Teil II: Das Weltraumzuhause

57 Meg Matthias, »The Great Moon Hoax of 1835 Was Sci-Fi Passed Off as News«, *Britannica*, https://www.britannica.com/story/the-great-moon-hoax-of-1835-was-sci-fi-passed-off-as-news.

58 David Portree, *Humans to Mars: Fifty Years of Mission Planning, 1950–2000* (Washington, D. C.: NASA, 2011), S. 17, https://www.lpi.usra.edu/lunar/strategies/HumanstoMars.pdf.

Kapitel 5: Der Mond

59 »EVA-3 Closeout«, NASA, Apollo 16 Lunar Surface Journal, korrigierter Kommentar und Abschrift von Eric M. Jones, https://www.hq.nasa.gov/alsj/a16/a16.clsout3.html, zuletzt aktualisiert am 16. Juni 2014.

60 Krafft Ehricke, »Lunar Industrialization and Settlement – Birth of Polyglobal Civilization«, in *Lunar Bases and Space Activities of the 21st Century*, hg. von W. W. Mendell (Houston, TX: Lunar and Planetary Institute, 1985), S. 830.

61 NASA, »Artemis Plan: NASA's Lunar Exploration Program Overview« (NP-2020-05-2853-HQ), September 2020, S. 9, https://www.nasa.gov/sites/default/files/atoms/files/artemis_plan-20200921.pdf.

Kapitel 6: Der Mars

62 Walter Cunningham, *All-American Boys* (New York: iPicturebooks, 2010), S. 439.

63 Arthur C. Clarke, *The Promise of Space* (New York: Harper & Row, 1968), S. 236 (auf Deutsch erschienen unter dem Titel *Unsere Zukunft im Weltall*, Lübbe, 1969).

Kapitel 7: Riesige rotierende Weltraumräder

64 M. J. Queijo et al., »Analyses of a Rotating Advanced-Technology Space Station for the Year 2025«, NASA Contractor Report 178345 (Bionetics Corporation, Hampton, VA, 1988), S. 107, https://ntrs.nasa.gov/api/citations/19880010196/downloads/19880010196.pdf.

Notabene: Der Weltraum ist der richtige Ort für Produktpräsentationen

65 Title 51: National and Commercial Space Programs, USC Ch. 509: Commercial Space Launch Activities, Subtitle V: Programs Targeting Commercial Opportunities, Section 11: Space advertising.

66 »Report of the Scientific and Technical Subcommittee on its 39th session, held in Vienna from 25 February to 8 March 2002«, United Nations Committee on the Peaceful Uses of Outer Space, 2002, https://digitallibrary.un.org/record/465209, S. 20.

Teil III: Taschenparadies

Kapitel 9: Was rein- und was rausmuss

67 Jeffrey Kluger, *Apollo 8: The Thrilling Story of the First Mission to the Moon* (New York: Henry Holt & Co., 2017), S. 80.

68 Hilary Brueck, »A NASA Astronaut Who Spent 665 Days Circling the Planet Reveals the Misery of Going to the Bathroom in Space«, *Business Insider*, 26. Mai 2018, https://www.businessinsider.com/how-you-go-to-bathroom-space-nasa-astronaut-2018-5.

69 Tim Peake, *Ask an Astronaut* (London: Arrow Books, 2018), S. 90.
70 Scott Gleeson, »Elon Musk Says SpaceX Inspiration4 Crew Had ›Challenges‹ with Toilet«, *USA Today*, 23. September 2021, https://www.usatoday.com/story/tech/news/2021/09/23/elon-musk-says-spacex-inspiration-4-crew-had-challenges-toilet/5825068001/.
71 Mark Memmott, »Now He Tells Us: ›Tang Sucks‹, Says Apollo 11's Buzz Aldrin«, NPR, 13. Juni 2013, https://www.npr.org/sections/thetwo-way/2013/06/13/191271824/now-he-tells-us-tang-sucks-says-apollo-11s-buzz-aldrin.
72 Sid Gutierrez, »Rice Krispies and taco sauce«, in *Space Shuttle: The First 20 Years – The Astronauts' Experiences in Their Own Words*, hg. von Tony Reichhardt (London: DK Publishing, 2002), S. 219 (auf Deutsch erschienen unter dem Titel *Erlebnis Space Shuttle: Astronauten berichten*, Motorbuch Verlag, 2005).
73 Jennifer Ross-Nazzal, »Edited Oral History Transcript, Paul A. Lachance«, NASA Johnson Space Center Oral History Project, 4. Mai 2006, https://historycollection.jsc.nasa.gov/JSCHistoryPortal/history/oral_histories/LachancePA/LachancePA_5-4-06.htm.
74 Andy Weir, Vorwort zu Chris Carberry, *Alcohol in Space: Past, Present, and Future* (Jefferson, NC: McFarland and Co., 2019), S. 1–2.
75 James E. Oberg und Alcestis R. Oberg, *Pioneering Space: Living on the Next Frontier* (New York: McGraw-Hill, 1985), S. 10.
76 Anna-Lisa Paul, Stephen Elardo und Robert Ferl, »Plants Grown in Apollo Lunar Regolith Present Stress-Associated Transcriptomes That Inform Prospects for Lunar Exploration«, *Communications Biology* 5 (2022): S. 382, https://www.nature.com/articles/s42003-022-03334-8.
77 Marina Carcea, »Quality and Nutritional/Textural Properties of Durum Wheat Pasta Enriched with Cricket Powder«, *Foods* 9 (2020): S. 1298, https://doi.org/10.3390/foods9091298.
78 Frank Salisbury, Josef Gitelson und Genry Lisovsky, »Bios-3: Siberian Experiments in Bioregenerative Life Support«, *BioScience* 47 (1997): S. 575–585, https://doi.org/10.2307/1313164.
79 Jane Poynter, *The Human Experiment: Two Years and Twenty Minutes Inside Biosphere 2* (New York: Basic Books, 2006), S. 216.
80 Animal Fact Sheet: Bark Scorpion, Arizona-Sonora Desert Museum, https://www.desertmuseum.org/kids/oz/long-fact-sheets/Bark%20Scorp.php.

Kapitel 10: Zu Hause ist es am schönsten

81 Haym Benaroya, *Building Habitats on the Moon: Engineering Approaches to Lunar Settlements* (New York: Springer, 2018), S. 51.
82 Brent Sherwood, »Lunar Architecture and Urbanism«, in *Out of This World*, hg. von Scott Howe und Brent Sherwood (Reston, VA: American Institute of Aeronautics and Astronautics, 2009), S. 323.
83 Matthew Sparkes, »Astronauts Could Use Their Blood and Urine to Make Martian Concrete«, *New Scientist*, 14. September 2021, https://www.newscientist.com/article/2290046-astronauts-could-use-their-blood-and-urine-to-make-martian-concrete/.
84 Dave Dietzler, »Making It on the Moon: Bootstrapping Lunar Industry«, *NSS Space Settlement Journal* (September 2016): S. 15, https://space.nss.org/wp-content/uploads/NSS-JOURNAL-Bootstrapping-Lunar-Industry-2016.pdf.

Notabene: Das Geheimnis der Tamponschnüre

85 Lynn Sherr, *Sally Ride: America's First Woman in Space* (New York: Simon & Schuster, 2014), S. 144–146.
86 Jennifer Ross-Nazzal, »Edited Oral History Transcript: Margaret Rhea Seddon«, NASA Johnson Space Center Oral History Project, 21. Mai 2010, https://historycollection.jsc.nasa.gov/JSCHistoryPortal/history/oral_histories/SeddonMR/SeddonMR_5-21-10.htm.
87 NASA, »Human Integration Design Handbook: Revision 1«, Report NASA/SP-2010-3407/REV1, 5. Juni 2014, S. 604, https://www.nasa.gov/sites/default/files/atoms/files/human_integration_design_handbook_revision_1.pdf.

88 Amy Foster, *Integrating Women into the Astronaut Corps: Politics and Logistics at NASA, 1972–2004* (Baltimore: Johns Hopkins University Press, 2011), S. 124.
89 Ebd.
90 Michael Collins, *Carrying the Fire* (New York: Farrar, Straus and Giroux, 2019), S. 200.

Teil IV: Weltraumrecht für Weltraumsiedlungen

91 Clive S. Lewis, »Onward Christian Spacemen«, in *Reflections on Space: Its Implications for Domestic and International Affairs*, hg. von Oscar Rechtschaffen (Colorado Springs, CO: United States Air Force Academy, 1964), S. 29.

Kapitel 11: Eine zynische Geschichte des Weltraums

92 Walter McDougall, … *The Heavens and the Earth: A Political History of the Space Age* (Baltimore: Johns Hopkins University Press, 1997), S. 414.
93 William Burrows, *This New Ocean: The Story of the First Space Age* (New York: Random House, 1998), S. 90.
94 Yves Béon, Planet Dora: *A Memoir of the Holocaust and the Birth of the Space Age* (New York: Basic Books, 1998), S. 125 (auf Deutsch erschienen unter dem Titel *Planet Dora: Als Gefangener im Schatten der V2-Rakete.* Psychosozial-Verlag, 1999).
95 Ebd., S. 49.
96 McDougall, … *The Heavens and the Earth*, S. 44.
97 Ebd.
98 Charles Murray und Catherine Bly Cox, *Apollo* (New York: Simon & Schuster, 1989), S. 46.
99 John Logsdon, *John F. Kennedy and the Race to the Moon* (New York: Palgrave Macmillan, 2010), S. 6.
100 Ebd., S. 1
101 Ebd., S. 71.
102 Fred Nadis, *Star Settlers: The Billionaires, Geniuses, and Crazed Visionaries Out to Conquer the Universe* (New York: Pegasus Books, 2020), S. 63.
103 McDougall, … *The Heavens and the Earth*, S. 273.
104 Everett Dolman, *Astropolitik: Classical Geopolitics in the Space Age* (London: Frank Cass, 2002), S. 8.

Kapitel 12: Der Weltraumvertrag

105 Artikel 1 »Gesetz zu dem Vertrag vom 27. Januar 1967 über die Grundsätze zur Regelung der Tätigkeiten von Staaten bei der Erforschung und Nutzung des Weltraums einschließlich des Mondes und anderer Himmelskörper« (Weltraumvertrag), Bundesgesetzblatt Teil II, Z1998A, Nr. 71 (08.10.1969), S. 1971, http://www.bgbl.de/xaver/bgbl/start.xav?startbk=Bundesanzeiger_BGBl&jumpTo=bgbl269s1967.pdf.
106 Sanjeev Miglani und Krishna Das, »Modi Hails India as Military Space Power After Anti-Satellite Missile Test«, *Reuters*, 27. März 2019, https://www.reuters.com/article/us-india-satellite/modi-hails-india-as-military-space-power-after-anti-satellite-missile-test-idUSKCN1R80IA.
107 James Dunstan, »Who Wants to Step Up to a $10 Billion Risk?«, *SpaceNews*, 25. Juni 2021, https://spacenews.com/op-ed-who-wants-to-step-up-to-a-10-billion-risk/.
108 Art. 2 »Weltraumvertrag«, Bundesgesetzblatt Teil II, Z1998A, Nr. 71 (08.10.1969), S. 1971, http://www.bgbl.de/xaver/bgbl/start.xav?startbk=Bundesanzeiger_BGBl&jumpTo=bgbl269s1967.pdf.
109 Martin Elvis, Tony Milligan und Alanna Krolikowski, »The Peaks of Eternal Light: A Near-Term Property Issue on the Moon«, *Space Policy* 38 (2016): S. 31, https://doi.org/10.1016/j.spacepol.2016.05.011.
110 Ebd., S. 30–38.

Kapitel 13: Mord im Weltraum

111 Art. 11 »Weltraumvertrag«, Bundesgesetzblatt Teil II, Z1998A, Nr. 71 (08.10.1969), S. 1979, http://www.bgbl.de/xaver/bgbl/start.xav?startbk=Bundesanzeiger_BGBl&jumpTo=bgbl269s1967.pdf.
112 E. B. White, »Notes and Comment«, *New Yorker*, 18. Juli 1969, https://www.newyorker.com/magazine/1969/07/26/comment-5238.
113 Nathan Schachner, *Space Lawyer* (New York: Gnome Press, 1953), S. 211.
114 Timothy Nelson, »The Moon Agreement and Private Enterprise: Lessons from Investment Law«, *ILSA Journal of International & Comparative Law* 17 (2010): S. 399, https://nsuworks.nova.edu/ilsa-journal/vol17/iss2/6.
115 Ebd., S. 401.
116 *The Law Dictionary*, »Sample: Definition & Legal Meaning«, https://thelawdictionary.org/sample.
117 Art. 11 »Übereinkommen zur Regelung der Tätigkeiten von Staaten auf dem Mond und anderen Himmelskörpern« (Mondvertrag), Bundesgesetzblatt für die Republik Österreich (17. Juli 1984), S. 1762–1763, https://www.un.org/depts/german/uebereinkommen/ar34068-oebgbl.pdf.
118 Thomas Gangale, »Common Heritage in Magnificent Desolation«, 46. AIAA Aerospace Sciences Meeting and Exhibit, 2008, S. 7. https://arc.aiaa.org/doi/10.2514/6.2008-1467
119 Ebd., S. 5.
120 United States Congress, »U.S. Commercial Space Law Competitiveness Act«, 114th Congress, 2015, https://www.congress.gov/bill/114th-congress/house-bill/2262/text.
121 Donald Trump, »Executive Order on Encouraging International Support for the Recovery and Use of Space Resources«, 6. April 2020, https://trumpwhitehouse.archives.gov/presidential-actions/executive-order-encouraging-international-support-recovery-use-space-resources.
122 John M. Olson, Steven J. Butow, Eric Felt und Thomas Cooley, »State of the Space Industrial Base 2022: Winning the New Space Race for Sustainability, Prosperity and the Planet«, Defense Innovation Unit, August 2022, S. 2–3, https://assets.ctfassets.net/3nanhbfkr0pc/6L5409bpVlnVyu2H5FOFnc/7595c4909616df92372a1d31be609625/State_of_the_Space_Industrial_Base_2022_Report.pdf.

Notabene: Weltraumkannibalismus aus rechtlicher und kulinarischer Sicht

123 Erik Seedhouse, *Survival and Sacrifice in Mars Exploration: What We Know from Polar Expeditions* (New York: Springer, 2015), S. 143.

Teil V: Die Möglichkeiten der Zukunft

Kapitel 14: Der Kosmos als Gemeingut

124 Virgiliu Pop, *Who Owns the Moon?* (New York: Springer, 2008), S. 96.
125 Robert Wilson, »National Interests and Claims in the Antarctic«, *Arctic* 17 (März 1964): S. 21, https://www.jstor.org/stable/40507108.
126 Doaa Abdel-Motaal, *Antarctica: The Battle for the Seventh Continent* (Santa Barbara, CA: Praeger, 2016), S. 154.
127 Donald Rumsfeld, »The Law of the Sea Convention (Treaty Doc. 103-39)«, Hearings Before the Committee on Foreign Relations, United States Senate, 112th Congress, 2nd Session, 2012, https://www.govinfo.gov/content/pkg/CHRG-112shrg77375/html/CHRG-112shrg77375.htm.
128 Oscar Schachter, »Who Owns the Universe?«, in *Across the Space Frontier*, hg. von Cornelius Ryan (New York: Viking Press, 1952), S. 121. (auf Deutsch erschienen unter dem Titel *Station im Weltraum*, 1953; späterer Titel: *Die Eroberung des Weltraums*, 1958).

Kapitel 15: Die Aufteilung des Himmels

129 John Locke, *Second Treatise of Government* (Indianapolis, IN: Hackett Publishing, 1980), S. 19 (auf Deutsch erschienen unter dem Titel *Zweite Abhandlung über die Regierung*, Suhrkamp Verlag, 1977).

130 Virgiliu Pop, *Who Owns the Moon?* (New York: Springer, 2008), S. 104.
131 Rand Simberg, »Multilateral Agreements for Real Property Rights in the Solar System«, 70th International Astronautical Congress, Washington, D. C., 2016, S. 6, https://iafastro.directory/iac/paper/id/53013/summary/.
132 Jacob Haqq-Misra, »The Transformative Value of Liberating Mars«, *New Space* 4 (2016): S. 64–67, https://doi.org/10.1089/space.2015.0030.
133 Alan Wasser, »The Space Settlement Initiative«, SpaceSettlement.org, Februar 2016, http://www.spacesettlement.org.
134 Rand Simberg, »Multilateral Agreements for Real Property Rights in the Solar System«, S. 1–6.
135 Newt Gingrich, »National Space and Aeronautics Policy Act of 1981«, Pub. L. No. H.R.4286 (1981), https://www.congress.gov/bill/97th-congress/house-bill/4286.
136 Martin Elvis und Tony Milligan, »How Much of the Solar System Should We Leave as Wilderness?«, *Acta Astronautica* 162 (2019): S. 574–80, https://doi.org/10.48550/arXiv.1905.13681; Tony Milligan und Martin Elvis, »Mars Environmental Protection: An Application of the 1/8 Principle«, in *The Human Factor in a Mission to Mars: An Interdisciplinary Approach*, hg. von Konrad Szocik (Cham: Springer, 2019), S. 167–83.
137 Ram Jakhu, Joseph Pelton und Yaw Otu Mankata Nyampong, *Space Mining and Its Regulation* (Chichester, UK: Springer, 2017), S. 7, https://doi.org/10.1007/978-3-319-39246-2.

Kapitel 16: Die Geburt von Weltraumstaaten

138 Andrea Lo, »Asgardia, the World's First ›Space Nation‹, Takes Flight«, CNN, 15. November 2017, https://www.cnn.com/style/article/asgardia-satellite-launch/index.html.
139 Robert Zubrin, »But the purpose of going into space is to create new nations. That can best be done on Mars«, *Reddit*, 25. September 2021, https://www.reddit.com/r/spacex/comments/pv91cs/comment/he8xy4w.

Notabene: Gewalt in der Antarktis

140 Taylor Swift, »Seven« Musik/Text: Aaron Dessner, 2020.
141 Theodore Shabad, »Russians Reveal Tale of Survival in the Long Polar Winter«, *New York Times*, 26. April 1983, https://www.nytimes.com/1983/04/26/science/russians-reveal-tale-of-survival-in-the-long-polar-winter.html.

Teil VI: Plan B oder nicht Plan B

Kapitel 17: Auf dem Mars gibt es keinen Pool an Arbeitskräften

142 Clayton Strange, *Monotown: Urban Dreams Brutal Imperatives* (San Francisco: Applied Research & Design, 2019), S. 56.
143 Eric Thompson, *On Her Majesty's Nuclear Service* (Oxford, UK: Casemate, 2018), S. 154–155.
144 Associated Press, »AP Was There: Covering the Battle for Blair Mountain in 1921«, *Seattle Times*, 4. September 2021, https://www.seattletimes.com/business/ap-was-there-covering-the-battle-for-blair-mountain-in-1921.

Kapitel 18: Wie groß ist groß?

145 Sayaka Wakayama et al., »Evaluating the Long-Term Effect of Space Radiation on the Reproductive Normality of Mammalian Sperm Preserved on the International Space Station«, *Science Advances* 7 (2021): eabg5554, https://doi.org/10.1126/sciadv.abg5554.
146 Elon Musk (@ElonMusk), »20 to 30 years from first human landing if launch rate growth is exponential. Assumes transferring ~100k each rendezvous and ~1M total people needed«, Twitter, 15. Juli 2022, 8:43 Uhr, https://twitter.com/elonmusk/status/1547924891613048833?lang=de.

Kapitel 19: Weltraumpolitik mit anderen Mitteln

147 Everett Dolman, *Astropolitik: Classical Geopolitics in the Space Age* (London: Frank Cass, 2002), S. 8.

148 Roscoe Bartlett, »Electromagnetic Pulse«, Congressional Record Online, Band 151, Nr. 83, 21. Juni 2005, H4888–H4894, https://www.govinfo.gov/content/pkg/CREC-2005-06-21/html/CREC-2005-06-21-pt1-PgH4888-2.htm.

149 Konstantin Vorontsov, »Statement by Deputy Head of the Russian Delegation Mr. Konstantin Vorontsov at the Thematic Discussion on Outer Space (Disarmament Aspects) in the First Committee of the 77th Session of the UNGA«, Permanent Mission of the Russian Federation to the United Nations, 26. Oktober 2022, https://russiaun.ru/en/news/261022_v.

150 Neil deGrasse Tyson und Avis Lang, *Accessory to War: The Unspoken Alliance Between Astrophysics and the Military* (New York: W. W. Norton & Co., 2018), S. 384.

151 Christopher Blattman, *Why We Fight: The Roots of War and the Path to Peace* (New York: Viking, 2022), S. 16. (auf Deutsch erschienen unter dem Titel *Warum wir Kriege führen: Und wie wir sie beenden können*, Ch. Links Verlag, 2023)

152 James Madison, »›Helvidius‹ Number 4 [14 September] 1793«, Founders Online, https://founders.archives.gov/documents/Madison/01-15-02-0070.

Kapitel 20: Ein kurzer Nachsatz zu einer selten in Betracht gezogenen Alternative

153 Daniel Deudney, *Dark Skies: Space Expansionism, Planetary Geopolitics, and the Ends of Humanity* (New York: Oxford University Press, 2020), S. 250.

Notabene: Amüsante Astronautennamen

154 Colin Burgess und Bert Vis, *Interkosmos: The Eastern Bloc's Early Space Program* (Chichester, UK: Springer, 2016), S. 146.

Fazit: Von Whirlpools und dem menschlichen Schicksal

155 Joseph Campbell, *The Inner Reaches of Outer Space: Myth as Metaphor and as Religion* (Novato, CA: New World Library, 2018), S. xxi.

Ausgewählte Literatur

Abdel-Motaal, Doaa. *Antarctica: The Battle for the Seventh Continent.* Santa Barbara, CA: Praeger, 2016.

Abood, Steven. »Martian Environmental Psychology: The Choice Architecture of a Mars Mission and Colony.« In *The Human Factor in a Mission to Mars: An Interdisciplinary Approach*, hg. von Konrad Szocik, S. 3–34. Space and Society. Cham: Springer International Publishing, 2019. https://doi.org/10.1007/978-3-030-02059-0_1

Adams, Gregory R., Vincent J. Caiozzo und Kenneth M. Baldwin. »Skeletal Muscle Unweighting: Space-flight and Ground-Based Models.« *Journal of Applied Physiology* 95 (2003): 2185–2201. https://doi.org/10.1152/japplphysiol.00346.2003

Aganaba, Timiebi. »Innovative Instruments for Space Governance.« Centre for International Governance Innovation, 8. Februar 2021. https://www.cigionline.org/articles/innovative-instruments-space-governance

Aganaba-Jeanty, Timiebi. »Common Benefit from a Perspective of ›Non-Traditional Partners‹: A Proposed Agenda to Address the Status Quo in Global Space Governance.« *Acta Astronautica* 117 (2015): 172–183. https://doi.org/10.1016/j.actaastro.2015.07.014

Ahmed, Selina. »Comparison of Soviet and U.S. Space Food and Nutrition Programs.« NASA/JSC, 22. August 1988. https://ntrs.nasa.gov/citations/19890010688

Aldrin, Buzz und Ken Abraham. *Magnificent Desolation: The Long Journey Home from the Moon.* New York: Crown Archetype, 2009.

Aleci, Carlo. »From International Ophthalmology to Space Ophthalmology: The Threats to Vision on the Way to Moon and Mars Colonization.« *International Ophthalmology* 40 (2020): 775–786. https://doi.org/10.1007/s10792-019-01212-7

Allen, John. *Me and the Biospheres: A Memoir by the Inventor of Biosphere 2.* Santa Fe, NM: Synergetic Press, 2009.

Allen, Joseph P. und Russell Martin. *Entering Space: An Astronaut's Odyssey.* New York: Stewart Tabori & Chang, 1984.

Alshamsi, Humaid, Roy Balleste und Michelle L. D. Hanlon. »Space Station Asgardia 2117: From Theoretical Science to a New Nation in Outer Space.« *16 Santa Clara Journal of International Law* 37 (2018): 37–60. St. Thomas University School of Law Research Paper Nr. 2019-02. https://papers.ssrn.com/abstract= 3350627

Andersen, Ross. »Elon Musk Puts His Case for a Multi-Planet Civilisation.« *Aeon*, 30. September 2014. https://aeon.co/essays/elon-musk-puts-his-case-for-a-multi-planet-civilisation

Andrews, James T. *Red Cosmos: K. E. Tsiolkovskii, Grandfather of Soviet Rocketry* (*Centennial of Flight Series* 18). College Station: Texas A&M University Press, 2009.

Angelis, De Giovanni, J. W. Wilson, M. S. Clowdsley, J. E. Nealy, D. H. Humes und J. M. Clem. »Lunar Lava Tube Radiation Safety Analysis.« *Journal of Radiation Research* 43 (2002): S41–S45. https://doi.org/10.1269/jrr.43.S41

Ansari, Anousheh. *My Dream of Stars.* Stamford, CT: Griffin Books, 2011.

Arendt, Josephine. »Biological Rhythms During Residence in Polar Regions.« *Chronobiology International* 29 (2012): 379–394. https://doi.org/10.3109/07420528.2012.668997

Associated Press. »Rocket to Carry Pizza Hut Logo.« *New York Times*, 1. Oktober 1999. https://www.nytimes.com/1999/10/01/business/the-media-business-rocket-to-carry-pizza-hut-logo.html

Atal, Maha Rafi. »When Companies Rule: Corporate Political Authority in India, Kenya and South Africa.« Diss., University of Cambridge, 2019. https://doi.org/10.17863/CAM.37015

Badescu, Viorel (Hg.). *Asteroids: Prospective Energy and Material Resources.* Heidelberg, New York: Springer, 2013.

——— (Hg.). *Mars: Prospective Energy and Material Resources.* New York: Springer, 2009. https://www.springer.com/gp/book/9783642036286

——— (Hg.). *Moon: Prospective Energy and Material Resources.* Berlin: Springer, 2012.

Badescu, Viorel und Kris Zacny (Hg.). *Outer Solar System: Prospective Energy and Material Resources.* New York: Springer, 2018.

Baker, Philip. *The Story of Manned Space Stations: An Introduction.* Chichester, UK: Springer/Praxis, 2007.

Balmforth, Tom. »First Woman in Space Brought Down to Earth by Anger over Bid to Prolong Putin Rule.« Reuters, 13. März 2020. https://www.reuters.com/article/us-russia-putin-lawmaker-idUSKBN21021H

Banet, Catherine. *The Law of the Seabed Access, Uses, and Protection of Seabed Resources.* Leiden und Boston: Brill, 2020.

Bank of America/Merrill Lynch. »To Infinity and Beyond – Global Space Primer.« Thematic Investing. Bank of America/Merrill Lynch, 30. Oktober 2017.

Barger, Laura K., Erin E. Flynn-Evans, Alan Kubey, Lorcan Walsh, Joseph M Ronda, Wei Wang, Kenneth P. Wright und Charles A Czeisler. »Prevalence of Sleep Deficiency and Use of Hypnotic Drugs in Astronauts Before, During, and After Spaceflight: An Observational Study.« *Lancet Neurology* 13 (2014): 904–912. https://doi.org/10.1016/S1474-4422(14)70122-X

Barrett, Emma und Paul Martin. *Extreme: Why Some People Thrive at the Limits.* Oxford: Oxford University Press, 2016.

Barth, Bob. *Sea Dwellers: The Humor, Drama, and Tragedy of the U.S. Navy Sealab Programs.* Houston, TX: Doyle Publishing Co., 2000.

Barthel, Joseph und Nesrin Sarigul-Klijn. »A Review of Radiation Shielding Needs and Concepts for Space Voyages Beyond Earth's Magnetic Influence.« *Progress in Aerospace Sciences* 110 (2019): 100553. https://doi.org/10.1016/j.paerosci.2019.100553

Basner, Mathias, David F. Dinges, Daniel Mollicone, Adrian Ecker, Christopher W. Jones, Eric C. Hyder, Adrian Di Antonio et al. »Mars 520-d Mission Simulation Reveals Protracted Crew Hypokinesis and Alterations of Sleep Duration and Timing.« *Proceedings of the National Academy of Sciences* 110 (2013): 2635–2640. https://doi.org/10.1073/pnas.1212646110

Bazzi, Samuel, Martin Fiszbein und Mesay Gebresilasse. »Frontier Culture: The Roots and Persistence of ›Rugged Individualism‹ in the United States.« *Econometrica* 88 (2020): 2329–2368. https://doi.org/10.3982/ECTA16484

——— »›Rugged Individualism‹ and Collective (in)Action during the COVID-19 Pandemic.« *Journal of Public Economics* 195 (2021). 104357. https://doi.org/10.1016/j.jpubeco.2020.104357

BBC. »Kosovo Profile.« BBC News, 12. April 2021. https://www.bbc.com/news/world-europe 18328859

Beardslee, Luke A., Ben D. Lawson und David P. Regis. »An Overview of the Unique Field of Submarine Medicine.« Naval Submarine Medical Research Laboratory, Groton, CT, 10. März 2019. https://apps.dtic.mil/sti/pdfs/AD1082304.pdf

Belanger, Dian Olson. *Deep Freeze: The United States, the International Geophysical Year, and the Origins of Antarctica's Age of Science.* Boulder: University Press of Colorado, 2006.

Bell, Suzanne T., Shanique G. Brown und Tyree Mitchell. »What We Know About Team Dynamics for Long-Distance Space Missions: A Systematic Review of Analog Research.« *Frontiers in Psychology* 10 (2019): 811. https://doi.org/10.3389/fpsyg.2019.00811

Benaroya, Haym. *Building Habitats on the Moon: Engineering Approaches to Lunar Settlements.* New York: Springer, 2018.

Bencke, Matthew von. *The Politics of Space: A History of U.S.-Soviet/Russian Competition and Cooperation in Space.* Boulder, CO: Westview Press, 1996.

Bennett, John. »How Antarctic Isolation Affects the Mind.« *Canadian Geographic*, 15. September 2016. https://canadiangeographic.ca/articles/how-antarctic-isolation-affects-the-mind

Béon, Yves. *Planet Dora: A Memoir of the Holocaust and the Birth of the Space Age.* New York: Basic Books, 1998. (deutsch: *Planet Dora: Als Gefangener im Schatten der V2-Rakete*, Psychosozial-Verlag, 1999).

Bernal, J. D. und McKenzie Wark. *The World, the Flesh and the Devil: An Enquiry into the Future of the Three Enemies of the Rational Soul.* London: Verso, 2017.

Bhatt, Mukesh Chiman. »Space for Dissent: Disobedience on Artificial Habitats and Planetary Settlements.« In *Dissent, Revolution and Liberty Beyond Earth*, hg. von Charles S. Cockell, S. 71–92. Space and Society. Cham: Springer International Publishing, 2016. https://doi.org/10.1007/978-3-319-29349-3_6

Bignami, Giovanni und Andrea Sommariva. *The Future of Human Space Exploration.* London: Palgrave Macmillan, 2016.

Bishop, Sheryl L. »From Earth Analogues to Space: Learning How to Boldly Go.« In *On Orbit and Beyond: Psychological Perspectives on Human Spaceflight*, hg. von Douglas A. Vakoch, S. 25–50. Space Technology Library. Berlin, Heidelberg: Springer, 2013. https://doi.org/10.1007/978-3-642-30583-2_2

Blair, David M., Loic Chappaz, Rohan Sood, Colleen Milbury, Antonio Bobet, H. Jay Melosh, Kathleen C. Howell und Andrew M. Freed. »The Structural Stability of Lunar Lava Tubes.« *Icarus* 282 (2017): 47–55. https://doi.org/10.1016/j.icarus.2016.10.008

Blair, Roger D. und Jeffrey L. Harrison. *Monopsony in Law and Economics.* New York: Cambridge University Press, 2010.

Blattman, Christopher. *Why We Fight: The Roots of War and the Paths to Peace.* New York: Viking, 2022 (deutsch: *Warum wir Kriege führen: Und wie wir sie beenden können*, Ch. Links Verlag, 2023).

Blonsky, George B. und Charlotte E. Blonsky. Apparatus for Facilitating the Birth of a Child by Centrifugal Force. Patent application United States US3216423A, eingereicht am 15. Januar 1963, ausgestellt am 9. November 1965. https://patents.google.com/patent/US3216423/en

Boal, William M. »Testing for Employer Monopsony in Turn-of-the-Century Coal Mining.« *RAND Journal of Economics* 26 (1995): 519–536. https://www.jstor.org/stable/2556001

Bolonkin, Alexander A. »Economic Development of Mercury: A Comparison with Mars Colonization.« In *Inner Solar System: Prospective Energy and Material Resources*, hg. von Viorel Badescu und Kris Zacny, S. 407–419. Cham: Springer International Publishing, 2015. https://doi.org/10.1007/978-3-319-19569-8_19

Borman, Frank und Robert J. Serling. *Countdown: An Autobiography.* New York: Silver Arrow, 1988.

Botella, Cristina, Rosa M. Baños, Ernestina Etchemendy, Azucena García-Palacios und Mariano Alcañiz. »Psychological Countermeasures in Manned Space Missions: ›EARTH‹ System for the Mars-500 Project.« *Computers in Human Behavior* 55 (2016): 898–908. https://doi.org/10.1016/j.chb.2015.10.010

Bourland, Charles T. und Gregory L. Vogt. *The Astronaut's Cookbook: Tales, Recipes, and More.* New York u. London: Springer, 2010.

Bowen, Bleddyn E. *War in Space: Strategy, Spacepower, Geopolitics.* Edinburgh: Edinburgh University Press, 2020.

Bown, Stephen R. *Scurvy: How a Surgeon, a Mariner, and a Gentlemen Solved the Greatest Medical Mystery of the Age of Sail.* New York: St. Martin's/Griffin, 2005.

Boyd, Jennifer E., Nick Kanas, Vadim I. Gushin und Stephanie Saylor. »Cultural Differences in Patterns of Mood States on Board the International Space Station.« *Acta Astronautica* 61 (2007): 668–671. https://doi.org/10.1016/j.actaastro.2006.12.002

Boyle, Alan. »NBC Launching 2001 Space Odyssey.« NBC News, 26. Oktober 2006. https://www.nbcnews.com/id/wbna15424344

Brand, Stewart (Hg.). *Space Colonies.* Harmondsworth, UK: Penguin, 1977.

Braun, Wernher von. »Prelude to Space Travel.« In *Across the Space Frontier*, hg. von Cornelius Ryan, S. 12–70. New York: Viking Press, 1952 (deutsch: *Station im Weltraum*, 1953; späterer Titel: *Die Eroberung des Weltraums*, 1958).

Brown, H. M., A. K. Boyd, B. W. Denevi, M. R. Henriksen, M. R. Manheim, M. S. Robinson, E. J. Speyerer und R. V. Wagner. »Resource Potential of Lunar Permanently Shadowed Regions.« *Icarus* 377 (2022): 114874. https://doi.org/10.1016/j.icarus.2021.114874

Bruhaug, Gerrit und William Phillips. »Nuclear Fuel Resources of the Moon: A Broad Analysis of Future Lunar Nuclear Fuel Utilization.« *NSS Space Settlement Journal*, 5 (2021): 11. https://space.nss.org/wp-content/uploads/NSS-JOURNAL-Nuclear-Fuel-Resources-of-the-Moon-2021-June.pdf

Bruhns, Sara und Jacob Haqq-Misra. »A Pragmatic Approach to Sovereignty on Mars.« *Space Policy* 38 (2016): 57–63. https://doi.org/10.1016/j.spacepol.2016.05.008

Brünner, Christian und Alexander Soucek (Hg.). *Outer Space in Society, Politics and Law. Studies in Space Policy* 8. Wien: Springer, 2011. https://link.springer.com/book/10.1007/978-3-7091-0664-8

Bruno, Claudio (Hg.). *Nuclear Space Power and Propulsion Systems.* Reston, VA: American Institute of Aeronautics and Astronautics, 2008.

Buckley, James Michael. »A Factory Without a Roof: The Company Town in the Redwood Lumber Industry.« *Perspectives in Vernacular Architecture* 7 (1997): 75–92. https://doi.org/10.2307/3514386

Buden, David. *Space Nuclear Fission Electric Power Systems.* Lakewood, CO: Polaris Books, 2011.

Burgess, Colin und Chris Dubbs. *Animals in Space: From Research Rockets to the Space Shuttle.* Berlin, New York: Springer, 2007.

Burgess, Colin und Bert Vis. *Interkosmos: The Eastern Bloc's Early Space Program.* Chichester, UK: Springer/Praxis, 2016.

Burns, Robin. *Just Tell Them I Survived! Women in Antarctica.* Crows Nest, NSW: Allen & Unwin, 2001.

Burrough, Bryan. *Dragonfly: An Epic Adventure of Survival in Outer Space.* New York: HarperCollins, 2000.

Burrows, William E. *This New Ocean: The Story of the First Space Age.* New York: Random House, 1998.

Butler, Carol. »Robert E. Stevenson Oral History.« NASA Johnson Space Center Oral History Project, Houston, TX, 1999. https://historycollection.jsc.nasa.gov/JSCHistoryPortal/history/oral_histories/StevensonRE/StevensonRE_5-13-99.htm

Cain, John R. »Space Terrorism – A New Environment; New Causes.« In *Dissent, Revolution and Liberty Beyond Earth*, hg. von Charles S. Cockell, S. 93–109. Space and Society. Cham: Springer International Publishing, 2016. https://doi.org/10.1007/978-3-319-29349-3_7

Cannon, Kevin M. und Daniel T. Britt. »Feeding One Million People on Mars.« *New Space* 7 (2019): 245–254. https://doi.org/10.1089/space.2019.0018

Cannon, Kevin M., Ariel N. Deutsch, James W. Head und Daniel T. Britt. »Stratigraphy of Ice and Ejecta Deposits at the Lunar Poles.« *Geophysical Research Letters* 47 (2020): e2020GL088920. https://doi.org/10.1029/2020GL088920

Cantor, Bruce A., Nicholas B. Pickett, Michael C. Malin, Steven W. Lee, Michael J. Wolff und Michael A. Caplinger. »Martian Dust Storm Activity near the Mars 2020 Candidate Landing Sites: MRO-MARCI Observations from Mars Years 28–34.« *Icarus* 321 (2019): 161–170. https://doi.org/10.1016/j.icarus.2018.10.005

Capova, Klara Anna. »Human Extremophiles: Mars as a Camera Obscura of the Extraterrestrial Scientific Culture.« In *The Human Factor in a Mission to Mars: An Interdisciplinary Approach*, hg. von Konrad Szocik, 115–132. Space and Society. Cham: Springer International Publishing, 2019. https://doi.org/10.1007/978-3-030-02059-0_6

Carberry, Chris. *Alcohol in Space: Past, Present and Future.* Illustrated edition. Jefferson, North Carolina: McFarland, 2019.

Cassini, John. »Space Fission Power: NASA's Best Bet to Continue to Explore the Outer Solar System.« In *Nuclear and Emerging Technologies for Space*, American Nuclear Society Topical Meeting, Richland, Washington, 25.–28. Februar 2019. Pasadena, CA: Jet Propulsion Laboratory, National Aeronautics and Space Administration, 2019. https://trs.jpl.nasa.gov/handle/2014/50405

CBS. »Cold-Blooded: Scientist in Antarctica Accused of Stabbing Colleague for Spoiling the Endings of Books.« CBS News Los Angeles, 30. Oktober 2018. https://www.cbsnews.com/losangeles/news/antarctica-stabbing-sergey-savitsky-oleg-beloguzov-bellinghausen

Chaikin, Andrew. »The Loneliness of the Long-Distance Astronaut.« *Discover*, Februar 1985, 20–31.

Chancellor, Jeffery C., Rebecca S. Blue, Keith A. Cengel, Serena M. Auñón-Chancellor, Kathleen H. Rubins, Helmut G. Katzgraber und Ann R. Kennedy. »Limitations in Predicting the Space Radiation Health Risk for Exploration Astronauts.« *NPJ Microgravity* 4 (2018): 1–11. https://doi.org/10.1038/s41526-018-0043-2

Chancellor, Jeffery C., Graham B. I. Scott und Jeffrey P. Sutton. »Space Radiation: The Number One Risk to Astronaut Health beyond Low Earth Orbit.« *Life* 4 (2014): 491–510. https://doi.org/10.3390/life4030491.

Chancellor, Jeffery, Craig Nowadly, Jacqueline Williams, Serena Aunon-Chancellor, Megan Chesal, Jayme Looper und Wayne Newhauser. »Everything You Wanted to Know about Space Radiation but Were Afraid to Ask.« *Journal of Environmental Science and Health*, Part C 39 (2021): 113–128. https://doi.org/10.1080/26896583.2021.1897273

Chen, Stephen. »Chinese Scientists Plan Monkey Reproduction Experiment in Space Station.« *South China Morning Post*, 3. November 2022. https://www.scmp.com/news/china/science/article/3198222/chinese-scientists-plan-monkey-reproduction-experiment-space-station

Cherry-Garrard, Apsley. *The Worst Journey in the World: Antarctic, 1910–1913*. New York: Penguin Classics, 2006.

Clarke, Arthur C. *The Promise of Space*. New York: Harper & Row, 1968 (deutsch: *Unsere Zukunft im Weltall*, Lübbe, 1969).

Clarke, Jonathan D. A. (Hg.). *Mars Analog Research*, Band 111. Science and Technology Series. San Diego, CA: Univelt, 2006.

Cockell, Charles S.. »Mars Is an Awful Place to Live.« *Interdisciplinary Science Reviews* 27 (2002): 32–38. https://doi.org/10.1179/030801802225002881

Cockell, Charles S. »A Simple Land Use Policy for Mars.« In *Mars Analog Research* 111, hg. von Jonathan D. A. Clarke, S. 301–311. Science and Technology Series. San Diego, CA: American Astronautical Society, 2006.

——— »Extraterrestrial Liberty: Can It Be Planned?« In *Human Governance Beyond Earth: Implications for Freedom*, hg. von Charles S. Cockell, S. 23–42. Space and Society. Cham: Springer International Publishing, 2015. https://doi.org/10.1007/978-3-319-18063-2_3

——— »Freedom in a Box: Paradoxes in the Structure of Extraterrestrial Liberty.« In *The Meaning of Liberty Beyond Earth*, hg. von Charles S. Cockell, S. 47–68. Space and Society. Cham: Springer International Publishing, 2015. https://doi.org/10.1007/978-3-319-09567-7_4

——— »Introduction: Human Governance and Liberty Beyond Earth.« In *Human Governance Beyond Earth: Implications for Freedom*, hg. von Charles S. Cockell, S. 1–8. Space and Society. Cham: Springer International Publishing, 2015. https://doi.org/10.1007/978-3-319-18063-2_1

——— »Introduction: The Meaning of Liberty Beyond the Earth.« In *The Meaning of Liberty Beyond Earth*, hg. von Charles S. Cockell, S. 1–9. Space and Society. Cham: Springer International Publishing, 2015. https://doi.org/10.1007/978-3-319-09567-7_1

——— (Hg.). *Martian Expedition Planning*, Band 107. Science and Technology Series. San Diego, CA: American Astronautical Society, 2004.

Cockell, Charles S. und Gerda Horneck. »Planetary Parks – Formulating a Wilderness Policy for Planetary Bodies.« *Space Policy* 22 (2006): 256–261. https://doi.org/10.1016/j.spacepol.2006.08.006

Colaprete, Anthony, Peter Schultz, Jennifer Heldmann, Diane Wooden, Mark Shirley, Kimberly Ennico, Brendan Hermalyn et al. »Detection of Water in the LCROSS Ejecta Plume.« *Science* 330 (2010): 463–468. https://doi.org/10.1126/science.1186986

Cole, Dandridge M. und Donald W. Cox. *Islands in Space: The Challenge of the Planetoids*. Philadelphia: Chilton Books, 1964.

Collins, David A. »Efficient Allocation of Property Rights on the Planet Mars.« *Boston University Journal of Law and Technology* 14 (2008): 201–220. https://papers.ssrn.com/abstract=1556665

Collins, Eileen und Jonathan H. Ward. *Through the Glass Ceiling to the Stars: The Story of the First American Woman to Command a Space Mission.* New York: Arcade, 2021.

Collins, Michael. *Carrying the Fire.* New York: Farrar, Straus and Giroux, 2019.

Commander, Simon. »One-Company Towns: Scale and Consequences.« IZA World of Labor 433 (2018): 1–9. https://doi.org/10.15185/izawol.433

Compton, W. David und Charles D. Benson. *Living and Working in Space: A NASA History of Skylab.* US: CreateSpace Independent Publishing Platform, 2014.

Condon, Stephanie. »Romney Tells Gingrich: I'd Fire You for Your Moon Proposal.« CBS News, 27. Januar 2012. https://www.cbsnews.com/news/romney-tells-gingrich-id-fire-you-for-your-moon-proposal

Conrad, Nancy und Howard A. Klausner. *Rocketman: Astronaut Pete Conrad's Incredible Ride to the Moon and Beyond.* New York: NAL Hardcover, 2005.

Crawford, Ian A. »Interplanetary Federalism: Maximising the Chances of Extraterrestrial Peace, Diversity and Liberty.« In *The Meaning of Liberty Beyond Earth*, hg. von Charles S. Cockell, S. 199–218. Space and Society. Cham: Springer International Publishing, 2015. https://doi.org/10.1007/978-3-319-09567-7_13

——— »Lunar Resources: A Review.« *Progress in Physical Geography* 39 (2015): 137–167. https://doi.org/10.1177/0309133314567585

Crawford, James R. *The Creation of States in International Law.* Oxford: Oxford University Press, 2011.

Cristoforetti, Samantha. *Diary of an Apprentice Astronaut.* London: Allen Lane, 2020 (deutsch: *Die lange Reise: Tagebuch einer Astronautin*, Penguin Verlag, 2019).

Cronon, William. »Revisiting the Vanishing Frontier: The Legacy of Frederick Jackson Turner.« *Western Historical Quarterly* 18 (1987): 157–176. https://doi.org/10.2307/969581

Crossman, Frank (Hg.). *MARS COLONIES: Plans for Settling the Red Planet.* Lakewood, CO: Polaris Books, 2019.

Cucinotta, Francis A. »Space Radiation Risks for Astronauts on Multiple International Space Station Missions.« *PLOS ONE* 9 (2014): e96099. https://doi.org/10.1371/journal.pone.0096099

Cucinotta, Francis A. und Eliedonna Cacao. »Predictions of Cognitive Detriments from Galactic Cosmic Ray Exposures to Astronauts on Exploration Missions.« *Life Sciences in Space Research* 25 (2020): 129–135. https://doi.org/10.1016/j.lssr.2019.10.004

Cucinotta, Francis A., Eliedonna Cacao, Myung-Hee Y. Kim und Premkumar B. Saganti. »Benchmarking Risk Predictions and Uncertainties in the NSCR Model of GCR Cancer Risks with Revised Low Let Risk Coefficients.« *Life Sciences in Space Research* 27 (2020): 64–73. https://doi.org/10.1016/j.lssr.2020.07.008

——— »Cancer and Circulatory Disease Risks for a Human Mission to Mars: Private Mission Considerations.« *Acta Astronautica* 166 (2020): 529–536. https://doi.org/10.1016/j.actaastro.2018.08.022

Cucinotta, Francis A., Nobuyuki Hamada und Mark P. Little. »No Evidence for an Increase in Circulatory Disease Mortality in Astronauts Following Space Radiation Exposures.« *Life Sciences in Space Research* 10 (2016): 53–56. https://doi.org/10.1016/j.lssr.2016.08.002

Cunningham, Walter. *All-American Boys.* New York: iPicturebooks, 2010.

Curley, Su, Imelda Stambaugh, Michael Swickrath, Molly S. Anderson und Henry Rotter. »Deep Space Habitat ECLSS Design Concept.« 15. American Institute of Aeronautics and Astronautics, Reston, VA, 2012. https://arc.aiaa.org/doi/abs/10.2514/6.2012-3417

Dapremont, Angela M. »Mars Land Use Policy Implementation: Approaches and Best Methods.« *Space Policy* 57 (2021): 101442. https://doi.org/10.1016/j.spacepol.2021.101442

Davenport, Christian. *The Space Barons: Elon Musk, Jeff Bezos, and the Quest to Colonize the Cosmos.* New York: PublicAffairs, 2018.

David, Leonard. *Moon Rush: The New Space Race.* Washington, D. C: National Geographic, 2019.

Davila, Alfonso F., David Willson, John D. Coates und Christopher P. McKay. »Perchlorate on Mars: A Chemical Hazard and a Resource for Humans.« *International Journal of Astrobiology* 12 (2013): 321–325. https://doi.org/10.1017/S1473550413000189

Dawson, Linda. *War in Space: The Science and Technology Behind Our Next Theater of Conflict*. New York: Springer, 2019.

Day, Dwayne A. »The Reality Space Race.« *Space Review*, 21. Juni 2004. https://www.thespacereview.com/article/165/1

Deb, Dorothy. »Language, Culture and the Creation of Bangladesh.« *Journal of Defense Studies* 15 (2021): 59–76. https://www.idsa.in/jds/language-culture-and-the-creation-of-bangladesh-dorothy-deb

Del Rey, Lester. *Space Flight: The Coming Exploration of the Universe*. New York: Golden Press, 1959.

Delledonne, Giacomo und Giuseppe Martinico (Hg.). *The Canadian Contribution to a Comparative Law of Secession: Legacies of the Quebec Secession Reference*. London: Palgrave Macmillan, 2019.

Demontis, Gian C., Marco M. Germani, Enrico G. Caiani, Ivana Barravecchia, Claudio Passino und Debora Angeloni. »Human Pathophysiological Adaptations to the Space Environment.« *Frontiers in Physiology* 8 (2017): 547. https://doi.org/10.3389/fphys.2017.00547

Dempster, W. F., M. Van Thillo, A. Alling, J. P. Allen, S. Silverstone und M. Nelson. »Technical Review of the Laboratory Biosphere Closed Ecological System Facility.« *Advances in Space Research: Space Life Sciences: Life Support Systems and Biological Systems under Influence of Physical Factors*, 34 (2004): 1477–1482. https://doi.org/10.1016/j.asr.2003.10.034

Dempster, William F. »Biosphere 2 Engineering Design.« *Ecological Engineering* 13 (1999): 31–42. https://doi.org/10.1016/S0925-8574(98)00090-1

Deudney, Daniel. *Dark Skies: Space Expansionism, Planetary Geopolitics, and the Ends of Humanity*. New York: Oxford University Press, 2020.

Dinius, Oliver J. und Angela Vergara (Hg.). *Company Towns in the Americas: Landscape, Power, and Working-Class Communities*. Athens: University of Georgia Press, 2011.

Dismukes, Kim. »History of Shuttle-Mir Home Page.« NASA, 14. Juni 1999. https://web.archive.org/web/20000815204932/http://spaceflight.nasa.gov/history/shuttle-mir/

Dolman, Everett C. *Astropolitik: Classical Geopolitics in the Space Age*. London: Frank Cass Publishers, 2002.

Drudi, Laura, Chad G. Ball, Andrew W. Kirkpatrick, Joan Saary und S. Marlene Grenon. »Surgery in Space: Where Are We at Now?«, *Acta Astronautica* 79 (2012): 61–66. https://doi.org/10.1016/j.actaastro.2012.04.014

Dunbar, Brian. »Food for Space Flight.« NASA. 25. November 2019. http://www.nasa.gov/audience/forstudents/postsecondary/features/F_Food_for_Space_Flight.html

Dunbar, Robin I. M. und Richard Sosis. »Optimising Human Community Sizes.« *Evolution and Human Behavior* 39 (2018): 106–111. https://doi.org/10.1016/j.evolhumbehav.2017.11.001

Dunk, Frans von der und Fabio Tronchetti (Hg.). *Handbook of Space Law*. Cheltenham, UK: Edward Elgar Publishing, 2017.

Ehrenfreund, Pascale, Margaret Race und David Labdon. »Responsible Space Exploration and Use: Balancing Stakeholder Interests.« *New Space* 1 (2013): 60–72. https://doi.org/10.1089/space.2013.0007

Ehrenfried, Manfred »Dutch« von. *From Cave Man to Cave Martian: Living in Caves on the Earth, Moon and Mars*. New York: Springer, 2019.

Elvis, Martin. *Asteroids: How Love, Fear und Greed Will Determine Our Future in Space*. New Haven, CT: Yale University Press, 2021.

Elvis, Martin, Alanna Krolikowski und Tony Milligan. »Concentrated Lunar Resources: Imminent Implications for Governance and Justice.« *Philosophical Transactions of the Royal Society A: Mathematical, Physical and Engineering Sciences* 379 (2021): 20190563. https://doi.org/10.1098/rsta.2019.0563

Elvis, Martin, Tony Milligan und Alanna Krolikowski. »The Peaks of Eternal Light: A Near-Term Property Issue on the Moon.« *Space Policy* 38 (2016): 30–38. https://doi.org/10.1016/j.spacepol.2016.05.011

Escobar, Christine M. und James A. Nabity. »Past, Present, and Future of Closed Human Life Support Ecosystems – A Review«, 47. International Conference on Environmental Systems, 16.–20. Juli 2017,

Charleston, SC. https://ttu-ir.tdl.org/bitstream/handle/2346/73083/ICES_2017_311.pdf?sequence=1& isAllowed=y

Evans, Ben. *At Home in Space: The Late Seventies into the Eighties.* New York: Springer, 2011.

Fearon, James D. »Rationalist Explanations for War.« *International Organization* 49 (1995): 379–414. https:// www.jstor.org/stable/2706903

Fernholz, Tim. *Rocket Billionaires: Elon Musk, Jeff Bezos, and the New Space Race.* Boston: Mariner Books, 2018.

Ferrero-Turrión, Ruth. »The Consequences of State Non-Recognition: The Cases of Spain and Kosovo.« *European Politics and Society* 22 (2021): 347–358. https://doi.org/10.1080/23745118.2020.1762958

Finney, Ben R. und Eric M. Jones (Hg.). *Interstellar Migration and the Human Experience.* Berkeley: University of California Press, 1985.

Fishback, Price. »The Economics of Company Housing: Historical Perspectives from the Coal Fields.« *Journal of Law, Economics and Organization* 8 (1992): 346–365. https://doi.org/10.1093/oxfordjournals.jleo.a037042

Fishback, Price V. »Did Coal Miners ›Owe Their Souls to the Company Store‹? Theory and Evidence from the Early 1900s.« *Journal of Economic History* 46 (1986): 1011–1029. https://doi.org/10.1017/S0022050700050695

——— *Soft Coal, Hard Choices: The Economic Welfare of Bituminous Coal Miners, 1890–1930.* New York: Oxford University Press, 1992.

Flynn-Evans, Erin E., Laura K. Barger, Alan A. Kubey, Jason P. Sullivan und Charles A. Czeisler. »Circadian Misalignment Affects Sleep and Medication Use Before and During Spaceflight.« *NPJ Microgravity* 2 (2016): 15019. https://doi.org/10.1038/npjmgrav.2015.19

Foale, Colin. *Waystation to the Stars: The Story of Mir, Michael and Me.* London: Headline Books, 1999.

Fong, Kevin. *Extreme Medicine: How Exploration Transformed Medicine in the Twentieth Century.* New York: Penguin Press, 2014.

Foss, Richard. *Food in the Air and Space: The Surprising History of Food and Drink in the Skies.* New York: Rowman & Littlefield Publishers, 2016.

Foster, Amy E. *Integrating Women into the Astronaut Corps: Politics and Logistics at NASA, 1972–2004.* Baltimore, MD: Johns Hopkins University Press, 2011.

Foust, Jeff. »Pepsi Drops Plans to Use Orbital Billboard.« *SpaceNews,* 16. April 2019. https://spacenews.com/pepsi-drops-plans-to-use-orbital-billboard.

Freeman, Marsha. *How We Got to the Moon: The Story of the German Space Pioneers.* Washington, D. C: 21st Century Science Associates, 1993.

Freitas, Jr., Robert A. »Survival Homicide in Space.« Nanomedicine.com, 20. November 1978. http://www.nanomedicine.com/Papers/SurvivalHomicideInSpace1978.pdf

Friedman, Louis. *Human Spaceflight: From Mars to the Stars.* Tucson: University of Arizona Press, 2015.

Fu, Yuming, Rong Guo und Hong Liu. »An Optimized 4-day Diet Meal Plan for ›Lunar Palace 1.‹« *Journal of the Science of Food and Agriculture* 99 (2019): 696–702. https://doi.org/10.1002/jsfa.9234

Fu, Yuming, Leyuan Li, Beizhen Xie, Chen Dong, Mingjuan Wang, Boyang Jia, Lingzhi Shao et al. »How to Establish a Bioregenerative Life Support System for Long-Term Crewed Missions to the Moon or Mars.« *Astrobiology* 16 (2016): 925–936. https://doi.org/10.1089/ast.2016.1477

Gagarin, Yuri und Vladimir Lebedev. *Psychology and Space.* Honolulu, HI: University Press of the Pacific, 2003.

Gangale, Thomas. »Common Heritage in Magnificent Desolation.« In *46. AIAA Aerospace Sciences Meeting and Exhibit.* Reno, NV: American Institute of Aeronautics and Astronautics, 2008.

Gangale, Thomas und Marilyn Dudley-Rowley. »To Build Bifrost: Developing Space Property Rights and Infrastructure«. Long Beach, CA: American Institute of Aeronautics and Astronautics, 2005. https://doi.org/10.2514/6.2005-6762

Garcia, Mark. »NASA Station Astronaut Record Holders.« NASA, 20. April 2022. http://www.nasa.gov/feature/nasa-station-astronaut-record-holders

Gardner, Amy. »Gingrich Pledges Moon Colony during Presidency.« *Washington Post*, 25. Januar 2012. https://www.washingtonpost.com/blogs/election-201//post/gingrich-pledges-moon-colony-during-presidency/2012/01/25/gIQAmQxiRQ_blog.html

Garshnek, Victoria. »Soviet Space Flight: The Human Element.« *Aviation, Space, and Environmental Medicine* 60 (1989): 695–705.

Gemignani, Angelo, Andrea Piarulli, Danilo Menicucci, Marco Laurino, Giuseppina Rota, Francesca Mastorci, Vadim Gushin et al. »How Stressful Are 105 Days of Isolation? Sleep EEG Patterns and Tonic Cortisol in Healthy Volunteers Simulating Manned Flight to Mars.« *International Journal of Psychophysiology* 93 (2014): 211–219. https://doi.org/10.1016/j.ijpsycho.2014.04.008

Genta, Giancarlo. *Next Stop Mars: The Why, How, and When of Human Missions.* New York: Springer, 2017.

Gibson, Marc A., Steven R. Oleson, David I. Poston und Patrick McClure. »NASA's Kilopower Reactor Development and the Path to Higher Power Missions.« In *2017 IEEE Aerospace Conference*, 1–14. Big Sky, MT: IEEE, 2017. https://doi.org/10.1109/AERO.2017.7943946

Gibson, Marc A., David I. Poston, Patrick McClure, Thomas Godfroy, James Sanzi und Maxwell H. Briggs. »The Kilopower Reactor Using Stirling TechnologY (KRUSTY) Nuclear Ground Test Results and Lessons Learned.« In *2018 International Energy Conversion Engineering Conference.* Cincinnati, OH: American Institute of Aeronautics and Astronautics, 2018. https://doi.org/10.2514/6.2018-4973

Gingrich, Newt. National Space and Aeronautics Policy Act of 1981, Pub. L. No. H.R.4286 (1981). https://www.congress.gov/bill/97th-congress/house-bill/4286

Gläser, P., F. Scholten, D. De Rosa, R. Marco Figuera, J. Oberst, E. Mazarico, G. A. Neumann und M. S. Robinson. »Illumination Conditions at the Lunar South Pole Using High Resolution Digital Terrain Models from LOLA.« *Icarus* 243 (2014): 78–90. https://doi.org/10.1016/j.icarus.2014.08.013

Glenn, John und Nick Taylor. John Glenn: *A Memoir.* New York: Bantam, 2000.

Globus, Al. »Countering Objections to Space Settlement.« Space.AlGlobus.net, Mai 2021. http://space.alglobus.net/papers/Countering-Objections-to-Space-Settlement.pdf

Globus, Al, Stephen Covey und Daniel Faber. »Space Settlement: An Easier Way.« *NSS Space Settlement Journal*, July 2017, 1–46. http://space.alglobus.net/papers/Easy.pdf

Globus, Al und Theodore Hall. »Space Settlement Population Rotation Tolerance.« *NSS Space Settlement Journal*, June 2017, 1–25. http://space.alglobus.net/papers/RotationPaper.pdf

Globus, Al und Joe Strout. »Orbital Space Settlement Radiation Shielding.« *NSS Space Settlement Journal*, April 2017, 1–38. https://space.nss.org/wp-content/uploads/Orbital-Space-Settlement-Radiation-Shielding-2015.pdf

Goemaere, Sophie, Thomas Van Caelenberg, Wim Beyers, Kim Binsted und Maarten Vansteenkiste. »Life on Mars from a Self-Determination Theory Perspective: How Astronauts' Needs for Autonomy, Competence and Relatedness Go Hand in Hand with Crew Health and Mission Success – Results from HI-SEAS IV.« *Acta Astronautica* 159 (2019): 273–285. https://doi.org/10.1016/j.actaastro.2019.03.059

Goldwater, Barry. »Space Shuttle Processing Worth $2 Billion Annually.« Kongressbericht, Washington, D. C., 3. April 1974. https://www.govinfo.gov/content/pkg/GPO-CRECB-1974-pt7/pdf/GPO-CRECB-1974-pt7-6-1.pdf

Goswami, Namrata und Peter A. Garretson. *Scramble for the Skies: The Great Power Competition to Control the Resources of Outer Space.* Lanham, MD: Lexington Books, 2020.

Grandin, Greg. *Fordlandia: The Rise and Fall of Henry Ford's Forgotten Jungle City.* New York: Picador, 2010.

Green, Hardy. *The Company Town.* New York: Basic Books, 2012. https://www.basicbooks.com/titles/hardy-green/the-company-town/9780465022649

Green, James. *The Devil Is Here in These Hills: West Virginia's Coal Miners and Their Battle for Freedom.* New York: Grove Press, 2016.

Guinness World Records. »First Commercial Filmed in Space.« 22. August 1997. https://www.guinnessworldrecords.com/world-records/first-commercial-filmed-in-space

Guo, Jin-Hu, Wei-Min Qu, Shan-Guang Chen, Xiao-Ping Chen, Ke Lv, Zhi-Li Huang und Yi-Lan Wu. »Keeping the Right Time in Space: Importance of Circadian Clock and Sleep for Physiology and Performance of Astronauts.« *Military Medical Research* 1 (2014): 23. https://doi.org/10.1186/2054-9369-1-23

Gupta, Anika. »The Cola Wars. Smear Campaigns in Space?« Smithsonian, 1. August 2008. https://www.smithsonianmag.com/smithsonian-institution/the-cola-wars-smear-campaigns-in-space-27520139

Haber, Heinz. »Can We Survive in Space?« In *Across the Space Frontier*, hg. von Cornelius Ryan, S. 71–97. New York: Viking Press, 1952 (deutsch: *Station im Weltraum*, 1953; Neuauflage: *Die Eroberung des Weltraums*, 1958).

Hall, Rex D., Shayler David und Bert Vis. *Russia's Cosmonauts: Inside the Yuri Gagarin Training Center.* Berlin, Heidelberg: Praxis, 2005.

Handmer, Casey. *How to Industrialize Mars: A Strategy for Self-Sufficiency.* Selbstverlag, 2018. https://docs.google.com/document/d/1pxQg51rGP6JtdD4Eix1xpVek1xX05eQVgc7Jbm6VtDw/edit#heading=h.bhr7eix190ey

Hapgood, Mike. »The Impact of Space Weather on Human Missions to Mars: The Need for Good Engineering and Good Forecasts.« In *The Human Factor in a Mission to Mars: An Interdisciplinary Approach*, hg. von Konrad Szocik, S. 69–91. Space and Society. Cham: Springer International Publishing, 2019. https://doi.org/10.1007/978-3-030-02059-0_4

Haqq-Misra, Jacob. »Toward a Sustainable Land Use Policy for Mars.« In *Human Governance Beyond Earth: Implications for Freedom*, hg. von Charles S. Cockell, S. 43–49. Space and Society. Cham: Springer International Publishing, 2015. https://doi.org/10.1007/978-3-319-18063-2_4

Harbaugh, Jennifer. »Fission Surface Power.« NASA, 6. Mai 2021. http://www.nasa.gov/mission_pages/tdm/fission-surface-power/index.html

Harland, David M. *The Story of Space Station Mir.* New York: Praxis, 2005. https://doi.org/10.1007/978-0-387-73977-9

Harrison, Albert A. *Spacefaring: The Human Dimension.* Berkeley: University of California Press, 2001.

Harrison, Albert A., Yvonne A. Clearwater und Christopher P. McKay (Hg.). *From Antarctica to Outer Space: Life in Isolation and Confinement.* New York: Springer, 1990.

Harrison, Jean-Pierre. *The Edge of Time: The Authoritative Biography of Kalpana Chawla.* Saratoga, CA: Harrison Publishing, 2011.

Harrison, Todd, Andrew Hunter, Kaitlyn Johnson und Thomas Roberts. *Implications of Ultra-Low-Cost Access to Space.* Washington, D. C.: Center for Strategic & International Studies, 2017.

Harrison, Todd, Kaitlyn Johnson und Thomas G. Roberts. »Space Threat Assessment 2019.« Aerospace Security Project. Washington, D. C.: Center for Strategic and International Studies, April 2019. https://csis-website-prod.s3.amazonaws.com/s3fs-public/publication/190404_SpaceThreatAssessment_interior.pdf

Hartmann, William K., Ron Miller und Pamela Lee. *Out of the Cradle: Exploring the Frontiers Beyond Earth.* New York: Workman Publishing, 1985.

Harvey, Brian. *China in Space: The Great Leap Forward.* Chichester, UK: Springer, 2013.

Hassler, Donald M., Cary Zeitlin, Robert F. Wimmer-Schweingruber, Bent Ehresmann, Scot Rafkin, Jennifer L. Eigenbrode, David E. Brinza et al. »Mars' Surface Radiation Environment Measured with the Mars Science Laboratory's Curiosity Rover.« *Science* 343 (2014): 1244797. https://doi.org/10.1126/science.1244797

Heaps, Leo. *Operation Morning Light: Terror in Our Skies: The True Story of Cosmos 954.* New York: Paddington Press, 1978.

Hearon, Christopher M., Jr., Katrin A. Dias, Gautam Babu, John E. T. Marshall, James Leidner, Kirsten Peters, Erika Silva, James P. MacNamara, Joseph Campain und Benjamin D. Levine. »Effect of Nightly Lower Body Negative Pressure on Choroid Engorgement in a Model of Spaceflight-Associated Neuro-Ocular Syndrome: A Randomized Crossover Trial.« *JAMA Ophthalmology* 140 (2022): 59–65. https://doi.org/10.1001/jamaophthalmol.2021.5200

Heavens, Nicholas G., Armin Kleinböhl, Michael S. Chaffin, Jasper S. Halekas, David M. Kass, Paul O. Hayne, Daniel J. McCleese, Sylvain Piqueux, James H. Shirley und John T. Schofield. »Hydrogen Escape from Mars Enhanced by Deep Convection in Dust Storms.« *Nature* Astronomy 2 (2018): 126–132. https://doi.org/10.1038/s41550-017-0353-4

Hendrickx, Bart. »Illness in Orbit.« *Spaceflight* 53 (2011): 104–109.

Heppenheimer, T. A. *Colonies in Space.* New York: Warner Books, 1980.

Hernández, José M. und Monica Rojas Rubin. *Reaching for the Stars: The Inspiring Story of a Migrant Farmworker Turned Astronaut.* New York: Center Street, 2012.

Highfield, Roger. »Colonies in Space May Be Only Hope, Says Hawking.« *Telegraph* (London), 16. Oktober 2001. https://www.telegraph.co.uk/news/uknews/1359562/Colonies-in-space-may-be-only-hope-says-Hawking.html

Hilbig, Reinhard, Albert Gollhofer, Otmar Bock und Dietrich Manzey. *Sensory Motor and Behavioral Research in Space.* New York: Springer, 2017.

Hobbs, Harry und George Williams. »Micronations: A Lacuna in the Law.« *International Journal of Constitutional Law* 19 (2021): 71–97. https://doi.org/10.1093/icon/moab020

Hong, Xiaoman, Anamika Ratri, Sungshin Y. Choi, Joseph S. Tash, April E. Ronca, Joshua S. Alwood und Lane K. Christenson. »Effects of Spaceflight Aboard the International Space Station on Mouse Estrous Cycle and Ovarian Gene Expression.« *NPJ Microgravity* 7 (2021): 1–8. https://doi.org/10.1038/s41526-021-00139-7

Hood, Frank und Charles Hood. *Poopie Suits & Cowboy Boots: Tales of a Submarine Officer During the Height of the Cold War.* Selbstverlag, 2021.

Horst, Felix, Daria Boscolo, Marco Durante, Francesca Luoni, Christoph Schuy und Uli Weber. »Thick Shielding Against Galactic Cosmic Radiation: A Monte Carlo Study with Focus on the Role of Secondary Neutrons.« *Life Sciences in Space Research* 33 (2022): 58–68. https://doi.org/10.1016/j.lssr.2022.03.003

Horvath, Tyler, Paul O. Hayne und David A. Paige. »Thermal and Illumination Environments of Lunar Pits and Caves: Models and Observations from the Diviner Lunar Radiometer Experiment.« *Geophysical Research Letters* 49 (2022): e2022GL099710. https://doi.org/10.1029/2022GL099710

Howe, A. Scott und Brent Sherwood (Hg.). *Out of This World.* Reston, VA: American Institute of Aeronautics and Astronautics, 2009.

»Human Exploration of Mars Design Reference Architecture 5.0.« NASA Johnson Space Center, Houston, TX, 2014. https://www.nasa.gov/wp-content/uploads/2015/09/373665main_nasa-sp-2009-566.pdf

Humphreys, Richard. *Under Pressure: Living Life and Avoiding Death on a Nuclear Submarine.* New York: Hanover Square Press, 2020.

Huntford, Roland. *Race for the South Pole: The Expedition Diaries of Scott and Amundsen.* London, New York: Continuum, 2011.

Ihle, Eva C., Jennifer B. Ritsher und Nick Kanas. »Positive Psychological Outcomes of Spaceflight: An Empirical Study.« *Aviation, Space, and Environmental Medicine* 77, Nr. 2 (2006): 93–101. https://www.ingentaconnect.com/content/asma/asem/2006/00000077/00000002/art00001

Ijiri, K. »Mating Behavior of the Fish (Medaka) and Development of Their Eggs in Space.« Second International Microgravity Laboratory (IML-2) Final Report. NASA Reference Publication 1405, Juli 1997. https://ntrs.nasa.gov/api/citations/19970035095/downloads/19970035095.pdf

Inoue, Natsuhiko, Ichiyo Matsuzaki und Hiroshi Ohshima. »Group Interactions in SFINCSS-99: Lessons for Improving Behavioral Support Programs.« *Aviation, Space, and Environmental Medicine* 75 (2004): C28–C35.

Ivanovich, Grujica S. *Salyut – The First Space Station: Triumph and Tragedy.* Berlin: Praxis, 2008.

Jakhu, Ram S. und Steven Freeland. »McGill Manual on International Law Applicable to Military Uses of Outer Space: Volume I – Rules.« Montreal: Centre for Research in Air and Space Law, 2022. https://www.mcgill.ca/milamos/files/milamos/mcgill_manual_volume_i_-_rules_final.pdf

Jakhu, Ram S., Joseph N. Pelton und Yaw Otu Mankata Nyampong. *Space Mining and Its Regulation.* Cham: Springer International Publishing, 2017. https://doi.org/10.1007/978-3-319-39246-2

James, Tom (Hg.). *Deep Space Commodities: Exploration, Production and Trading.* London: Palgrave Macmillan, 2018.

Jansen, Jan C. und Jürgen Osterhammel. *Decolonization.* Princeton, NJ: Princeton University Press, 2017. https://press.princeton.edu/books/hardcover/9780691165219/decolonization

Jemison, Dr. Mae. *Find Where the Wind Goes: Moments from My Life.* New York: Scholastic Press, 2001.

Jerusalem Post Staff. »Tnuva and the Silicon Affair.« *Jerusalem Post*, 14. Oktober 2008. https://www.jpost.com/opinion/editorials/tnuva-and-the-silicon-affair

Johnson, Nicholas. *Big Dead Place: Inside the Strange and Menacing World of Antarctica.* Los Angeles, CA: Feral House, 2005.

Johnson-Freese, Joan. *Heavenly Ambitions: America's Quest to Dominate Space.* Philadelphia: University of Pennsylvania Press, 2009.

——— *Space Warfare in the 21st Century: Arming the Heavens.* London, New York: Routledge, 2016.

Johnston, Smith L., Mark R. Campbell, Roger D. Billica und Stevan M. Gilmore. »Cardiopulmonary Resuscitation in Microgravity: Efficacy in the Swine During Parabolic Flight.« *Aviation, Space, and Environmental Medicine* 75 (2004): 546–550.

Jones, Eric M. »Apollo 16 Lunar Surface Journal: EVA-3 Closeout.« NASA, 16. Juni 2014. https://www.hq.nasa.gov/alsj/a16/a16.clsout3.html

Kamin, Debra. »The Future of Space Tourism Is Now. Well, Not Quite.« *New York Times*, 7. Mai 2022. https://www.nytimes.com/2022/05/07/travel/space-travel-tourism.html

Kanas, N., G. Sandal, J. E. Boyd, V. I. Gushin, D. Manzey, R. North, G. R. Leon et al. »Psychology and Culture during Long-Duration Space Missions.« *Acta Astronautica* 64 (2009): 659–677. https://doi.org/10.1016/j.actaastro.2008.12.005

Kanas, Nick. *Humans in Space: The Psychological Hurdles.* Chichester, UK: Springer / Praxis, 2015.

Kanas, Nick, Matthew Harris, Thomas Neylan, Jennifer Boyd, Daniel S. Weiss, Colleen Cook und Stephanie Saylor. »High versus Low Crewmember Autonomy during a 105-Day Mars Simulation Mission.« *Acta Astronautica* 69 (2011): 240–244. https://doi.org/10.1016/j.actaastro.2011.04.014

Kanas, Nick und Dietrich Manzey. *Space Psychology and Psychiatry.* El Segundo, CA; Dordrecht: Springer, 2008.

Karacalıoğlu, Göktuğ. »Energy Resources for Space Missions.« *Space Safety*, 16. January 2014. http://www.spacesafetymagazine.com/aerospace-engineering/nuclear-propulsion/energy-resources-space-missions

Kaszeta, Dan. *Toxic: A History of Nerve Agents, from Nazi Germany to Putin's Russia.* New York: Oxford University Press, 2021.

Keener, Chris and Ben Youngerman (Produzenten). *Spacedrop.* Dokumentarfilm, 2020.

Kelly, Scott. *Endurance: My Year in Space, A Lifetime of Discovery.* New York: Vintage, 2018 (deutsch: *Endurance: Mein Jahr im Weltall*, C. Bertelsmann Verlag, 2018).

Kilgore, De Witt Douglas. *Astrofuturism: Science, Race, and Visions of Utopia in Space.* Philadelphia: University of Pennsylvania Press, 2003.

Kimhi, Shaul. »Understanding Good Coping: A Submarine Crew Coping with Extreme Environmental Conditions.« *Psychology* 2 (2011): 961–967. https://doi.org/10.4236/psych.2011.29145

Kirkpatrick, Andrew W., Chad G. Ball, Mark Campbell, David R. Williams, Scott E. Parazynski, Kenneth L. Mattox und Timothy J. Broderick. »Severe Traumatic Injury during Long Duration Spaceflight: Light Years beyond ATLS.« *Journal of Trauma Management & Outcomes* 3 (2009): 4. https://doi.org/10.1186/1752-2897-3-4

Kirton, Allan G. und Stephen C. Vasciannie. »Deep Seabed Mining Under the Law of the Sea Convention and the Implementation Agreement: Developing Country Perspectives.« *Social and Economic Studies* 51 (2002): 63–115. http://www.jstor.org/stable/27865277

Kleiman, Matthew J. *The Little Book of Space Law.* Chicago, IL: American Bar Association, 2014.

Kluger, Jeffrey. *Apollo 8: The Thrilling Story of the First Mission to the Moon.* New York: Henry Holt and Co., 2017.

Koerth, Maggie. »Space Sex Is Serious Business.« *FiveThirtyEight*, 14. März 2017. https://fivethirtyeight.com/features/space-sex-is-serious-business

Koren, Marina. »Everything You Never Thought to Ask About Astronaut Food.« *The Atlantic*, 15. Dezember 2017. https://www.theatlantic.com/science/archive/2017/12/astronaut-food-international-space-station/548255

Kramer, Larry A., Khader M. Hasan, Michael B. Stenger, Ashot Sargsyan, Steven S. Laurie, Christian Otto, Robert J. Ploutz-Snyder, Karina Marshall-Goebel, Roy F. Riascos und Brandon R. Macias. »Intracranial Effects of Microgravity: A Prospective Longitudinal MRI Study.« *Radiology* 295 (2020): 640–648. https://doi.org/10.1148/radiol.2020191413

Landon, Lauren Blackwell, Christina Rokholt, Kelley J. Slack und Yvonne Pecena. »Selecting Astronauts for Long-Duration Exploration Missions: Considerations for Team Performance and Functioning.« *REACH* 5 (2017): 33–56. https://doi.org/10.1016/j.reach.2017.03.002

Lang, Thomas, Adrian LeBlanc, Harlan Evans, Ying Lu, Harry Genant und Alice Yu. »Cortical and Trabecular Bone Mineral Loss from the Spine and Hip in Long-Duration Spaceflight.« *Journal of Bone and Mineral Research* 19 (2004): 1006–1012. https://doi.org/10.1359/JBMR.040307

Lang, Thomas, Jack J. W. A. Van Loon, Susan Bloomfield, Laurence Vico, Angele Chopard, Jörn Rittweger, Antonios Kyparos et al. »Towards Human Exploration of Space: The THESEUS Review Series on Muscle and Bone Research Priorities.« *NPJ Microgravity* 3 (2017): 1–10. https://doi.org/10.1038/s41526-017-0013-0

Lansing, Alfred. *Endurance*. New York: Basic Books, 2015 (deutsch: *635 Tage im Eis: Die Shackleton-Expedition*, Goldmann, 2000).

Larsson, Magnus und Alex Kaiser. »Cloud Ten.« In *Inner Solar System: Prospective Energy and Material Resources*, hg. von Viorel Badescu und Kris Zacny, S. 451–498. Cham: Springer International Publishing, 2015. https://doi.org/10.1007/978-3-319-19569-8_22

Lasser, David. *The Conquest of Space*. Apogee Books Space Series 27. Ontario, Canada: Collector's Guide Publishing, 2002.

Layendecker, Alexander. »Sex in Outer Space and the Advent of Astrosexology: A Philosophical Inquiry into the Implication of Human Sexuality and Reproductive Development Factors in Seeding Humanity's Future Throughout the Cosmos and the Argument for an Astrosexology Research Institute.« Dissertation, Institute for Advanced Study of Human Sexuality, 2016.

Layendecker, Alexander B. und Shawna Pandya. »Logistics of Reproduction in Space.« In *Handbook of Life Support Systems for Spacecraft and Extraterrestrial Habitats*, hg. von Erik Seedhouse und David J Shayler, S. 1–16. Cham: Springer International Publishing, 2018. https://doi.org/10.1007/978-3-319-09575-2_211-1

Lebedew, Walentin. *Diary of a Cosmonaut: 211 Days in Space*. New York: Bantam Books, 1990.

Lei, Xiaohua, Yujing Cao, Ying Zhang und Enkui Duan. »Advances of Mammalian Reproduction and Embryonic Development Under Microgravity.« In *Life Science in Space: Experiments on Board the SJ-10 Recoverable Satellite*, hg. von Enkui Duan und Mian Long, S. 281–315. Research for Development. Singapur: Springer, 2019. https://doi.org/10.1007/978-981-13-6325-2_11

Leib, Karl. »State Sovereignty in Space: Current Models and Possible Futures.« *Astropolitics* 13 (2015): 1–24. https://doi.org/10.1080/14777622.2015.1015112

Lele, Ajey. *50 Years of the Outer Space Treaty: Tracing the Journey*. New Delhi: Pentagon Press, 2017.

Leonov, Alexei, David Scott und Christine Toomey. *Two Sides of the Moon: Our Story of the Cold War Space Race*. New York: St. Martin's/Griffin, 2006.

Levesque, Emily. *The Last Stargazers: The Enduring Story of Astronomy's Vanishing Explorers*. London: Oneworld Publications, 2020.

Levy, Buddy. *Labyrinth of Ice: The Triumphant and Tragic Greely Polar Expedition*. St. Martin's Griffin, 2021.

Ley, Willy. »A Station in Space.« In *Across the Space Frontier*, hg. von Cornelius Ryan, S. 98–117. New York: Viking Press, 1952 (deutsch: *Station im Weltraum*, 1953; späterer Titel: *Die Eroberung des Weltraums*, 1958).

——— *Satellites, Rockets and Outer Space.* New York: Signet Key Book, 1958.

Limerick, Patricia Nelson. »Imagined Frontiers: Westward Expansion and the Future of the Space Program.« *In Space Policy Alternatives*, hg. von Radford Byerly, Jr., S. 249–261. New York: Routledge, 1992.

——— *The Legacy of Conquest: The Unbroken Past of the American West.* New York: W. W. Norton & Co., 2006.

——— *Something in the Soil: Legacies and Reckonings in the New West.* New York: W. W. Norton & Co., 2001.

Linenger, Jerry. *Off the Planet: Surviving Five Perilous Months Aboard the Space Station Mir.* New York: McGraw-Hill, 2000.

Linklater, Andro. *Owning the Earth: The Transforming History of Land Ownership.* London: Bloomsbury Publishing, 2015.

Livingston, David M. »Broadcast 470 (Special Edition). Sunday 19 Mar 2006. Guest: Dr. Vadim Y. Rygalov.« *The Space Show,* aufgerufen am 3. Oktober 2022. https://www.thespaceshow.com/show/19-mar-2006/broadcast-470-special-edition

Logsdon, J. *John F. Kennedy and the Race to the Moon.* New York: Palgrave Macmillan, 2011.

Lovell, Jim und Jeffrey Kluger. *Apollo 13: Lost Moon.* New York: Pocket Books, 1995.

Lucas, Rex A. *Minetown, Milltown, Railtown: Life in Canadian Communities of Single Industry.* Ontario: Oxford University Press, 2008.

Lucid, Shannon. *Tumbleweed: Six Months Living on Mir.* Middleton, DE: MkEk Publishing, 2020.

Lyall, Francis und Paul B. Larsen. *Space Law: A Treatise.* New York: Routledge, 2017.

MacDonald, Alexander. *The Long Space Age: The Economic Origins of Space Exploration from Colonial America to the Cold War.* New Haven, CT: Yale University Press, 2017.

Mader, Thomas H., C. Robert Gibson, Anastas F. Pass, Larry A. Kramer, Andrew G. Lee, Jennifer Fogarty, William J. Tarver et al. »Optic Disc Edema, Globe Flattening, Choroidal Folds, and Hyperopic Shifts Observed in Astronauts after Long-Duration Space Flight.« *Ophthalmology* 118 (2011): 2058–2069. https://doi.org/10.1016/j.ophtha.2011.06.021

Mankins, John. *The Case for Space Solar Power.* Houston, TX: Virginia Edition, 2014.

Mann, Michael E. und Lee R. Kump. *Dire Predictions: The Visual Guide to the Findings of the IPCC.* New York: DK Publishing, 2015.

Manning, Alan. »Monopsony in Labor Markets: A Review.« *ILR Review* 74 (2021): 3–26. https://doi.org/10.1177/0019793920922499

Mars Architecture Steering Group. »Human Exploration of Mars Design Reference Architecture 5.0.« NASA Johnson Space Center, Houston, TX, 2009. https://doi.org/10.1109/AERO.2010.5446736

Masunaga, Samantha. »Elon Musk Wants to Create His Own City. Here's How That Could Work.« *Los Angeles Times*, 2. April 2021. https://www.latimes.com/business/story/2021-04-02/tech-governments-starbase-elon-musk

Matsumura, Takafumi, Taichi Noda, Masafumi Muratani, Risa Okada, Mutsumi Yamane, Ayako Isotani, Takashi Kudo, Satoru Takahashi und Masahito Ikawa. »Male Mice, Caged in the International Space Station for 35 Days, Sire Healthy Offspring.« *Scientific Reports* 9 (2019): 13733. https://doi.org/10.1038/s41598-019-50128-w

May, Kate Torgovnick. »What Will We Eat on Mars?« Ideas.Ted.Com, 21. November 2014. https://ideas.ted.com/comfort-food-in-space-the-final-frontier

McCall, Robert und Isaac Asimov. *Our World in Space.* Greenwich, CT: New York Graphic Society, 1974.

McClure, Patrick R., David I. Poston, Marc A. Gibson, Lee S. Mason und R. Chris Robinson. »Kilopower Project: The KRUSTY Fission Power Experiment and Potential Missions.« *Nuclear Technology* 206 (2020): S1–S12. https://doi.org/10.1080/00295450.2020.1722554

McCurdy, Howard E. *Space and the American Imagination.* Baltimore, MD: Johns Hopkins University Press, 2011.

McDonald, F. B. »Review of Galactic and Solar Cosmic Rays.« In *Second Symposium on Protection Against Radiation in Space*, hg. von Arthur Reetz, S. 19–29. Gatlinburg, TN: Scientific and Technical Information Division, National Aeronautics and Space Administration, 1964.

McDougall, Walter A. … *The Heavens and the Earth: A Political History of the Space Age*. Baltimore, MD: Johns Hopkins University Press, 1997.

McDowell, Jonathan. »Jonathan's Space Pages: Starlink Statistics.« *Jonathan's Space Report*, 12. Oktober 2022. https://planet4589.org/space/con/star/stats.html

Meierding, Emily. *The Oil Wars Myth: Petroleum and the Causes of International Conflict*. Ithaca, NY: Cornell University Press, 2020.

Melvin, Leland. *Chasing Space: An Astronaut's Story of Grit, Grace, and Second Chances*. New York: Amistad, 2017.

Mersmann, Kathryn. »The Fact and Fiction of Martian Dust Storms.« NASA, 18. September 2015. http://www.nasa.gov/feature/goddard/the-fact-and-fiction-of-martian-dust-storms

Milligan, Tony. *Nobody Owns the Moon: The Ethics of Space Exploitation*. Jefferson, NC: McFarland & Company, 2015.

Milligan, Tony und Martin Elvis. »Mars Environmental Protection: An Application of the 1/8 Principle.« In *The Human Factor in a Mission to Mars: An Interdisciplinary Approach*, hg. von Konrad Szocik, S. 167–183. Space and Society. Cham: Springer International Publishing, 2019. https://doi.org/10.1007/978-3-030-02059-0_10

Ming, D. W. und R. V. Morris. »Chemical, Mineralogical, and Physical Properties of Martian Dust and Soil«, NASA Johnson Space Center, Houston, TX, 2017. https://ntrs.nasa.gov/citations/20170005414

Mishra, Birendra und Ulrike Luderer. »Reproductive Hazards of Space Travel in Women and Men.« *Nature Reviews Endocrinology* 15 (2019): 713–730. https://doi.org/10.1038/s41574-019-0267-6

Mitchell, Edgar und Ellen Mahoney. *Earthrise: My Adventures as an Apollo 14 Astronaut*. Chicago, IL: Chicago Review Press, 2014.

Mohanty, Susmita, Sue Fairburn, Barbara Imhof, Stephen Ransom und Andreas Vogler. »Survey of Past, Present and Planned Human Space Mission Simulators.« SAE Technical Papers 2008-01-2020, 24. https://doi.org/10.4271/2008-01-2020

Moltz, James Clay. *The Politics of Space Security: Strategic Restraint and the Pursuit of National Interests*, 3. Auflage. Stanford, CA: Stanford University Press, 2019.

——— »Toward Cooperation or Conflict on the Moon?: Considering Lunar Governance in Historical Perspective.« *Strategic Studies Quarterly* 3 (2009): 82–103. http://www.jstor.org/stable/26268666

Moore, Kimberly C. *Star Crossed: The Story of Astronaut Lisa Nowak*. Gainesville, FL: University Press of Florida, 2020.

Moran, Norah. »Ep 107: The Overview Effect.« NASA, 29. August 2019. http://www.nasa.gov/johnson/HWHAP/the-overview-effect

Morgan Stanley. »Space: Investing in the Final Frontier.« Morgan Stanley, 24. Juli 2020. https://www.morganstanley.com/ideas/investing-in-space

Morozov, Sergei. »Asgardia's Calendar and Its Role in Space Industrialisation Strategy«, *Room: The Space Journal of Asgardia*, 2019. https://room.eu.com/article/asgardias-calendar-and-its-role-in-space-industrialisation-strategy

Moses, Robert und Dennis M. Bushnell. »Frontier In-Situ Resource Utilization for Enabling Sustained Human Presence on Mars.« NASA, Langley Research Center, Hampton, VA, 1. April 2016. https://ntrs.nasa.gov/search.jsp?R=20160005963

Mountfield, David. *A History of Polar Exploration*. New York: Dial Press, 1974.

Muir-Harmony, Teasel. *Operation Moonglow: A Political History of Project Apollo*. New York: Basic Books, 2020.

Mullane, Mike. *Riding Rockets: The Outrageous Tales of a Space Shuttle Astronaut*. New York: Scribner, 2007.

Myers, Steven Lee. »The Moon, Mars and Beyond: China's Ambitious Plans in Space.« *New York Times*, 15. Oktober 2021. https://www.nytimes.com/article/china-mars-space.html

Nadis, Fred. »Star Children: Can Humans Be Fruitful and Multiply Off-Planet?« *Space Review*, 14. September 2020. https://www.thespacereview.com/article/4024/1

——— *Star Settlers: The Billionaires, Geniuses, and Crazed Visionaries Out to Conquer the Universe.* New York: Pegasus Books, 2020.

Nansen, Fridtjof. *Farthest North.* Macmillan's Colonial Library, Band 1 und 2. London: Macmillan and Co., Ltd., 1897.

NASA, »Departing Space Station Commander Provides Tour of Orbital Laboratory.« International Space Station, 2012. https://www.youtube.com/watch?v=doN4t5NKW-k

——— »Heat Probe | Instruments.« NASA's InSight Mars Lander, aufgerufen am 4. Oktober 2022. https://mars.nasa.gov/insight/spacecraft/instruments/hp3

——— »Human Integration Design Handbook.« Washington, D. C.: NASA, 5. Juni 2014. https://www.nasa.gov/sites/default/files/atoms/files/human_integration_design_handbook_revision_1.pdf

——— »Human Research Program: Integrated Research Plan (Revision N).« NASA, Johnson Space Center, Houston, TX, Juli 2022. https://humanresearchroadmap.nasa.gov/Documents/IRP_Rev-Current.pdf

——— »NASA InSight's ›Mole‹ Ends Its Journey on Mars.« NASA Mars InSight Mission, 21. Februar 2020. https://mars.nasa.gov/news/8836/nasa-insights-mole-ends-its-journey-on-mars?site=insight

——— »NASA Space Flight Human-System Standard: Volume 1: Crew Health.« NASA, 5. Januar 2022. https://www.nasa.gov/sites/default/files/atoms/files/2022-01-05_nasa-std-3001_vol.1_rev._b_final_draft_with_signature_010522.pdf

NASA Human Research Program. »Evidence Report: Risk of Adverse Cognitive or Behavioral Conditions and Psychiatric Disorders.« NASA, Johnson Space Center, Houston, TX, 11. April 2016. https://humanresearchroadmap.nasa.gov/evidence/reports/bmed.pdf

National Academies of Sciences, Engineering, and Medicine. *Space Radiation and Astronaut Health: Managing and Communicating Cancer Risks.* Washington, D. C.: National Academies Press, 2021. https://doi.org/10.17226/26155

National Council on Radiation Protection and Measurements. »Radiation Protection for Space Activities: Supplement to Previous Recommendations.« Commentary No. 23, 2014. https://ncrponline.org/shop/commentaries/commentary-no-23-radiation-protection-for-space-activities-supplement-to-previous-recommendations-2014/?attribute_book=PDF

Nelson, Peter Lothian und Walter E. Block. *Space Capitalism: How Humans Will Colonize Planets, Moons, and Asteroids.* New York: Palgrave Macmillan, 2018.

Nelson, Timothy G. »The Moon Agreement and Private Enterprise: Lessons from Investment Law.« *ILSA Journal of International & Comparative Law* 17 (2010): 391–416. https://nsuworks.nova.edu/ilsajournal/vol17/iss2/6

Neufeld, Michael. *Von Braun: Dreamer of Space, Engineer of War.* New York: Vintage Books, 2008.

Nicogossian, Arnauld E., Richard S. Williams, Carolyn L. Huntoon, Charles R. Doarn, James D. Polk und Victor S. Schneider (Hg.). *Space Physiology and Medicine: From Evidence to Practice*, 4. Auflage. New York: Springer, 2016 (deutsch: *Wernher von Braun: Visionär des Weltraums – Ingenieur des Krieges*, Siedler Verlag, 2009).

Niederwieser, Tobias, Robert Aaron, Stefanie Countryman, Shankini Doraisingam, Howard Fultz, Ryan Griffith, Alexander Hoehn, Mark Rupert, Jim Wright und Louis Stodieck. »FRIDGE—The Next Generation Freezer/Refrigerator/Incubator for Food and Experiment Conditioning Onboard the ISS.« *Journal of Space Safety Engineering* 9 (2022): 291–297. https://doi.org/10.1016/j.jsse.2022.06.001

Niederwieser, Tobias, Patrick Kociolek und David Klaus. »Spacecraft Cabin Environment Effects on the Growth and Behavior of Chlorella Vulgaris for Life Support Applications.« *Life Sciences in Space Research* 16 (2018): 8–17. https://doi.org/10.1016/j.lssr.2017.10.002

Nielsen, Dr. Jerri und Maryanne Vollers. *Ice Bound: A Doctor's Incredible Battle for Survival at the South Pole.* New York: Miramax, 2001.

Oberg, James E. *Uncovering Soviet Disasters: Exploring the Limits of Glasnost.* New York: Random House, 1988.

Oberg, James E. und Alcestis R. Oberg. *Pioneering Space: Living on the Next Frontier.* New York: McGraw-Hill, 1985.

Office of the Historian. »Milestones: 1989–1992; The Breakup of Yugoslavia, 1990–1992.« Foreign Service Institute, United States Department of State, aufgerufen am 20. Oktober 2022. https://history.state.gov/milestones/1989-1992/breakup-yugoslavia

Ogneva, Irina V., Maria A. Usik, Sergey S. Loktev, Yuliya S. Zhdankina, Nikolay S. Biryukov, Oleg I. Orlov und Vladimir N. Sychev. »Testes and Duct Deferens of Mice during Space Flight: Cytoskeleton Structure, Sperm-Specific Proteins and Epigenetic Events.« *Scientific Reports* 9 (2019): 9730. https://doi.org/10.1038/s41598-019-46324-3

O'Kane, Sean. »Space Birth Startup's CEO Halts Project over ›Serious Ethical, Safety and Medical Concerns.‹« *The Verge*, 3. Juli 2019. https://www.theverge.com/2019/7/3/20680006/space-birth-startup-project-ceo-serious-ethical-safety-medical-concerns-halt

O'Leary, Brian. *The Making of an Ex-Astronaut.* Boston: Houghton Mifflin Co., 1970.

Oliver, Dave. *Against the Tide: Rickover's Leadership and the Rise of the Nuclear Navy.* Annapolis, MD: Naval Institute Press, 2018.

Oluwafemi, Funmilola A., Rayan Abdelbaki, James C.-Y. Lai, Jose G. Mora-Almanza und Esther M. Afolayan. »A Review of Astronaut Mental Health in Manned Missions: Potential Interventions for Cognitive and Mental Health Challenges.« *Life Sciences in Space Research* 28 (2021): 26–31. https://doi.org/10.1016/j.lssr.2020.12.002

O'Neill, Gerard K. *The High Frontier: Human Colonies in Space.* Princeton, NJ: Space Studies Institute Press, 1989. https://www.thriftbooks.com/w/the-high-frontier-human-colonies-in-space_gerard-k-oneill/311174

——— *2081: A Hopeful View of the Human Future.* New York: Simon & Schuster, 1981.

Ostrom, Elinor und Dan H. Cole (Hg.). *Property in Land and Other Resources.* Cambridge, MA: Lincoln Institute of Land Policy, 2011.

Pagel, J. I. und A. Choukèr. »Effects of Isolation and Confinement on Humans-Implications for Manned Space Explorations.« *Journal of Applied Physiology* 120 (2016): 1449–1457. https://doi.org/10.1152/japplphysiol.00928.2015

Palmer, Suzanne. »The Turkish Republic of Northern Cyprus: Should the United States Recognize It as an Independent State.« *Boston University International Law Journal* 4 (1986): 423. https://heinonline.org/HOL/LandingPage?handle=hein.journals/builj4&div=29&id=&page=

Panesar, S. S. und K. Ashkan. »Surgery in Space.« *British Journal of Surgery* 105 (2018): 1234–1243. https://doi.org/10.1002/bjs.10908

Patel, Zarana S., Tyson J. Brunstetter, William J. Tarver, Alexandra M. Whitmire, Sara R. Zwart, Scott M. Smith und Janice L. Huff. »Red Risks for a Journey to the Red Planet: The Highest Priority Human Health Risks for a Mission to Mars.« *NPJ Microgravity* 6 (2020): 1–13. https://doi.org/10.1038/s41526-020-00124-6

Peake, Tim. *Ask an Astronaut.* London: Arrow Books, 2018.

Pearlman, Robert Z. »As Seen on TV: These Commercials Were Filmed in Space!«, Space.com, 21. Juni 2017. https://www.space.com/37263-commercials-in-space.html

Pelt, Michel van. *Dream Missions: Space Colonies, Nuclear Spacecraft and Other Possibilities.* New York: Springer, 2017.

Pershing, Abigail D. »Interpreting the Outer Space Treaty's Non-Appropriation Principle: Customary International Law from 1967 to Today.« *Yale Journal of International Law* 44 (2019): 30. https://digitalcommons.law.yale.edu/yjil/vol44/iss1/5

Persson, Erik. »Citizens of Mars Ltd.« In *Human Governance Beyond Earth: Implications for Freedom*, hg. von Charles S. Cockell, S. 121–137. Space and Society. Cham: Springer International Publishing, 2015. https://doi.org/10.1007/978-3-319-18063-2_9

Pinault, Lewis. »Towards a World Space Agency.« In *Human Governance Beyond Earth: Implications for Freedom*, hg. von Charles S. Cockell, S. 173–196. Space and Society. Cham: Springer International Publishing, 2015. https://doi.org/10.1007/978-3-319-18063-2_12

Pitjeva, E. V. und N. P. Pitjev. »Masses of the Main Asteroid Belt and the Kuiper Belt from the Motions of Planets and Spacecraft.« *Astronomy Letters* 44 (2018): 554–566. https://doi.org/10.1134/S1063773718090050

Pizza Hut. »Hut Life – Official Pizza Hut Blog.« 2022. http://blog.pizzahut.com

Pletser, Vladimir. *On to Mars! Chronicles of Martian Simulations.* Singapur: Springer, 2018.

Pleus, Richard und Corey, Lisa. »Environmental Exposure to Perchlorate: A Review of Toxicology and Human Health.« *Toxicology and Applied Pharmacology* 358 (2018), 102–109. https://doi.org/10.1016/j.taap.2018.09.001

Pogue, William R. *But for the Grace of God: An Autobiography of an Aviator and Astronaut.* Golden, CO: CreateSpace Independent Publishing Platform, 2016.

Poláčková Šolcová, Iva, Iva Šolcová, Iva Stuchlíková und Yvona Mazehóová. »The Story of 520 Days on a Simulated Flight to Mars.« *Acta Astronautica, Space Flight Safety*, 126 (2016): 178–189. https://doi.org/10.1016/j.actaastro.2016.04.026

Pop, Virgiliu. *Who Owns the Moon?* New York: Springer, 2008.

Portree, David S. F. »Humans to Mars: Fifty Years of Mission Planning, 1950–2000.« Monographs in Aerospace History #21. Washington, D.C.: NASA, Februar 2001. https://www.lpi.usra.edu/lunar/strategies/HumanstoMars.pdf

Poston, David I., Marc A. Gibson, Thomas Godfroy und Patrick R. McClure. »KRUSTY Reactor Design.« *Nuclear Technology* 206 (2020): S13–S30. https://doi.org/10.1080/00295450.2020.1725382

Potter, Sean. »Demonstration Proves Nuclear Fission Can Provide Exploration Power.« NASA, 2. Mai 2018. http://www.nasa.gov/press-release/demonstration-proves-nuclear-fission-system-can-provide-space-exploration-power

Poynter, Jane. *The Human Experiment: Two Years and Twenty Minutes Inside Biosphere 2.* New York: Basic Books, 2006.

Preston, Robert, Dana J. Johnson, Sean J. A. Edwards, Michael D. Miller und Calvin Shipbaugh. »Space Weapons Earth Wars.« RAND Corporation, 1. Januar 2002. https://www.rand.org/pubs/monograph_reports/MR1209.html

Proshchina, Alexandra, Victoria Gulimova, Anastasia Kharlamova, Yuliya Krivova, Nadezhda Besova, Rustam Berdiev, and Sergey Saveliev. »Reproduction and the Early Development of Vertebrates in Space: Problems, Results, Opportunities.« *Life* 11 (2021): 109. https://doi.org/10.3390/life11020109

Pyle, Rod. *Destination Mars: New Explorations of the Red Planet.* Amherst, NY: Prometheus, 2012.

Rader, Andrew. *Beyond the Known: How Exploration Created the Modern World and Will Take Us to the Stars.* New York: Scribner, 2019.

Rajendran, Anushri, Franz K. Fuss und Yehuda Weizman. »Designing a Technology Ecosystem for the Integration of Environmental Analysis and Health Diagnostics to Assist Humans in the Colonisation of Mars.« Paper vorgestellt auf dem International Astronautical Congress (IAC), Washington, D. C., 20.–26. Oktober 2019. https://iafastro.directory/iac/paper/id/53619/summary

Rapp, Donald. *Use of Extraterrestrial Resources for Human Space Missions to Moon or Mars.* New York: Springer, 2018.

Rappaport, Margaret Boone und Christopher Corbally. »Program Planning for a Mars Hardship Post: Social, Psychological, and Spiritual Services.« In *The Human Factor in a Mission to Mars: An Interdisciplinary Approach*, hg. von Konrad Szocik, S. 35–58. Space and Society. Cham: Springer International Publishing, 2019. https://doi.org/10.1007/978-3-030-02059-0_2

Rauschenbach, Boris V. Hermann Oberth: *The Father of Space Flight 1894–1989.* New York: West Art Publishing, 1994 (deutsch: *Hermann Oberth: 1894–1989. Über die Erde hinaus. Eine Biographie*, Dr. Böttiger Verlag, 1995).

Red Heaven. Dokumentarfilm. Raised by Wolves Production, LLC, 2021. https://www.redheavenfilm.com

Reichhardt, Tony (Hg.). *Space Shuttle: The First 20 Years – The Astronauts' Experiences in Their Own Words.* New York: DK Publishing, Inc, 2002 (deutsch: *Erlebnis Space Shuttle: Astronauten berichten*, Motorbuch Verlag, 2005).

Reid, Helen. »Pacific Island of Nauru Sets Two-Year Deadline for U.N. Deep-Sea Mining Rules.« Reuters, 29. Juni 2021. https://www.reuters.com/business/environment/pacific-island-nauru-sets-two-year-deadline-deep-sea-mining-rules-2021-06-29

RFE/RL. »Russia's Constitutional Court Approves Amendments Allowing Putin to Rule Until 2036.« Radio Free Europe/Radio Liberty, 16. März 2020. https://www.rferl.org/a/russia-constitutional-court-approves-constitutional-amendments/30490913.html

RIA Novosti. »The Court in St. Petersburg Dismissed the Case of a Polar Explorer Who Hit a Colleague with a Knife.« RIA Novosti, 8. Februar 2019. https://ria.ru/20190208/1550592240.html

Ride, Sally und Susan Okie. *To Space and Back.* New York: HarperCollins, 1986.

Rivolier, J., R. Goldsmith, D. J. Lugg und A. J. W. Taylor (Hg.). *Man in the Antarctic: The Scientific Work of the International Biomedical Expedition to the Antarctic (IBEA).* London: Taylor & Francis, 1988.

Roach, Mary. *Packing for Mars: The Curious Science of Life in the Void.* New York: W. W. Norton & Co., 2010.

Roberts, Thomas G. »Space Launch to Low Earth Orbit: How Much Does It Cost?« Aerospace Security, 1. September 2022. https://aerospace.csis.org/data/space-launch-to-low-earth-orbit-how-much-does-it-cost

Rogers, Susan Fox (Hg.). *Antarctica: Life on the Ice.* Palo Alto, CA: Travelers' Tales, 2007.

Ronca, April E., Ellen S. Baker, Tamara G. Bavendam, Kevin D. Beck, Virginia M. Miller, Joseph S. Tash und Marjorie Jenkins. »Effects of Sex and Gender on Adaptations to Space: Reproductive Health.« *Journal of Women's Health* 23 (2014): 967–974. https://doi.org/10.1089/jwh.2014.4915

Ross, Amia, Sephora Ruppert, Philipp Gläser und Martin Elvis. »Towers on the Peaks of Eternal Light: Quantifying the Available Solar Power.« arXiv, 23. Februar 2021. https://doi.org/10.48550/arXiv.2102.11766

Ross-Nazzal, Jennifer. »Edited Oral History Transcript – Paul A. Lachance.« NASA Johnson Space Center Oral History Project, Houston, TX, 4. Mai 2006.

Ryder, Valerie. »Spacecraft Maximum Allowable Concentrations for Airborne Contaminants: Revision A.« NASA Johnson Space Center, Houston, TX, April 2020. https://www.nasa.gov/sites/default/files/atoms/files/jsc_20584_signed.pdf

Sagan, Carl und Steven J. Ostro. »Dangers of Asteroid Deflection.« *Nature* 368 (1994): 501. https://doi.org/10.1038/368501a0

Salmeri, Antonino. »Developing and Managing Moon and Mars Settlements in Accordance with International Space Law«, 1–9. International Astronautical Federation, 2020. https://orbilu.uni.lu/handle/10993/44630

——— »No, Mars Is Not a Free Planet, No Matter What SpaceX Says.« SpaceNews, 5. Dezember 2020. https://spacenews.com/op-ed-no-mars-is-not-a-free-planet-no-matter-what-spacex-says

Salotti, Jean-Marc. »Minimum Number of Settlers for Survival on Another Planet.« *Scientific Reports* 10 (2020): 9700. https://doi.org/10.1038/s41598-020-66740-0

Salter, Alexander William. »Settling the Final Frontier: The ORBIS Lease and the Possibilities of Proprietary Communities in Space.« *Journal of Air Law and Commerce* 84 (2019): 85–114. http://dx.doi.org/10.2139/ssrn.3331215

Salter, Alexander William und Peter T. Leeson. »Celestial Anarchy.« *Cato Journal* 34 (2014): 581–596. https://papers.ssrn.com/abstract=2379599

Sandal, Gro M. »Culture and Tension During an International Space Station Simulation: Results from SFINCSS '99.« *Aviation, Space, and Environmental Medicine* 75 (2004): C44–C51.

Sandoval, Luis, Kathryn Keeton, Camille Shea, Christian Otto, Holly Patterson und Lauren Leveton. »Perspectives on Asthenia in Astronauts and Cosmonauts: Review of the International Research Literature.« Technical Report, NASA Johnson Space Center, Houston, TX, 1. Januar 2012. https://ntrs.nasa.gov/search.jsp?R=20110023297

Santy, Patricia A. *Choosing the Right Stuff: The Psychological Selection of Astronauts and Cosmonauts.* Westport, CT: Praeger, 1994.

Sauro, Francesco, Riccardo Pozzobon, Matteo Massironi, Pierluigi De Berardinis, Tommaso Santagata und Jo De Waele. »Lava Tubes on Earth, Moon and Mars: A Review on Their Size and Morphology Revealed by Comparative Planetology.« *Earth-Science Reviews* 209 (2020): 103288. https://doi.org/10.1016/j.earscirev.2020.103288

Schachter, Oscar. »Who Owns the Universe?« In *Across the Space Frontier*, hg. von Cornelius Ryan, S. 118–131. New York: Viking Press, 1952 (deutsch: *Station im Weltraum*, 1953; späterer Titel: *Die Eroberung des Weltraums*, 1958).

Scharmen, Fred. *Space Forces: A Critical History of Life in Outer Space.* Brooklyn, NY: Verso, 2021.

Schirra, Wally und Richard Billings. *Schirra's Space.* Boston: Quinlan Press, 1988.

Schmidt, Stanley und Robert Zubrin (Hg.). *Islands in the Sky: Bold New Ideas for Colonizing Space.* New York: Wiley, 1996.

Schulte-Ladbeck, Dr. Regina E. *Basics of Spaceflight for Space Exploration, Space Commercialization, and Space Colonization.* Np: RESLscience, 2016.

Schuster, Haley und Steven L. Peck. »Mars Ain't the Kind of Place to Raise Your Kid: Ethical Implications of Pregnancy on Missions to Colonize Other Planets.« *Life Sciences, Society and Policy* 12 (2016): 10. https://doi.org/10.1186/s40504-016-0043-5

Schwartz, James S. J. »Myth-Free Space Advocacy Part I – The Myth of Innate Exploratory and Migratory Urges.« *Acta Astronautica* 137 (2017): 450–460. https://doi.org/10.1016/j.actaastro.2017.05.002

——— »Myth-Free Space Advocacy Part II: The Myth of the Space Frontier.« *Astropolitics* 15 (2017): 167–184. https://doi.org/10.1080/14777622.2017.1339255

——— *The Value of Science in Space Exploration.* New York: Oxford University Press, 2020.

Scoles, Sarah. »The Good Kind of Crazy: The Quest for Exotic Propulsion.« *Scientific American*, 1. August 2019. https://doi.org/10.1038/scientificamerican0819-58

Scott, Captain Winston E. *Reflections from Earth Orbit.* Ontario: Collector's Guide Publishing, 2005.

Seedhouse, Erik. *Lunar Outpost: The Challenges of Establishing a Human Settlement on the Moon.* Berlin, New York: Praxis, 2008.

——— *Survival and Sacrifice in Mars Exploration: What We Know from Polar Expeditions.* New York: Springer, 2015.

Serra, João Falcão. »The Legal Framework for Conventional Military Activities in Outer Space: Past, Present and Future.« Diss., Universidade NOVA de Lisboa, 2020. http://www.proquest.com/openview/5bd1a4f3 e43e02d0ffa76b19eaffaa89/1.pdf?pq-origsite=gscholar&cbl=2026366&diss=y

Sgobba, Tommaso, Barbara G. Kanki, Jean-Francois Clervoy und Gro Sandal (Hg.). *Space Safety and Human Performance.* Oxford: Butterworth-Heinemann, 2017.

Sharman, Helen und Christopher Priest. *Seize the Moment: The Autobiography of Britain's First Astronaut.* London: Orion Publishing, 1993.

Sheehan, Michael. *The International Politics of Space.* New York: Routledge, 2007.

Sheetz, Michael. »The Space Industry Will Be Worth Nearly $3 Trillion in 30 Years, Bank of America Predicts.« CNBC, 31. Oktober 2017. https://www.cnbc.com/2017/10/31/the-space-industry-will-be-worth-nearly-3-trillion-in-30-years-bank-of-america-predicts.html

——— »Space Tourism Pioneer Dennis Tito Books Private Moon Trip on SpaceX's Starship.« CNBC, 12. Oktober 2022. https://www.cnbc.com/2022/10/12/spacex-starship-seats-space-tourism-pioneer-dennis-tito-books-private-moon-trip.html

Shelhamer, Mark. »Enabling and Enhancing Human Health and Performance for Mars Colonies: Smart Spacecraft and Smart Habitats.« In *The Human Factor in a Mission to Mars: An Interdisciplinary Approach*, hg. von Konrad Szocik, S. 59–67. Space and Society. Cham: Springer International Publishing, 2019. https://doi.org/10.1007/978-3-030-02059-0_3

Sherr, Lynn. *Sally Ride: America's First Woman in Space.* New York: Simon & Schuster, 2014.

Sherwood, Brent. »Lunar Architecture and Urbanism.« In *Out of This World: The New Field of Space Architecture*, S. 317–330. Library of Flight. Reston, VA: American Institute of Aeronautics and Astronautics, 2009. https://doi.org/10.2514/5.9781563479878.0317.0330

Shiba, Dai, Hiroyasu Mizuno, Akane Yumoto, Michihiko Shimomura, Hiroe Kobayashi, Hironobu Morita, Miki Shimbo et al. »Development of New Experimental Platform ›MARS‹ – Multiple Artificial-Gravity Research System – to Elucidate the Impacts of Micro/Partial Gravity on Mice.« *Scientific Reports* 7 (2017): 10837. https://doi.org/10.1038/s41598-017-10998-4

Shipman, Harry L. *Humans in Space: 21st Century Frontiers.* New York: Plenum, 1989.

Siddiqi, Asif A. *Challenge to Apollo: The Soviet Union and the Space Race.* Washington, D. C.: National Aeronautics and Space Administration, 2000.

——— *The Red Rockets' Glare: Spaceflight and the Russian Imagination, 1857–1957.* Cambridge: Cambridge University Press, 2014.

Sides, Hampton. *In the Kingdom of Ice: The Grand and Terrible Polar Voyage of the USS Jeannette.* New York: Anchor Books, 2015.

Sidorchik, Andrey. »Stabbing in Antarctica. What Happened at Bellingshausen Station?« AiF, 24. Oktober 2018. https://aif.ru/incidents/ponozhovshchina_v_antarktide_chto_proizoshlo_na_stancii_bellinsgauzen

Silverstone, Sally. *Eating In: From the Field to the Kitchen in Biosphere 2.* Oracle, AZ: Biosphere Press, 1993.

Simonsen, Lisa C., John W. Wilson, Myung H. Kim und Francis A. Cucinotta. »Radiation Exposure for Human Mars Exploration.« *Health Physics* 79 (2000): 515–525. https://journals.lww.com/health-physics/Abstract/2000/11000/Radiation_Exposure_For_Human_Mars_Exploration.8.aspx

Slayton, Deke und Michael Cassutt. *Deke! U.S. Manned Space from Mercury to the Shuttle.* New York: Forge Books, 1994.

Smith, Cameron M. *Principles of Space Anthropology: Establishing a Science of Human Space Settlement*, hg. von Douglas A. Vakoch. Cham: Springer, 2019.

Smith, Kelly C. »Cultural Evolution and the Colonial Imperative.« In *Dissent, Revolution and Liberty Beyond Earth*, hg. von Charles S. Cockell, S. 169–187. Space and Society. Cham: Springer International Publishing, 2016. https://doi.org/10.1007/978-3-319-29349-3_13

Smithsonian. »What Really Is Astronaut Food?« National Air and Space Museum, 8. November 2021. https://airandspace.si.edu/stories/editorial/what-really-astronaut-food

Solomon, Scott. »Evolutionary Lessons for an Interplanetary Future.« *Room – The Space Journal*, 2020. https://room.eu.com/article/evolutionary-lessons-for-an-interplanetary-future

——— *Future Humans: Inside the Science of Our Continuing Evolution.* New Haven, CT: Yale University Press, 2016.

»The Space Race Is Dominated by New Contenders.« *The Economist*, 18. Oktober 2019. https://www.economist.com/graphic-detail/2018/10/18/the-space-race-is-dominated-by-new-contenders

Spielmann, Peter J. »FBI Agents to Visit Antarctica in Rare Investigation of Assault.« Spokesman-Review, 14. Oktober 1996. https://www.spokesman.com/stories/1996/oct/14/fbi-agents-to-visit-antarctica-in-rare

Spudis, Paul D. *The Value of the Moon: How to Explore, Live, and Prosper in Space Using the Moon's Resources.* Washington, D. C.: Smithsonian Books, 2016.

Staff. »Russian Space Station Module Has Extra Topping.« *Guardian*, 12. Juli 2000. https://www.theguardian.com/science/2000/jul/12/spaceexploration

Statista. »Number of Active Satellites by Year 1957–2021«, aufgerufen am 12. Oktober 2022. https://www.statista.com/statistics/897719/number-of-active-satellites-by-year

Steger, Manfred B. *Globalization: A Very Short Introduction.* New York: Oxford University Press, 2020.

Steller, Jon G., Jeffrey R. Alberts und April E. Ronca. »Oxidative Stress as Cause, Consequence, or Biomarker of Altered Female Reproduction and Development in the Space Environment.« *International Journal of Molecular Sciences* 19 (2018): 3729. https://doi.org/10.3390/ijms19123729

Stepanova, Anastasia. »How Russian Space Food Has Evolved over the Years.« Russia Beyond, 24. Juni 2018. https://www.rbth.com/russian-kitchen/328572-russian-space-food-evolution

Stewart, Will. »Antarctic Scientist ›Stabs Colleague Who Kept Telling Him the Endings of Books He Was Reading on Remote Research Station.‹« *The Sun*, 30. Oktober 2018. https://www.thesun.co.uk/news/7615571/antarctic-scientist-stabs-colleague-who-kept-telling-him-endings-of-books-he-was-reading

Stine, G. Harry. *The Third Industrial Revolution.* New York: Ace Books, 1979.

Stine, G. Harry. *Halfway to Anywhere: Achieving America's Destiny in Space.* New York: M. Evans & Company, 1996.

Stone, Brad. *Amazon Unbound: Jeff Bezos and the Invention of a Global Empire.* New York: Simon & Schuster, 2021 (deutsch: *Amazon unaufhaltsam: Wie Jeff Bezos das mächtigste Unternehmen der Welt erschafft.* Ariston, 2021).

Stott, Nicole. *Back to Earth: What Life in Space Taught Me About Our Home Planet – And Our Mission to Protect It.* New York: Seal Press, 2021.

Strange, Clayton. *Monotown: Urban Dreams Brutal Imperatives.* San Francisco: Applied Research & Design, 2019.

Stross, Charlie. »Insufficient Data.« *Antipope* (Blog). 23. Juli 2010. http://www.antipope.org/charlie/blog-static/2010/07/insufficient-data.html

Stuster, Jack. *Bold Endeavors: Lessons from Polar and Space Exploration.* Annapolis, MD: Naval Institute Press, 2011.

Suedfeld, Peter, Jelena Brcic, Phyllis J. Johnson und Vadim Gushin. »Personal Growth Following Long-Duration Spaceflight.« *Acta Astronautica* 79 (2012): 118–123. https://doi.org/10.1016/j.actaastro.2012.04.039

Szocik, Konrad (Hg.). *Human Enhancements for Space Missions: Lunar, Martian, and Future Missions to the Outer Planets.* Space and Society. Cham: Springer, 2020.

——— »Human Place in the Outer Space: Skeptical Remarks.« In *The Human Factor in a Mission to Mars: An Interdisciplinary Approach*, hg. von Konrad Szocik, S. 233–252. Space and Society. Cham: Springer International Publishing, 2019. https://doi.org/10.1007/978-3-030-02059-0_14

Szocik, Konrad, Steven Abood, Chris Impey, Mark Shelhamer, Jacob Haqq-Misra, Erik Persson, Lluis Oviedo et al. »Visions of a Martian Future.« *Futures* 117 (2020): 102514. https://doi.org/10.1016/j.futures.2020.102514

Taco Bell. »Taco Bell, Our History«, 2022. https://www.tacobell.com/history

Tako, Y., S. Tsuga, T. Tani, R. Arai, O. Komatsubara und M. Shinohara. »One-Week Habitation of Two Humans in an Airtight Facility with Two Goats and 23 Crops – Analysis of Carbon, Oxygen, and Water Circulation.« *Advances in Space Research* 41 (2008): 714–724. https://doi.org/10.1016/j.asr.2007.09.023

Tako, Yasuhiro, Ryuji Arai, Sho-ichi Tsuga, Osamu Komatsubara, Tsuyoshi Masuda, Susumu Nozoe und Keiji Nitta. »CEEF: Closed Ecology Experiment Facilities.« *Gravitational and Space Research* 23 (2010): 13–24.

Taylor, Alan. »The Secret City.« *The Atlantic*, 25. Juni 2012. https://www.theatlantic.com/photo/2012/06/the-secret-city/100326

Taylor, Andrew J., Jonathan D. Beauchamp, Loïc Briand, Martina Heer, Thomas Hummel, Christian Margot, Scott McGrane, Serge Pieters, Paola Pittia und Charles Spence. »Factors Affecting Flavor Perception in Space: Does the Spacecraft Environment Influence Food Intake by Astronauts?« *Comprehensive Reviews in Food Science and Food Safety* 19 (2020): 3439–3437. https://doi.org/10.1111/1541-4337.12633

Terdiman, Daniel. »How NASA Reinvented the Tortilla und Other Tales of Food in Space.« CNET, 7. Juli 2014. https://www.cnet.com/science/houst n-we-have-a-tortilla-problem

Thompson, Eric. *On Her Majesty's Nuclear Service.* Oxford: Casemate, 2018.

Tomlinson, Don E. und Rob L. Wiley. »People Do Read Large Ads: The Law of Advertising from Outer Space.« *Federal Communications Law Journal* 47 (1995): 535–569. https://www.repository.law.indiana.edu/fclj/vol47/iss3/3

Torchinsky, Rina. »Elon Musk Hints at a Crewed Mission to Mars in 2029.« NPR, 17. März 2022. https://www.npr.org/2022/03/17/1087167893/elon-musk-mars-2029

Trappe, Scott, David Costill, Philip Gallagher, Andrew Creer, Jim R. Peters, Harlan Evans, Danny A. Riley und Robert H. Fitts. »Exercise in Space: Human Skeletal Muscle After 6 Months Aboard the International Space Station.« *Journal of Applied Physiology* 106 (2009): 1159–1168. https://doi.org/10.1152/japplphysiol.91578.2008

Trousselard, Marion, Damien Leger, Pascal van Beers, Olivier Coste, Arnaud Vicard, Julien Pontis, Sylvain-Nicolas Crosnier und Mounir Chennaoui. »Sleeping Under the Ocean: Despite Total Isolation, Nuclear Submariners Maintain Their Sleep and Wake Patterns Throughout Their Under Sea Mission.« *PLOS ONE* 10 (2015): e0126721. https://doi.org/10.1371/journal.pone.0126721

Turkina, Olessya. *Soviet Space Dogs.* Übersetzt von Inna Cannon and Lisa Wasserman. London: FUEL Design & Publishing, 2014.

Turner, Frederick Jackson und John Mack Faragher. *Rereading Frederick Jackson Turner: The Significance of the Frontier in American History and Other Essays.* New York: Henry Holt & Co, 1994.

Turrini, Paolo. »The Sky's Not the Limit: Legal Bonds and Boundaries in Claiming Sovereignty over Celestial Bodies.« In *Borders, Legal Spaces and Territories in Contemporary International Law: Within and Beyond*, hg. von Tommaso Natoli und Alice Riccardi, S. 173–209. Cham: Springer International Publishing, 2019. https://doi.org/10.1007/978-3-030-20929-2_7

United Press International. »Soyuz to Lift Off After Word from Sponsor.« *Los Angeles Times*, 30. November 1990. https://www.latimes.com/archives/la-xpm-1990-11-30-mn-5835-story.html

United States of America, Berufungsbeklagte, v. Mario Jaime Escamilla, Berufungskläger, 467 F.2d 341 (4th Cir. 1972), No. 71-1575 (US Court of Appeals for the Fourth Circuit 17. August 1972).

United States Environmental Protection Agency. »What Is the Average Level of Carbon Monoxide in Homes?« Overviews and Factsheets. EPA, 30. Dezember 2021. https://www.epa.gov/indoor-air-quality-iaq/what-average-level-carbon-monoxide-homes

Usachev, Yuri. *Cosmonaut's Diary. Three Lives in Space.* Russland: Geleos, 2004. https://libking.ru/books/sci-/sci-history/147744-yuriy-usachev-dnevnik-kosmonavta-tri-zhizni-v-kosmose.html

Vakoch, Douglas A. (Hg.). *On Orbit and Beyond: Psychological Perspectives on Human Spaceflight.* New York: Springer, 2012.

——— (Hg.). *Psychology of Space Exploration: Contemporary Research in Historical Perspective.* NASA History Series. Middletown, DE: U.S. Government Printing Office, 2020.

Van Ombergen, Angelique, Andrea Rossiter und Thu Jennifer Ngo-Anh. »›White Mars‹ – Nearly Two Decades of Biomedical Research at the Antarctic Concordia Station.« *Experimental Physiology* 106 (2021): 6–17. https://doi.org/10.1113/EP088352

Vance, Ashlee. *Elon Musk: Tesla, SpaceX, and the Quest for a Fantastic Future.* New York: Avon Books, 2016.

Vasquez, John A. *The War Puzzle Revisited. Cambridge Studies in International Relations.* Cambridge: Cambridge University Press, 2009. https://doi.org/10.1017/CBO9780511627224

Vida, István Kornél. »The ›Great Moon Hoax‹ of 1835.« *Hungarian Journal of English and American Studies* 18 (2012): 431–441. http://www.jstor.org/stable/43488485

Vigo, Daniel E., Francis Tuerlinckx, Barbara Ogrinz, Li Wan, Guido Simonelli, Evgeny Bersenev, Omer Van den Bergh und André E. Aubert. »Circadian Rhythm of Autonomic Cardiovascular Control During Mars500 Simulated Mission to Mars.« *Aviation, Space, and Environmental Medicine* 84 (2013): 1023–1028. https://doi.org/10.3357/ASEM.3612.2013

Virts, Terry. *How to Astronaut: An Insider's Guide to Leaving Planet Earth.* New York: Workman Publishing Co., 2020.

Vyborny, Lee und Don Davis. *Dark Waters: An Insider's Account of the NR-1, the Cold War's Undercover Nuclear Sub.* New York: New American Library, 2004.

Wagner, R. V. und M. S. Robinson. »Lunar Pit Morphology: Implications for Exploration.« *Journal of Geophysical Research: Planets* 127 (2022): e2022JE007328. https://doi.org/10.1029/2022JE007328

Wang, Yue, Xiaolu Jing, Ke Lv, Bin Wu, Yanqiang Bai, Yuejia Luo, Shanguang Chen und Yinghui Li. »During the Long Way to Mars: Effects of 520 Days of Confinement (Mars500) on the Assessment of Affective Stimuli and Stage Alteration in Mood and Plasma Hormone Levels.« *PLOS ONE* 9 (2014). https://doi.org/10.1371/journal.pone.0087087

Wanjek, Christopher. *Spacefarers: How Humans Will Settle the Moon, Mars, and Beyond.* Cambridge, MA: Harvard University Press, 2020.

Wattles, Jackie. »Colonizing Mars Could Be Dangerous and Ridiculously Expensive. Elon Musk Wants to Do It Anyway.« CNN, 8. September 2020. https://www.cnn.com/2020/09/08/tech/spacex-mars-profit-scn/index.html

Weeden, Brian und Victoria Samson (Hg.). *Global Counterspace Capabilities: An Open Source Assessment.* Broomfield, CO: Secure World Foundation, 2022. https://swfound.org/media/207344/swf_global_counterspace_capabilities_2022.pdf

Weisberger, Mandy. »No Evidence Russian Engineer Stabbed Antarctica Colleague for Spoiling Book Endings.« livescience.com, 5. November 2018. https://www.livescience.com/64012-antarctica-stabbing.html

White, Frank. *The Overview Effect: Space Exploration and Human Evolution.* Reston, VA: American Institute of Aeronautics and Astronautics, 2014 (deutsch: *Der Overview Effekt*, Goldmann, 1993).

White, Neil. *Company Towns: Corporate Order and Community.* Toronto: University of Toronto Press, 2012.

White, Richard. *»It's Your Misfortune and None of My Own«: A New History of the American West.* Norman: University of Oklahoma Press, 1993.

Wilford, John Noble. »Skylab Astronauts Are Reprimanded in 1st Day Aboard.« *New York Times*, 18. November 1973. https://www.nytimes.com/1973/11/18/archives/skylab-astronauts-are-reprimanded-in-1st-day-aboard-learned-from.html

Williams, Dave. »Mercury Fact Sheet.« NASA, 23. Dezember 2021. https://nssdc.gsfc.nasa.gov/planetary/factsheet/mercuryfact.html

Williams, Jeffrey N. *The Work of His Hands.* St. Louis, MO: Concordia Publishing, 2010.

Winchester, Simon. *Land: How the Hunger for Ownership Shaped the Modern World.* New York: Harper, 2021.

Wohlforth, Charles und Amanda R. Hendrix. *Beyond Earth: Our Path to a New Home in the Planets.* New York: Pantheon Books, 2016.

Wolfe, Tom. *The Right Stuff.* New York: Picador, 2008.

Wolverton, Mark. *Burning the Sky: Operation Argus and the Untold Story of the Cold War Nuclear Tests in Outer Space.* New York: Overlook Press/Harry N. Abrams, 2018.

Woodmansee, Laura S. *Sex in Space.* Ontario: Collector's Guide Publishing, 2006.

World Nuclear Association. »Nuclear Reactors and Radioisotopes for Space.« World Nuclear Association, Mai 2021. https://world-nuclear.org/information-library/non-power-nuclear-applications/transport/nuclear-reactors-for-space.aspx

——— »Plutonium.« World Nuclear Association, April 2021 (aktualisiert: August 2023). https://world-nuclear.org/information-library/nuclear-fuel-cycle/fuel-recycling/plutonium.aspx

Wotring, Virginia E. »Medication Use by U.S. Crewmembers on the International Space Station.« *FASEB Journal* 29 (2015): 4417–4423. https://doi.org/10.1096/fj.14-264838

Wright, Rebecca. »Edited Oral History Transcript: Norman E. Thagard.« NASA Shuttle-Mir Oral History Project, 16. September 1998.

Yazawa, Yuuki, Akira Yamaguchi und Hiroshi Takeda. »Lunar Minerals and Their Resource Utilization with Particular Reference to Solar Power Satellites and Potential Roles for Humic Substances for Lunar Agriculture.« In *Moon: Prospective Energy and Material Resources*, hg. von Viorel Badescu, S. 105–138. Berlin, Heidelberg: Springer, 2012. https://doi.org/10.1007/978-3-642-27969-0_5

Young, John W. und James R. Hansen. *Forever Young: A Life of Adventure in Air and Space.* Gainesville: University Press of Florida, 2013.

Zak, Anatoly. »A Rare Look at the Russian Side of the Space Station.« *Air & Space Magazine*, September 2015. https://www.airspacemag.com/space/rare-look-russian-side-space-station-180956244

——— »Here Is the Soviet Union's Secret Space Cannon.« *Popular Mechanics*, 16. November 2015. https://www.popularmechanics.com/military/weapons/a18187/here-is-the-soviet-unions-secret-space-cannon

Zeitlin, C., L. Narici, R. R. Rios, A. Rizzo, N. Stoffle, D. M. Hassler, B. Ehresmann et al. »Comparisons of High-Linear Energy Transfer Spectra on the ISS and in Deep Space.« *Space Weather* 17 (2019): 396–418. https://doi.org/10.1029/2018SW002103

Zell, Holly. »Halloween Storms of 2003 Still the Scariest.« NASA. 12. Mai 2015. https://phys.org/news/2008-10-halloween-storms-scariest.html

Zhang, Li-Fan und Alan R. Hargens. »Spaceflight-Induced Intracranial Hypertension and Visual Impairment: Pathophysiology and Countermeasures.« *Physiological Reviews* 98 (2017): 59–87. https://doi.org/10.1152/physrev.00017.2016

Zimmerman, Robert. *Leaving Earth: Space Stations, Rival Superpowers, and the Quest for Interplanetary Travel.* Washington, D. C.: Joseph Henry Press, 2004.

Zubrin, Robert. *The Case for Space: How the Revolution in Spaceflight Opens Up a Future of Limitless Possibility.* Amherst, NY: Prometheus, 2019.

———»The Economic Viability of Mars Colonization.« In *Deep Space Commodities: Exploration, Production and Trading*, hg. von Tom James, S. 159–180. Cham: Springer International Publishing, 2018. https://doi.org/10.1007/978-3-319-90303-3_12

——— »Mars Direct 2.0: How to Send Humans to Mars Using Starships.2« Präsentation auf dem 70. International Astronautical Congress (IAC), Washington, D. C., 20.–26. Oktober 2019.

Zubrin, Robert und Richard Wagner. *The Case for Mars: The Plan to Settle the Red Planet and Why We Must.* New York: Free Press, 2021.

Zupagrafika. *Monotowns.* Poznan: Zupagrafika, 2021.

Register

Y

Z